高等学校信息技术类新方向新动能新形态系列规划教材

教育部高等学校计算机类专业教学指导委员会 –Arm 中国产学合作项目成果

Arm 中国教育计划官方指定教材

arm 中国

嵌入式系统设计

基于 Arm 处理器的进阶式项目实战

廖勇 ◉ 编著

U0281443

人民邮电出版社

北 京

图书在版编目（CIP）数据

嵌入式系统设计：基于Arm处理器的进阶式项目实战/
廖勇编著. -- 北京：人民邮电出版社，2022.5
高等学校信息技术类新方向新动能新形态系列规划教
材
　ISBN 978-7-115-57782-5

Ⅰ．①嵌…　Ⅱ．①廖…　Ⅲ．①微型计算机－系统设计
－高等学校－教材　Ⅳ．①TP360.21

中国版本图书馆CIP数据核字(2021)第220503号

内 容 提 要

本书以项目开发为中心，以嵌入式系统设计为主线组织内容。本书首先描述简单嵌入式裸机系统、轮询系统、前后台系统、多任务实时操作系统的设计过程；然后介绍具备基本飞行功能的四轴飞行器的设计过程；最后基于大疆的四轴飞行器和异构高性能嵌入式多核开发平台，讲解复杂嵌入式系统的设计方法与设计过程。本书各学科知识交叉融合，内容讲解由易到难，旨在培养学生解决复杂工程问题的能力，为学生逐步成长为高层次系统工程人才打下坚实基础。

本书可作为高等院校软件工程、计算机科学与技术、自动化、电子工程等专业的教材，也可作为项目类课程、挑战性课程、综合设计类课程的指导用书，还可供嵌入式系统设计或四轴飞行器爱好者学习参考。

◆ 编　著　廖　勇
　　责任编辑　王　宣
　　责任印制　王　郁　陈　犇
◆ 人民邮电出版社出版发行　　北京市丰台区成寿寺路 11 号
　　邮编　100164　　电子邮件　315@ptpress.com.cn
　　网址　https://www.ptpress.com.cn
　　三河市祥达印刷包装有限公司印刷
◆ 开本：787×1092　1/16
　　印张：21.5　　　　　　　　2022 年 5 月第 1 版
　　字数：518 千字　　　　　　2022 年 5 月河北第 1 次印刷

定价：99.80 元

读者服务热线：(010)81055256　印装质量热线：(010)81055316
反盗版热线：(010)81055315
广告经营许可证：京东市监广登字 20170147 号

编委会

顾　　问：吴雄昂

主　　任：焦李成　桂小林

副 主 任：马殿富　陈　炜　张立科　Khaled Benkrid

委　　员：（按照姓氏拼音排序）

安　晖　　白忠建　　毕　盛　　毕晓君　　陈　微

陈晓凌　　陈彦辉　　戴思俊　　戴志涛　　丁　飞

窦加林　　方勇纯　　方　元　　高小鹏　　耿　伟

郝兴伟　　何兴高　　季　秋　　廖　勇　　刘宝林

刘儿兀　　刘绍辉　　刘　雯　　刘志毅　　马坚伟

孟　桥　　莫宏伟　　漆桂林　　卿来云　　沈　刚

涂　刚　　王梦馨　　王　睿　　王万森　　王宜怀

王蕴红　　王祝萍　　吴　强　　吴振宇　　肖丙刚

肖　堃　　徐立芳　　阎　波　　杨剑锋　　杨茂林

袁超伟　　岳亚伟　　曾　斌　　曾喻江　　张登银

赵　黎　　周剑扬　　周立新　　朱大勇　　朱　健

秘 书 长：祝智敏

副秘书长：王　宣

拥抱万亿智能互联未来

在生命刚刚起源的时候，一些最最古老的生物就已经拥有了感知外部世界的能力。例如，很多原生单细胞生物能够感受周围的化学物质，对葡萄糖等分子有趋化行为；并且很多原生单细胞生物还能够感知周围的光线。然而，在生物开始形成大脑之前，这种对外部世界的感知更像是一种"反射"。随着生物的大脑在漫长的进化过程中不断发展，或者说直到人类出现，各种感知才真正变得"智能"，通过感知收集的关于外部世界的信息开始通过大脑的分析作用于生物本身的生存和发展。简而言之，是大脑让感知变得真正有意义。

这是自然进化的规律和结果。有幸的是，我们正在见证一场类似的技术变革。

过去十年，物联网技术和应用得到了突飞猛进的发展，物联网技术也被普遍认为将是下一个给人类生活带来颠覆性变革的技术。物联网设备通常都具有通过各种不同类别的传感器收集数据的能力，就好像赋予了各种机器类似生命感知的能力，由此促成了整个世界数据化的实现。而伴随着5G的成熟和即将到来的商业化，物联网设备所收集的数据也将拥有一个全新的、高速的传输渠道。但是，就像生物的感知在没有大脑时只是一种"反射"一样，这些没有经过任何处理的数据的收集和传输并不能带来真正进化意义上的突变，甚至非常可能在物联网设备数量以几何级数增长以及巨量数据传输的情况下，造成5G网络等传输网络拥堵甚至瘫痪。

如何应对这个挑战？如何赋予物联网设备所具备的感知能力以"智能"？我们的答案是：人工智能技术。

人工智能技术并不是一个新生事物，它在最近几年引起全球性关注并得到飞速发展的主要原因，在于它的三个基本要素（算法、数据、算力）的迅猛发展，其中又以数据和算力的发展尤为重要。物联网技术和应用的蓬勃发展使得数据累计的难度越来越低；而芯片算力的不断提升使得过去只能通过云计算才能完成的人工智能运算现在已经可以下沉到最普通的设备之上完成。这使得在终端实现人工智能功能的难度和成本都得以大幅降低，从而让物联网设备拥有"智能"的感知能力变得真正可行。

物联网技术为机器带来了感知能力，而人工智能则通过计算算力为机器带来了决策能力。二者的结合，正如感知和大脑对自然生命进化所起到的必然性决定作用，其趋势将无可阻挡，并且必将为人类生活带来巨大变革。

　　未来十五年，或许是这场变革最最关键的阶段。业界预测到 2035 年，将有超过一万亿个智能设备实现互联。这一万亿个智能互联设备将具有极大的多样性，它们共同构成了一个极端多样化的计算世界。而能够支撑起这样一个数量庞大、极端多样化的智能物联网世界的技术基础，就是 Arm。正是在这样的背景下，Arm 中国立足中国，依托全球最大的 Arm 技术生态，全力打造先进的人工智能物联网技术和解决方案，立志成为中国智能科技生态的领航者。

　　万亿智能互联最终还是需要通过人来实现，具备人工智能物联网 AIoT 相关知识的人才，在今后将会有更广阔的发展前景。如何为中国培养这样的人才，解决目前人才短缺的问题，也正是我们一直关心的。通过和专业人士的沟通发现，教材是解决问题的突破口，一套高质量、体系化的教材，将起到事半功倍的效果，能让更多的人成长为智能互联领域的人才。此次，在教育部计算机类专业教学指导委员会的指导下，Arm 中国能联合人民邮电出版社一起来打造这套智能互联丛书——高等学校信息技术类新方向新动能新形态系列规划教材，感到非常的荣幸。我们期望借此宝贵机会，和广大读者分享我们在 AIoT 领域的一些收获、心得以及发现的问题；同时渗透并融合中国智能类专业的人才培养要求，既反映当前最新技术成果，又体现产学合作新成效。希望这套丛书能够帮助读者解决在学习和工作中遇到的困难，能够为读者提供更多的启发和帮助，为读者的成功添砖加瓦。

　　荀子曾经说过："不积跬步，无以至千里。"这套丛书可能只是帮助读者在学习中跨出一小步，但是我们期待着各位读者能在此基础上励志前行，找到自己的成功之路。

安谋科技（中国）有限公司执行董事长兼 CEO　吴雄昂
2019 年 5 月

序二

人工智能是引领未来发展的战略性技术，是新一轮科技革命和产业变革的重要驱动力量，将深刻地改变人类社会生活、改变世界。促进人工智能和实体经济的深度融合，构建数据驱动、人机协同、跨界融合、共创分享的智能经济形态，更是推动质量变革、效率变革、动力变革的重要途径。

近几年来，我国人工智能新技术、新产品、新业态持续涌现，与农业、制造业、服务业等各行业的融合步伐明显加快，在技术创新、应用推广、产业发展等方面成效初显。但是，我国人工智能专业人才储备严重不足，人工智能人才缺口大，结构性矛盾突出，具有国际化视野、专业学科背景、产学研用能力贯通的领军型人才、基础科研人才、应用人才极其匮乏。为此，2018年4月，教育部印发了《高等学校人工智能创新行动计划》，旨在引导高校瞄准世界科技前沿，强化基础研究，实现前瞻性基础研究和引领性原创成果的重大突破，进一步提升高校人工智能领域科技创新、人才培养和服务国家需求的能力。由人民邮电出版社和 Arm 公司联合推出的"高等学校信息技术类新方向新动能新形态系列规划教材"旨在贯彻落实《高等学校人工智能创新行动计划》，以加快我国人工智能领域科技成果及产业进展向教育教学转化为目标，不断完善我国人工智能领域人才培养体系和人工智能教材建设体系。

"高等学校信息技术类新方向新动能新形态系列规划教材"包含 AI 和 AIoT 两大核心模块。其中，AI 模块涉及人工智能导论、脑科学导论、大数据技术、计算智能、自然语言处理、计算机视觉、机器学习、深度学习、知识图谱、GPU 编程、智能无人系统等人工智能基础理论和核心技术；AIoT 模块涉及物联网概论、嵌入式系统设计、物联网通信技术、RFID 原理与应用、窄带物联网技术基础与应用、工业物联网技术及应用、智慧交通信息服务系统与应用、智能家居设计与应用、智能嵌入式硬件系统开发案例教程、物联网智能控制、物联网安全与隐私保护等智能互联应用技术。

综合来看，"高等学校信息技术类新方向新动能新形态系列规划教材"具有三方面突出亮点。

第一，编写团队和编写过程充分体现了教育部深入推进产学合作协同育人项目的思想，既反映最新技术成果，又体现产学合作成果。在贯彻国家人工智能发展战略要求的基础上，以"共搭平台、共建团队、整体策划、共筑资源、生态优化"的全新模式，打造人工智能专业建设和人工智能人才培养系列出版物。知名半导体知识产权（IP）提供商 Arm 公司在教材编写方面给予了全面支持，丛书主要编委来自清华大学、北京大学、北京航空航天大学、北京邮电大学、南开大学、哈尔滨工业大学、同济大学、武汉大学、西安交通大学、西安电子科技大学、南京大学、南京邮电大学、厦门大学等众多国内知名高校人工智能教育领域。从结果来看，"高等学校信息技术类新方向新动能新形态系列规划教材"的编写紧密结合了教育部关于高等教育"新工科"建设方针和推进产学合作协同育人思想，将人工智能、物联网、嵌入式、计算机等专业的人才培养要求融入了教材内容和教学过程。

第二，以产业和技术发展的最新需求推动高校人才培养改革，将人工智能基础理论与产业界最新实践融为一体。众所周知，Arm 公司作为全球最核心、最重要的半导体知识产权提供商，其产品广泛应用于移动通信、移动办公、智能传感、穿戴式设备、物联网，以及数据中心、大数据管理、云计算、人工智能等各个领域，相关市场占有率在全世界范围内达到 90%以上。Arm 技术被合作伙伴广泛应用在芯片、模块模组、软件解决方案、整机制造、应用开发和云服务等人工智能产业生态的各个领域，为教材编写注入了教育领域的研究成果和行业标杆企业的宝贵经验。同时，作为 Arm 中国协同育人项目的重要成果之一，"高等学校信息技术类新方向新动能新形态系列规划教材"的推出，将高等教育机构与丰富的 Arm 产品联系起来，通过将 Arm 技术用于教育领域，为教育工作者、学生和研究人员提供教学资料、硬件平台、软件开发工具、IP 和资源，未来有望基于本套丛书，实现人工智能相关领域的课程及教材体系化建设。

第三，教学模式和学习形式丰富。"高等学校信息技术类新方向新动能新形态系列规划教材"提供丰富的线上线下教学资源，更适应现代教学需求，学生和读者可以通过扫描二维码或登录资源平台的方式获得教学辅助资料，进行书网互动、移动学习、翻转课堂学习等。同时，"高等学校信息技术类新方向新动能新形态系列规划教材"配套提供了多媒体课件、源代码、教学大纲、电子教案、实验实训等教学辅助资源，便于教师教学和学生学习，辅助提升教学效果。

希望"高等学校信息技术类新方向新动能新形态系列规划教材"的出版能够加快人工智能领域科技成果和资源向教育教学转化，推动人工智能重要方向的教材体系和在线课程建设，特别是人工智能导论、机器学习、计算智能、计算机视觉、知识工程、自然语言处理、人工智能产业应用等主干课程的建设。希望"高等学校信息技术类新方向新动能新形态系列规划教材"的编写和出版，能够加速建设一批具有国际一流水平的本科生、研究生教材和国家级精品在线课程，并将人工智能纳入大学计算机基础教学内容，为我国人工智能产业发展打造多层次的创新人才队伍。

教育部人工智能科技创新专家组专家
教育部科技委学部委员　　　　　　　焦李成
IEEE/IET/CAAI Fellow　　　　　　　2019 年 6 月
中国人工智能学会副理事长

前言

一、编写背景

第四次工业革命的兴起正改变着整个世界，也创造了新的历史机遇。为培养面向未来、面向世界、能主动引领产业发展的精英型工程人才，以服务国家发展战略，我国于 2017 年提出实施"新工科"教育改革。随后的"复旦共识""天大行动""北京指南"等，不断推动着新工科教育改革在国内高校中全面展开。

"新工科"教育改革的关键问题之一是课程改革，课程改革的要点在于落实"用人才培养逻辑和人的发展逻辑取代学科本位逻辑，打破学科划界而治的局面"这一工程教育新模式。国内高校纷纷开展了以回归工程教育本质为目的、以学生为中心的课程改革，并将"工程实践课程"融入课程体系，探索了基于项目的学习（project based learning，PBL）模式和以项目为中心的课程建设（project-centric curricular construct，PCCC）模式等新型教学模式，旨在通过工程项目培养学生在解决复杂工程问题、团队协作、工程创新等方面的能力。电子科技大学在"新工科"教育改革背景下，建设了一系列基于项目的跨学科挑战性课程，其中有一门课程为"进阶式挑战性项目 Ⅰ/Ⅱ/Ⅲ"。该课程的教学时间跨度为 1.5 年，分 3 个阶段，分别在第 3、第 4、第 5 学期完成。学生在实践过程中，后续阶段依赖前序阶段的成果，各阶段综合实践对应阶段课程的核心知识点，逐步进阶，最终完成嵌入式软硬件系统的整体设计（如四轴飞行器设计、避障智能车设计等），有效培养学生的复杂工程问题解决能力和多学科知识交叉复合能力。

课程改革，改到实处是教材。换句话说，教材是课程改革的重要组成部分。本书以项目为中心，以"做中学"为理念，立足系统设计，依托特色课程"进阶式挑战性项目 Ⅰ/Ⅱ/Ⅲ"，系统地描述了从一个单纯考虑功能的小系统到一个需要兼顾功能和性能的大系统的设计与实现过程；采用逐步递进、逐步系统化、逐步综合化的方式，培养学生的新工科能力与素质。

二、本书内容

本书设置 3 个阶段，分 5 个部分，由浅入深地介绍嵌入式系统的设计方法与实现过程。

阶段Ⅰ：基于 Arm9 2440 平台，从简单嵌入式裸机系统设计，到轮询系统设计（第一部分），进一步到前后台系统设计（第二部分），再到多任务嵌入式实时操作系统（real time operating system，RTOS）设计（第三部分），由简单到复杂，逐步介绍系统由小到大的演化过程。

阶段Ⅱ：介绍一个更具系统性的嵌入式系统设计流程（第四部分）。

该阶段基于 Arm STM32 平台，介绍如何设计一个具有基本飞行功能的四轴飞行器控制系统，包括硬件系统设计、嵌入式操作系统移植、驱动程序设计、多任务应用程序设计和反馈稳定性控制等。

阶段Ⅲ：基于深圳市大疆创新科技有限公司（简称大疆，DJI）生产的四轴飞行器 Matrice 100 和异构高性能嵌入式多核开发平台 Tegra K1（Arm CPUs+GPUs），介绍一个规模更大的嵌入式系统的设计方法和实现过程，包括双目立体视觉、三维重建、避障、异构并行优化等（第五部分）。

与本书所设置的 3 个阶段相对应的，是基于项目的课程——进阶式挑战性项目 Ⅰ/Ⅱ/Ⅲ，如图 1 所示。以四轴飞行器项目为例，在第 3 学期，综合应用在程序设计与算法、计算机组成原理与结构等课程中讲授的知识，完成四轴飞行器的硬件系统设计；在第 4 学期，综合应用在嵌入式操作系统、Arm 处理器及应用等课程中讲授的知识，完成四轴飞行器嵌入式实时操作系统的移植、驱动开发、系统定制等工作；在第 5 学期，综合应用在软件工程、计算机网络、自动控制原理等课程中讲授的知识，完成上层应用设计、姿态解算、系统集成、稳定调试、试飞等工作。在项目实施过程中，后续阶段依赖前序阶段的成果，综合实践对应阶段课程的核心知识点，逐步进阶，依据毕业设计标准指导考核，最终完成嵌入式软硬件系统的整体设计。与此同时，充分贯彻教育家约翰·杜威（John Dewey）"To learn by doing"（做中学）的理念，有效培养学生的系统工程能力、复杂工程问题解决能力及多学科知识交叉复合能力。

说明：进阶式挑战性项目 Ⅰ/Ⅱ/Ⅲ 课程配套的"多旋翼飞行器设计"教学案例，荣获首届全国软件工程教学案例竞赛一等奖。

本书倾向于讨论一种以学生为中心、以培养学生多学科知识交叉复合能力为目标的学习路径或教学模式。因此，在体系构造上涉及的内容比较宽泛，而针对一些细节知识的讲解则点到为止，让学生能够按照

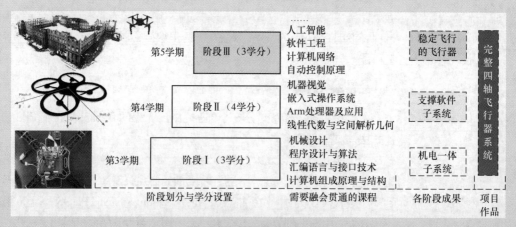

图 1　进阶式挑战性项目 Ⅰ/Ⅱ/Ⅲ

学习路径动手实践，自主学习，从而激发学生的内在动力，进而帮助学生将相关知识与技能融会贯通。

三、本书特点

1. 以项目为中心，开展多维教学

本书打破课程界限，突破原有专业课程之间的先后关系，以项目为中心进行布局。所编内容与新工科教学理念相匹配，倡导在课程教学活动中采取学生自主学习、数字化学习、小组学习等学习方法；同时，本书还体现了"四性"，即挑战性、进阶性、系统性及完整性。本书以培养学生的系统思维能力和"元认知"思维能力为目标，将"兴趣牵引、项目驱动、立足系统、理论与实践有机融合"这一思想贯穿于项目实现的全过程。

2. 以系统设计为主线，助力培养工程型人才

本书以系统设计为主线，逐步介绍多种嵌入式系统的设计过程，内容由浅入深，可帮助学生逐步建立复杂工程问题的解决能力，为其逐步成长为高层次系统工程型人才打下坚实基础。

3. 理论与实践融为一体，注重培养实战能力

本书将高校理论优势与行业优秀技术相结合，促进了理论与实践的有机融合，并基于 Arm 中国、中国大疆、意法半导体（STMicroelectronics，ST）等公司的大力支持，优化项目设计，构建了相关实践、实训环境，可系统培养学生的嵌入式系统设计实战能力。

四、致谢

在编写本书的过程中，编者得到了 Arm 中国产学合作项目的鼎力支持；此外，也得到了教育部产学合作项目（如多旋翼飞行器综合课程设计（大疆，2016）、《嵌入式系统设计》新工科教材建设（Arm，2018）等）的大力支持，在此深表感谢。

本书还得到了电子科技大学的周世杰、黄廷祝、汤羽、雷航、蔡竟业、桑楠、熊光泽等老师，以及 Arm 中国的王梦馨、大疆的陈逸奇、意法半导体的丁晓磊等多位业内人士的帮助。他们为本书的编写提供了宝贵的意见和建议。

感谢在上海创业的申建晶，华为成都研究所的徐新，在成都创业的刘坚、朱葛、郑亚斌，完美世界控股集团的高攀等曾在电子科技大学"实时计算实验室"学习过的同志。他们在校期间与编者共同创建了开源嵌入式实时操作系统 aCoral，一起探讨了嵌入式操作系统相关的技术讲解、教学改革、学生成长等问题。2010 年，进阶式综合课程设计的想法和模式初步成型，并以裸板嵌入式启动、嵌入式实时操作系统移植、网络收音机实现等形式逐级展开，为 2011 年的四轴飞行器设计项目的实施奠定了基础。

感谢大疆的施荣坤，百度的胡斌和张晋川，今日头条的吴金添，阿里巴巴的葛旭阳，以及电子科技大学的杨茂林，他们在校期间与编者共同研究和探索了能完成避障飞行功能的四轴飞行器设计方案与异构多核实时计算技术，这为本书结构的拟定提供了思路，为本书具体内容的编写创造了素材。

感谢大疆的崔耀天、许弈腾，阿里巴巴的兰宇航，中国科学院博士研究生陈维伟，清华大学博士研究生胡建伟、程阳和沈游人，南京大学硕士研究生杨嵘，北京航空航天大学硕士研究生王赵凯，留学世界名校进行深造的鲁科辰、林天翔、王昱科、杜心远等，以及 Google 的陈志轶和 Facebook 的章雨田等，他们与编者共同探索项目实施过程，逐步形成了进阶式挑战性项目课程模式，并完成了四轴飞行器设计项目，此外在项目方案设计、相关代码分析与验证等方面也做了许多工作。

感谢崔玺萌、胡继文、郭俊辉、罗政洪、刘珮泽、来翔、王政、徐洋、余子潇等电子科技大学 2017—2019 级本科生，他们在编者的引导下，从本科第 3 学期到第 5 学期实践了进阶式挑战性项目课程，为本课程对应的教学设计和教学方法的深入优化创造了条件。感谢进阶式挑战性项目课程组的管庆、肖堃、何兴高、黄克军、杨珊、张萌洁、王瑞瑾、张翔、王琳、李贞昊、朱相印、戴瑞婷等老师，他们为本书的完善提出了宝贵意见和建议。

特别感谢我的父母、妻子和儿子，他们在我编写本书的过程中给予了我极大的鼓励和支持。

由于编者水平有限，书中难免存在疏漏之处，恳请广大师生与相关领域专家批评指正。来函请至：liaoyong@uestc.edu.cn。

编　者
2021 年冬于成都

CONTENTS

第一部分　设计一个轮询系统

第二部分　设计一个前后台系统

第三部分 设计一个实时操作系统内核

第四部分 设计一个具备基本飞行功能的四轴飞行器

第五部分　设计一个避障寻径四轴飞行器

嵌入式系统设计——基于 Arm 处理器的进阶式项目实战

4

01
chapter

概论

1.0 综述

20 世纪 60 年代，以晶体管和磁芯存储器为基础的计算机开始应用于航空、航天、工业控制等领域，这类计算机可看成嵌入式系统的雏形。第一台机载专用数字计算机是美国海军舰载轰炸机的多功能数字分析仪，它由几个体积庞大的黑匣子组成，能够进行中央集中处理，开始拥有数据总线雏形。

随后，嵌入式系统处理能力快速提升，功能日渐完善。例如，第一款微处理器 Intel 4004 于 1971 年诞生，被广泛应用于计算器和其他小型系统，此时的嵌入式系统已有外存和其他芯片的支持。20 世纪 80 年代中期，大多数外部系统芯片集成到一块芯片上作为处理器，称为微控制器（micro controller），也称为单片机芯片。单片机芯片的出现使得嵌入式系统的应用更为灵活。最早的单片机芯片 Intel 4084 出现在 1976 年。20 世纪 80 年代初，著名的 8051 单片机芯片由 Intel 公司开发出来，并一直沿用至今。同一时期，Motorola 公司推出 68HC05，Zilog 公司专门生产 Z80 单片机芯片。这些芯片迅速渗透到家用电器、医疗仪器、工业仪器仪表、交通运输等领域，带动了嵌入式系统的快速发展。

为了实时处理数字信号，1982 年，诞生了世界上首枚数字信号处理器（Digital Signal Processor，DSP）。如今，DSP 已经发展成一类十分重要的多媒体处理芯片。1997 年，来自嵌入式系统大会（embedded system conference）的报告指出，未来 5 年（从 1997 年算起），仅基于嵌入式计算机系统的全数字电视产品，将在美国产生年产值为 1500 亿美元的新市场。美国"汽车大王"福特公司的高级经理也曾宣称，"福特公司出售的'计算能力'已超过了 IBM 公司"，由此可见嵌入式计算机工业的规模。1998 年，在芝加哥举办的嵌入式系统大会上，与会专家一致认为，21 世纪嵌入式系统将无处不在，它将促使人类生产开启革命性的发展，实现"PCs everywhere"的生活梦想。

纵观嵌入式系统的发展过程，其出现至今已有 50 多年的历史，大致经历了 5 个阶段。

第 1 阶段：20 世纪 70 年代之前。该阶段可看成嵌入式系统的萌芽阶段。这一阶段的嵌入式系统，是以单芯片为核心的可编程控制器形式的系统，具有与监测、伺服、指示设备相配合的功能。这类系统大部分应用于一些专业性强的工业控制系统中，一般没有操作系统的支持，通过汇编语言编程对系统进行直接控制。该阶段系统的主要特点是：系统结构和功能相对单一，处理效率较低，存储容量较小，只有很少的用户接口。这种嵌入式系统使用简单、价格低，以前在国内外工业领域应用得非常普遍。即使到现在，其在简单、低成本的嵌入式应用领域依然被大量使用，但已经远不能满足高效的、需要大容量存储的现代工业控制和新兴信息家电等领域的需求。

第 2 阶段：20 世纪 70 年代初到 80 年代末。该阶段形成了以嵌入式处理器为基础、以简单操作系统为核心的嵌入式系统。在这一阶段，大多数嵌入式系统使用 8 位处理器，不需要嵌入式操作系统支持。其主要特点是：处理器种类繁多，通用性比较弱；系统开销小，效率高；高端应用所需操作系统已具有一定的实时性、兼容性和扩展性；应用软件较专业化，用户界面不够友好。

第 3 阶段：20 世纪 80 年代末到 90 年代末。该阶段是嵌入式应用开始普及的阶段，形成了以嵌入式操作系统为标志的嵌入式系统。主要特点是：嵌入式操作系统内核小、效率高，具有高度的模块化的特性和扩展性；能运行于各种不同类型的微处理器上，兼容性好；具备文件和目录管理、多任务、网络支持、图形窗口及用户界面等功能；提供大量的应用程序接口

（application programming interface，API）和集成开发环境，简化了应用程序开发；嵌入式应用软件丰富。在此阶段，嵌入式系统的软硬件技术加速发展，应用领域不断扩大。例如，日常生活中使用的手机、数码相机，网络设备中的路由器、交换机等，都是嵌入式系统；一辆豪华汽车中有数十个嵌入式处理器，分别控制发动机、传动装置、安全装置等；一个飞行器上可以有数百个乃至上千个微处理器；一个家庭中也有几十个嵌入式系统。

第 4 阶段：20 世纪 90 年代末到 21 世纪初。该阶段形成了以网络化为标志的嵌入式系统。随着互联网的发展，以及互联网技术与信息家电、工业控制、航空航天等技术的结合日益密切，嵌入式设备与互联网的结合将代表嵌入式系统的未来。1998 年 11 月，在美国加利福尼亚州圣何塞举行的嵌入式系统大会上，基于嵌入式实时操作系统的嵌入式互联网（embedded Internet）成为一个新的技术热点。

第 5 阶段：21 世纪初至今。该阶段形成了以物联网、云计算和智能化为标志的嵌入式系统，是多核芯片技术、无线技术、互联网技术与信息家电、工业控制、航空航天等技术结合的必然结果。从应用角度而言，移动互联网设备是嵌入式产品的热点，截至 2020 年年底，具备网络互联功能的智能终端出货量达到 4 亿部，比同时期笔记本电脑和台式计算机出货量的总和还多。无处不在的嵌入式系统，例如智能手机、无线传感器网络、射频识别（radio frequency identification，RFID）电子标签等，为人们提供了方便快捷的服务。

综上所述，嵌入式系统正在日益完善，高性能多处理器已开始在该系统中占主导地位，嵌入式操作系统已从简单走向智能化，与互联网、云计算的结合日益密切。后 PC 时代（post-personal computer era）已经到来。

1.1 嵌入式系统开发模式

当前，嵌入式系统无处不在，嵌入式系统的应用无处不在，嵌入式系统开发技术的应用无处不在，即使是在云计算和大数据时代，一些非嵌入式软件开发中也隐含着一些嵌入式开发的技术，例如，关于编译、连接、加载及不同版本运行时系统的集成，开发环境的搭建等。通过有步骤和有节奏的嵌入式开发系统训练，读者可以有效地培养出计算机系统构造能力。这些能力是能够在嵌入式软件开发以外的系统开发中发挥重要作用的。除此以外，嵌入式系统开发涉及多个学科和领域的知识，例如，通信、自动化、机械电子及电子工程等。如果在上述嵌入式系统开发训练中，能进一步综合应用其他学科和领域的知识，例如，四轴飞行器设计中所需的线性代数与空间解析几何、反馈控制、空气动力学、姿态解算等，就能很好地培养初步交叉复合与跨界融合的能力，以不变应万变。

嵌入式系统设计的一大特点就是必须针对具体应用量体裁衣、度身定做。也就是说，对于硬件设计、软件设计、应用程序设计等各方面，设计人员都要充分考虑所设计的嵌入式系统是为了满足什么领域、什么层次、什么水平的需求，这样才能选择与需求匹配的硬件资源（处理器、外部设备）、软件架构及软件规模。因此，不同于传统桌面系统，嵌入式系统是一个软硬件一体化的系统，并且往往受限于具体应用环境，如功能、实时性、体积或重量、安全性及可靠性等，需要对整个系统（软硬件）进行裁剪定做。因此，嵌入式系统是一个专业的特殊计算机，在设计时需要重点考虑以下因素。

（1）功能实用、便于升级：嵌入式产品应用于特定场景，最初只需要提供必要的功能，但其体系结构应能支持产品升级与功能扩展。

（2）并发处理、及时响应：采用并发多任务技术处理嵌入式系统复杂的外部事件，控制软件系统的复杂性，保证系统的实时性。

（3）造型自然、结构紧凑：嵌入式产品外形符合环境特点，结构精简、紧凑。

（4）接口方便、操作容易：嵌入式产品接口符合技术开发特点，操作过程简单。

（5）稳定可靠、维护简便：嵌入式系统的软硬件配置精简，抗干扰能力符合环境要求；装配结构便于检修。

（6）功耗管理、降低成本：采用严格的功耗管理措施，延长电池寿命；提高软硬件的资源利用率，降低产品成本。

嵌入式系统开发模式如图1.1所示，其过程包括产品定义与需求分析、系统总体设计、嵌入式硬件设计、嵌入式软件设计、软硬件集成、系统测试等环节，如果在相应测试阶段不能达到系统的功能和性能要求，需要进行迭代开发。这里需要指出的是：嵌入式系统的开发是硬件和软件协同开发，经过产品定义、需求分析与系统总体设计后，嵌入式硬件设计和软件设计就可以分组同时进行了。硬件设计根据系统需求，参考硬件开发商提供的评估板及相关资料进行剪裁、定制和扩展。软件设计则可在硬件设计的同时，在开发商提供的评估板上进行，等硬件调试和软件测试等成功后，将软件稍加更改，便可移植到自己设计的硬件上，完成硬件和软件的集成。

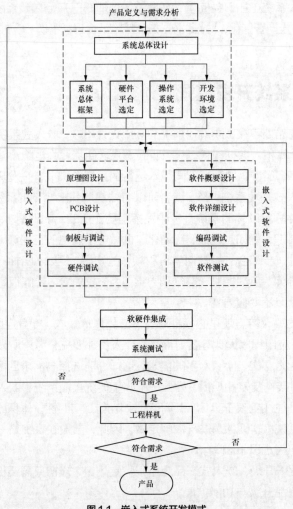

图1.1 嵌入式系统开发模式

1.1.1　产品定义与需求分析

产品定义与需求分析，也可以看成产品的需求定义，其目标是确定开发任务和设计目标，并提炼出需求规格说明书，作为设计指导和验收的标准。产品的需求一般分为功能性需求和非功能性需求。功能性需求是产品的基本功能，如输入输出信号、操作方式等；非功能性需求包括产品性能、成本、功耗、体积、重量等。此外，作为实时系统，一般还需要考虑相关的实时性能指标，如采样频率、响应时限等。

1.1.2　系统总体设计

系统总体设计描述系统如何实现需求规格说明书中定义的各类指标，包括对软硬件和执行装置的功能划分，嵌入式处理器、各类芯片的选型，系统软件和开发工具的选择等。一个好的总体设计是整个系统开发成功的关键。

1.1.3　软硬件设计

传统的嵌入式开发中，软硬件设计各自独立进行，依据是系统总体设计的软硬件划分及功能要求。为了缩短开发周期，它们往往是并行的，预先确定好相互的接口。设计的结果就是硬件制板和软件编程。该阶段的另一个任务就是软硬件的分别调试和测试。

1.1.4　软硬件集成

在软硬件独立调测通过后，将它们按预定的接口集成起来进行联调，发现并纠正独立设计过程中的错误。

1.1.5　系统测试

系统测试，是指依据产品定义，对集成好的嵌入式系统进行测试，检查它是否满足规格说明书中给定的各项指标要求，由此决定产品是否可以发布。

当一个嵌入式产品定义完成后，嵌入式处理器的选择是嵌入式系统开发的决定性因素，所有后续工作都必须围绕选定的处理器进行，这是因为所有元器件、嵌入式操作系统、开发工具的选择都依赖于该处理器。

在嵌入式系统开发过程中，随着硬件技术的成熟，以及软件应用的日益广泛和复杂，软件正逐步取代硬件成为系统的主要组成部分，过去采用硬件实现的诸多功能改由软件实现。这使得系统的实现更灵活，适应性和可扩展性更加突出。嵌入式系统的开发周期、性能更多取决于嵌入式软件的开发效率和软件质量，系统的更新换代也越来越依赖于软件的升级。

嵌入式系统的开发同样可以是一个反复的过程，每一个环节的失误都需要对过程进行回溯修改。值得注意的是：嵌入式系统的开发需要遵循以软件适应硬件的原则，即当问题出现时，尽可能以修改软件为代价，除非硬件设计结构完全无法满足要求。

1.2　嵌入式系统软件结构

根据 1.1 节的描述，嵌入式系统是一个软硬件一体化的系统，其开发过程涉及的内容丰富，既包括硬件设计，也包括软件设计，还包括软硬件以外的其他领域；其涉猎的领域广泛，例如，航空航天、通信、石油、消费电子等。

根据本书定位，内容上更侧重于从软件系统设计角度[①]讨论逐步培养系统结构构建能力和交叉复合能力的方法和步骤。因此，接下来本节由简单到复杂、由易到难地介绍嵌入式软件设计通常采用的结构，便于读者参考并通过实践将知识转化成能力。

1.2.1 轮询系统

在嵌入式系统发展初期，嵌入式软件的开发基于处理器用汇编语言和 C 语言直接编程，不需要操作系统的支持，这样的系统也称为裸板嵌入式系统。

8051 单片机的程序从开始到结束基本上都是按顺序执行的，最后必定有一个类似于 while 的死循环。采用这种方式必须不停地轮询条件来查询要做什么事，因此这样的嵌入式系统被称为轮询系统（polling system）。轮询系统虽然实现了在宏观上执行多个事务的功能，但有如下几个明显的缺点。

（1）轮询系统是一种顺序执行的系统，事务执行的顺序必须从最开始就确定，缺乏动态性，系统灵活性较差，系统设计较为复杂。

（2）系统运行过程中无法接收和响应外部请求，无法处理紧急事件。

（3）事务之间的耦合性太大。这主要是事务不可"剥夺"的原因，因为事务不可剥夺，所以一个事务的任何错误都会导致其他任务的长久等待或错误。

1.2.2 前后台系统

针对轮询系统的不足，工程师们提出了前后台系统（foreground background system）的设计。后台系统与轮询系统一样，也是顺序执行的，只有一个 main 程序，程序功能是依靠死循环实现的；前台系统引入了中断机制，能处理外部请求。因为中断处理速度快，所以对于实时性比较高的事务，可以交给中断服务程序（interrupt service routines，ISR）进行处理，而对于非实时性的事务，可以交给后台顺序执行。

虽然前后台系统能对实时事务做出快速响应，提升了系统的动态性和灵活性，但也存在以下不足。

（1）事务不可剥夺，例如在某个事务正在执行的过程中，其他事务不可能执行。也就是说，事务没有优先级，这与实际的情况有很大出入，实际系统中事务是有优先级的，有些任务很紧急，必须先执行。

（2）事务不可阻塞，也就是说，事务没有暂停这一功能来阻塞自己。暂停当前的事务就意味着整个系统都暂停了；同时事务必须返回，因为只有这样，其他的事务才能有机会执行。

1.2.3 多任务系统

由于前后台系统并不能很好地解决多任务并发执行的问题，尤其是当系统要处理的事务和要响应的外部中断比较多时，系统的维护性就很差。更关键的是，随着嵌入式系统复杂性的增加，系统中需要管理的资源越来越多，如存储器、外设、网络协议栈、多任务、多处理器等。

---

① 作为补充，本书第 7 章介绍能够完成基本功能的四轴飞行器的硬件设计的内容。

这时，仅用轮询系统或前后台系统实现的嵌入式系统已经很难满足用户对功能和性能的要求。因此，工程师们设计了多任务系统（multi-task system），以解决事务不可剥夺、不可阻塞等问题，实现多任务的并发执行。

嵌入式操作系统及其应用软件往往被嵌入特定的控制设备或者仪器中，用于实时响应并处理外部事件，因此嵌入式操作系统有时又称为实时操作系统（real time operating system，RTOS）。为了描述方便，本书约定下文提到的 RTOS 代表实时操作系统或嵌入式实时操作系统、嵌入式操作系统等。

可简单地认为 RTOS 是功能强大的主控程序，系统复位后其最先被执行；它负责在硬件基础上为应用软件建立一个功能强大的运行环境，用户的应用程序都建立在 RTOS 之上。在这个意义上，RTOS 的作用是为用户提供一台等价的扩展计算机，它比底层硬件更容易编程。一个简单的 RTOS 至少需要实现以下功能。

1. 任务调度

有了操作系统，多个任务就能并发执行，但是系统中的中央处理器（central processing unit，CPU）资源是有限的（例如，单核环境下只有一个 CPU 内核），于是，需要特定的调度策略来决定哪个任务先执行、哪个任务后执行、哪个任务执行多长时间等。而要实现特定的调度策略、支持多任务并发执行，必须有任务切换机制的支持。当前各种操作系统的任务切换，本质上是为了解决任务的不可剥夺和不可抢占问题。任务切换可分为以下两种。

（1）被动切换：也就是被剥夺（解决任务的不可剥夺），这主要是因为优先级高的任务来了，或者当前任务执行完毕。

（2）主动切换：也就是当前任务调用相关函数主动放弃 CPU（解决任务的不可抢占），阻塞自己，让其他任务使用 CPU。

2. 任务协调机制

实现特定调度策略，除了任务切换机制外，还需要任务协调机制的支持，即任务的互斥、同步、通信机制等。这就是通常说的互斥量、信号量、邮箱等。其中，互斥量分为普通互斥量、优先级继承的互斥量（解决了优先级反转）、"天花板"协议的互斥量（解决了死锁问题）。

3. 内存管理机制

系统中多个任务并发执行，所有任务的执行代码和所需数据都是存储在内存中的，那么各个任务及相关数据如何被分配到内存中？这就需要 RTOS 提供内存管理机制。对于不同的应用需求，内存管理机制不同。对于个人计算机（personal computer，PC）的桌面应用，内存管理着重考虑的是如何有效利用内存空间，实时性不是特别重要；而对于嵌入式实时应用，内存管理的重点是内存分配和释放时间的确定性，因此在 RTOS 中内存管理的动态性较差。

除基本内核外，RTOS 不断地扩展功能模块，例如，网络、文件系统、图形用户界面、运行时系统（run-time system）、中间件等，并通过整体结构、层次结构、微内核结构和构件化结构等软件架构组成功能和性能更加完善的多任务实时操作系统。这些模块可以根据应用需求进行裁剪或者配置，十分符合 RTOS 的发展要求；RTOS 可以更方便地扩展功能，可以更容易地做到上层应用与下层系统的分离，便于系统移植，大大加强了 RTOS 服务模块的可重用性。随着硬件性能的不断提高，内核处理速度在整个系统性能中所占的比例会越来越小，RTOS 的可剪裁性、可扩展性、可移植性、可重用性越来越重要，再加上微内核结构本身的改进，其应用会越来越广。

RTOS 的出现是嵌入式系统发展的必然结果。RTOS 极大地推动了嵌入式系统的发展及应用，而嵌入式系统的发展又促进了 RTOS 的不断完善和演化。据统计，到目前为止，世界各国数十家公司已成功推出 200 多种 RTOS，其中包括风河（Wind River）公司的 VxWorks、pSOS+、明导（Mentor Graphics）公司的 VRTX，微软（Microsoft）公司支持 Win32 API 的 Windows 8，塞班（Symbian）公司的 Symbian OS，苹果（Apple）公司的 iOS，瑞典宜能（Enea）公司的 OSE、3Com 公司的 Palm OS，国产的 Delta OS，以及多种多样的嵌入式 Linux 操作系统等。

随着嵌入式系统复杂度的提高，传统单核处理器及 RTOS 已不能满足应用的需求。与此同时，在美国麻省理工学院（massachusetts institute of technology，MIT）举行的 High Performance Embedded Computing Workshop（HPEC），以及各处理器设计、制造商纷纷推出的多处理器，标志着多核时代的到来。可以预料，在未来较长的一段时期内，多核计算将是计算机技术、嵌入式实时技术的一个重要发展方向。如何从传统的单核计算向多核计算过渡，成为目前计算机及相关领域研究的热点。

操作系统作为运行在处理器上的最重要的基础软件，成为多核计算技术中普遍关注的焦点。尽管目前主流的操作系统已提供了对于桌面计算机多处理器的支持，但是这种支持是很"肤浅"的（例如，仅仅提供了简单的、以负载均衡为目的的资源管理策略），与嵌入式实时系统对多核支持的要求相差甚远。此外，尽管一些商用嵌入式实时操作系统（如 VxWorks、QNX 等）提供了多核支持，但这种支持是很浅薄的，并不能很好地发挥多处理器的优势。因此，要让多核技术在嵌入式实时计算领域能有效应用，还有很长的路要走，这也成为当前学术界和业界的研究热点。

1.3 多任务实时操作系统 aCoral

aCoral 是一款由电子科技大学实时计算实验室于 2009 年创建的开源的、支持多核计算的 RTOS[1][3][4][34-40]。aCoral 即 A small coral，也叫珊瑚，珊瑚"以毫末之躯成合抱之木"的特性，是 aCoral 追求的目标。aCoral[①]具有高可配性、高扩展性，读者可以在网上下载其源代码、文档和基于 aCoral 的应用开发实例，例如，JEPG 的并行压缩、基于 aCoral 的网络收音机等。目前 aCoral 包括五大模块。

（1）内核：由电子科技大学实时计算实验室编写。

（2）文件系统：在周立功文件系统上优化而来。

（3）轻型 TCP/IP：由轻型 IP（light weight Internet Protocol，LWIP）移植而来。

（4）图形用户界面（graphical user interface，GUI）TLGUI：改自开源嵌入式 Linux 图形系统 LGUI。

（5）简单应用：测试案例、实验模块等，其中实验模块包括优先级反转、通信、同步、互斥等。

aCoral 支持多任务模式，其最小配置时，生成的代码有 7KB 左右；而配置文件系统、轻

---

① 虽然本书采用的 RTOS 是 aCoral，选用的嵌入式平台是 Arm 系列，但本书具有平台无关性。因为嵌入式系统开发技术具有一定的通用性和普遍性，只要读者掌握了某一 RTOS 和某一嵌入式硬件平台，便可形成较强的知识迁移能力，从而快速掌握其他 RTOS 和硬件平台，这也是本书强调的嵌入式系统开发的重要能力之一。

型 TCP/IP、GUI 后，生成的代码有 300 KB 左右。目前，aCoral 支持多种 Arm 系列处理器：Cortex-M3、Arm7、Arm9、Arm11，以及 Arm11 MPCore 四核平台[1][27]。同时，为了方便没有开发板的用户体验 aCoral，用户可以在运行 Linux 的 PC 中，将 aCoral 模拟版本作为应用程序运行。通过这种模式用户可以在 PC 上体验 aCoral 的所有功能，包括内核、文件系统、GUI，并且该模式支持单核和多核。

电子科技大学实时计算实验室在多年的本科生教学（嵌入式实时操作系统）、研究生教学（嵌入式系统开发、实时计算、可信计算）、留学生教学（嵌入式操作系统及应用）、海外学生教学（Embedded System and Real-Time）中发现，学生在学习嵌入式实时操作系统（embedded real time operating system，ERTOS）时，常常会有许多疑惑，并且很难有自己动手写嵌入式实时操作系统的机会。这让学生难以融会贯通"计算机组成原理""C 语言""汇编语言""操作系统""数据结构""嵌入式系统开发"等课程的知识点，对计算机系统结构缺乏系统的、深入的理解。创建 aCoral 开源项目的目的是：激发学生自己"写"操作系统的热情，让学生在写的过程中能真正思考和深入理解操作系统及相关知识点（编译、连接、加载等），从而提高分析问题、解决问题的能力，使开发计算机系统能力、工程能力上一个新台阶。aCoral 为对嵌入式实时操作系统有兴趣的同学或读者提供了一个较好的学习蓝本，aCoral 将应用在未来的本科教学和研究生教学中。

电子科技大学实时计算实验室在 RTOS 方面有着长期持续的研究，孕育了中国航空工业集团有限公司下属的北京科银京成技术有限公司。aCoral 的另一发展思路是：多核+强实时，为对性能有苛刻要求的嵌入式实时系统提供一体化解决方案。例如，计算机密集型的嵌入式实时应用（高端控制系统、超声波无损检测与处理系统、精确导航与防撞系统）、航空电子系统等。从开发 RTOS 到应用，需要针对特定场景来定制和优化设计，充分发挥多核潜能，力求系统的总体性能最佳。

对于多核，目前 aCoral 已支持同构多核（例如，Arm11 MPCore 四核平台）[34-36]。对于异构多核，项目组已在 Arm+DSP 构架下实现了基本的异构通信、同步、共享内存等机制，正在研究对更高级别内核的支持，例如，异构多核调度、对图形处理单元（graphics processing unit，GPU）的支持。

对于强实时，嵌入式操作系统一般都是实时的，但是如何做到强实时是一个很棘手的问题。为强实时计算密集型应用（如航空电子、舰载电子等）提供可靠运行支持是 aCoral 开发的强力主线。目前 aCoral 提供了强实时内核机制：优先级位图法、优先级天花板协议、差分时间链、最大关中断时间。与此同时，aCoral 还提供了强实时调度策略：单核和多核的速率单调（rate monotonic，RM）调度算法。由于多核情况下的 RM 调度算法的复杂性，目前 aCoral 只支持简单环境下的多核 RM 调度算法。RM 调度算法在多核情况下的其他问题正在研究和解决中。此外，其他多核强实时确保策略也正在研究中。

1.4 四轴飞行器简介

本书选择四轴飞行器作为嵌入式系统设计和实现的载体，因此先简单介绍四轴飞行器的发展。四轴飞行器（quadrotor）是多旋翼飞行器的一种（多旋翼飞行器包括六旋翼、八旋翼等），多旋翼飞行器是无人机（unmanned aerial vehicle，UAV）的一种。

1.4.1　无人机

无人机最早在军事中获得应用。在第二次世界大战中，美国和德国尝试通过远程控制一架无人机携带大量炸药，对目标进行高效快速攻击。第二次世界大战后，无人机功能越来越丰富，如用于特殊的侦察。随着电子技术的进步，无人机做得越来越小，在军事任务中的价值更加突出。

20 世纪 90 年代，由于微机电系统能够在极小的平台中实现，并且相应的数据处理算法、控制算法被发明，小型的多旋翼无人机向前迈了一大步。但是直到 2005 年，无人机才能够进行稳定的飞行。由于多旋翼无人机小巧、稳定、结构简单、易于学习与开发，因此众多研究者开始投入该领域进行研究。大疆的创始人也是在这个时候将其毕业课题的研究方向确定为研发能够稳定悬停的遥控直升机的飞行控制系统。

在无人机研究前期，研究方向大多集中在无人机的飞控系统上，也就是如何让无人机稳定飞行。在多旋翼无人机能够稳定飞行后，研究方向便转为研究无人机在各种传感器帮助下的自动飞行，主要通过摄像头+惯性测量单元（inertial measurement unit，IMU）来确定无人机的位置与姿态信息，进而通过控制算法控制无人机的飞行。这方面主要运用计算机图形学、数字信号处理、几何学等方面的知识。

目前的无人机通常具有如下优点：结构简单、操作方便、可垂直起降、能够搭载设备、生产成本低、可稳定悬停等。越来越多的行业看中了无人机的发展潜力，并在不同领域广泛应用，来完成各种各样的任务，例如，使用多旋翼无人机送快递、输电线巡检、输油管巡检、安防监控等。这就为无人机提出了各种要求。例如，输电线、输油管的巡检中，希望无人机能够自动沿着电线或输油管道自动飞行，同时避免撞到障碍物；送快递时需要无人机能够自动飞往目的地，并且避免撞到障碍物等。

1.4.2　四轴飞行器

四轴飞行器也称为四旋翼飞行器，是无人机的一种。四轴飞行器的四个螺旋桨是电机直连的简单结构，采用十字形布局，通过改变电机转速获得旋转机身的力，从而调整自身姿态。四轴飞行器的基本原理及飞行机制将在第 5 章详细讨论。

因为其固有的复杂性，历史上从未出现大型的商用四轴飞行器。近年来，随着微机电控制技术、嵌入式技术的发展，四轴飞行器得到了广泛关注与应用。该领域知名的四轴飞行器研制公司有大疆、法国 Parrot 及德国 AscTec 等。

作为无人机的一种，四轴飞行器同样面临无人机的问题：如何避免撞到障碍物，如何自主飞行等。这已经不是纯粹的工程问题，而是需要通过大量理论研究、将理论应用于工程、不断验证和不断修正理论，再将其与工程密切结合才能逐渐解决的问题。因此，如何确保四轴飞行器自主飞行，成了工业界和学术界研究的热点。四轴飞行器自主飞行的研究与应用如图 1.2 所示，图 1.2（a）为苏黎世大学的机器人与感知小组（robotics and perception group）利用搭载计算机视觉（单目摄像头与 IMU）系统的四轴飞行器在废墟上进行地图重建、自动规划路径和沿路径自主飞行。图 1.2（b）为四轴飞行器在进行高压输电系统巡检。

在类似的应用场合下，通常需要四轴飞行器实现一个共同的功能：自主飞行。也就是说，给四轴飞行器确定起点和终点，四轴飞行器能够自动飞抵，无须手动控制，并且在飞行过程中能够避开障碍物；或者四轴飞行器沿着一个路径自主飞行，同时要避开障碍物。因此，在确保四轴飞行器能稳定飞控的前提下，如何搭建图像数据处理的高性能嵌入式平台、如何选用图像处理算法，来达到四轴飞行器实时避障、自动规划路径与自主飞行的目的，成为当前的产业和学术热点。

（a）废墟探察

（b）高压输电系统巡检

图 1.2　四轴飞行器自主飞行的研究与应用

1.4.3　立体视觉

四轴飞行器的自主飞行，首先需要通过传感器实时动态监测飞行器与周围物体或者障碍物的距离，这和人类行走是一样的，只是人类主要靠双眼估计与障碍物的距离。从某种程度上而言，人眼就是一个高性能传感器，而且是基于立体视觉技术的传感器。

立体视觉是计算机视觉技术的一个重要话题，其目标是通过距离传感器（激光或结构光等）或者单（多）摄像头等方式重构检测场景的三维几何信息。立体视觉技术在移动机器人和无人机的自主导航系统、遥感测量及工业自动化系统中有着广泛应用，理论研究价值和工程应用价值都很大。

立体视觉主要分为两类：一类是主动立体视觉，通过主动发射激光或结构光来检测物体的距离；另一类是通过图像信息对物体进行三维空间重建和距离检查。后者是目前研究最多的、应用场景最广泛的方法之一。

结构光测距通过主动投射点结构光、线结构光或者更复杂的结构化光[78]，进而捕捉被物理世界改变后的结构光，再通过分析变化后的结构光来计算出物理世界的三维信息，或者根据光的发射与到达时间来计算物理世界的三维信息。目前已经有较多产品可以提供此功能，并且针对某些问题也有一些学者在研究算法进行优化。

2010 年，微软公司发布的能够感知物体距离的 Kinect 深度传感器[79]如图 1.3 所示。其中有一个红外线发射器和红外摄像头。发射器发送编码后的激光，接收器根据接收到的红外信息来判断每个像素点对应的点的距离。其可以以 30 帧/s 的帧率读取 640 像素×480 像素的深度图。

图 1.3　Kinect 深度传感器

2013 年，微软发布 Kinect v2 深度传感器[80]。Kinect v2 使用飞行时间技术（time-of-flight）[81]，根据光在空间中的传播时间来计算物体的深度。具体方法是由发射器发射一道强弱随时间变化的正弦光束，然后由接收器接收，计算发射与接收的相位差值，进而得出光在路径上的传播时间，最后算出物体距离。使用该原理的还有三维相机，如 Swiss-Ranger[82]、PMD相机[83]等。

结构光类传感器的缺点在于，不能得到高分辨率的图像。同时，因为红外线容易受到太阳光或反射光的干扰，所以在室外或反射较多的场景中效果不好。

以上是基于主动发射光线进行深度获取的方法。还可以不发射光线，通过对同一物体在不同角度拍摄多幅图像来计算物体的深度。使用这种方式的算法多种多样。根据使用几个摄像头进行图像的获取，摄像头有单目、双目、多目等。

基于摄像头的立体视觉是指从二维图像信息中提取三维信息的技术。就像人眼一样，用两只眼睛才能"计算"出世界的深度，也就是物体距离观测者的距离。一个直观的体验就是在闭上一只眼睛的情况下，很难将两支铅笔的笔头触碰在一起。

1.4.4 同步定位与地图构建

通过立体视觉完成距离检测后，需要确定四轴飞行器在所处环境中的位置与姿态，这就需要通过立体视觉的分析结果，用立体地图对四轴飞行器进行定位，为自主飞行提供依据。完成该项工作可以用同步定位与地图构建（simultaneous localization and mapping，SLAM[42]）来描述。SLAM 由史密斯（R.C. Smith）和奇斯曼（P. Cheeseman）于 1986 年开创，当时是为研究三维空间资料不确定性及估算的问题，后来，来自不同领域的研究者在此基础上不断发展和扩充。由于其重要的理论与应用价值，SLAM 被很多学者认为是实现真正全自主移动机器人、无人机自主飞行、智能车自动行驶的关键。

SLAM 是指生成一个未知且静态的环境地图，同时确定自己的位置。SLAM 正如人走进一个未知环境中，既要在脑海中绘制环境地图，还要知道自己在地图中的位置。SLAM 解决两个问题：自己在哪里（定位），这是什么地方（建图）。SLAM 被认为是机器人等移动装置实现真正自主的最基本问题之一，因为它是移动装置在未知环境中更智能地寻路与决策的基础。SLAM 可以应用于多种场景，包括自动驾驶、增强现实、虚拟现实、扫地机器人等。SLAM 更像是一个概念或模式，而不是算法。SLAM 由多个部分组成，每一部分都可以用多种形式、多种算法来完成。SLAM 过程如图 1.4 所示，它主要由以下几个步骤组成。

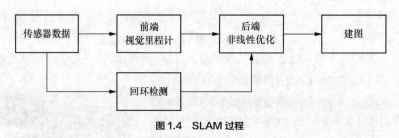

图 1.4　SLAM 过程

步骤 1：通过传感器获取真实世界的图像信息，以及自身的转向、加速度信息。图像信息可以通过单目、双目、多目摄像头，激光雷达或深度传感器来获取。单目摄像头是最易于获取的传感器。转向、加速度信息可以通过惯性测量单元（IMU）来获取，一般双目摄像头、深度传感器都会自带 IMU。

步骤 2：视觉里程计通过获取的图像信息与 IMU 数据，再根据前后帧及 IMU 测量角度与加速度的变化，得出摄像头的位置与姿态信息，也就是估算摄像头的位移与旋转量。

由于前端计算时存在噪声，数据会因为误差累计越来越大，所以需要从这些带有噪声的数据中估计运动的状态。

步骤 3：通过滤波与非线性优化算法，对前端与回环检测传过来的数据进行处理和优化。

由于前端计算存在误差，并且误差会累计，因此后面的数据偏差会越来越大。回环检测便用来解决这个问题。在发现两幅图像在同一位置时，使用优化算法消除之前产生的累计误差，得到全局一致的地图与轨迹。

步骤 4：根据 SLAM 的目的，使用后端数据与图像信息，构建所需的地图。例如，扫地机器人只需要一个二维地图，飞行器需要一个三维地图。

1.4.5　路径规划

通过 SLAM 确定了四轴飞行器在三维空间中的位置与姿态后，接下来的工作就是自主飞行过程中的路径规划。路径规划也称运动规划、导航，是指在给定起点与终点的情况下，让四轴飞行器能够自主地选择最优路径，自动移动到终点，并且在移动过程中能够躲避静态或动态的障碍物[85]。如图 1.5 所示，路径规划过程一般由 3 个步骤组成。

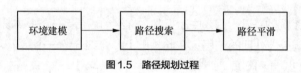

图 1.5　路径规划过程

步骤 1：获取四轴飞行器所在环境的二维或三维信息，该项工作通常是通过 SLAM 完成对四轴飞行器所处环境信息建模的。

步骤 2：在生成的环境信息中，寻找一条从起点到终点的最优路径，该路径上不能存在障碍物，机器人可以顺利通过，并且运行时间和代价最小[86]。

步骤 3：对生成的理论值进行平滑处理，使得飞行的轨迹变得平滑和流畅[87]。

1.5　从多任务实时操作系统到四轴飞行器设计

本书将以四轴飞行器设计为主线和载体来介绍嵌入式系统设计的方法、流程和相关技术要领。四轴飞行器是一个典型的跨学科的复杂系统，涉及软件工程、电气工程及自动化、应用数学、机械设计制造及自动化等学科的知识，并且需要将这些领域的相关知识进行融会贯通才能完成。因此，在正式讨论四轴飞行器设计前，本书先用三轴飞行器介绍相关的基本原理，为描述四轴飞行器做铺垫，再回到嵌入式系统设计的主线上。

第一阶段，当读者脚踏实地在 Arm9 Mini2440 完成了轮询系统、前后台系统及基于 RTOS 的多任务系统设计之后，就具备了初步的系统结构构建能力。但这种系统仍然只是集中在计算机或者软件领域的狭隘系统，设计更大和更完善的系统往往需要跨专业和跨领域的知识与能力。

第二阶段，本书将介绍一个更具系统性的嵌入式设计流程。基于 Arm STM32 平台[①]介绍设计一个具有基本飞行功能的四轴飞行器控制系统，包括硬件系统设计、嵌入式操作系统移植、驱动程序设计、多任务应用程序设计和反馈稳定性控制等。

第三阶段，基于大疆四轴飞行器 Matrice 100（以下简称 M100）和异构高性能嵌入式多核

---

① 本书在第二阶段选用了 Arm STM32，而没有继续使用 Arm9 Mini2440，原因是：设计一个基本功能的四轴飞行器，STM32 的功能和性能足以满足系统需求，以及可以运行 RTOS；在 Arm9 Mini2440 上做了底层的、基础的软件开发，再在 STM32 上做类似的甚至更复杂的软件开发，可以帮助学生建立知识迁移能力。

开发平台 Tegra K1（Arm CPUs+GPUs）（以下简称 TK1），介绍一个更大规模的嵌入式系统的设计过程和方法，包括双目立体视觉、三维重建、避障、异构并行优化等。通过立足系统设计，以四轴飞行器设计为主线，综合应用软件工程、电气工程及自动化、应用数学、机械设计制造及自动化等专业知识，让学生融合相关学科核心课程知识点，并且通过自己动手实践，形成跨学科思维能力和复杂系统设计能力。

1.6 本书结构

第 1 章：主要介绍嵌入式系统的发展、开发模式、嵌入式系统软件结构及 aCoral 基本情况等内容。

第 2 章：主要介绍轮询系统的基本原理，以及一个基于 Arm9 Mini2440 开发板的简单轮询系统的设计和实现。

第 3 章：在轮询系统的基础上引入中断机制，介绍前后台系统的基本原理，再重点描述裸板环境下中断发生、响应、处理的流程；在此基础上，详细介绍一个基于 Arm Mini2440 开发板的简单前后台系统的设计和实现。

第 4 章：从使用 C 语言描述一个线程开始，一步一步阐述 aCoral 内核的设计与实现，主要内容包括创建线程、调度线程、aCoral 事务处理机制（中断与时钟管理）等。

第 5 章：介绍四轴飞行器的基本原理、飞行模式、控制原理、姿态解算数学基础、反馈控制及稳定性等。

第 6 章：根据嵌入式的开发模式，介绍基于多任务实时操作系统 aCoral 的四轴飞行器总体设计，包括硬件方案和软件方案的确定。

第 7 章：根据总体设计，介绍四轴飞行器硬件子系统设计，包括基于 Arm STM32 的原理设计、印制电路板（printed circuit board，PCB）设计、制板和调试等。

第 8 章：根据总体设计，介绍四轴飞行器软件子系统设计，包括嵌入式实时软件设计方法（design approach for real-time system，DARTS）及其在四轴飞行器设计中的应用、基于 Arm STM32 和 aCoral 的应用程序设计流程与实现细节等。

第 9 章：基于大疆的四轴飞行器 M100 和高性能多核嵌入式开发平台 TK1，讨论能基本实现自主飞行的四轴飞行器的软硬件整体架构，包括硬件平台与软件总体架构。软件系统包括双目视觉模块、路径规划模块、飞行器控制模块、SLAM 系统，以及各个模块之间的关系与联系。

第 10 章：分析和评估多种双目立体视觉算法，选择经典的高效大规模立体匹配算法（efficient large-scale stereo，ELAS），并讨论 ELAS 在 M100 和 TK1 平台上的移植和实现。

第 11 章：立足系统结构，根据嵌入式开发平台 TK1 异构多核的硬件特性，对双目立体视觉系统的某些计算密集的模块进行并行优化，不断提升系统实时性。

第 12 章：讨论路径规划算法——动态窗口法（dynamic window approach，DWA），并将其移植到 M100 和 TK1 平台上。再将双目立体视觉输出作为路径规划算法的输入，实现当前环境下局部路径规划功能，使飞行器能够在避开障碍物的前提下安全到达目的地。

第 13 章：基于开源 SLAM 算法，在 M100 和 TK1 平台上进行移植，实现飞行器飞行过程的三维地图重建。

1.7 本章小结

本章首先简要介绍了嵌入式系统开发模式、嵌入式系统设计采用的典型软件结构（轮询系统、前后台系统、多任务系统），引入了一个开源嵌入式实时操作系统 aCoral。随后讨论了无人机中四轴飞行器的基本情况。本书紧密配合电子科技大学软件工程专业特色项目中心课程——进阶式挑战性项目课程 I / II / III，立足于计算机系统结构，以兴趣为牵引，以动手实践为驱动，以四轴飞行器的设计和实现为主线与载体，介绍了小型嵌入式系统和复杂嵌入式系统的设计与实现。

需要再次强调的是，虽然本书采用的 RTOS 是 aCoral，选用的嵌入式平台是 Arm 系列，但本书具有平台无关性。因为嵌入式系统开发技术具有一定的通用性和普遍性，所以只要掌握了某一个 RTOS 和某一种嵌入式硬件平台，便可具有较强的知识迁移能力，从而可快速掌握其他 RTOS 和硬件平台。这也是本书强调的嵌入式系统开发的重要能力之一。

习题 1

1. 简述嵌入式系统的发展历程。
2. 轮询系统的特点是什么？它适合哪些嵌入式应用？
3. 前后台系统有什么优缺点？
4. 嵌入式操作系统内核的协调机制有哪些？
5. 简述 SLAM 的流程及各步骤完成的主要工作。

第一部分
设计一个轮询系统

第 1 章提到了嵌入式开发板 Arm9 Mini2440，第 2 章将基于 Arm9 Mini2440 平台，介绍轮询嵌入式系统的设计与实现。

这部分不仅要介绍轮询系统自身的概念、程序框架、系统调度、典型系统举例，以及具体的代码实现，更要详细讲解实现轮询系统的开发环境。主要包括 Arm9 Mini2440 的基本构成、交叉开发的概念、搭建开发环境的具体步骤；通过创建异常向量表、初始化基本硬件、初始化堆栈、加载应用程序与创建程序运行环境、跳转到主程序，来逐步启动 Arm Mini2440。

02

chapter

轮询系统

2.0　综述

　　本章将首先介绍如何编写底层软件，怎样一步步启动 Arm Mini2440，然后介绍裸板环境下一个最简单的嵌入式软件系统（轮询系统）的设计与实现。裸板环境编程与带有操作系统的 PC 环境编程有很大不同。在学习的过程中可以通过分析对比差异点来加强对裸板环境的理解。

　　本章及本书后续内容需要学生具备 Arm 处理器及应用、Arm 汇编程序设计的基础，这样其才能理解和掌握相关知识，并且其必须通过动手实践才能培养自己的实战能力。

2.1　轮询系统设计

　　轮询系统也称为简单循环控制系统，是一种最简单的嵌入式实时软件体系结构模型。在单个 CPU 的情况下，系统功能由多个函数（子程序）完成，每个函数负责该系统的一部分功能；这些函数被循环调用执行，即它们按照一定的执行顺序构成一个单向的有序环（称为轮询环）依次占用 CPU，轮询过程如图 2.1 所示。每个函数访问完之后，才将 CPU 移交给下一个函数使用。对于某个函数而言，当它提出执行请求后，必须等到它被 CPU 接管后才能执行。

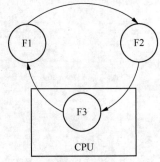

注：Fi代表函数名Function（i=1，2…）

图 2.1　轮询过程

2.1.1　程序框架

　　从程序实现上，轮询系统的程序框架如图 2.2 所示。在系统工作以前，首先进行系统初始化，然后系统进入无限循环状态；主程序依次对轮询环中的函数进行判断，若该函数要求占用 CPU，则让其执行，否则跳过该函数去执行提出请求的下一个函数。这种判定某个函数是否满足执行条件的过程，称为轮询。

```
initialize( );
while (TRUE){
  if (condition1) {F1( );}
  if (condition2) {F2( );}
  if (condition3) {F3( );}
  ......
}
```

图 2.2　轮询系统的程序框架

2.1.2　调度

　　根据程序结构可知，基本轮询系统具有以下特点：系统完成一个轮询的时间取决于轮询环中需要执行的函数个数（满足执行条件的函数个数）；轮询的次序是静态固定的，在运行时不能进行动态调整。

　　这种特点决定了轮询系统在诸如多路采样系统、实时监控系统等嵌入式系统中可以得到广泛使用，是最常用的软件结构之一。但同样存在无法忽略的弱点：所有函数必须顺序执行，不区分函数的重要程度，系统也无法根据应用的实际需要灵活地调整对函数的使用粒度。

1.　优先权调度

克服以上缺陷的最简单办法就是允许优先级高的函数被多次重复调度，即在轮询环中增加

嵌入式系统设计——基于 Arm 处理器的进阶式项目实战

重要函数（如图 2.3 中的 F2()）访问 CPU 的次数。这样，在每一次轮询中，相对重要的函数使用 CPU 的概率就比其他函数大。

上述机制还可以通过一个指针表的形式加以改进，使得函数的优先级可以在允许时动态改变。优先级可变的轮询如图 2.4 所示。

```
initialize( );
while (TRUE){
  if (condition1) {F1( );}
  if (condition2) {F2( );}
  if (condition3) {F3( );}
  if (condition2) {F2( );}
  ......
}
```

图 2.3　重复重要函数的轮询

```
F_1( )
{
  if (condition1) {F1( );}
}
F_2( )
{
  if (condition2) {F2( );}
}

#define N_ACTION  3
(*actions[N_ACTION ]) ( )={
  F_1( );
  F_2( );
  F_1( );
};
int action_ptr;

main( )
{
  other_initialization( );
  action_ptr=0;
  while (TRUE){
    (*actions[action_ptr ] ( );
    if (++action_ptr==N_ACTION) action_ptr=0;
      ......
  }
}
```

图 2.4　优先级可变的轮询

值得注意的是，这种基于优先级的轮询系统与不可抢占的多任务系统有明显的区别，后者是通过中断触发内核调度器进行多任务调度实现的，前者是通过对一张指针表查询实现的。

2．子轮询

当某些函数的执行时间相对较长时，可以分解成若干子函数，这些子函数也构成一个轮询，称为子轮询。例如，一个函数需要输出消息到一个慢速输出设备中，可以将其分解为两部分：一部分是输出消息处理（F2_1），另一部分是慢速设备忙时的等待处理（F2_2）。子轮询的结构如图 2.5 所示。

显然，函数的两部分可以分别构成子轮询。更进一步，若 F2_2 中加入对更高优先级函数的执行条件的判断操作（如图 2.6 所示），则在等待时间内有机会执行更高优先级的函数。

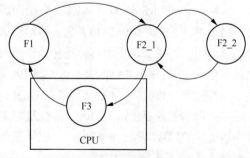

图 2.5　子轮询的结构

这种处理方式因为具有多任务系统的一些特征，所以也被称为伪多任务系统（disguised multitasking）。

```
print_msg(msg)
char *msg;
{
    while (*msg!=END_CHAR){
        if (READY_FLAG & input(PRINTER_PORT)){
            output(PRINTER_DATA,*MSG++);
        }else {
            poll_others( );
        }
    }
}
```

图 2.6　子轮询 F2_2 的程序结构

2.1.3　典型系统

在许多工业场景中，由于需要控制的设备较多、相互距离较远，且现场有较强的工业干扰，因此采用体积小、抗干扰能力强的单片机作为上位机，与现场控制器一起组成分布式数据采集与控制系统。

如图 2.7 所示，在一个多机通信系统中，只有一台单片机（8051）作为宿主机，各台从机间不能相互通信，必须通过宿主机转发来交换信息。单片机间通过 RS-485 总线通信，宿主机通过点名方式向各从机发送命令，实现对系统的控制。同时，宿主机对从机不断地轮询，监视从机的状况，接收从机的请求或信息。

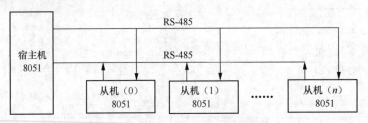

图 2.7　基于轮询结构的单片机通信网络

2.2　搭建开发环境

了解轮询系统的基本概念后，如何付诸实践，去实现一个具有轮询结构的嵌入式软件系统呢？"To learn by doing"[①]是最好的学习方法。在动手编码以前，先了解一下开发环境。

本书以 Arm9 Mini2440 为载体介绍轮询系统、前后台系统及 RTOS 的设计和实现。Arm9 Mini2440（以下简称 Mini2440）是一款基于 Arm 920T 核心的开发板，如图 2.8 所示。这是一款容易入门、复杂程度适中的学习板，采用 SAMSUNG S3C2440A 为微处理器。电子科技大学计算机科学与工程学院、信息与软件工程学院的学生常基于该平台做"嵌入式系统及应用""嵌入式操作系统"的课程实验、课程设计，也基于该平台参加一些竞赛项目。

图 2.8　Arm9 Mini2440

需要说明的是：虽然本书第 1～4 章选择以 Mini2440

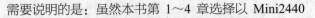

---

① "To learn by doing"是美国教育学家约翰·杜威提出的教育教学理念，具体而言，就是"做中学"，或者通过实践学习相关知识。

嵌入式系统设计——基于 Arm 处理器的进阶式项目实战

为主线展开叙述，但是，嵌入式系统开发技术具有一定的通用性和普遍性，只要精通了某一平台，所形成的能力可快速迁移到其他平台。这样组织内容也是为了确保学生学习过程的一致性、完整性。

Mini2440 的基本构成如下。

（1）CPU：SAMSUNG S3C2440A，主频 400MHz。

（2）同步动态随机存取内存（synchronous dynamic random-access memory，SDRAM）：64MB，32bit 数据总线，时钟频率可达 100MHz。

（3）FLASH：64MB NAND Flash，2MB NOR Flash（安装了启动代码 Friendly Arm BIOS 2.0 或者 Supervivi）。

（4）相关接口：电源接口（5V），3 个串行口，1 个 10 针 JTAG 接口，4 个 LED，6 个按键，1 个 USB 主端接口和 1 个 USB 从端接口，1 个 100Mbit/s 以太网 RJ-45 接口，1 个 SD 卡存储接口，1 路音频输出接口，1 路话筒接口，1 个脉冲宽度调制（pulse width modulation，PWM）控制蜂鸣器，1 个 I^2C 总线 AT24C08 芯片，1 个摄像头接口，系统时钟源 12MHz 无源晶振，1 个 34 针的通用输入输出（general purpose input output，GPIO）接口，1 个 40 针的系统总线接口等。

有了上述接口，学生可以自由发挥，将 Mini2440 设计成一个网络收音机、简单视频监控系统等，只要其计算能力和接口范围满足设计需求。

除了 Mini2440 外，还需要一个仿真器 J-LINK。J-LINK 是为支持仿真 Arm 内核芯片推出的 JTAG 仿真器，能配合 IAR EWArm、ADS、Keil、WinArm、RealView 等集成开发环境对所有 Arm7/Arm9 内核芯片进行仿真。如果学生已经写好了代码，并且成功编译，如何将编译好的可执行程序烧写在 Mini2440 上，让其在开发板上运行呢？又如何对下载的执行程序进行调试呢？这就需要 J-LINK 的支持。

开发人员的程序是在 PC 上编写的，PC 使用 Intel 处理器、Windows 操作系统，而单片机可能使用德州仪器（TI）的 8051、430 等。Intel 处理器和单片机采用的是不同指令集，在 PC 上写的程序能通过仿真器烧写到单片机上吗？如果能烧写，又能否在单片机上运行呢？要回答这些问题，就必须先了解交叉开发（cross developing）[8][9][27]。

交叉开发是嵌入式软件系统开发的特殊方法。开发系统是建立在软硬件资源均比较丰富的 PC 或工作站上，一般称为宿主机或 Host。嵌入式软件的编辑、编译、链接等过程都是在宿主机上完成的。嵌入式软件的最终运行平台却是和宿主机有很大差别的嵌入式设备，一般称为目标机或 Target，这里的目标机就是 Mini2440。宿主机与目标机通过串口、并口、网口或其他通信端口相连。嵌入式软件的调试和测试由宿主机和目标机协作完成，交叉开发环境示意图如图 2.9 所示。

宿主机与目标机的差别主要体现在如下两方面。

（1）硬件的差别：主要是两者的处理器

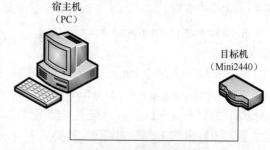

图 2.9　交叉开发环境示意图

不同。宿主机的 CPU 多数是 Intel 系列或与其兼容的其他处理器，而目标机的 CPU 是 Arm、MIPS、8051、TI 430 等嵌入式处理器。因此，两者支持的指令集、地址空间也不同。其他方面，如内存容量、外围设备等均有很大差别。

（2）软件环境的差别：在宿主机上都有通用操作系统等系统软件提供软件开发支持，而目标机除了调试代理环境外，几乎没有其他用于嵌入式软件开发的软件资源。现有的嵌入式操作系统仅可作为嵌入式软件运行时的支撑环境。

本章裸板轮询系统的交叉开发环境如图 2.10 所示。其中，Arm 开发工具（Arm Developer Suite，ADS）是 Metrowerks 公司开发的针对 Arm 处理器的集成开发环境，包含代码编辑器、编译器、连接器、调试器。图 2.10 中的宿主机、目标机是通过 J-LINK、串口连接的，其中，J-LINK 主要用于烧写和调试被调试程序（将要开发的轮询系统），而串口主要用于回显调试信息。需要注意的是：为了让 J-LINK 能正常工作，需要在 PC 上安装驱动 J-FLASH Arm；此外，如果宿主机是没有串口的笔记本电脑，还需在笔记本电脑的 USB 上外接一个 USB 转串口的工具，并安装相应驱动程序。这样，就可在 PC 上编写代码；然后用 ADS 将其编译、连接成具有 Arm 指令集的可执行程序，即被调试程序；再通过 J-LINK 将被调试程序烧写在 Mini2440 的 NOR FLASH 上（NOR FLASH 的起始地址是 0x00000000，开发板通电后程序计数器将指向这里，从该地址存放的指令开始运行）；最后，重新启动 Mini2440，被调试程序便可在目标机上运行，并且通过串口回显运行信息。

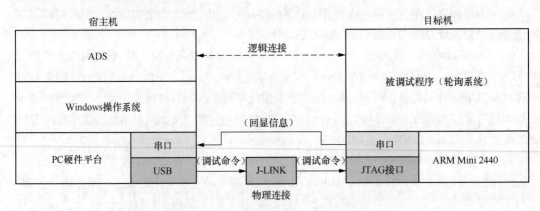

图 2.10 裸板轮询系统的交叉开发环境示意图

将 PC、Mini2440 和 J-LINK 连接好后，就可以在 ADS 下创建工程了，具体步骤如下。

（1）新建一个 ADS 工程，并命名（这里将工程命名为"MINE"，它是本章的示例工程），然后新建文件 my_2440_init.s（".s"表示该文件是由汇编语言编写的，因为此时开发板尚未初始化，只支持汇编语言）。创建好后，就将该文件添加到刚建立的 MINE 工程中，并在 debug、release 和 debugrel 这 3 个选项前打"√"，需要注意，工程名不能是中文，路径不能包含中文。

（2）设置 my_2440_init.s 文件编译、连接后生成的可执行文件的格式。将 ADS 菜单 Edit→DebugRel Settings→Linker→Arm formELF 中的 output format 输出形式设定为"plain binary"文件类型，扩展名为".bin"（不能是其他类型，此时的裸板程序只支持简单的二进制可执行文件，还不支持像 ELF 这样的高级文件格式）。

（3）在 my_2440_init.s 文件中输入将要编写的轮询系统汇编代码。如果代码编写完毕，并且编译成功，可以在 MINE 工程文件的 MINE_data→DebugRel 文件夹中发现生成了一个 MINE.bin 文件，该文件类型为"plain binary"。

（4）生成可执行文件后，就可通过 J-LINK 将可执行文件 MINE.bin 烧写到 Mini2440 的开发板中。此时，开发板跳线设置为 NOR FLASH 启动（NOR FLASH 的起始地址为 0x00000000），接上 J-LINK 后，插在底板的 JTAG 插座上，J-LINK 另一头接 PC 的 USB 接口（如图 2.10 所示）。

（5）开发板通电。

（6）打开之前在 PC 上安装的 J-FLASH Arm 工具，打开操作：开始→所有程序→SEGGER→JLINK Arm V4.08→JLINK Arm，该界面能将开发板上从地址 0x00000000 开始的内存数据显示出来，这里的地址 0x00000000 是第 4 步设置的 NOR FLASH 起始地址。

（7）单击 File→Open Project，打开 s3c2440a_embedclub.jflash，再在 ADS 的 Options→Project settings→Flash 下单击 Select flash device，选中 Mini2440 开发板对应的 NOR FLASH 芯片型号 S29AL016Dxxxxxxx2。

（8）单击 Target→Connect，连接宿主机和目标机。

（9）单击 File→Open，打开将要烧写的映像文件 MINE.bin。

（10）单击 Target→Program，弹出烧写确认对话框，选择确认，J-LINK 会先擦除 NOR FLASH，再将 MINE.bin 烧写在其从 0x00000000 开始的地址上。

（11）烧写完成后断电，并取下 J-LINK。

（12）重新通电，如果 MINE.bin 程序正确无误，Mini2440 上将会有所显示，例如，LED 被点亮。当然 Mini2440 的显示结果与开发人员的程序有关。再如，用户编写了一个裸板串口程序，并且希望通过 Mini2440 的串口是否正常工作来测试开发人员的程序，则需要在第（11）步之后，在 PC 和 Mini2440 之间通过通用异步接收发送设备（universal asynchronous receiver/transmitter，UART）连接（如图 2.10 所示）。如果程序正确无误，Mini2440 将会通过串口回显信息到 PC 的串口工具（如超级终端）；如果超级终端收到 Mini2440 的正确回显信息，程序开发成功；如果超级终端没有回显信息或者收到了错误的回显信息，程序开发失败，重新查错、修改代码，再回到第（3）步。

2.3 启动 Mini2440

交叉开发环境搭建好后，便可动手编码，编码的首要工作是什么呢？是用 Arm 汇编语言启动处理器 S3C2440A。

2.3.1 为什么需要启动

无论一个计算机系统由多少硬件设备组合而成，该系统能够运行的基础是，至少需要一个 CPU 和一个运行指令与数据的载体。这个载体叫作主存。当系统通电后，CPU 会在可以挂为主存的存储器上开始执行命令。CPU 通常从地址 0x0 处开始取指令执行，Mini2440 的 S3C2440A 芯片也是如此。当开发板通电后，CPU 的 PC 寄存器的值通过硬件机制被初始化为 0x0。

根据计算机组成原理，一切指令与程序都只能在主存上运行。主存价格较为昂贵，开发人员的程序通常又比较大，因此，开发人员的程序一般存储在外存中，而外存通常无法作为应用程序运行的载体。这样，当系统通电后，通过一些机制将应用程序从其他存储设备复制到主存上是十分重要的。此外，系统硬件设备不同，开机后所需要的硬件设备的配置也不同。所以，系统通电后，对各硬件控制器进行设置也是十分重要的。这些设置就是"告诉"CPU 现在系统运行的基本硬件设备的情况是怎样的，从而使 CPU 能正常、正确地使用各种设备。

上面的描述只是确保系统能够基本运行。启动代码的作用还可以随着需求的增加而扩大。例如，启动代码还可以包括开发板上各板级硬件和接口的驱动程序，这时的启动代码就具有了能够让应用程序使用开发板各资源的接口功能。BootLoader（如 Friendly Arm BIOS 2.0 或者 Supervivi）就是这样一类启动代码的很好诠释。

2.3.2 启动流程

启动代码是与硬件设备密切相关的，其流程与具体的硬件设备密不可分。本小节将以 Mini2440 的 S3C2440A 处理器为例讲述启动代码的流程。如图 2.11 所示，这里的启动代码只是一个能使 CPU 正常工作的最小系统，更为全面复杂的启动代码的流程与所需要注意的细节会在后面章节加以描述。

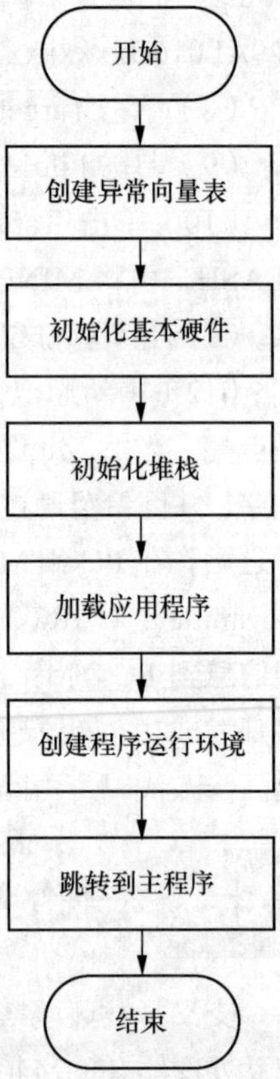

Mini2440 开发板有两种启动模式，一种是从 NOR FLASH 启动，另一种是从 NAND FLASH 启动。本小节以从 NAND FLASH 启动为例介绍。当 Mini2440 从 NAND FLASH 启动时，因为 NAND FLASH 无法作为程序运行的载体，所以 S3C2440A 芯片通过硬件机制将 NAND FLASH 的开始 4KB 的内容自动复制到 S3C2440A 芯片内部的 4KB 的 SRAM 上。并且 S3C2440A 芯片会自动将这 4KB 的 SRAM 映射为自身内存的 BANK0，将这 4KB 的内容映射到从 0x00000000 开始的地址上，然后处理器从 0x00000000 地址开始执行。

1. 创建异常向量表

当程序在 S3C2440A 芯片上运行发生异常时，程序计数器会自动跳转到主存最开始的地址：0x00000000（这里就是异常向量表的起始地址），然后通过专门的硬件机制定位到相应的异常向量。Arm 处理器内核一共定义了 7 种异常：复位异常、未定义指令异常、软中断异常、预取指终止异常、数据终止异常、中断请求（interrupt request，IRQ）异常、快速中断请求（fast interrupt request，FIQ）异常。具体描述如下。

（1）复位异常

当开发板复位时，S3C2440A 的 Arm920T 核将当前正在运行程序的程序状态寄存器（current program status register，CPSR）和 PC 存入管理模式下的程序状态保存寄存器（saved program status register，SPSR）与链接寄存器（link register，LR，也就是 R14）中。然后强制将 CPSR 的 M[4:0]位写为 10011（管理模式），并将 CPSR 的 I 位与 F 位均置 1（屏蔽 IRQ 与 FIQ），将 CPSR 的 T 位清 0（进入 Arm 指令模式）。之后，强制将 PC 的值设为 0x0，让 CPU 从 0x0 开始取指执行命令，这时 CPU 运行在 Arm 状态。

（2）未定义指令异常

当 Arm920T 遇到一个无法处理的指令时，未定义指令异常发生。当前运行程序的下一条指令的地址会被保存到相应模式下的 LR（R14）中，CPSR 被保存到相应的 SPSR 中，然后 CPSR 的 M[4:0]被设置为相应的模式值，并且 PC 被强制赋值为 0x4（因为 Arm9 是 32 位的指令集，每条指令占用 4B 的空间）。此时 CPSR 的中断位可能会被置 1，这里"可能"的意思是与异常的类型有关（如复位异常时一定要置 1）。不同异常将使 S3C2440A 芯片采取不同的

开始

↓

创建异常向量表

↓

初始化基本硬件

↓

初始化堆栈

↓

加载应用程序

↓

创建程序运行环境

↓

跳转到主程序

↓

结束

图 2.11 启动代码的流程

行动。如果在这些异常处理中允许中断嵌套，则手动将 I 位清 0；不允许则置 1，以下各个异常均类似。

（3）软中断异常

当软中断指令 SWI 被执行时，软中断异常发生。当软中断异常发生时，Arm920T 采取与未定义指令异常类似的措施，只是相应的设置值变为软中断异常所需要的值，即 PC 取值为 0x8。软中断是用户模式切换到特权模式的唯一途径，软中断会将程序带到管理模式下，这样，程序就可以对更多的寄存器（特别是 CPSR）有修改的权利。软中断通常用来实现特权模式下的系统调用功能。

（4）预取指终止异常

当在一条指令的预取指片段执行失败（通常为内存读取错误）时，预取指终止异常发生，Arm920T 对各寄存器的设置与上述异常发生时的设置类似，但 PC 取值为 0xC。预取指终止异常只在该指令进入流水线时（也就是该指令被预取指时）发生，但是如果引发该异常的指令没有被执行，程序是不会终止去处理异常的，因为有可能在之前有跳转指令被执行，从而跳过了该指令。

（5）数据终止异常

当读取数据发生内存错误时，数据终止异常发生。Arm920T 采取与上述异常处理类似的措施，但 PC 取值为 0x10。当发生数据终止异常时，在异常处理函数中应注意发生变化的寄存器值，具体请参考 S3C2440A 的芯片手册。

（6）IRQ 异常

当 CPU 接收到外部设备发出的中断请求时，IRQ 异常发生。这时 Arm920T 采取与上述异常处理类似的操作，但 PC 取值为 0x18。IRQ 异常会在 FIQ 异常中被屏蔽。在 IRQ 异常处理函数中，建议手动指明该中断是否能嵌套。

（7）FIQ 异常

FIQ 异常是为数据传输与处理提供的快速中断通道。当 FIQ 异常发生时，Arm920T 采取与上述类似的操作，但是 PC 取值为 0x1C。FIQ 异常将进入快速中断模式，在此模式下，Arm 提供了更多的专用寄存器，这样就为中断处理节省了寄存器保护入栈的时间。

以上 7 种异常中，有 2 种对应于中断：中断模式、快速中断模式。快速中断的优先级比一般中断高。当发生中断和快速中断时，程序计数器将会跳到指定的地址开始执行，这就为发生中断后执行相应的中断服务提供了可能。

代码 2.1 是建立异常向量表的过程，其中第一个指令通常存放在主存的零地址（0x0）。异常向量表存放的都是汇编跳转指令，这些指令从主存的零地址开始连续存储在内存中（每条指令长度为 4B），如图 2.12 所示。当发生对应的异常时，PC 将通过硬件机制跳到相应异常向量对应的地址开始执行。因为这一跳转由硬件机制实现，所以当产生异常时，所有跳转的地址都是在 CPU 芯片生产时就被确定且无法更改的（也有一些芯片生产商提供可编程的异常向量表，可通过代码即软件的方式，改变异常向量表的初始地址）。并且这些跳转指令都是单条指令连在一起的，所以无法在原地实现中断服务程序（中断服务程序需要通过一系列指令来完成），这也是异常向量表中的代码都是跳转指令的原因。这样，当产生异常时，通过硬件跳转到一个确定的地址，再通过跳转指令跳转到一个异常处理程序的起始地址。

代码 2.1　内核层中断初始化（ ···\中断\key_interruption\src\ my_2440_init.s ）

```
b    Reset       ;                                              L(1)
b    Undef       ;                                              L(2)
b    SWI         ;                                              L(3)
b    PreAbort    ;                                              L(4)
b    DataAbort   ;                                              L(5)
b    .           ; 保留                                          L(6)
b    IRQ         ; 中断模式的入口地址, 当产生中断后, PC 会自动通过硬    L(7)
                 ; 件机制跳到该地址, 然后执行从该地址开始的代码
b    FIQ         ; 快速中断模式的入口地址, 当产生中断后, PC 会自动通过   L(8)
                 ; 硬件机制跳到该地址, 然后执行从该地址开始的代码
```

代码 2.1 中的标志符 Reset、Undef、SWI、PreAbort、DataAbort、IRQ 和 FIQ 都代表一个地址。该地址就是跳转指令需要跳转的地址，指向各异常服务程序的起始地址。这些标志符的定义和使用在不同的汇编编译器下是不同的。在本章中，这些标志符的语法格式是 ADS1.2 编译器规定的。

2. 初始化基本硬件

因为不同的嵌入式处理器集成的硬件设备不一样，所以硬件的初始化也是千变万化的。在 Mini2440 开发板上，如果设置从 NAND FLASH 启动，则最开始的启动代码大小不能超过 4KB（原因见 2.3.2 小节的开始部分）。所以，在这个阶段的硬件初始化，建议只对 CPU 和主存进行初始化（根据开发板上使用的外存不同，也有可能需要对外存进行必要的初始化），使 CPU 能运行，将更为完整的硬件初始化代码从外存复制到主存中执行。在硬件初始化阶段，不希望有中断打扰，毕竟硬件还没有设置完毕，中断的处理又怎能正常进行呢？硬件初始化流程如图 2.13 所示。

图 2.12　异常向量表在内存中的分布

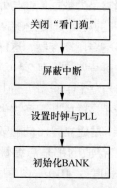

图 2.13　硬件初始化流程

（1）关闭"看门狗"

"看门狗"定时器（watch dog timer，WDT）是 S3C2440A 提供的一个计数器，简称"看门狗"。"看门狗"是防止程序"飞跑"的一种监测机制。它需要在一个设定的时间（脉冲）内向程序发送一个"喂狗"的脉冲信号，如果超出了该设定值，"看门狗"就会发出一个复位信号，让程序复位。如果不关闭"看门狗"，启动程序在一定的时间内就需要去"喂狗"，这样不仅增加了代码量，还浪费了系统的宝贵资源，因为在启动程序中是不会涉及大量数据运算

和长时间循环的，所以"看门狗"的机制在启动程序中没有帮助，应该关闭（S3C2440A 芯片的"看门狗"通电时默认为激活状态）。关闭"看门狗"的操作很简单，如代码 2.2 所示。关于"看门狗"寄存器的详细设置，请参考 S3C2440A 的芯片手册。

代码 2.2 关闭"看门狗"（…\中断\key_interruption\src\ my_2440_init.s）

```
WTCON EQU 0x53000000

LDR R0, =WTCON
MOV R1, 0x00000000
STR R1, [R0]
```

（2）屏蔽中断

在初始化阶段，屏蔽中断的必要性显而易见。CPU 等硬件初始化是一切服务的基础，在完成初始化以前，中断是没有意义的。其实，在复位异常发生后，Arm920T 已经通过硬件机制将 CPSR 中的 I 位与 F 位置 1，屏蔽了中断。为了代码更具通用性、严整性与逻辑性，这里给出了通过代码设置中断控制器相关寄存器来屏蔽中断的方式。屏蔽中断如代码 2.3 所示。

代码 2.3 屏蔽中断（…\中断\key_interruption\src\ my_2440_init.s）

```
INTMSK     EQU 0x4A000008
INTSUBMSK EQU 0x4A00001C


    ldr r0,=INTMSK
    ldr r1,=0xFFFFFFFF
    str r1,[r0]

    ldr r0,=INTSUBMSK
    ldr r1,=0x7FFF
    str r1,[r0]
```

注意：如果通过代码屏蔽中断，在启动完所加载的应用程序并需要使用中断处理或实现一些中断服务程序时，一定要重新开启中断，否则用户的中断将不会得到响应。

（3）设置时钟与 PLL

S3C2440A 芯片为用户提供了多个 CPU 频率与多个相应的高级高性能总线（advanced high-performance bus，AHB）频率和外围总线（advanced peripheral bus，APB）频率。在启动代码中，选择所需的频率来配置 CPU 是必要的。不同的芯片时钟的设置方法不同，需要注意的细节不同，因此需要的代码也就不一样。正如本小节开始时提到的：启动代码与硬件密切相关，代码随着硬件的不同而不同，具体的代码编写应严格参照硬件商提供的数据手册。

在 S3C2440A 芯片中，所有器件的时钟源均来自一个 12MHz 的外部晶体振荡器（这一时钟源通过设置 CPU 引脚跳线来确定）。CPU 的高频率时钟信号是通过锁相环(phase locked loop，PLL）电路模块将 12MHz 频率提升后得到的，AHB 与 APB 的时钟频率是通过设置与 CPU 时钟频率的比值得到的。S3C2440A 芯片提供了两个 PLL：MPLL 和 UPLL。

MPLL 是用于 CPU 及其他外围器件的，UPLL 是用于 USB 的。

MPLL 产生 3 种频率：FCLK、HCLK、PCLK，其用途如下。

① FCLK 为 CPU 提供时钟信号，S3C2440A 最大支持 400MHz 的主频，可以通过设定

MPLL、UPLL 寄存器来设定 CPU 的工作频率。

② HCLK 为 AHB 提供时钟信号，主要用于高速外设，例如，内存控制器、中断控制器、液晶显示器（liquid crystal display，LCD）控制器、直接存储器访问（direct memory access，DMA）。

③ PCLK 为 APB 提供时钟信号，主要用于低速外设，例如，"看门狗"、UART 控制器、I^2S、I^2C、SD 卡（secure digital memory card）/多媒体卡（multi media card，MMC）、GPIO、实时时钟（real-time clock，RTC）和串行外设接口（serial peripheral interface，SPI）。

UPLL 专门用于驱动 USB Host、USB Device，并且驱动 USB Host/Device 的频率必须为 48MHz。在设置 MPLL 和 UPLL 时，必须先设定 UPLL，然后才能设定 MPLL，而且中间需要若干空操作指令（NOP）的间隔。

设置时钟与 PLL 时，需要用到的寄存器主要有：锁定时间计数寄存器 LOCKTIME、MPLL 配置寄存器 MPLLCON、UPLL 配置寄存器 UPLLCON、时钟分频器控制寄存器 CLKDIVN。

① LOCKTIME 寄存器。LOCKTIME 寄存器使用与设置的原因是与 PLL 的硬件特征有关的。因为当 PLL 启动后需要一定的时间才能够稳定工作，所以在向 CPU 与 USB 外部总线提供时钟频率之前，需要锁定一段时间以等待 PLL 能正常工作，LOCKTIME 寄存器的描述如表 2.1 和表 2.2 所示。根据 S3C2440A 的数据手册，MPLL 与 UPLL 所需的等待时间应该大于 300μs，将其设置为默认值 0xFFFF 即可。

表 2.1 LOCKTIME 寄存器（1）

寄存器	地址	读写	描述	复位值
LOCKTIME PLL	0x4C000000	R/W	锁定时间计数寄存器	0xFFFFFFFF

表 2.2 LOCKTIME 寄存器（2）

LOCKTIME	位	描述	初始值
U_LTIME	[31:16]	UPLL 对于 UCLK 的锁定时间计数值	0xFFFF
M_LTIME	[15:0]	MPLL 对于 FCLK、HCLK、PCLK 的锁定时间计数值	0xFFFF

② MPLLCON 与 UPLLCON 寄存器。MPLLCON 与 UPLLCON 寄存器是用来设置 CPU 频率与 USB 频率相对外部晶体振荡器频率的倍数参数的，即设置相应频率大小。MPLLCON、UPLLCON 寄存器的相关信息如表 2.3 所示。具体参数的设置详见 S3C2440A 芯片手册、代码 2.4 及后文的相关解释。值得注意的是：虽然两个 PLL 默认是启动的，但是两个 PLL 在 MPLLCON 与 UPLLCON 寄存器的值没有重新写入之前不会工作。所以，即使默认启动，也需要在启动代码中给这两个寄存器赋默认值。另外，S3C2440A 芯片规定，在需要设置 MPLLCON 与 UPLLCON 寄存器时，应该先设置 UPLLCON，再设置 MPLLCON，并且在设置这两个寄存器的代码之间需要 7 个 NOP 指令，如代码 2.4 所示。

表 2.3 MPLLCON 与 UPLLCON 寄存器

寄存器	地址	读写	描述	复位值
MPLLCON	0x4C000004	R/W	MPLLCON 寄存器	0x00096030
UPLLCON	0x4C000008	R/W	UPLLCON 寄存器	0x0004D030

③ CLKDIVN 寄存器。CLKDIVN 寄存器用于设置 CPU、AHB 和 APB 频率的比值，相关信息如表 2.4、表 2.5 所示，具体值的设置详见 S3C2440A 芯片手册和代码 2.4。这里需要注意的是，当 AHB 与 CPU 的频率比不为 1∶1 的时候，CPU 的总线模式应该从快速总线模式切换到异步总线模式。如果不切换，CPU 将以 AHB 的频率运行。

表 2.4　CLKDIVN 寄存器（1）

寄存器	地址	读写	描述	复位值
CLKDIVN	0x4C000014	R/W	时钟分频器控制寄存器	0x00000000

表 2.5　CLKDIVN 寄存器（2）

CLKDIVN	位	描述	初始值
DIVN_UPLL	[3]	UCLK 选择寄存器（UCLK 必须对 USB 提供 48MHz） 0：UCLK=UPLL 时钟，UPLL 时钟被设置为 48MHz； 1：UCLK=UPLL 时钟/2，UPLL 时钟被设置为 96MHz	0
HDIVN	[2:1]	00：UCLK=FCLK/1； 01：UCLK=FCLK/2； 10：UCLK=FCLK/4，当 CAMDIVN[9]=0； 　　UCLK=FCLK/8，当 CAMDIVN[9]=1； 11：UCLK=FCLK/3，当 CAMDIVN[8]=0； 　　UCLK=FCLK/6，当 CAMDIVN[8]=1	00
PDIVN	[0]	0：PCLK 是和 HCLK/1 相同的时钟； 1：PCLK 是和 HCLK/2 相同的时钟	0

根据前面的描述，便可设置时钟与 PLL，如代码 2.4 所示。

代码 2.4　设置时钟与 PLL（…\中断\key_interruption\src\ my_2440_init.s）

```
INTMSK      EQU 0x4A000008
INTSUBMSK EQU 0x4A00001C


    ldr   r0,=INTMSK
    ldr   r1,=0xFFFFFFFF
    str   r1,[r0]


    ldr   r0,=INTSUBMSK
    ldr   r1,=0x7FFF
    str   r1,[r0]
    ; there is a simpler way to disable all interrupt instead of method
    ; above, but doing such would make your startup routine tricky for enabling
    ; interrupts in user and system mode


; set CPU clock,
; referring to the manual of S3C2440 to look up the desired clock
; setting values for your needs
U_MDIV   equ 56
U_PDIV   equ 2
U_SDIV   equ 2                ; Fin=12MHz, UPLL = 48MHz, 将 UPLL 设置成 48
```

```
M_MDIV    equ 68
M_PDIV    equ 1
M_SDIV    equ 1                 ; Fin=12MHz, MPLL = 304MHz，将 MPLL 设置成 304
CLKDIVN_VAL equ 7              ; 分频比设为 1∶3∶6
                   ;FCLK:HCLK:PCLK 0=1:1:1, 1=1:1:2, 2=1:2:2, 3=1:2:4,
                   ;4=1:4:4, 5=1:4:8, 6=1:3:3, 7=1:3:6


                   ;set lock time
    ldr r0, =LOCKTIME
    ldr r1, =0xFFFFFFFF                                              L(1)
    str r1, [r0]


                   ;set UPLL clock
    ldr r0,=UPLLCON
        ;set the value of UPLLCON acorrding to the following formula
    ldr r1,=(U_MDIV<<12)+(U_PDIV<<4)+U_SDIV                          L(2)
    str r1,[r0]
    nop                                                             L(3)
    nop
    nop
    nop
    nop
    nop
    nop
    ; 7 nop instructions needs to be performed between setting UPLL
    ; and setting MPLL,
    ; and UPLL has to be set before setting MPLL when you need to confirm both
    ; UPLL and MPLL, acorrding to the S3C2440A manual
                   ; set MPLL clock
    ldr r0,=MPLLCON
    ldr r1,=(M_MDIV<<12)+(M_PDIV<<4)+M_SDIV                          L(4)
    str r1,[r0]


    ; set the (FCLK:HCLK:PCLK) division
    ldr r0,=CLKDIVN
    ldr r1,=CLKDIVN_VAL                                              L(5)
    str r1,[r0]


    [ CLKDIVN_VAL>1              ; means (FCLK:HCLK) is not(1:1)
    mrc p15,0,r0,c1,c0,0
    orr r0,r0,#0xc0000000
    mcr p15,0,r0,c1,c0,0        ; set asynchronouse bus


    mrc p15,0,r0,c1,c0,0
    bic r0,r0,#0xc0000000
    mcr p15,0,r0,c1,c0,0        ; set synchronouse bus
    ]
```

嵌入式系统设计——基于 Arm 处理器的进阶式项目实战

代码 2.4 L(1)设置 LOCKTIME 的值，LOCKTIME 分别设定了 UPLL 对于 UCLK 的锁定时间计数值和 MPLL 对于 FCLK、HCLK、PCLK 的锁定时间计数值，在设定 UCLK 与 MPLL 的相关值之前，先将 LOCKTIME 寄存器进行初始化——复位。

代码 2.4 (L2)设置 UPLLCON 寄存器的值，公式如下：

$$UCLK=UPLLCON \tag{2.1}$$
$$UPLLCON = (m \times Fin) / (p \times 2s) \tag{2.2}$$
$$m = (MDIV + 8), \quad p = (PDIV + 2), \quad s = SDIV \tag{2.3}$$

Fin 为 12MHz 的外部晶振频率，由于 UPLL 为 USB 时钟，且必须设置为 48MHz，因此通过查芯片手册，可知 M_MDIV= 56(0x38)（UPLLCON 的[19：12]位）、M_PDIV=2（UPLLCON 的[11：4]位）、M_SDIV=2（UPLLCON 的[3：0]位），这样可通过 r1=(M_MDIV<<12)+(M_PDIV<<4)+M_SDIV 得出配置值，并将该值写入 UPLLCON。

代码 2.4 (L3)使用了 7 个空指令，之前提到过，在设置 MPLL 和 UPLL 时，必须先设置 UPLL，然后才能设置 MPLL，而且中间需要若干空指令的间隔，这里选择 7 个。

代码 2.4 (L4)设置 MPLLCON 寄存器的值，公式如下：

$$FCLK=MPLLCON \tag{2.4}$$
$$MPLLCON = (2 \times m \times Fin) / (p \times 2s) \tag{2.5}$$
$$m = (MDIV + 8), \quad p = (PDIV + 2), \quad s = SDIV \tag{2.6}$$

同样，这里的 Fin 为 12MHz 的外部晶振频率。由于需要将 MPLL 的频率设置为 304MHz，所以通过查芯片手册，可知 U_MDIV=68、U_PDIV=1、U_SDIV=1。由此，便可通过 r1=(U_MDIV<<12)+(U_PDIV<<4)+U_SDIV 得到 MPLLCON 寄存器的值。这样设置与开发人员的需求有关，例如，如果开发人员需要设计一个裸板 UART 驱动程序，并希望 UART 的波特率为 115200（因为串口发送时会有一定的错误率，该错误率要在容错率范围内），则至少需要一个超过 50MHz 的时钟频率（PCLK，波特率与 PCLK 之间的转换关系请参考芯片手册），根据代码 2.4 (L5)设置的分频比：PCLK=FCLK/6，所以 PCLK 至少需要 300MHz。这样通过公式(M_MDIV<<12)+(M_PDIV<<4)+M_SDIV 及其参数设置，可设置 FCLK 为 304MHz，符合 UART 波特率为 115200，进而达到传输容错率的要求。

代码 2.4 (L5)设置分频比，即 FCLK：HCLK：PCLK=1：3：6，根据表 2.5，CLKDIVN 的 0~2 位应该设置为"111"，即 CLKDIVN_VAL 的值为 7。

（4）初始化 BANK

S3C2440A 芯片配置了 8 个 BANK，每一个 BANK 的大小最大为 128MB，如表 2.6 所示，每一个 BANK 的访问宽度都是可调整的（8 位/16 位/32 位）。BANK0 到 BANK5 可以挂载 ROM 与 SRAM，BANK6 和 BANK7 可以都挂载 SDRAM，也就是常说的内存。BANK0 到 BANK6 的起始地址是固定的，BANK7 的起始地址可变，紧随 BANK6 实际所挂载的内存之后。如果 BANK7 挂载了内存，BANK6 与 BANK7 实际挂载的内存大小必须一样。BANK6 的起始地址为 0x30000000，Mini2440 开发板的内存挂载在 BANK6，所以 Mini2440 的内存起始地址为 0x30000000，这也是 CPU 启动后，应用程序将被加载到的地方。在应用程序被加载到内存并运行前，必须对 BANK 进行初始化，确定 8 个 BANK 的内存分布，完成内存刷新频率等设置。

表 2.6　S3C2440A 内存分配

寄存器	地址	描述
BANKCON0	0x48000004	BANK0 控制寄存器
BANKCON1	0x48000008	BANK1 控制寄存器
BANKCON2	0x4800000C	BANK2 控制寄存器
BANKCON3	0x480000010	BANK3 控制寄存器
BANKCON4	0x480000014	BANK4 控制寄存器
BANKCON5	0x480000018	BANK5 控制寄存器
BANKCON6	0x48000001C	BANK6 控制寄存器
BANKCON7	0x480000020	BANK7 控制寄存器

对 BANK 的初始化依赖于系统所使用的内存，Mini2440 开发板使用的内存型号为 HY57V561620(L)T。BANK 的设置可参考 HY57V561620(L)T 的数据手册，需要设置的寄存器可参考 S3C2440A 芯片手册。这里重点关注总线宽度和等待状态控制寄存器，相关信息如表 2.7 所示，另外 BANK 控制寄存器的相关信息如表 2.8 所示。

表 2.7　总线宽度和等待状态控制寄存器

寄存器	地址	描述	复位值
BWSCON	0x48000000	总线宽度和等待状态控制寄存器	0x00000000

表 2.8　BANK 控制寄存器

寄存器	地址	复位值	寄存器	地址	复位值
BANKCON0	0x48000004	0x0700	BANKCON4	0x48000010	0x0700
BANKCON1	0x48000008	0x0700	BANKCON5	0x48000014	0x0700
BANKCON2	0x4800000C	0x0700	BANKCON6	0x4800001C	0x0700

代码 2.5 是对 BANK 进行设置，参数存放在一段连续的内存空间中，起始地址为 SMRDATA，大小为 52B（一共包括了 13 条记录，每条 4B，分别是"**DCD…**"）。设置 BANK 时，逐一从 SMRDATA 地址开始，读出每一条记录，将其中的参数写入 BANK 的寄存器 BWSCON，从而完成 BANK 的设置。

代码 2.5　初始化 BANK（…\中断\key_interruption\src\ my_2440_init.s）

```
;set up the memory configuration
;GCS0->SST39VF1601        (NOR FLASH)
;GCS1->16c550             (Registers of UART)
;GCS2->IDE                (Registers of IDE interface)
;GCS3->CS8900             (Registers of Network card )
;GCS4->DM9000             (Registers of Network card )
;GCS5->CF Card            (Registers of CF Card )
;GCS6->SDRAM
;GCS7->unused

    adrl  r0, SMRDATA
    ldr   r1,=BWSCON        ;BWSCON Address
```

嵌入式系统设计——基于 Arm 处理器的进阶式项目实战

```
        add   r2, r0, #52     ;End address of SMRDATA
0
        ldr   r3, [r0], #4
        str   r3, [r1], #4
        cmp   r2, r0
        bne   %B0


SMRDATA
        ; Memory configuration should be optimized for best performance
        ; The following parameter is not optimized.
        ; Memory access cycle parameter strategy
        ; 1. The memory settings is safe parameters even at HCLK=75MHz.
        ; 2. SDRAM refresh period is for HCLK<=75MHz.

        DCD (0+(B1_BWSCON<<4)+(B2_BWSCON<<8)+(B3_BWSCON<<12)+(B4_BWSCON<<16)+
        (B5_BWSCON<<20)+(B6_BWSCON<<24)+(B7_BWSCON<<28))            L(1)
        DCD ((B0_Tacs<<13)+(B0_Tcos<<11)+(B0_Tacc<<8)+(B0_Tcoh<<6)+(B0_Tah<<4)+
        (B0_Tacp<<2)+(B0_PMC))                        ;GCS0        L(2)
        DCD ((B1_Tacs<<13)+(B1_Tcos<<11)+(B1_Tacc<<8)+(B1_Tcoh<<6)+(B1_Tah<<4)+
        (B1_Tacp<<2)+(B1_PMC))                        ;GCS1
        DCD ((B2_Tacs<<13)+(B2_Tcos<<11)+(B2_Tacc<<8)+(B2_Tcoh<<6)+(B2_Tah<<4)+
        (B2_Tacp<<2)+(B2_PMC))                        ;GCS2
        DCD ((B3_Tacs<<13)+(B3_Tcos<<11)+(B3_Tacc<<8)+(B3_Tcoh<<6)+(B3_Tah<<4)+
        (B3_Tacp<<2)+(B3_PMC))                        ;GCS3
        DCD ((B4_Tacs<<13)+(B4_Tcos<<11)+(B4_Tacc<<8)+(B4_Tcoh<<6)+(B4_Tah<<4)+
        (B4_Tacp<<2)+(B4_PMC))                        ;GCS4
        DCD ((B5_Tacs<<13)+(B5_Tcos<<11)+(B5_Tacc<<8)+(B5_Tcoh<<6)+(B5_Tah<<4)+
        (B5_Tacp<<2)+(B5_PMC))                        ;GCS5
        DCD ((B6_MT<<15)+(B6_Trcd<<2)+(B6_SCAN))      ;GCS6
        DCD ((B7_MT<<15)+(B7_Trcd<<2)+(B7_SCAN))      ;GCS7
        DCD((REFEN<<23)+(TREFMD<<22)+(Trp<<20)+(Tsrc<<18)+(Tchr<<16)+
        REFCNT)                                                     L(3)
        DCD 0x32       ;SCLK power saving mode, BANKSIZE 128MB/128MB L(4)
        DCD 0x30       ;MRSR6 CL=3clk                                L(5)
        DCD 0x30       ;MRSR7 CL=3clk                                L(6)
```

代码 2.5 L(1) 设置 BWSCON 的值为 0x22000000,对 BANK6 与 BANK7 使用 UB/LB。L(2) 将 BANKCON0~7 控制寄存器复位。L(3)对应写入 REFRESH 位,使刷新使能有效,并通过其[10:0]位确定 SDRAM 刷新计数值。L(4)设置 S3C2440A 内核突发操作使能有效、SDRAM 节能模式使能有效,BANK6、BANK7 存储分布为 128MB/128MB。L(5)设置 MRSR6 模式寄存器。L(6)设置 MRSR7 模式寄存器。

3．初始化堆栈

因为 Arm 有 7 种不同的工作模式,各模式都使用公用的通用寄存器,所以在模式切换后,有必要将前一种模式时通用寄存器上的数据保存,以便模式切换回来后通用寄存器能正常运行。这时,不同模式下的堆栈就发挥保护现场的作用。因为 Arm 在不同模式下都有专用的堆栈指针,所以每个模式的堆栈初始化只需将堆栈指针赋值为预先确定好的一个固定的、与各模式相对应的地址（该地址可由用户指定）。值得注意的是，在 Mini2440 开发板复位和通电时，Arm920T 所处的工作模式都是管理模式；又因为在进行各模式的系统堆栈初始化时，需要分别进入各个工作模式进行初始化，所以，将管理模式的系统堆栈初始化放在最后，以保证前后模式运行一致。初始化堆栈如代码 2.6 所示。

代码 2.6 初始化堆栈（…\中断\key_interruption\src\ my_2440_init.s）

```
USERMODE        equ        0x10
FIQMODE         equ        0x11
IRQMODE         equ        0x12
SVCMODE         equ        0x13
ABORTMODE       equ        0x17
UNDEFMODE       equ        0x1B
MODEMASK        equ        0x1F


;initialize stacks for each operating mode
    ;set undefstack
    mrs r0, cpsr
    bic r0, r0, #MODEMASK
    orr r0, r0, #UNDEFMODE
    msr cpsr_c, r0
    ldr sp, =UndefStack


    ;set abortstack
    mrs r0, cpsr
    bic r0, r0, #MODEMASK
    orr r0, r0, #ABORTMODE
    msr cpsr_c, r0
    ldr sp, =AbortStack


    ;set irqstack
    mrs r0, cpsr
    bic r0, r0, #MODEMASK
    orr r0, r0, #IRQMODE
    msr cpsr_c, r0
    ldr sp, =IRQStack


    ;set fiqstack
    mrs r0, cpsr
    bic r0, r0, #MODEMASK
    orr r0, r0, #FIQMODE
    msr cpsr_c, r0
    ldr sp, =FIQStack


    ;set svcstack
    mrs r0, cpsr
    bic r0, r0, #MODEMASK
    orr r0, r0, #SVCMODE
```

```
        msr cpsr c, r0
        ldr sp, =SVCStack


        ;set user and system stack;this mode is not used
        ;mrs r0, cpsr
        ;bic r0, r0, #MODEMASK
        ;orr r0, r0, #USERMODE
        ;msr cpsr_c, r0
        ldr sp, =UserStack
```

代码中 CPSR_c 表明所做的操作只影响 CPSR 的控制位，即 CPSR[7:0]。StackUnd、StackAbt、StackIrq、StackFiq、StackSys、StackSvc 是各个运行模式相应堆栈指针初始地址的宏定义，即各个模式的堆栈基址。值得注意的是，这里并没有定义用户模式的堆栈，因为在 Arm 中用户模式与系统模式使用的是相同的寄存器，系统模式与用户模式共用堆栈。

4．加载应用程序与创建程序运行环境

从严格意义上讲，这一小节的内容已不属于启动代码，可以说这部分的实现已归属为应用程序级别的内容。但是，将应用程序从 FLASH（如 NAND FLASH）加载（若应用程序是纯二进制可执行代码，加载过程仅仅是简单的复制；若是 ELF 格式的可执行代码，则加载要复杂很多，但这种加载已不属于板级初始化阶段的工作）到 RAM 的实现代码，是一定在启动代码中的。在此讲述这部分内容，旨在将一个可运行程序的启动、加载、运行的全过程简单呈现给出来。

应用程序的加载与运行环境的创建密不可分，在开始讲解如何实现这个步骤之前，需要先说明一些基本的脉络，否则，这一小节的内容就只是单纯的应用程序加载、运行环境创建的操作步骤说明书，不能达到学习和贯通相关知识的目的。

计算机系统的运行步骤是：CPU 到相应的内存地址去取回指令，然后译码并执行指令，再依次从下一个地址取指令、执行指令。程序是指令与数据的集合，运行程序就是 CPU 从程序中取出指令、执行指令，当需要时，再从程序中取得需要的数据。这一过程看似简单，但首先要完成应用程序的加载与运行环境的创建，才能确保程序的正常运行。

在 PC 环境下，用户使用的 PC 都安装了操作系统，应用程序的执行无非就是单击一个应用程序的快捷方式，然后程序就自动地运行，并且通常正常无误。但是，对于没有任何操作系统或裸板上的应用程序，应用程序的执行就会涉及许多步骤。这些步骤就是裸板启动代码在启动一个应用程序时要完成的任务。为了完成任务，编写启动代码的人员需要了解：在给定的 CPU 体系下，裸板应用程序的镜像文件的组成方式。这里的镜像文件就是可执行文件。

由 ADS 编译连接器生成的 Arm 镜像文件由一个或多个域组成。域有两种：加载域与运行域。加载域是指程序被加载到内存的地方，而运行域是程序在内存中具体运行时所占用的地方。一个域由一个或多个输出段组成，而一个输出段由一个或多个输入段组成。输入段的属性有 3 种：只读（read only，RO）、可读写（read write，RW）和零初始化（zero initialized，ZI，可读写但是未被初始化，且需要初始化为 0）。RO 代表一个源文件中的指令代码与常量，这些在程序中是不能被改变的，因此为 RO 属性。RW 代表一个源文件中已经被初始化的变量（全局变量），这些变量是可以修改与读取的，并且已经被初始化为确定的值。ZI 代表那些未被初始化且需要初始化为 0 的变量（其实 ZI 段在镜像文件中并不占空间，因为这些变量

的初始值都应该是零，无须在镜像文件中记录这些变量的初始值，只需要在后面应用程序运行环境的创建中将这一段的值全部清零即可）。一个简单裸板 Arm 镜像文件在外部存储器中的大致结构如图 2.14 所示。

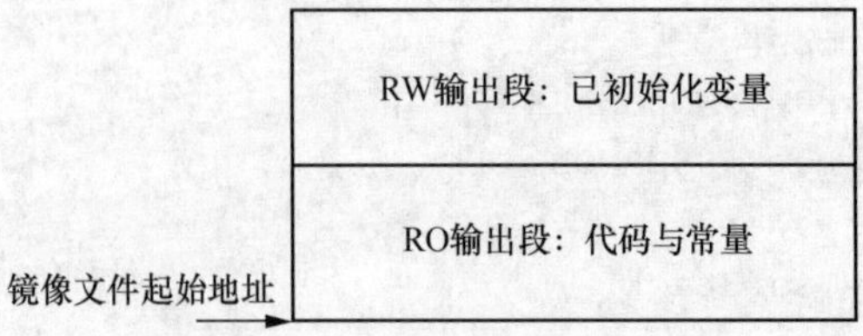

```
            ┌─────────────────────────────────────┐
            │  RW输出段: 已初始化变量              │
            │                                     │
            ├─────────────────────────────────────┤
            │                                     │
            │  RO输出段: 代码与常量                │
镜像文件起始地址 └─────────────────────────────────────┘
```

图 2.14　简单裸板 Arm 镜像文件在外部存储器中的大致结构

在该镜像文件结构中，ZI 段没有占应有的数据空间，只有一些必要的信息。RW 输出段通常是紧跟在 RO 输出段之后的，加载域的 RO 起始位置与运行时的起始位置相同（更为复杂的情况是允许的，但是，在复杂的镜像文件中，各个输出段之间的联系是通过一个独立的文件 Scatter 定义的，本小节只讨论简单情况）。但是当 Arm 镜像文件执行时，RW 段可以不与 RO 段连续，ZI 段是与 RW 段连续的。这样设计的原因在于，让应用程序能够充分使用系统有限的内存。因此，在用 ADS 编译裸板 Arm 启动程序的时候，会遇到如表 2.9 所示的参数设置。

表 2.9　镜像文件的参数

参数	地址
|Image$$RO$$Base|	RO 输出段运行时的起始地址
|Image$$RO&&Limit|	RO 输出段运行时的结束地址加 1
|Image$$RW$$Base|	RW 输出段运行时的起始地址
|Image$$RW$$Limit|	RW 输出段运行时的结束地址加 1
|Image$$ZI$$Base|	ZI 输出段运行时的起始地址
|Image$$ZI$$Limit|	ZI 输出段运行时的结束地址加 1

这些参数是由 ADS 编译器声明的，可在代码中通过 IMPORT 引入使用。通过对这些参数的注解可以看出，这些参数定义了程序在内存的哪一个部分运行，也就是运行域。这些参数可以在 ADS 的连接器中通过设置相应的选项（ro_base, rw_base）进行配置。在启动程序中，需要做的就是将在加载域的 Arm 镜像文件中对应的输出段"搬运"（复制）到表 2.9 所示的参数所设定的地址，并将 ZI 段内的内容清零。"搬运"工作就是应用程序的加载，相应数据的清零就是运行环境的创建。RW 段的"搬运"与 ZI 段的清零如代码 2.7 所示。

代码 2.7　RW 段的"搬运"与 ZI 段的清零（…\中断\key_interruption\src\ my_2440_init.s）

```
    IMPORT   |Image$$RO$$Base|   ; Base of ROM code
    IMPORT   |Image$$RO$$Limit|  ; End of ROM code (=start of ROM data)
    IMPORT   |Image$$RW$$Base|   ; Base of RAM to initialize
    IMPORT   |Image$$ZI$$Base|   ; Base and limit of area
    IMPORT   |Image$$ZI$$Limit|  ; to zero initialize


;Clear application ram data
    mov  r0,#0
    ldr  r2, BaseOfZero      ; Base of ZI
```

```
        ldr    r3  ,EndOfBSS                ; End of ZI

0
    Cmp  r2, r3
    strcc  r0, [r2], #4                ; Clear ZI
    bcc    %B0


BaseOfROM      DCD      |Image$$RO$$Base|
TopOfROM       DCD      |Image$$RO$$Limit|
BaseOfBSS      DCD      |Image$$RW$$Base|
BaseOfZero     DCD      |Image$$ZI$$Base|
EndOfBSS       DCD      |Image$$ZI$$Limit|
```

完成应用程序运行域的生成后，程序就可以开始运行了。读者可能有如下疑问：为什么一定要进行运行域的生成呢？能否将程序镜像直接复制到 RAM 后就开始运行？设置 |Image$$ZI$$Base| 等参数的目的是什么？在一般的基于操作系统的应用程序编程上，用户不必关心此类问题。

|Image$$ZI$$Base| 等参数的设置，是将应用程序不同属性的输出段放在 RAM 的相应位置，这样镜像不需要连续存放，就能更充分地利用有限的存储资源。这一点突出体现在裸板启动程序上，此时尚未启动任何硬件与软件支持，例如内存管理单元（memory management unit，MMU）。RAM 没有在虚拟内存模式下工作，也没有分页或分段等高级内存管理机制的支持，因此，在这样的条件下调用应用程序的加载就要涉及刚才提及的问题。另一个原因是：裸板环境下，用户的镜像文件是由裸板汇编、编译、连接的，连接后生成的代码与数据地址都需要绝对物理地址，而这些确切的地址要依靠 |Image$$ZI$$Base| 等参数来生成。所以，为了使应用程序代码与数据访问能正常进行，运行域的生成必不可少。当然，在有虚拟内存、分页管理或操作系统支持的环境下，应用程序编写就不一样了。因为涉及的具体运行域的生成规则会因不同的机制而不同，特别是在有操作系统的环境下，应用程序是建立和运行在操作系统之上的，所有的加载与运行过程都由操作系统完成。此外，不同操作系统要求的应用程序的格式会不一样，这也是同为二进制的可执行代码，Windows 操作系统的应用程序却无法在 Linux 操作系统下运行的原因。

本小节内容还包括将应用程序从 FLASH 复制到 RAM 的代码，对于这个代码，读者可自己用汇编语言编写，这里不赘述。此外，前面的堆栈初始化中提到，初始化的最后步骤是将 CPU 从管理模式下退出，所以在跳转到主程序之前，如有必要，可以将运行模式切换到系统所需的模式或用户模式。另外，在跳转到主程序之前，中断默认是屏蔽的，如果需要，可在跳转主程序之前或者在主程序中适当部分开启中断。

5. 跳转到主程序

跳转到主程序可通过一条 bl 指令完成，如代码 2.8 所示，my_MainLoop 就是 2.4 节将讨论的轮询系统的主循环入口。

代码 2.8　跳转到主程序（…\中断\key_interruption\src\ my_2440_init.s ）

```
bl  my_MainLoop                ; 跳转到主程序
```

不同的编译器提供了跳转到主程序的不同方法，本实例使用的是 ADS 编译器，具体内容可参看 ADS 开发手册。

2.4 轮询的实现

在轮询系统的应用程序中，为了响应某一外部事件，CPU 通过循环访问某一外设，来得知某一事件的发生并进行相应处理。虽然这样的方式也能实现对外部事件的响应，但是，这与中断是不同的：CPU 需要循环地访问外设以便得知事件的发生，这样，即使是在没有事件发生时，CPU 也无法进行其他工作。这也是在没有中断机制的情况下实现外部事件响应的方法。

本节描述一个具有轮询结构的应用程序的实现。2.1 节提到，轮询是一个非常简单的过程，CPU 一直处在循环中，不断判断某一事件是否发生。如果条件满足，则执行相应的代码，如果不满足，则继续循环判断。

代码 2.9 是一个 Mini2440 上的轮询系统的例子，Mini2440 配置了 4 个 LED 和 6 个按键。主程序是一个无限循环程序，其主要工作是依次检测 6 个按键（从按键 1 到按键 6）中的每一个是否被按下，如果某一按键被按下，将通过点亮不同的 LED 进行标示。

代码 2.9　简单轮询系统（…\中断\key_interruption\src\ MINE_2440key.c）

```
void my_MainLoop(void){
    rGPBCON &= ~(0xff<<10);
    rGPBCON |= (0x55<<10);                    //将 LED 作为输出设备
    rGPBDAT |= (0x0f<<5);
    rGPBDAT ^= (0x00<<5);                     //清 LED
    rGPGCON &= ~((0x3<<0) | (0x03<<6) | (0x03<<10) | (0x03<<12) |
    (0x03<<14) | (0x03<<22));                 //将按键 1~6 设为输入设备
    while(1){
        if(!(rGPGDAT & (0x01<<0))){           //判断按键 1 是否按下
            rGPBDAT |= (0x0f<<5);
            rGPBDAT ^= (0x01<<5);
        }
        if(!(rGPGDAT & (0x01<<3))){           //判断按键 2 是否按下
            rGPBDAT |= (0x0f<<5);
            rGPBDAT ^= (0x02<<5);
        }
        if(!(rGPGDAT & (0x01<<5))){           //判断按键 3 是否按下
            rGPBDAT |= (0x0f<<5);
            rGPBDAT ^= (0x03<<5);
        }
        if(!(rGPGDAT & (0x01<<6))){           //判断按键 4 是否按下
            rGPBDAT |= (0x0f<<5);
            rGPBDAT ^= (0x04<<5);
        }
        if(!(rGPGDAT & (0x01<<7))){           //判断按键 5 是否按下
            rGPBDAT |= (0x0f<<5);
            rGPBDAT ^= (0x05<<5);
        }
        if(!(rGPGDAT & (0x01<<11))){          //判断按键 6 是否按下
            rGPBDAT |= (0x0f<<5);
```

```
                                rGPBDAT ^= (0x06<<5);
                        }
                }
        }
```

rGPBCON 为 LED 的控制寄存器，rGPBDAT 为 LED 的数据寄存器，rGPGCON 为按键的控制寄存器。有关 rGPBCON、rGPBDAT 和 rGPGCON 的详细设置和使用，请参考 Mini2440 数据手册。

2.5 **本章小结**

本章详细讨论了一个最简单的单片机级别的嵌入式软件系统的结构、设计与实现。轮询系统的"简单"既是它的优点也是它的缺点。之所以说是优点，是因为"简单就是美"，代码精简、功能简单、结构清晰，所以被广泛用于一些简单的、性能要求不高的嵌入式系统。之所以说是缺点，是因为它不能快速响应用户的实时性请求，也不能接收轮询函数以外的其他新请求（系统工作后，就按轮询结构中的各函数依次、静态运行）。

习题 2

1. 什么是嵌入式软件交叉开发？比较宿主机和目标机的差异。

2. 如果在 Arm9 Mini2440 下开发裸板轮询系统，如何搭建其交叉开发环境？

3. Arm9 Mini2440 的启动步骤包括哪些？分别对各步骤进行简单说明。

4. 如果要让 Arm9 S3C2440A 工作于 50MHz 的时钟频率，如何设置相关寄存器？请给出从外部晶振频率到 50MHz 的时钟频率的计算过程。

5. Arm9 S3C2440A 的启动过程中，为什么要进行堆栈初始化？请给出系统模式下堆栈初始化的代码，并进行详细分析。

第二部分
设计一个前后台系统

轮询系统是结构最简单的嵌入式软件系统之一，但随着应用变得越来越复杂，轮询系统就难以满足要求了。

例如，轮询系统在运行过程中，如果用户有紧急请求，它是无法及时响应的。因为程序的运行流程是事先设计好的一个循环，只有当程序轮询到某个用户，而且该用户确实提出了请求，系统才能去处理。此外，对于轮询系统，用户很难与系统进行交互。

那怎么解决上述问题呢？一个简单的做法是，在轮询程序结构的基础之上，引入中断机制，设计一个前后台系统。

03
chapter

前后台系统

3.0 综述

本章将讨论前后台系统在 Mini2440 上的设计和实现。首先介绍前后台系统的概念、应用场景、运行方式、性能评估指标、前后台交互和典型系统举例。然后介绍中断、中断服务和 Arm 的中断机制。接下来带着 3 点疑问，分析一个 S3C2440A 中断服务。最后给出一个具体的实例和相应代码。

3.1 前后台系统简介

前后台系统也称为中断驱动系统，其软件结构的显著特点是运行的程序有前台和后台之分。在后台，一组程序按照轮询方式访问 CPU；在前台，当用户的实时请求到达时，首先向 CPU 触发中断，然后该请求被转交给后台（插入轮询环中的某个位置），按照后台的运行模式工作。因此，前台处理的是中断级别的事务，而后台处理的是非实时程序。

这种系统的一个极端情况是，后台是一个简单的循环，不做任何事情，所有其他工作都由中断服务程序完成，这是多任务系统的一种简单形式。但前后台系统与多任务系统存在本质差别：前者的中断事务是外部事件触发，通过中断服务程序实现，而后者的多任务通过内核的某种任务调度策略与机制来调度执行，并不直接由事件触发调度。

在前后台系统中，前台中断的产生与后台程序的运行在宏观上是并行的；中断由外部事件随机产生，而且绝大部分不可预知。此外，开发人员还必须解决前台中断与后台程序的资源共享问题。由于系统对外部事务的响应是由中断触发的，因此外部事务的响应时间比轮询方式的更短。

3.1.1 应用场景

除了较为复杂的实时应用之外，前后台系统能够满足几乎所有的应用要求。例如，绝大多数的单用户计算机系统都采用前后台系统，应用程序在该工作模式下通过中断方式得到 CPU 服务。

当前台没有中断请求时，后台按照轮询方式工作。当有新任务[①]到达时，新任务能够通过中断形式向系统提出请求，从而得到及时的响应。这样不会因系统响应不及时造成额外的损失。大多数情况是，中断只处理那些需要快速响应的事件，并且把输入/输出（input/output，I/O）设备的数据放到存储的缓冲区，再向后台发信号，其他的工作由后台来完成，例如对数据进行处理、存储、显示、打印。因此，在计算机与单用户交互、实时 I/O 设备控制的应用场合（可编程的定时器与控制器、精巧设备与终端等），前后台系统是首选的工作模式。但是，前后台系统不适用于以下场合。

（1）高速信号处理：在该应用中，对中断的处理所花费的开销往往是多余的，此时，若采用轮询方式，系统的效率会更高。

---

① 这里的任务是指用户请求执行的程序（routine），与 RTOS 内核的任务（task）是不一样的。与任务相关的内容将在第 4 章详细介绍。

（2）多个设备或多个用户请求 CPU 服务，此时应采用多任务系统。

3.1.2　运行方式

当外部事件触发一个中断时，前后台系统能快速做出响应，前后台系统的运行方式如图 3.1 所示。

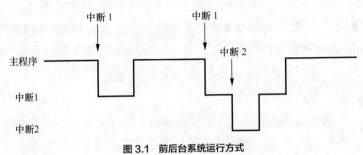

图 3.1　前后台系统运行方式

可以看出，中断不同于一般的过程调用：中断不能进行参数传递；中断与后台任务的数据通信完全通过共享存储的方式，这样必然导致多个任务竞争同一存储区。因此，前后台系统需要重点考虑的是中断的现场保护与恢复、中断嵌套、中断处理过程与主程序的协调（共享资源）等问题。

3.1.3　性能评估指标

衡量前后台系统性能的重要指标是响应时间。由于中断直接体现了系统对外部事件的响应速度，因此一般依据中断的执行情况来衡量系统性能。

中断的执行过程主要由中断延迟时间（interrupt latency time）、响应时间（response time）和恢复时间（recovery time）来反映，如图 3.2 所示。

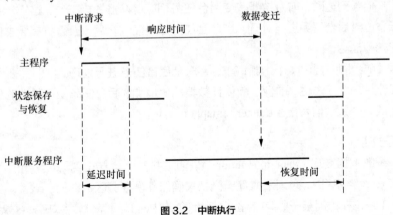

图 3.2　中断执行

其中，响应时间是指从中断发生到中断处理完成所需的时间；恢复时间是从中断处理完成到后台重新开始执行所需的时间；延迟时间是指中断请求到达到正式开始处理中断服务程序的等待时间。

1. 中断延迟时间

当中断发生时，中断服务程序并不一定能立即执行（中断响应），这将引起中断延迟，也可称为响应延迟。诱发中断延迟的主要原因包括：

（1）被中断的任务有指令正在执行，不能被中断；

（2）后台任务正在访问某一临界资源，此时中断被禁止；

（3）有更高优先级的中断正在执行；

（4）如果某一时刻，多个任务同时提出相同的中断请求，系统需要额外的开销决定中断的响应次序。

因此，某些情况下，中断延迟会占用响应时间相当大的比例。中断延迟时间专门反映中断延迟的程度。它特指从中断发生到系统获知中断，并且开始执行中断服务程序所需要的最大滞后时间。

2. 吞吐量

这里讨论的吞吐量（throughput）是前台中断级事务的吞吐量，即给定时间内系统处理中断级事务的总数。其大小依赖于中断响应时间和中断完成后的现场恢复时间。

由于中断时需要付出额外的开销（现场保护和恢复），因此在有较高吞吐量要求的场合，中断的事务处理是不合适的。此时，往往采用特殊的硬件（如 DMA）进行处理，或采用轮询方式。

3.1.4 前后台交互

在前后台系统中，某些情况下前台的中断级事务与后台的任务需要进行信息或数据的交互，简称前后台交互（interaction between levels）。通常有两种方式可供选择：同步信号和数据交互。

1. 同步信号

同步信号（synchronous signal）要求前台中断发送单比特的同步信号[1]给后台任务，具体实现是：当同步信号到达时，前台中断改变后台任务相应寄存器的标志位，这样，后台在轮询之下，根据标志位对后台任务进行处理。当后台任务处理完成之后，自行将其标志位置反，以等待新的同步信号到达。

某些时候，前台同时提出多个中断请求，要求某后台任务进行处理，此时需要设置一个计数器，而不仅仅是一个标志位。前台中断使计数器的值增加，后台任务使计数器的值减少，这样计数器就变成一个整型信号量（integer semaphore）。

2. 数据交互

前后台系统的数据交互（data interaction）是通过共享存储方式实现的。当前台的 ISR 与后台任务共享某一存储区时，必须采取互斥机制来确保共享存储区数据的一致性。当中断发生时，如果后台任务正在访问某一共享存储区，则前台的中断必须等待后台任务释放后才能得到响应，否则会存在死锁的可能。

3.1.5 典型系统

数据采集是工业控制过程中最重要的环节之一。这些数据有多种形式，常见的有电流电压

---

[1] 这里的同步信号在原理上与 RTOS 中任务之间的同步信号是一样的，有关 RTOS 任务之间同步的实现将在第 4 章详细讨论。

的模拟量、以二进制形式输入的开关量，以及以脉冲形式输入的脉冲信号。许多不同型号的 8 位 CPU 和 16 位 DSP 都可用于数据采集系统的硬件子系统。但对软件子系统而言，其基本结构几乎完全一样，即一个典型的前后台系统。

图 3.3 所示为这类系统的一种处理流程。该流程主要完成 4 项任务：系统初始化、数据采集、数据处理、数据发送。在许多系统中，与硬件直接交互的数据采集部分用汇编语言编写，对实时性要求较高，属于前台程序；而大量的浮点运算处理用 C 语言实现，属于后台；可能还有一些界面编程也属于后台，它们的实时约束较少。总体上讲，这类系统一般都是混合编程的。

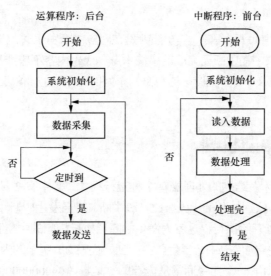

图 3.3　数据采集处理流程

3.2　中断和中断服务

由于前后台系统是中断驱动系统，本节首先从软件角度出发讨论中断的发生、响应及中断服务的注册。

本章讨论的是裸板程序（无操作系统环境下的开发板程序），中断服务的注册可在编写 C 语言代码时通过简单的赋值操作完成。在有操作系统的环境下，中断响应、处理措施各有不同，例如在保存现场时要保存的寄存器和对应的中断号，但是流程是大体相同的。

本章尚未涉及操作系统的概念，因此对中断服务程序与被中断程序之间的状态保存没有严格定义，并将保存工作交给 ADS 编译器处理。所以这里不会详细描述 CPU 中断机制的实现（这是硬件方面的知识，超出了本书范围）。但是，本章将简单介绍 S3C2440A 芯片的中断机制的流程、多中断的注册、中断响应的实现，并提供一段完整的前后台示例代码供参考。该前后台代码通过中断服务程序注册的方式实现后台运行一个跑马灯、前台响应按键中断的程序，当按下相应按键时由 LED 用二进制方式显示按键的号码。

3.2.1　中断

首先，中断是一种硬件机制，它是由硬件实现的，因此不是任何芯片都可以使用中断，只有那些实现了中断机制的芯片，才能使用中断。

对于软件人员来说，工作主要是在中断的硬件机制的基础上实现对中断的响应，也就是通常所说的中断服务。再进一步，就是设计出中断响应服务的抽象层，并通过一定的封装，将中断与中断服务通过中断号的概念结合起来，使中断服务的注册、执行、返回变得易于理解，易于使用高级语言实现和管理。

本章的例子因为没有涉及操作系统运行环境，故没有做中断响应抽象层的设计，但是，简单的多中断注册、响应、执行和返回是可独立实现的。

3.2.2　中断服务

中断服务为一段代码或一段程序，其功能就是在对应中断发生时，告诉 CPU 应该做什么。编写该程序的注意力应集中在中断要完成的事情本身，代码内容不应涉及与中断相关的操作，例如现场保护、现场恢复及中断管理等。这也是一个好的中断响应抽象层应为上层编程人员提供的服务。

3.3　Arm 的中断机制

第 2 章提到，Arm 体系结构的处理器有 7 种运行模式，其中有 2 种模式与中断相关：中断模式、快速中断模式。快速中断的优先级比一般中断高，当发生中断和快速中断时，程序计数器将会跳到指定的地址开始执行，这就为发生中断后执行相应的中断服务程序提供了可能。

在与 Arm 处理器相关的代码中，学生总会看到如代码 2.1 所示的内容。代码 2.1 是 Arm 处理器异常向量表，其中第一个指令通常从内存的零地址（0x00000000）开始。异常向量表都是汇编跳转指令，这些指令从内存的零地址开始连续存储在内存中。当发生某种异常时，PC 将通过硬件机制跳到相应异常位置，并在该地址开始执行（执行该处的跳转指令，跳转到真正的服务程序再执行）。因为该过程是通过硬件机制实现的，所以产生异常时，所有跳转的地址都是在 CPU 芯片生产时就确定的，无法更改，这也是异常向量表中的代码都是跳转指令的原因。

代码 2.1 中的标志符 Reset、Undef、SWI、PreAbort、DataAbort、IRQ 和 FIQ 都代表一个地址，该地址就是跳转指令需要跳转的地址。这些标志符的定义和使用在不同的汇编编译器中有所不同，在本章和第 2 章的例子中，使用的是 ADS1.2 编译器所规定的语法格式。

3.4　一个简单的 S3C2440A 中断服务

前文提到，当发生异常时，程序计数器会自动跳转到相应的地址，并执行对应的跳转指令。当产生中断 IRQ 时，程序计数器会跳转至代码 2.1 中 L(7) 的代码处并执行 "b IRQ" 指令，这条指令存放的内存地址是 0x18（见图 2.12）。

代码 3.1 中实现了一个简单的加法中断处理程序。代码 3.1 L(1) 为这段程序的标签 IRQ 标示了这段代码的入口，其他代码也可以通过该标签得到这段代码的入口地址；L(2)~L(4) 实现了一个简单的加法运算；L(5) 为一个原地循环。当有中断发生时，处理器就会响应并执行 IRQ 开始的代码，最后在 L(5) 处循环。

代码 3.1　简单的中断处理程序

```
IRQ                                                          L(1)
    mov    r0, #4                                            L(2)
    mov    r1, #5                                            L(3)
    add    r0, r0, r1                                        L(4)
           ; 清中断处理，这里略去
    b                                                        L(5)
```

在代码 3.1 中，有一段被注释掉了："清中断处理，这里略去"。这段被略去的代码执行的功能是在中断处理执行完后，引发这个中断的中断源清零，以免在中断处理退出后，CPU 以为又有对应的中断发生，而不断地执行同一段中断服务程序。具体的操作本章不作介绍，不同的芯片有不同的方法，可参考相应芯片手册。本书在很多方面无法向读者详细阐述，如有需要，可参阅更为基础的材料，例如，计算机组成原理、Arm 处理器结构、Arm 汇编语言等相关知识。

到这里，读者已经对整个中断的流程有了大致了解。但读者会发现，这个已经实现的中断处理过程尚有一些值得思考的地方。

问题 1——**中断返回**：代码 3.1 的中断服务程序执行完加法运算后就一直在原地循环，没有返回被中断程序的任何具体操作。那么中断服务程序执行完毕，如何返回被中断前的位置继续执行呢？

问题 2——**中断注册**：代码 3.1 并没有区分中断，对于所有的中断，其中断服务都是一个简单的加法。如何区分不同的中断源？如何让不同中断源触发其对应的中断服务程序？

问题 3——**状态保存和现场恢复**：代码 3.1 并没有涉及中断的状态保存和现场恢复。中断发生后如何保存现场和恢复现场呢？

针对以上 3 个问题，本节将逐一剖析。

3.4.1　中断返回

Arm 公司为各芯片厂商提供 CPU 芯片的体系结构，具体的实现和扩充由各大芯片厂商完成，细节上各有不同。在中断处理上，当发生中断时，S3C2440A 的实现细节如下。

（1）将被中断指令的下一个未执行指令的地址存入相应链接寄存器（LR）。LR 的值是（PC+4），这里的 PC 是当中断发生时没有得到执行的指令。

（2）将 CPSR 的值存入相应模式的 SPSR。

（3）将 CPSR 中对应于模式的位设为相应的中断模式的值，并禁用相应模式的中断，如果是快速中断模式，则禁用所有中断。

（4）将 PC 值设为异常向量表中相应的中断对应的指令地址。

针对问题 1，解决的关键是找到正确的返回地址。从上面描述的第（1）步可看出，在中断产生后，被唯一保存了的地址是 LR 里保存的值，该值是（PC+4），其中 PC 是被中断打扰而没有执行的指令的地址，那么，显而易见，返回的值也是这个 PC 的值，该值的大小是（LR–4）。至于为什么 LR 保存的是（PC+4）而不是 PC？这与 Arm 体系的流水线机制有关，由于篇幅有限，这里不做详细介绍，读者也可略过这部分，不影响本章的连续性。这样，解决了问题 1 后的代码变成了代码 3.2。

```
IRQ
    mov   r0, #4                                    L(1)
    mov   r1, #5                                    L(2)
    add   r0, r0, r1                                L(3)
          ; 清中断处理, 在这里略去
    sub   pc, lr, #4                                L(4)
```

代码 3.2 中, L(1)~L(3) 与代码 3.1 的对应行是一致的, 只有 L(4) 处的指令从原来的循环变为一个跳转指令。这个跳转指令是通过一个减法——将 LR 的值减 4 后赋值给 PC 而实现的。在这段代码中, 只是简单地实现了返回被打断的程序, 对被打断的现场没有做任何恢复。

3.4.2　中断注册

在 Arm 的数据手册中, 没有中断管理实现的任何说明, Arm 体系结构只为芯片厂商提供了扩展片上外设的接口。三星公司在生产 S3C2440A 时, 扩展了一个中断管理单元, 该单元可以实现中断的管理、中断优先级的仲裁和设置等丰富的功能。该单元也为解决问题 2 提供了方法。在该单元中有一个寄存器, 取名为 rINTOFFSET。该寄存器的内存地址可在 S3C2440A 的数据手册中找到, 对其的读写操作与其他内存地址一致。当发生中断时, 该寄存器会为产生中断的中断源分配一个整数, 这个整数唯一地对应于一个中断源。这样, 就可以在中断发生时读取该寄存器的值, 通过不同整数值来分辨不同的中断源, 执行不同的中断服务程序, 该值与在操作系统中所说的中断向量号有关。根据上述原理, 解决问题 2 的代码变成了代码 3.3。

```
IRQ
    ldr   r0, =INTOFFSET                            L(1)
    ldr   r0, [r0]                                  L(2)
    ldr   r1, =HandleEINT0                          L(3)
    ldr   pc, [r1, r0 lsl #2]                       L(4)
```

首先查看代码 3.3 中的 L(3) 处, 这里引入了一个新的标志符 HandleEINT0, 这个标志符的定义和声明如代码 3.4 L(1)。

```
ALIGN
ISR_ENTRIES_STARTADDRESS equ 0x33ffff00
AREA ISR_ENTRIES, DATA, READWRITE
MAP ISR_ENTRIES_STARTADDRESS

HandleReset             #4
HandleUndef             #4
HandleSWI               #4
HandlePabort            #4
HandleDabort            #4
HandleReserved          #4
```

```
HandleIRQ                      #4
HandleFIQ                      #4


;irq routine address 0x33ffff20
HandlerEINT0                   #4                              L(1)
HandlerEINT1                   #4                              L(2)
HandlerEINT2                   #4                              L(3)
HandlerEINT3                   #4                              L(4)
HandlerEINT4_7                 #4                              L(5)
HandlerEINT8_23                #4                              L(6)
HandlerINT_CAM                 #4                              L(7)
HandlernBATT_FLT               #4                              L(8)
HandlerINT_TICK                #4                              L(9)
HandlerINT_WDT_AC97            #4                              L(10)
HandlerINT_TIMER0              #4                              L(11)
HandlerINT_TIMER1              #4                              L(12)
HandlerINT_TIMER2              #4                              L(13)
HandlerINT_TIMER3              #4                              L(14)
HandlerINT_TIMER4              #4                              L(15)
HandlerINT_UART2               #4                              L(16)
HandlerINT_LCD                 #4                              L(17)
HandlerINT_DMA0                #4                              L(18)
HandlerINT_DMA1                #4                              L(19)
HandlerINT_DMA2                #4                              L(20)
HandlerINT_DMA3                #4                              L(21)
HandlerINT_SDI                 #4                              L(22)
HandlerINT_SPI0                #4                              L(23)
HandlerINT_UART1               #4                              L(24)
HandlerINT_NFCON               #4                              L(25)
HandlerINT_USBD                #4                              L(26)
HandlerINT_USBH                #4                              L(27)
HandlerINT_IIC                 #4                              L(28)
HandlerINT_UART0               #4                              L(29)
HandlerINT_SPI1                #4                              L(30)
HandlerINT_RTC                 #4                              L(31)
HandlerINT_ADC                 #4                              L(32)
```

标志符 HandleEINT0 代表一个内存地址，大小为 4B，其内容为对应中断的中断服务程序入口。代码 3.4 代表了一连串从 0x33FF_FF00+20 开始的内存地址（第 2 章提到，0x30000000 是内存 SDRAM 的起始地址，即 BANK6 的起始地址），存放了 32 个 4B 长的数据 L(1)～L(32)，每个 4B 长的数据存放一个 32 位的内存地址，该地址就是对应中断的中断服务程序入口的地址。

代码 3.3 中的 L(1)～L(3) 将 INTOFFSET 寄存器的值放入 r0，该值对应于每个中断源唯一的整数值。L(3) 将代码 3.4 L(1) 的起始地址读入 r1，L(4) 是将 r1 增加 4 × INTOFFSET 个地址后，再将增加后 r1 地址上的值赋给 PC。在编写代码 3.4 对应的内存段时，将对应中断源的中断服务入口放入相应偏移量的内存。例如，当一个中断源对应的 INTOFFSET 整数值为 0 时，就将该中断源对应的中断服务入口地址放入 L(1) 对应的内存地址，以此类推。因为代码 3.4 所对应内存段的起始地址是已知的，而各个中断源所对应的 INTOFFSET 的整数值又是确定的，所以就能通过软件的方式，将我们所实现的中断服务入口地址放入对应的内存地址。这样，就实现了中断服务程序的注册功能。

在代码 3.3 中，并没有使用代码 3.2 所示的返回被打断程序的指令。原因在于代码 3.3 的 L(4)指令会跳转到 C 语言编写的中断函数，我们将中断函数返回部分所需要的寄存器保存工作交给 ADS 编译器处理（通过 __irq 关键字），因此这里无须人为返回。代码 3.5 所示为一个 ADS 中通过 __irq 关键字处理的中断服务程序，这里的 "void __irq ISR(void)" 就是代码 3.3 L(4) 中 PC 指向的中断服务程序的起始地址。在有操作系统的环境下，这些编译器的工作是需要操作系统完成的，也就是说，需要人为地编写代码完成相应工作。

代码 3.5　一个编译器处理的中断服务程序

```
void __irq ISR(void)
{
    int i,j;
    i = 4;
    j = 5;
    i += j;
            //清中断，这里略去
}
```

3.4.3　状态保存和现场恢复

前面的讨论尽量避开了问题 3，试图将中断执行的大体流程呈现出来。但是问题 3 中的现场保护和现场恢复，是所有与中断相关的事务都无法避免的。在 Arm 系统结构下，当保存现场时，保存对应模式下的通用寄存器（r0~r12、LR、CPSR），然后在恢复的时候还原这些寄存器就实现了现场的保护和恢复。代码 3.6 展示了现场保护、恢复及中断返回的汇编代码，这里仍然采用代码 3.4 中断服务的注册方式，而中断服务的具体实现交给高级编程语言 C 语言完成。

代码 3.6　问题 3 解决后的代码（…\中断\key_interruption\src\my_2440_init.s）

```
ISR
    sub    lr,lr,#4   ; calculate the return address from IRQ mode L(1)
    stmfd  sp!,{r0-r12,lr}    ; preserve regesters and pc         L(2)
    mrs    r0,spsr                                                L(3)
    stmfd  sp!,{r0}           ; preserve for cpsr                 L(4)
    ldr    r0,=INTOFFSET                                          L(5)
    ldr    r0,[r0]                                                L(6)
    ldr    r1,=HandlerEINT0                                       L(7)
    add    r1,r1,r0,lsl #2                                        L(8)
    ldr    r1,[r1]                                                L(9)
    mov    lr,pc ; after the ISR, the PC should be returned to the L(12) L(10)
    mov    pc,r1     ; jump to the ISR                            L(11)
    ldmfd  sp!,{r0}   ; restore rigesters                         L(12)
    msr    spsr_cxsf,r0                                           L(13)
    ldmfd  sp!,{r0-r12,lr}                                        L(14)
    movs   pc,lr                                                  L(15)
```

在代码 3.6 中，L(1)～L(4)进行了现场保护，保存了 r0～r12、被中断程序的返回地址（LR）和被中断程序的当前状态寄存器（SPSR）。这里需要注意的是代码 3.6 L(1)，它用来计算从中断服务程序返回到被中断程序的地址，而对 LR 减 4 的原因见 3.4.1 小节的描述。这个例子中，处理器一直处于 IRQ 模式（中断产生时，处理器从用户模式切换到 IRQ 模式），因为这里只专注于回答问题 3，所以把处理流程简单化了。L(5)～L(11)判断相应的中断源后跳到相应的中断服务地址。L(12)～L(15)恢复被中断程序的寄存器，然后返回被中断的程序。

3.5 前后台系统的实现

前后台系统实际上是在轮询系统的基础上引入了中断机制，在理解了第 2 章的轮询系统及 Arm 处理器中断机制后，本节介绍一个简单前后台系统的实现：后台为一个让 Mini2440 的 4 个 LED 轮流点亮的主循环程序；前台用于处理 Mini2440 的按键中断，对按键中断进行响应并处理中断服务程序。

3.5.1 启动 Mini2440

在让该前后台系统运行前，仍然需要启动开发板，此过程可以与轮询系统中的启动过程一样，详细步骤及代码分析请参考第 2 章。

开发板 Mini2440 启动完毕后，执行一条 bl 指令可完成启动代码到主程序的跳转（见代码 3.7），这里 my_MainInterrupt 就是前后台系统的主循环程序入口。

代码 3.7 跳转到主程序（···\中断\key_interruption\src\ my_2440_init.s）

```
bl my_MainInterrupt                              ;jump to c code
```

3.5.2 后台主循环

接下来，程序指针跳转到 my_MainInterrupt()（见代码 3.8）。首先是两个初始化：MMU_Init() 是对 MMU 初始化（这部分先忽略，因为 MMU 的开启和使用比较复杂，本小节跳过这部分，读者可以认为 MMU 处于关闭状态）；my_KeyInit()是键盘初始化。接下来是设置 LED，然后进入一个循环，该循环是让 4 个 LED 分别点亮：先是第 1 个，然后是第 2 个、第 3 个、第 4 个、第 1 个和第 2 个……最后是所有的灯都点亮，然后不断循环。该循环构成了前后台系统的后台服务程序，前台用于中断的响应和处理。当系统有中断到达时，后台程序的循环将会被中断，进入相应的中断服务程序，当中断处理完毕之后，继续回到后台程序的循环。

代码 3.8 后台运行代码（···\中断\key_interruption\src\MINE_2440key.c）

```c
void my_MainInterrupt(void)
{
    int i,j;
    MMU_Init();
    my_KeyInit();
    rGPBCON &= ~(0xFF<<10);
    rGPBCON |= (0x55<<10);                // set LED as output
```

```
        rGPBDAT |= (0x0F<<5);
        rGPBDAT ^= (0x00<<5);                // set all LED
        j=0;
        while(1){
            for(i=0;i<100000000;i++);
            rGPBDAT |= (0x0F<<5);            // clear LED
            rGPBDAT ^= (j<<5);               // set all LED
            j = (j+1)%16;
        }
    }
```

刚才提到了键盘初始化 my_KeyInit()，该函数的具体工作如代码 3.9 所示。首先，L(1)将按键 1～6 设置为输入设备，并且通过按键可以触发中断产生。在 Mini2440 中，这 6 个按键对应的寄存器和引脚如表 3.1 所示。接下来需要对按键的引脚进行设置，将引脚 8、11、13、14、15、19 设置为下降沿触发中断方式。L(2)对刚才设置的引脚复位，L(3)使能引脚，L(4)对中断服务程序注册，将引脚 8～23 触发的中断与对应的中断服务程序 my_key_isr()进行绑定，以便这些引脚产生中断时，能跳转到刚才注册的中断服务程序地址，进行相应的中断处理。更详细的按键初始化、对应寄存器的使用和其他高级用法请参考 S3C2440A 及 Mini2440 数据手册。

代码 3.9   键盘初始化（…\中断\key_interruption\src\MINE_2440key.c）

```
    void my_KeyInit(void){
        rGPGCON&=~((0x3<<0)|(0x03<<6)|(0x03<<10)|(0x03<<12)|(0x03<<14)|
        (0x03<<22));
        rGPGCON|=(0x2<<0)|(0x02<<6)|(0x02<<10)|(0x02<<12)|(0x02<<14)|
        (0x02<<22);
                        //将按键1～6设置为输入设备,以便用按键触发中断产生        L(1)
        rEXTINT1 &= ~(7|(7<<0));
        rEXTINT1 |= (0|(0<<0));      //set EINT8 falling edge int

        rEXTINT1 &= ~(7<<12);
        rEXTINT1 |= (0<<12);         //set EINT11 falling edge int

        rEXTINT1 &= ~(7<<20);
        rEXTINT1 |= (0<<20);         //set EINT13 falling edge int

        rEXTINT1 &= ~(7<<24);
        rEXTINT1 |= (0<<24);         //set EINT14 falling edge int

        rEXTINT1 &= ~(7<<28);
        rEXTINT1 |= (0<<28);         //set EINT15 falling edge int

        rEXTINT2 &= ~(0xF<<12);
        rEXTINT2 |= (0<<12);         //set EINT19 falling edge int


        rEINTPEND |= (1<<8)|(1<<11)|(1<<13)|(1<<14)|(1<<15)|(1<<19);
                                     //clear EINT                    L(2)
```

```
            rEINTMASK &= ~((1<<8)|(1<<11)|(1<<13)|(1<<14)|(1<<15)|(1<<19));
                            //enable EINT                              L(3)
            rSRCPND |= 1<<5;    //clear EINT8_23
            rINTPND |= 1<<5;
            rINTMOD = 0x0;      //set all IRQ interrupt mode
            rINTMSK &= ~(1<<5); //enable EINT8_23
            pISR_EINT8_23 = (unsigned int)my_key_isr;
                            //register the key interrupt ISR            L(4)
            ENABLE_INT();
    }
```

表 3.1   Mini2440 按键寄存器与中断引脚

按键号	对应的 I/O 寄存器	对应的中断引脚
K1	GPG 0	EINT 8
K2	GPG 3	EINT 11
K3	GPG 5	EINT 13
K4	GPG 6	EINT 14
K5	GPG 7	EINT 15
K6	GPG 11	EINT 19

my_KeyInit()的最后一项工作是打开 Mini2440 的中断系统：ENABLE_INT()，具体的实现如代码 3.10 所示。至此，开发板就可以响应用户通过按键触发的中断，并对相应 ISR 进行处理。

代码 3.10   打开中断（…\中断\key_interruption\src\my_2440slib.s）

```
AREA my_2440slib,CODE,READONLY
     ;enable interrupt
EXPORT ENABLE_INT
ENABLE_INT
mrs r0, cpsr
and r0, r0, #0x1f
msr cpsr_c, r0
mov pc, lr
```

这里了解一下与打开 Mini2440 中断相对应的关中断 DISABLE_INT()，如代码 3.11 所示。

代码 3.11   关中断（…\中断\key_interruption\src\my_2440slib.s）

```
EXPORT DISABLE_INT
DISABLE_INT
mrs r0,cpsr
orr r0,r0, #0xc0
msr cpsr_c,r0
mov pc,lr
```

3.5.3   前台中断处理

前面已提到，Arm 的 7 种运行模式中，有 2 种模式对应于中断：中断（IRQ）模式、快速中断（FIQ）模式。Mini2440 的按键中断属于 IRQ，因此用户通过按键触发中断时，Arm 程序计数器会跳到异常向量表（见代码 2.1）的 0x18 地址开始执行（见图 2.12），该地址存放了一条跳转指令：b IRQ。IRQ 为 Mini2440 所有中断的公共入口，在这里先进行状态保存，然后通过代码 3.6 的 L(7) 和 L(8) 跳转到从 0x33FF_FF00+20 开始的一连串的内存地址（这里存放了 32 个 4B 长的数据，每个 4B 长的数据存放一个 32 位的内存地址，也就是对应中断的中断服务程序入口的地址）。实际上，这一连串内存地址是真正意义上的中断向量表，Mini2440 不同的中断服务程序就是在这里注册并区分的。Mini2440 中断的公共入口 IRQ 的处理流程请参考代码 3.6。此外，读者已经知道，代码 3.2 中的 L(1)~L(2) 将 INTOFFSET 寄存器的值放入 r0，该值对应于一个中断源，一个中断源有唯一的整数值。Mini2440 按键中断的中断源为 HandlerEINT8_23（见代码 3.4 L(6)），INTOFFSET 的值对应整数 5，而在代码 3.9 的键盘初始化代码（见代码 3.9 L(4)）中，HandlerEINT8_23 是指向 my_key_isr() 的，my_key_isr() 就是按键中断的中断服务程序入口，如代码 3.12 所示。整个中断的响应与处理流程如图 3.4 所示。

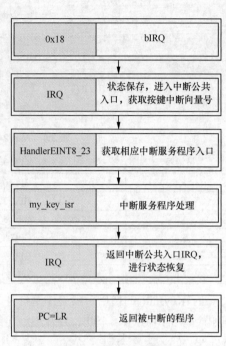

图 3.4　中断响应与处理流程

代码 3.12　按键的中断服务程序（···\中断\key_interruption\src\MINE_2440key.c）

```
static void my_key_isr(void){
    if(rEINTPEND&(1<<8)) {
        rGPBDAT |= (0x0F<<5);
        rGPBDAT ^= (0x01<<5);
        rEINTPEND |= 1<< 8;
    }
    if(rEINTPEND&(1<<11)) {
        rGPBDAT |= (0x0F<<5);
        rGPBDAT ^= (0x02<<5);
        rEINTPEND |= 1<< 11;
    }
    if(rEINTPEND&(1<<13)) {
        rGPBDAT |= (0x0F<<5);
        rGPBDAT ^= (0x03<<5);
        rEINTPEND |= 1<< 13;
    }
    if(rEINTPEND&(1<<14)) {
        rGPBDAT |= (0x0F<<5);
        rGPBDAT ^= (0x04<<5);
        rEINTPEND |= 1<< 14;
    }
    if(rEINTPEND&(1<<15)) {
```

```
            rGPBDAT |= (0x0F<<5);
            rGPBDAT ^= (0x05<<5);

            rEINTPEND |= 1<< 15;
        }
        if(rEINTPEND&(1<<19)) {
            rGPBDAT |= (0x0F<<5);
            rGPBDAT ^= (0x06<<5);

            rEINTPEND |= 1<< 19;
        }
        rSRCPND |= 1<<5;    //clear EINT8_23
        rINTPND |= 1<<5;
    }
```

my_key_isr()先判定是由哪个按键触发的中断，然后点亮相应 LED 以标示不同的按键号，处理完后，复位该按键对应的中断，以便之后能再次触发并响应中断。

当中断服务程序 my_key_isr()执行完毕后，程序指针将返回中断的公共入口 IRQ（如代码 3.6 L(10)中 LR 所存放的地址，即代码 3.6 L(12)），进行现场恢复。再次说明，这里的中断函数 my_key_isr()返回部分所需要的寄存器保存工作交给 ADS 编译器完成（中断服务程序运行在 IRQ 模式下，当执行完成后，PC 需要返回到调用中断服务程序的地方，即代码 3.6 L(12)），因此无须人为返回。最后再将 LR 的值赋给指针（见代码 3.6 L(15)）。此时，中断的响应和处理结束，PC 重新回到后台被中断的程序地址，继续后台程序的循环。

3.6　本章小结

本章在轮询系统的基础上引入了中断机制，由浅入深、循序渐进地讨论了前后台系统的设计和实现，让用户能与嵌入式系统通过中断进行交互。另外，前后台系统将非实时性的工作交给系统的后台程序（轮询系统）完成，而把实时性强的工作交给中断和中断服务程序完成，这样可让系统的实时性更强，能应用于简单的、实时性要求高的嵌入式系统。

习题 3

1. 前后台系统在轮询系统的基础上做了什么改变？其运行方式是什么？它适合什么嵌入式应用？

2. 简述 Arm9 S3C2440A 的中断处理流程。

3. Arm9 S3C2440A 中断返回时，程序指针如何才能正确返回到被中断程序的下一条指令？怎么确定链接寄存器（LR）的值？

4. Arm9 S3C2440A 的 IRQ 中断发生后，程序指针将指向哪里？处理器如何进一步区分是哪个中断源触发的 IRQ 中断？如何跳转到该中断源对应的中断服务程序 ISR？

5. 结合代码分析：IRQ 中断发生后，Arm9 S3C2440A 如何进行现场保护？需要保持哪些信息？

第三部分
设计一个实时操作系统内核

　　在嵌入式系统发展初期，嵌入式软件的开发基于处理器直接编程，无须操作系统的支持。这个时期，嵌入式软件形式通常是一个轮询系统，有的甚至更简单，稍微复杂一些的是引入中断机制的前后台系统。到了 20 世纪 80 年代，轮询系统和前后台系统这两种软件形式都在嵌入式系统中广泛应用，基本能满足当时开发人员的需求。直到现在，大量家用电器、数控机床的控制系统仍然采用这两种形式。

　　随着嵌入式系统复杂性的增加，系统要管理的资源越来越多，如存储器、外设、网络协议栈、多任务、多处理器等。这时，仅用轮询系统或前后台系统来设计和实现嵌入式系统难以满足用户的需求，开发者迫切需要一个功能强大的系统资源管理平台：多任务实时操作系统，在有些场合简称为 RTOS。RTOS 是多任务系统的运行支撑平台[①]。

---

① 这部分详细描述一个 RTOS 的设计与实现，所占篇幅较多，其初衷是让读者通过对 RTOS 的深入理解和实践，融会贯通程序设计、编译技术、计算机组成原理、操作系统原理等课程核心知识点，形成初步计算机系统结构构建能力和面向核心软件的复杂工程问题解决能力，为后续形成交叉复合能力打下重要基础，而不是只会调用操作系统的函数来设计上层应用程序。

04 chapter

多任务实时操作系统

多任务实时操作系统的出现是嵌入式系统发展的必然趋势，基于多任务实时操作系统的嵌入式系统是一个具有多任务结构的系统，是轮询结构和前后台结构发展的产物。多任务实时操作系统包含一个实时内核，将 CPU、定时器、中断、I/O 等资源集中管理起来，为用户提供一套标准 API；并可根据各个任务的优先级合理安排任务在 CPU 上执行。从这个意义上讲，RTOS 可被看成系统资源管理器。对嵌入式系统而言，RTOS 的引入会带来很多好处。首先，每个 RTOS 都提供一套较完整的 API，可以大大简化应用编程，提高系统的开发效率和可靠性。其次，RTOS 的引入，客观上使应用软件与下层硬件环境无关，便于嵌入式软件系统的移植。最后，基于 RTOS，可以直接使用许多应用编程中间件，既可增强嵌入式软件的复用能力，又可降低开发成本，缩短开发周期。

有关多任务实时操作系统的基本概念、设计和实现的内容在《嵌入式实时操作系统的设计与开发》中有详细介绍，本书不作具体描述。另外，本书的主线是围绕嵌入式系统的设计与实现展开的，从简单到复杂、由易到难，因此，本章将通过开源多任务实时操作系统 aCoral 讨论 RTOS 内核主体部分的设计和实现。一是为了让读者更好地完成从前后台系统设计的思路到多任务系统设计思路的转变；二是为后文基于 RTOS 的四轴飞行器设计做准备和铺垫；三是为了本书结构的完整。

多任务实时操作系统内核主要完成最基本又必不可少的功能，例如，多任务调度、多任务协同（通信、同步、互斥、异步信号等）、中断、时钟、I/O 等资源的管理，为用户提供一套标准编程接口；并可根据各个任务的优先级，合理调度不同任务在 CPU 上并发执行。调度是内核的核心功能，用来确定多任务环境下任务执行的顺序和在获得 CPU 资源后执行时间的长度。为确保调度过程的正确实施，RTOS 需要提供如下机制。

（1）基本调度机制。

（2）事件处理机制。

（3）内存管理机制。

（4）任务协调机制。

其中，基本调度机制包括创建任务、删除任务、挂起任务、恢复任务、改变任务优先级、检查任务堆栈、获取任务信息等基本操作。这些操作负责实时调度策略的具体实施和执行。事务处理机制包括事件触发（event-triggered）机制和时间触发（time-triggered）机制，分别对应中断和时间管理。中断用于接收和处理系统外部/内部事件，时间管理用于维护系统时钟、记录多任务时间参数（周期、截止时间等），推动系统不断运行。上述调度机制为调度过程的正确实施提供了基本保障。内存管理机制则为任务及其数据分配内存空间，确保内存空间的有效使用。任务协调机制包括任务间通信、同步、互斥访问共享资源等操作，负责处理多任务之间的协同并发运行。

根据本书的需要，本章将重点讨论与设计一个具备基本功能的四轴飞行器密切相关的两个机制：基本调度机制和事件处理机制。

4.1 aCoral 线程

提到多任务实时操作系统，首先要明确什么是任务。在进行基于多任务结构的嵌入式软件设计时，通常将应用划分成独立的或者相互协同作用的程序集合，每个程序在执行时就称为任务。因此，对于多任务结构的嵌入式软件系统而言，任务是程序运行的实体，是调度的基本单元。具体到 aCoral 而言，其调度的基本单元是什么呢？aCoral 调度的基本单元是线程（thread）。在关于操作系统基本原理的教材中，线程是相对于通用操作系统的进程（process）而言的，进程是操作系统调度和拥有资源的基本单元，组成进程的代码可进一步划分成若干个可并发执行的程序段，每个程序段称为一个线程。线程是操作系统进行调度的基本单元，任务中的所有线程共享任务所拥有的系统资源，从而减少任务调度的资源开销。

aCoral 的一个线程也可称作一个任务（本书约定：下文提到的线程和任务等价）。说到线程，读者会想到进程，进程是操作系统调度和资源拥有的基本单元。读者还会联想到 Linux。现在 Linux 应用广泛，谷歌的 Andorid、英特尔的 MeeGo、三星的 Bada 都基于 Linux 内核，这些手机操作系统甚至让人以为嵌入式操作系统就是 Linux。因为 Linux 是多进程操作系统，所以很多人就认为嵌入式操作系统也是多进程的。其实不然，真正的 RTOS，基本没有做到多进程，只停留在多线程。因为多进程要解决很多问题，而且需要硬件支持，这样就会增加系统复杂度，从而可能影响系统实时性。

那么线程和进程究竟有什么区别？简单而言，线程之间是共享地址的：当前线程的地址相对于其他线程的地址是可见的；如果修改了地址的内容，其他线程是可以知道并且能访问的，如代码 4.1 所示。

代码 4.1 线程与进程

```
int  i=1;
test(){
sleep(10);  //等待 main 线程执行完 i++
printf("%d",i);
}


int main(){
create_task(test,…);
i++;
}
```

如果 create_task 对应的是创建线程的接口，则 test 输出 2；如果对应的是创建进程的接口，则 test 输出 1。因为如果是多进程，main 函数所在进程和 test 所在进程是不能相互访问彼此之间的变量的。明明地址一样，为什么访问的值不一样呢？这种地址的"诡计"是如何实现的呢？有以下两种方式。

（1）地址保护。每个进程有自己的地址空间，如果当前进程跨界访问了其他进程的地址，则会出错，就访问不了这个地址。这种地址保护需要硬件有存储保护单元（memory protection unit，MPU）的支持。

（2）虚拟地址。尽管各个进程都访问同一地址，但是由于有虚拟地址机制，它们对应的物理地址是不一样的，因此读取的值就会不同。这种虚拟地址需要硬件有存储管理单元的支持。

其实这也说明多进程的好处：进程之间相互独立、隔离，一个进程的崩溃或错误操作不会影响其他进程。当然这也会带来缺点，那就是无法直接访问全局变量，因为全局变量都变成了进程范围内的全局变量。这样进程之间共享、通信就变得困难。正因如此，RTOS 很少支持多进程。一是 RTOS 从单片机发展而来，硬件不支持；二是进程间通信、互斥的开销太大，导致系统复杂，对注重实时性的应用来说，代价太大。

4.1.1 描述线程

aCoral 是多线程嵌入式实时操作系统，接下来介绍 aCoral 中线程的相关内容。首先探讨什么是线程？线程就是一段代码的执行体，如代码 4.2 所示。

代码 4.2 线程与线程函数

```
ACORAL_COMM_THREAD test3(acoral_u32 timer){
while(1){
        acoral_delay_self(timer);
     }
}
void test_delay_init(){
for(i=0;i<34;i++){
     acoral_print("%d\n",i);
     id=acoral_create_thread(test3,256,500+i*10,"deley",i+1, -1);
              }
}
```

test_delay_init()创建了 34 个线程，这些线程都执行相同的代码，即 test3。相同的执行代码，为什么是不同线程呢？因为它们有不同的执行环境，所以线程保护了"执行代码+执行环境"。那什么是执行环境呢？前面已经提到过，就是堆栈+寄存器。这两部分都需要在线程的数据结构中体现，由此可以得知 aCoral 的内部数据结构。在 aCoral 中，线程控制块（thread control block，TCB）是 acoral_thread_t，如代码 4.3 所示。

代码 4.3 线程控制块（…\1 aCoral\kernel\include\thread.h）

```
typedef struct{
    acoral_res_t res;                           L(1)
#ifdef CFG_CMP
    acoral_spinlock_t move_lock;                L(2)
#endif
    acoral_u8 state;                            L(3)
    acoral_u8 prio;                             L(4)
    acoral_8 CPU;                               L(5)
    acoral_u32 CPU_mask;                        L(6)
    acoral_u8 policy;                           L(7)
    acoral_list_t ready;                        L(8)
    acoral_list_t timeout;
    acoral_list_t waiting;
    acoral_list_t global_list;
```

```
        acoral evt t *evt;                          L(9)
        acoral_u32 *stack;                          L(10)
        acoral_u32 *stack_buttom;                   L(11)
        acoral_u32 stack_size;                      L(12)
        acoral_32 delay;                            L(13)
        acoral_u32 slice;                           L(14)
        acoral_char *name;                          L(15)
        acoral_id console_id;                       L(16)
        void*      private_data;                    L(17)
        void*      data;                            L(18)
    }acoral_thread_t;
```

res（见代码 4.3 L(1)）：在 aCoral 中，线程控制块是一种资源，它拥有一个叫 res 的结构体成员。

move_lock（见代码 4.3 L(2)）：用于支持自旋锁，使 aCoral 支持多核（chip multi-processors, CMP）。自旋锁是专为防止多处理器并发而引入的一种锁机制，关于它的更多描述和使用见文献[4]和[27]。

state（见代码 4.3L(3)）：线程状态，目前 aCoral 的线程状态只有以下 5 种。

（1）ACORAL_THREAD_STATE_READY。

（2）ACORAL_THREAD_STATE_SUSPEND。

（3）ACORAL_THREAD_STATE_EXIT。

（4）ACORAL_THREAD_STATE_RELEASE。

（5）ACORAL_THREAD_STATE_RUNNING。

可能读者对 ACORAL_THREAD_STATE_RELEASE 这个状态有些陌生，而相对熟悉 ACORAL_THREAD_STATE_EXIT 状态。根据字面含义可知，ACORAL_THREAD_STATE_EXIT 状态为退出状态，表示某个线程退出了，不再参与调度，但此时该线程的资源如线程控制块、堆栈都还未释放。ACORAL_THREAD_STATE_RELEASE 状态则意味着可以释放这些资源。这 5 种状态的切换如图 4.1 所示，图中 acoral_rdy_thread()、acoral_unrdy_thread()等为 aCoral 的系统调用，是触发 aCoral 状态变化的因素，后续章节会详细介绍。

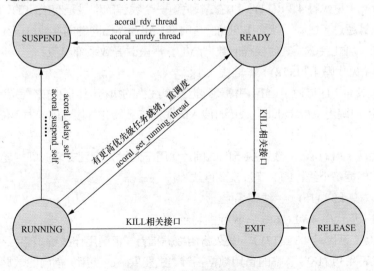

图 4.1　aCoral 线程状态切换

prio（见代码 4.3 L(4)）：优先级。

CPU（见代码 4.3 L(5)）：aCoral 是一款支持多核的 RTOS，这里就是指示线程在哪个/哪些 CPU 上执行。当前 aCoral 尚不支持线程迁移，也就是说，线程创建时在哪个 CPU 上，以后的整个执行过程也都是在此 CPU 上。

CPU_mask（见代码 4.3 L(6)）：指示线程可以在哪个/哪些 CPU 上执行，例如 0x1 就表示线程只可在 CPU0 上执行，0x3 表示线程可在 CPU0、CPU1 上执行。

policy（见代码 4.3 L(7)）：线程调度策略，例如时间片轮转、先到先服务、周期性调度等调度策略，一种策略对应一类线程。

ready、timeout、waiting、global_list（见代码 4.3 L(8)）：这 4 个 acoral_list_t 成员主要用来将线程结构挂到相应链表队列。

（1）ready：根据图 4.1，当用户调用了 acoral_rdy_thread 或 acoral_resume_thread 接口时，会将线程挂到就绪队列 acoral_ready_queue。这就是将就绪队列成员挂到该链表。

（2）timeout：当线程因为申请某种资源而被阻塞，且超过了预先设置的时间，则会通过该节点将线程挂到超时链表。

（3）waiting：当用户调用了 acoral_unrdy_thread 或 acoral_delay_self 接口时，会将线程挂到延时队列 timer_delay_queue。这就是将延时队列成员挂到该链表。

（4）global_list：用于将线程挂到全局线程链表。

evt（见代码 4.3 L(9)）：用来指向线程占用的事件（信号量、互斥量、邮箱等），主要在线程退出时使用。读者可以想象，如果线程退出后，继续占用某事件，且无法释放该事件，就会导致其他线程永远不能使用此事件。因此在退出时，必须释放该事件。evt 就是用来指向某个事件的。

stack（见代码 4.3 L(10)）：指示线程的堆栈。在当前线程被其他线程抢占，并切换到其他线程的时候，当前线程的堆栈会赋值为 CPU 堆栈寄存器的值，这其实就是线程切换的一个主要作用。每个线程都有自己的堆栈，用于存放自己的运行环境，当任务切换时，需要保存被切换线程的运行环境，恢复新线程的运行环境。线程的运行环境与具体处理器的工作原理有关，堆栈的数据构成、数据保存顺序、如何保存等细节将在 4.3.1 小节创建线程中详细介绍。

stack_buttom（见代码 4.3 L(11)）：这是栈底。一个线程的堆栈是有大小的，所以就有栈底。如果堆栈指针超过了栈底，就会出问题。这时堆栈寄存器指向的内存地址已经不是本线程自己的内存地址，可能会破坏其他线程的数据结构，严重时导致系统崩溃。

stack_size（见代码 4.3 L(12)）：堆栈大小。

delay（见代码 4.3 L(13)）：当用户需要延迟某个线程的执行时，用它来指定延迟的时间，单位是 Ticks。用户调用 acoral_delay_self 时传入的时间参数转化为以 Ticks 为单位的形式后，再赋给 delay。

slice（见代码 4.3 L(14)）：线程执行的时间片，用于同优先级且支持时间片轮转策略的线程调度。内核将根据各个线程的时间片来调度线程。

name（见代码 4.3 L(15)）：线程名字。

console_id（见代码 4.3 L(16)）：线程控制台 ID 号。

private_data（见代码 4.3 L(17)）：长久备用数据指针，目前用作线程策略私有数据指针。

data（见代码 4.3 L(18)）：临时备用数据指针，主要供临时使用，指向的数据类型可以随意变化。不推荐长时间使用该指针。

到此，我们知道了如何去描述一个线程及 TCB 的构成。读者知道线程是一个代码的执行单位，请思考一个问题：为什么 TCB 里没有包括任何关于执行代码的信息？如果没有这些信息，线程又是如何运行的呢？先给一个简单提示：TCB 里的 stack 成员隐含了该线程的执行代码信息，因为当任务切换时，stack 将保存被切换线程的指针 PC，PC 是指向线程的当前执行代码的。关于 TCB 如何与对应执行代码关联的内容将在创建进程中（4.3.1 小节）详细介绍。

为了让读者对 TCB 有更深入的理解，有必要详细介绍 acoral_thread_t 中重要成员的定义和 C 语言描述。

1. res

res 结构体的定义如代码 4.4 所示。

代码 4.4　res 结构体的定义（···\1 aCoral\kernel\include\resource.h）

```
typedef union {
    acoral_id id;                /*unsigned int*/
    acoral_u16 next_id;          /*unsigned short*/
}acoral_res_t;
```

由于线程控制块是一种资源，id 表示线程的资源 ID。当某个资源空闲时，id 的高 16 位表示该资源在资源池的编号，分配后表示该资源的 ID。next_id 表示下一种资源的 ID，它是一个空闲链表指针，指向下一个空闲资源的编号，分配完后，没有意义，属于资源 ID 的一部分。读者可能会问：表示某一资源为什么要用两个成员变量呢？next_id 又起到什么作用？其实，acoral_res_t 结构的定义更多是为了方便在多核环境下（多核共享内存的情况下）空闲资源池的管理，如果是在单核环境下，定义一个成员 ID 就行了。资源 ID 由资源类型 Type 和空闲内存池 ID 两部分构成，如图 4.2 所示。

图 4.2　资源 ID 的构成

aCoral 定义了 6 种资源类型：线程型、事件型、时钟型、驱动型、GUI 型、用户使用型。由代码 4.5 可知，如果资源类型为线程型，则其类型 Type 为 1。aCoral 采用了资源池的内存管理方式，而资源池由结构 acoral_pool_t 定义（见代码 4.6）。图 4.2 中的空闲内存池 ID 由 aCoral 内存管理模块在初始化分配内存时，根据当前内存块数而定（见代码 4.7 L(1)）。aCoral 启动完成后，若用户要创建某一新线程，将调用函数 acoral_get_free_pool()（见代码 4.8 L(1)），从空闲内存池中获取一空闲内存，并获取其 ID 号（见代码 4.8 L(2)），将申请到的内存空间供该线程使用。

代码 4.5　（···\1 aCoral\kernel\include\resource.h）

```
#define ACORAL_RES_THREAD      1
#define ACORAL_RES_EVENT       2
#define ACORAL_RES_TIMER       3
#define ACORAL_RES_DRIVER      4
```

```
#define ACORAL RES GUI        5
#define ACORAL_RES_USER       6
```

代码 4.6　（···\aCoral\kernel\include\resource.h）

```
typedef struct {
    void *base_adr;
    /*两个作用：在空闲时，它指向下一个资源池；否则为它管理资源的起始地址*/
    void *res_free;                             /*指向下一空闲资源*/
    acoral_id  id;
    acoral_u32  size;
    acoral_u32  num;
    acoral_u32  position;
    acoral_u32  free_num;
    acoral_pool_ctrl_t  *ctrl;
    acoral_list_t  ctrl_list;
    acoral_list_t  free_list;
    acoral_spinlock_t  lock;
}acoral_pool_t;
```

代码 4.7　（···\1 aCoral\kernel\src\resource.c）

```
/*================================
 *        resource pool initial
 *        资源池初始化
 *===============================*/
void  acoral_pools_init(void)
{
    acoral_pool_t *pool;
    acoral_u32 i;
    pool = &acoral_pools[0];
    for (i = 0; i < (ACORAL_MAX_POOLS - 1); i++) {
        pool->base_adr= (void *)&acoral_pools[i+1];
        pool->id=i;                          /*确定空闲资源的 ID*/    L(1)
        pool++;
        acoral_spin_init(&pool->lock);
    }
    pool->base_adr= (void *)0;
    acoral_free_res_pool = &acoral_pools[0];
}
```

代码 4.8　（···\1 aCoral\kernel\src\resource.c）

```
/*================================
 *    create a kind of resource pool
 *        创建某一资源池
 *    pool_ctrl——资源池管理块
 *===============================*/
acoral_err acoral_create_pool(acoral_pool_ctrl_t *pool_ctrl){
```

嵌入式系统设计——基于 Arm 处理器的进阶式项目实战

```
            acoral pool t *pool;
            if(pool_ctrl->num>=pool_ctrl->max_pools)
                  return ACORAL_RES_MAX_POOL;
            pool=acoral_get_free_pool();  /*从共享资源池中获取空闲资源*/    L(1)
            if(pool==NULL)
                  return ACORAL_RES_NO_POOL;
            pool->id=pool_ctrl->type<<ACORAL_RES_TYPE_BIT|pool->id;   L(2)
                                        /* ACORAL_RES_TYPE_BIT 10*/
            pool->size=pool_ctrl->size;
            pool->num=pool_ctrl->num_per_pool;
            pool->base_adr=(void *)acoral_malloc(pool->size*pool->num);
                                        /*空闲内存起始地址*/
            if(pool->base_adr==NULL)
                  return ACORAL_RES_NO_MEM;
            pool->res_free=pool->base_adr;
            pool->free_num=pool->num;
            pool->ctrl=pool_ctrl;
            acoral_pool_res_init(pool);
            acoral_list_add2_tail(&pool->ctrl_list,pool_ctrl->pools);
            acoral_list_add2_tail(&pool->free_list,pool_ctrl->free_pools);
            pool_ctrl->num++;
            return 0;
      }
```

2．Prio

aCoral 的优先级数目及相关信息通过头文件 core.h（见代码 4.9）、autocfg.h（见代码 4.10）和 thread.h（见代码 4.11）定义和配置。

代码 4.9　（···\1 aCoral\kernel\include\core.h）

```
#ifdef CFG_THRD_POSIX
  #define ACORAL_MAX_PRIO_NUM ((CFG_MAX_THREAD+CFG_POSIX_STAIR_NUM+1)&
  0xFF)                                                    L(1)
#else
  #define ACORAL_MAX_PRIO_NUM ((CFG_MAX_THREAD+1)&0xFF)
#endif
#define ACORAL_MINI_PRIO  ACORAL_MAX_PRIO_NUM-1              L(2)
#define ACORAL_INIT_PRIO  0                                  L(3)
#define ACORAL_MAX_PRIO  1                                   L(4)
```

aCoral 的优先级与数字大小相反，即数字越大，优先级越低。由代码 4.9 可知，aCoral 的初始优先级为 0（见 L(3)），最高优先级是 1（见 L(4)）。最小优先级是总的优先级数减 1，一般情况下为（见 L(2)）：ACORAL_MAX_PRIO_NUM−1=100。若要支持 POSIX 线程标准，最小优先级则为（见 L(1)）：((CFG_MAX_THREAD+CFG_POSIX_STAIR_NUM+1)&0xFF)=130。

代码 4.10　（···\1 aCoral\include\autocfg.h）

```
#define CFG_MEM_BUDDY 1
#undef  CFG_MEM_SLATE
#define CFG_MEM2 1
```

```
#define CFG_MEM2_SIZE (10240)
#define CFG_THRD_SLICE 1
#define CFG_THRD_PERIOD 1
#define CFG_THRD_RM 1
#define CFG_HARD_RT_PRIO_NUM (20)    /*实时线程优先级数目*/        L(1)
#define CFG_THRD_POSIX 1
#define CFG_POSIX_STAIR_NUM (30)    /* POSIX 线程优先级数目*/      L(2)
#define CFG_MAX_THREAD (100)
#define CFG_MIN_STACK_SIZE (1024)
#undef  CFG_PM
#define CFG_EVT_MBOX 1
#define CFG_EVT_SEM 1
#define CFG_MSG 1
#define CFG_TickS_ENABLE 1
#define CFG_SOFT_DELAY 1
#define CFG_TickS_PER_SEC (100)
#undef  CFG_HOOK
```

代码 4.10 设置了实时线程的优先级占用 20 个（见 L(2)），POSIX 线程的优先级占用 30 个（见 L(1)）。如果系统配置支持 POSIX 线程，则优先级 100～129 为 POSIX 线程的优先级，而优先级 2～21 为实时线程的优先级。

代码 4.11   （…\1 aCoral\kernel\include\ thread.h）

```
#define ACORAL_BASE_PRIO  1<<1
#define ACORAL_ABSOLUTE_PRIO 1<<2
#define ACORAL_IDLE_PRIO ACORAL_MINI_PRIO /*IDLE 线程优先级（100 或 130）*/
#define ACORAL_TMP_PRIO ACORAL_MINI_PRIO-1 /*临时线程优先级（99 或 129）*/
#define ACORAL_STAT_PRIO ACORAL_MINI_PRIO-2 /*信息统计线程优先级（98 或 128）*/
#define ACORAL_DAEMON_PRIO ACORAL_MINI_PRIO-3 /*守护线程优先级（97 或 127）*/


#define ACORAL_HARD_RT_PRIO_MIN ACORAL_MAX_PRIO+1 /*实时线程的最高优先
级（2）*/
#define ACORAL_HARD_RT_PRIO_MAX ACORAL_HARD_RT_PRIO_MIN+CFG_HARD_RT_
PRIO_NUM
                                            /*实时线程最低优先级（21）*/
#ifdef CFG_THRD_POSIX
   #define ACORAL_POSIX_PRIO_MAX ACORAL_TMP_PRIO
                                   /*POSIX 线程最低优先级（129）*/
   #define ACORAL_POSIX_PRIO_MIN ACORAL_POSIX_PRIO_MAX-CFG_POSIX_STAIR_NUM
                                   /*（100）*/
   #define ACORAL_BASE_PRIO_MAX ACORAL_POSIX_PRIO_MIN
#else
   #define ACORAL_BASE_PRIO_MAX ACORAL_TMP_PRIO  /*优先级的起始值*/
#endif
   #define ACORAL_BASE_PRIO_MIN ACORAL_HARD_RT_PRIO_MAX /*优先级的最大值*/
```

代码 4.11 定义了 aCoral 的 IDLE 线程、临时线程、信息统计线程、守护线程等特殊线程的优先级。以 IDLE 线程为例，如果系统配置支持 POSIX 线程（优先级 100～129 为 POSIX

线程的优先级），则 IDLE 线程的优先级为 130；否则，IDLE 线程的优先级为 100，其他线程的优先级定义见代码 4.11。此外，代码 4.11 还定义了实时线程、POSIX 线程优先级的起始值（最高优先级）和最大值（最低优先级）。

3. ready、timeout、waiting、global_list

这 4 个 acoral_list_t 成员主要用来将线程结构挂到相应链表队列，acoral_list_t 是一个双向链表（见代码 4.12 L(1)）。如果将 aCoral 配置为支持多核，acoral_list_t 还定义了自旋锁 acoral_spinlock_t（见代码 4.12 L(2)）。

代码 4.12　（ …\1 aCoral\lib\include\list.h ）

```
struct acoral_list {
    struct acoral_list *next, *prev;                        L(1)
#ifdef CFG_CMP
    acoral_spinlock_t lock; /*spinlock 相关操作在单核模式下为空*/  L(2)
#endif
};
```

以就绪队列 Ready 为例，当用户调用了 acoral_rdy_thread 或 acoral_resume_thread 接口时，就会将线程挂到就绪队列 acoral_ready_queue 上，这就是将就绪队列 Ready 成员挂到这个链表上。就绪队列链表如图 4.3 所示。这种通过 TCB 成员定义的结构（acoral_list_t）来挂到相应链表队列上的方式与 Linux 类似，这种方式的优点是：可以用相同的数据处理方式来描述所有双向链表，不用再单独为各个链表编写各种函数。

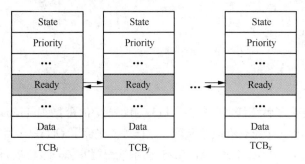

图 4.3　就绪队列链表

waiting、timeout、global_list 的使用与 ready 类似。

4.1.2　线程优先级

aCoral 是一个支持多核的 RTOS，因此，在开发初期就必须考虑线程数量的问题。在多核的应用中，除了大数据量运算的应用，多线程的并行执行无疑是多核支持的重点，这样更能体现多核的优势，正因如此，必须允许更多数量的线程。此外，允许线程具有相同优先级也是实际需要的方案[1]，这样才能在优先级数量有限的情况下，使线程数量无限。因此，aCoral 的就绪队列采用的是优先级链表，每个优先级是一个链表，相同优先级的线程都挂在该链表上。

---

[1] 在嵌入式实时操作系统 uc/OS Ⅱ 中，定义了 64 个优先级，一个优先级只能有一个线程与之对应，一个线程也只能有一个优先级。

aCoral 优先级数目是可以根据用户需要配置的（如 4.1 节，线程描述的优先级部分）。线程优先级表如图 4.4 所示（这里假设系统一共定义了 256 个优先级）。

31	...	...	3	2	1	0
63	...	...	35	34	33	32
95	...	...	67	66	65	64
127	...	...	99	98	97	96
159	...	...	131	130	129	128
191	...	...	163	162	161	160
223	...	...	195	194	193	192
255	...	...	227	226	225	224

图 4.4　线程优先级表

我们都知道，操作系统调度的本质是从就绪队列中找出某一线程来执行。而怎么找，找哪个线程来执行，是与具体调度策略有关的，例如，先到先服务（first come first service，FCFS）、时间片轮转、优先级优先。对于 RTOS 而言，几乎都采用了基于优先级的抢占调度策略。为了支持基于优先级的抢占调度策略，aCoral 优先级通过 acoral_prio_array 定义（见代码 4.13），这样才便于调度器从就绪队列中找到最高优先级的线程执行。

代码 4.13　（…\1 aCoral\lib\include\queue.h）

```
#define PRIO_BITMAP_SIZE ((((ACORAL_MAX_PRIO_NUM+1+7)/8)+sizeof(acoral_
u32)-1)/sizeof(acoral_u32))
                                                              L(1)
struct acoral_prio_array {
    acoral_u32 num;                     /*就绪任务的总数*/   L(2)
    acoral_u32 bitmap[PRIO_BITMAP_SIZE];                     L(3)
    acoral_queue_t queue[ACORAL_MAX_PRIO_NUM];               L(4)
};

typedef struct {
    acoral_list_t head;
    void *data;
}acoral_queue_t;
```

代码 4.13 L(2)定义了就绪任务的总数，L(3)为优先级位图[1]数组 bitmap[PRIO_BITMAP_SIZE]，用来标识某一优先级是否有就绪队列，这样才能确保以 $O(1)$ 复杂度找出最高优先级的线程（详见 4.3.2 小节）。PRIO_BITMAP_SIZE 由系统配置的优先级总数而定（见 L(1)）。优先级位图数组 bitmap[PRIO_BITMAP_SIZE]中每个变量的结构如图 4.5 所示（这里的索引 PRIO_BITMAP_SIZE=2），每个变量都是 32 位的；根据图 4.4 线程优先级表的逻辑顺序，每个变量从右到左每一位均代表一个优先级（bitmap 的每个变量可代表 32 个优先级：0,1,2,…,31）；而每一位有"0""1"两个可能值，"0"表示该位对应的优先级没有任务就绪，"1"表示该位对应的优先级有任务就绪。如图 4.5 所示，优先级为 2 和 4 的线程处于就绪状态。整个 bitmap[PRIO_BITMAP_SIZE]的优先级位图如图 4.6 所示。

代码 4.13 L(4)定义了优先级链表数组，数组的成员是一个链表队列 acoral_queue_t，挂在该优先级的就绪队列上。这样，acoral_prio_array 的优先级位图就如图 4.7 所示。其中，H 表示链表头。

---

[1] 优先级位图法是 uc/OS Ⅱ 经典且重要的数据结构，用以提高内核调度的实时性和确定性。aCoral 在其基础上做了改进，以支持线程具有相同优先级的情况。

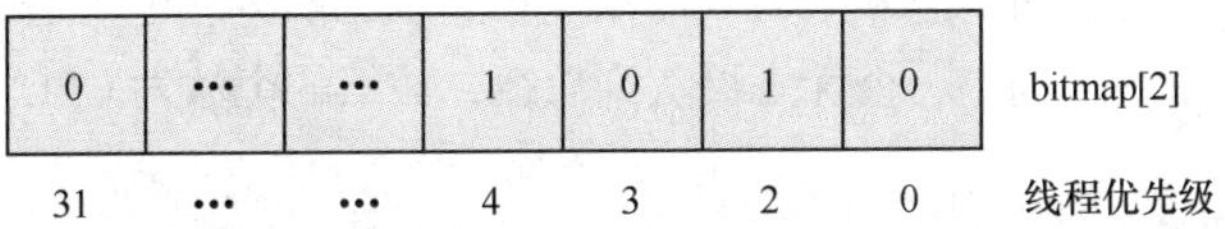

| 0 | ... | ... | 1 | 0 | 1 | 0 | bitmap[2] |

| 31 | ... | ... | 4 | 3 | 2 | 0 | 线程优先级 |

图 4.5　优先级位图

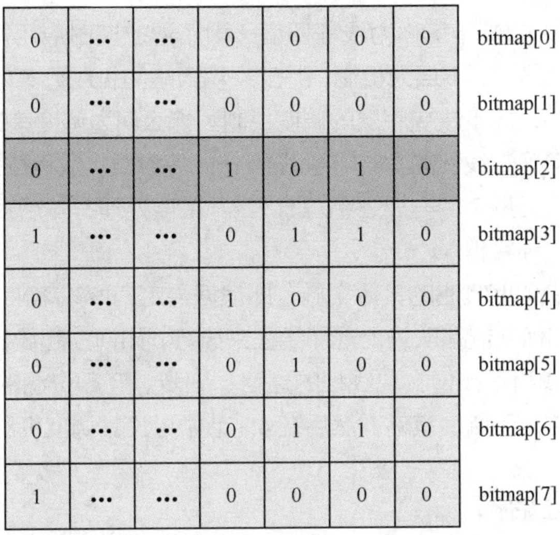

0	...	...	0	0	0	0	bitmap[0]
0	...	...	0	0	0	0	bitmap[1]
0	...	...	1	0	1	0	bitmap[2]
1	...	...	0	1	1	0	bitmap[3]
0	...	...	1	0	0	0	bitmap[4]
0	...	...	0	1	0	0	bitmap[5]
0	...	...	0	1	1	0	bitmap[6]
1	...	...	0	0	0	0	bitmap[7]

图 4.6　bitmap[PRIO_BITMAP_SIZE]的优先级位图

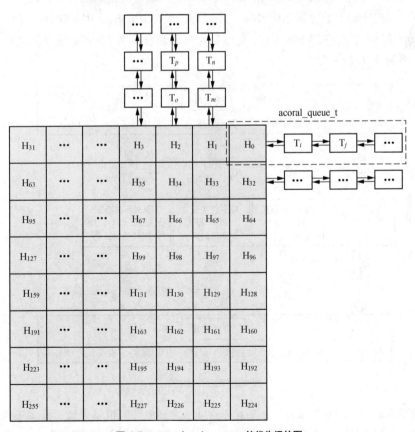

图 4.7　acoral_prio_array 的优先级位图

acoral_queue_t 是一个优先级队列，aCoral 采用私有就绪队列，也就是每个 CPU 有一个就绪队列，故 aCoral 的就绪队列是一个优先级队列数组，数组的个数为 CPU 的数量。

4.2 调度策略

aCoral 把与线程相关的操作统称为线程调度。为了适应实时应用及多核的需要，aCoral 将调度分为两层，上层为策略，下层为机制，并且采用策略与机制分离的设计原则。这样可以灵活方便地扩展调度策略，而不改变底层的调度机制。那么何为调度策略，何为调度机制？

调度策略，就是如何确定线程的 CPU、优先级 prio 等参数，线程按照 FCFS、分时或者速率单调 RM 策略来调度，还有对某些线程要进行特殊调度处理，然后根据相应操作来初始化线程。一种策略就对应一种线程。

调度机制，就是负责调度策略的具体实施，即根据给定调度策略来安排任务的具体执行。例如，如何创建线程，如何从就绪队列上选择线程来执行，如何挂起线程，如何恢复线程，如何延时线程，如何杀死线程，如何实现线程的通信、同步、互斥资源的访问。本节首先讨论 aCoral 线程调度的分层结构和调度策略，然后在 4.3 节中讨论其调度机制的实现。

4.2.1 线程调度分层结构

aCoral 的调度分层结构如图 4.8 所示，调度策略的本质是就是调度算法，即确定任务执行顺序的规则。调度策略目前包括通用策略、分时策略、周期策略和 RM 策略，用户可以自行扩展新的调度策略。当用户创建线程时，需要指定某种调度策略，并找到该调度策略对应的策略控制块，再为 TCB 成员赋值。

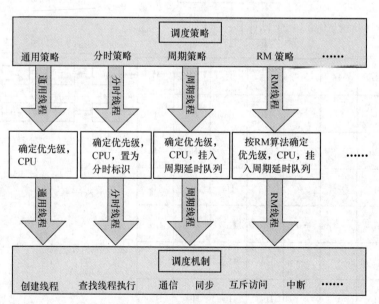

图 4.8　调度分层结构

线程创建的最后一步是将线程挂到就绪队列上，之后由调度机制来负责具体任务调度。例如，如何从就绪队列中找到最高优先级线程执行、如何维护线程间的交互（通信、同步、互斥）、

嵌入式系统设计——基于 Arm 处理器的进阶式项目实战

如何推进线程的执行（如时间片轮转的实施等）。

4.2.2　调度策略分类

前面提到：一种策略对应一种线程，调度策略可以由用户根据系统需要方便地注册。aCoral 目前实现了 5 种调度策略（见图 4.8），分别对应 5 种线程。

1．通用线程（通用策略创建的线程）

这种线程，需要人为指定 CPU、优先级信息，通过 acoral_create_thread 创建。

2．分时线程（分时策略创建的线程）

aCoral 支持相同优先级的线程，对于相同优先级的线程，默认采用 FCFS 方式调度。因此，当用户需要线程以分时的方式和其他线程共享 CPU 资源时，可以将该线程设置为分时线程，即使用分时调度策略创建线程。此时，有两点值得注意。

（1）只存在相同优先级线程的分时策略。不同优先级线程之间不存在分时策略，按优先级抢占策略来调度。

（2）必须是"两厢情愿"的。例如 a、b 线程的优先级相同，a 使用分时策略创建，而 b 使用通用策略创建，这样达不到分时的效果。因为 a 分时后，它执行指定时间片或会将 CPU 交给 b，但由于 b 没有采用分时，它不会主动放弃 CPU。这就像单追恋，即使你付出再多，你追求的人也不一定会为你付出一点儿，她可能只会一直消耗你的付出，没有尽头。

3．周期线程（周期策略创建的线程）

这种线程每隔一个固定时间就需要执行一次。这种需求在嵌入式实时系统中比较常见，例如，信号采集系统有一个采样周期，每隔一段时间就要采集一路信号。

4．RM 线程（RM 策略创建的线程）

RM 是一种可以满足任务截止时间的强实时调度算法，aCoral 有限制地实现了此算法。aCoral 称之为 RM 策略，这种策略需要周期策略的支持。用户在配置时必须注意，如果配置成支持 RM 策略，就必须同时配置支持周期策略。

5．POSIX 线程（POSIX 策略创建的线程）

POSIX 线程属于非实时线程，也是一个标准，这类线程的主要特点是越公平越好。让 aCoral 支持 POSIX 标准有两个出发点：一是实现最大公平，二是实现 POSIX 标准。当然目前其只支持部分 POSIX 线程特性。为了实现最大公平，这种线程又有一个自己的调度算法：电梯调度算法。

4.2.3　描述调度策略

aCoral 通过定义结构 acoral_sched_policy_t 来描述某一调度策略，如代码 4.14 所示。

代码 4.14　（…\1 aCoral\kernel\include\ policy.h ）

```
typedef struct{
    acoral_list_t list;                                    L(1)
    acoral_u8 type;                                        L(2)
```

```
    acoral_id (*policy_thread_init)(acoral_thread_t*,void (*route)
    (void *args),void *,void *);                               L(3)
    void (*policy_thread_release)(acoral_thread_t *);
    void (*delay_deal)();                                      L(4)
    acoral_char *name;                                         L(5)
}acoral_sched_policy_t;
```

代码 4.14 L(1)为策略链表节点，用于将策略挂到策略队列链表上，如图 4.9 所示。

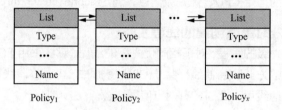

图 4.9　调度策略控制块 acoral_sched_policy_t

代码 4.14 L(2)为策略类型，如下。

（1）ACORAL_SCHED_POLICY_COMM。

（2）ACORAL_SCHED_POLICY_SLICE。

（3）ACORAL_SCHED_POLICY_PERIOD。

（4）ACORAL_SCHED_POLICY_RM。

（5）ACORAL_SCHED_POLICY_POSIX。

代码 4.14 L(3)为策略线程初始化函数，用于确定线程的 CPU、优先级等参数。CPU、优先级等参数的值通过代码 4.14 L(5)的结构来表示。

代码 4.14 L(4)为与时间延时相关的处理函数，例如 period、slice 等策略都要用到类似的延时机制。

代码 4.14 L(5)用于传递某种调度策略所需要的参数。每种策略对应一种数据结构，用来保存线程的参数。不同策略需要的参数不同，用户创建线程时传递的数据结构也不一样。例如，通用策略（通用策略对应于通用线程）的参数只有 CPU、prio，如代码 4.15 所示。其他调度策略所对应的结构在目录（…\1 aCoral\kernel\ include）下的各个策略头文件中定义。

代码 4.15　（…\1 aCoral\kernel\include\ comm_thrd.h）

```
typedef struct{
    acoral_8 CPU;
    acoral_u8 prio;
}acoral_comm_policy_data_t;
```

又如周期策略，其定义如代码 4.16 所示。其中成员 time 就是线程的周期长度。

代码 4.16　（…\1 aCoral\kernel\ include \period_thrd.h 中）

```
typedef struct{
    acoral_8 CPU;
    acoral_u8 prio;
    acoral_8 prio_type;
```

```
        acoral time time;                                    L(1)
    }acoral_period_policy_data_t;
```

对于分时策略，其定义如代码 4.17 所示，slice 为时间片长度。

代码 4.17　（···\1 aCoral\kernel\ include \ slice_thrd.h）

```
typedef struct{
    acoral_8 CPU;
    acoral_u8 prio;
    acoral_u8 prio_type;
    acoral_u32 slice;
}acoral_slice_policy_data_t;
```

对于 RM 策略，其定义如代码 4.18 所示。这里的 t 为线程周期，e 为线程执行时间，这两个参数是线程可调度性判断必需的。

代码 4.18　（···\My book···\1 aCoral\kernel\include_thrd.h）

```
typedef struct{
    acoral_u32 t;
    acoral_u32 e;
}acoral_rm_policy_data_t;
```

4.2.4　查找调度策略

当用户欲根据某种调度策略创建线程时，必须根据 TCB 的 policy 成员值从策略控制块链表（见图 4.9）中查找到相应的节点，将信息取出并赋值给 TCB 相应的成员。具体查找过程如代码 4.19 所示。

代码 4.19　（···\1 aCoral\kernel\src\policy.c）

```
acoral_sched_policy_t *acoral_get_policy_ctrl(acoral_u8 type){
    acoral_list_t   *tmp,*head;
    acoral_sched_policy_t *policy_ctrl;
    head=&policy_list.head;
    tmp=head;
    for(tmp=head->next;tmp!=head;tmp=tmp->next){
        policy_ctrl=list_entry(tmp,acoral_sched_policy_t,list);
        if(policy_ctrl->type==type)
            return policy_ctrl;
    }
    return NULL;
}
```

4.2.5　注册调度策略

若要在 aCoral 中扩展新的调度策略并且使其生效，必须进行注册，只有注册后，用户才能通过此策略创建特定类型的线程。下面以通用调度策略（comm_policy）为例，说明用户如何扩展自己的调度策略。调度策略注册的实现如代码 4.20 所示，注册就是将用户自己定义的调度策略挂载到策略控制块上，放在队列尾（用于将策略挂到策略链表上）。

```
void acoral_register_sched_policy(acoral_sched_policy_t *policy){
    acoral_list_add2_tail(&policy->list,&policy_list.head);
}
```

接下来的一个问题是：通用调度策略（comm_policy）在什么时候注册呢？答案是在进行通用调度策略初始化 comm_policy_init()时注册的（见代码 4.21 L(2)）。

代码 4.21 　（…\1 aCoral\kernel\src\comm_thrd.c）

```
void comm_policy_init(){
    comm_policy.type=ACORAL_SCHED_POLICY_COMM;
    comm_policy.policy_thread_init=comm_policy_thread_init;
    //绑定策略初始化函数                                           L(1)
    comm_policy.policy_thread_release=NULL;
    comm_policy.delay_deal=NULL;
    comm_policy.name="comm";
    acoral_register_sched_policy(&comm_policy);                  L(2)
}
```

代码 4.21 L(1)表示如果用户定义了通用线程调度策略，则使策略控制块 comm 节点中的 policy_thread_init=comm_policy_thread_init（见代码 4.14 L(3)）；如果用户定义了 RM 线程调度策略，则使 RM 策略控制块的 policy_thread_init=rm_policy_thread_init……这样，可以灵活绑定相应策略线程初始化函数（对线程进行初始化）。这里，有关通用线程初始化 comm_policy_thread_init()的实现将放在 4.3.1 节创建线程中介绍。当绑定完后，再调用 acoral_register_sched_policy()对策略进行注册，挂载到策略控制块链表的尾部。

另一个问题是：通用调度策略初始化函数（comm_policy_init()）是在什么时候被调用的呢？答案是在 aCoral 调度策略初始化函数（acoral_sched_policy_init()）时被调用的（见代码 4.22 L(1)）。

代码 4.22 　（…\1 aCoral\kernel\src\policy.c）

```
void acoral_sched_policy_init(){
    acoral_list_init(&policy_list.head);
    comm_policy_init();                                          L(1)
#ifdef CFG_THRD_SLICE
    slice_policy_init();
#endif
#ifdef CFG_THRD_PERIOD
    period_policy_init();
#endif
#ifdef CFG_THRD_RM
    rm_policy_init();
#endif
#ifdef CFG_THRD_POSIX
    posix_policy_init();
#endif
}
```

最后，aCoral 调度策略初始化（acoral_sched_policy_init()）是在什么时候被启用的呢？答案是在 aCoral 系统初始化时通过代码 4.23 L(1)启用的。

代码 4.23 （…\1 aCoral\kernel\src\policy.c）

```
/*=================================
 *  the subsystem init of the kernel
 *      内核各模块初始化
 *=================================*/
void acoral_module_init(){
    /*中断系统初始化*/
    acoral_intr_sys_init();
    /*内存管理系统初始化*/
    acoral_mem_sys_init();
    /*资源管理系统初始化*/
    acoral_res_sys_init();
    /*线程管理系统初始化*/
    acoral_thread_sys_init();                              L(1)
    /*时钟管理系统初始化*/
    acoral_time_sys_init();
    /*事件管理系统初始化，这个必须有，因为内存管理系统用到了*/
    acoral_evt_sys_init();
    /*消息管理系统初始化*/
#ifdef CFG_DRIVER
    acoral_drv_sys_init();
#endif
}
```

总而言之，根据前面的描述，调度策略的初始化及注册的过程如图 4.10 所示。

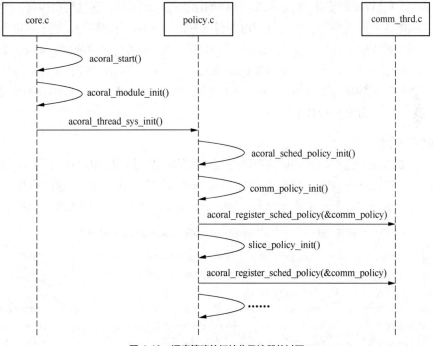

图 4.10 调度策略的初始化及注册的过程

其中 acoral_start()是内核各模块初始化的入口，也是 aCoral 系统初始化的入口。当 CPU 启动完成后，通过代码 4.24 L(1)进入 acoral_start()，开始 aCoral 的启动工作。至此，对 CPU 等硬件资源的管理由裸板程序时代进入操作系统时代。

代码 4.24　（ …\1 aCoral\kernel\src\policy.c ）

```
......                                                   /*启动 CPU*/
ldr   pc,=acoral_start                                            L(1)
```

4.3　基本调度机制

4.3.1　创建线程

用户在基于 RTOS 开发应用程序前，首先要创建线程。aCoral 中，创建一个线程时需要指定用户希望采用的调度策略（见 4.2 节）。例如，用户想创建一个周期性执行的线程并希望通过周期来触发多线程的调度，如代码 4.25 所示。

代码 4.25　创建一个周期线程

```
acoral_period_policy_data_t data;                                 L(1)
data.CPU=0;                                                       L(2)
data.prio=25;                                                     L(3)
data.timer=1000;                                                 L(4)
acoral_create_thread_ext(test,ACORAL_PRINT_STACK_SIZE,0,NULL,NULL,
ACORAL_SCHED_POLICY_PERIOD,&data);                                L(5)
```

代码 4.25 L(1)为调度策略控制块，L(2)指定线程运行的 CPU，L(3)为线程优先级，L(4)为线程执行周期，L(5)为调用线程创建接口。这样创建线程比较烦琐，而且要在执行 L(5)时传入 CPU、优先级等这些简单参数。但是这样做的目的是让 aCoral 更加灵活，便于应用程序开发人员扩展新的调度策略。此外，为了让一般应用程序开发人员简化创建流程，aCoral 提供了按照默认调度策略创建线程的方法。这个默认策略就是通用调度策略，同时 aCoral 简化了通用调度策略下的线程创建接口。这样，aCoral 将线程创建分为两大类：一是通用线程创建，二是特殊线程创建。以下分别进行介绍。

1.　通用线程

通用线程是指用户需要用通用调度策略进行调度的线程，例如，用户希望自己创建的线程采用 FCFS 的方式进行调度。如果要创建通用调度策略的线程，就用通用线程创建函数 acoral_create_thread()，这是一个宏，指向 create_comm_thread()，如代码 4.26 L(1)所示。

代码 4.26　（ …\1 aCoral\kernel\include\thread.h ）

```
#define acoral_create_thread(route,stack_size,args,name,prio,CPU) create_
comm_thread(route,stack_size,args,name,prio,CPU);                 L(1)

#define acoral_create_thread_ext(route,stack_size,args,name,stack,
policy,policy_data) create_thread_ext(route,stack_size,args,name,stack,
policy,policy_data);                                             L(2)
```

嵌入式系统设计——基于 Arm 处理器的进阶式项目实战

　　create_comm_thread()的实现如代码 4.27 所示。创建通用线程时，需要的参数分别为执行线程的函数名、线程的堆栈空间、传入线程的参数、创建线程的名字、创建线程的优先级、绑定进程到指定 CPU 运行。创建线程需要做的第一项工作是为该线程分配内存空间。线程是通过 TCB 描述的（acoral_thread_t，详见 4.1.1 小节），为该线程分配内存空间就是为 TCB 分配空间，其返回值是刚分配的 TCB 的指针。分配是通过函数 acoral_alloc_thread()实现的，如代码 4.27 L(1)所示。为 TCB 分配空间后，便对 TCB 的各成员（详见 4.1.1 小节）和调度策略控制块（详见 4.2.2 小节）赋值，如代码 4.27 L(2)所示，部分值是用户传入的参数，另一些值在 create_comm_thread()内部确定。

代码 4.27 （…\1 aCoral\kernel\src\comm_thrd.c）

```
/*=======================================================
 * func: create thread in acoral
 *                 通用线程的创建
 * in:  *route)      执行线程的函数名
 *      stack_size   线程的堆栈空间
 *      args         传进线程的参数
 *      name         创建线程的名字
 *      prio         创建线程的优先级
 *      CPU          绑定进程到指定 CPU 运行，-1 表示由系统指定
 *=======================================================*/
acoral_id create_comm_thread(void (*route)(void *args),acoral_u32
stack_size,void *args,acoral_char *name,acoral_u8 prio,acoral_8 CPU){
    acoral_comm_policy_data_t policy_ctrl;
    acoral_thread_t *thread;
    /*分配 TCB 数据块*/
    thread=acoral_alloc_thread();   //返回刚分配的 TCB 的指针     L(1)
    if(NULL==thread){
        acoral_printerr("Alloc thread:%s fail\n",name);
        acoral_printk("No Mem Space or Beyond the max thread\n");
        return -1;
    }
    /*为 TCB 成员赋值*/
    thread->name=name;                                           L(2)
    stack_size=stack_size&(~3);
    thread->stack_size=stack_size;
    thread->stack_buttom=NULL;
    /*设置线程要运行的 CPU 核心*/
    policy_ctrl.CPU=CPU;
    /*设置线程的优先级*/
    policy_ctrl.prio=prio;
    policy_ctrl.prio_type=ACORAL_BASE_PRIO;
    thread->policy=ACORAL_SCHED_POLICY_COMM;
    thread->CPU_mask=-1;
    return comm_policy_thread_init(thread,route,args,&policy_ctrl);
                                                                 L(3)
}
```

（1）分配线程空间

线程分配空间函数 acoral_alloc_thread()通过 acoral_get_res()为资源控制块 acoral_pool_ctrl_t 分配空间，如代码 4.28 所示。acoral_pool_ctrl_t 由代码 4.29 定义，acoral_get_res()的原理和实现请参考内存资源池存储管理。

代码 4.28 （…\1 aCoral\kernel\src\thread.c ）

```
/*================================
 * func: alloc thread struct data in acoral
 *      TCB
 *================================*/
acoral_thread_t *acoral_alloc_thread(){
    return (acoral_thread_t *)acoral_get_res(&acoral_thread_pool_ctrl); L(1)
}
```

代码 4.29 （…\1 aCoral\kernel\include\resource.h ）

```
typedef struct {
  acoral_u32       type;                          L(1)
  acoral_u32       size;                          L(2)
  acoral_u32       num_per_pool;                  L(3)
  acoral_u32       num;                           L(4)
  acoral_u32       max_pools;                     L(5)
  acoral_list_t    *free_pools,*pools,list[2];    L(6)
  acoral_res_api_t *api;                          L(7)
#ifdef CFG_CMP
  acoral_spinlock_t  lock;                         L(8)
#endif
  acoral_u8        *name;                          L(9)
}acoral_pool_ctrl_t;
```

其中，代码 4.29 L(1)为资源类型。在 4.1.1 小节已指出，aCoral 定义了 6 种资源类型，例如线程型、事件型、时钟型、驱动型等。L(2)为资源大小，一般是结构体的大小，例如线程控制块的大小，用 sizeof(acoral_thread_t)这种形式赋值。L(3)为每个资源池对象的个数。这里有个技巧，因为资源池管理的资源内存是从第一级内存系统（伙伴系统）分配的，为了最大限度使用内存，减少内存碎片，对象的个数、最大值、可分配内存等都是通过计算后由用户指定的。例如伙伴算法设定基本内存块的大小为 1KB，资源的大小为 1KB，用户的一个资源池包含 20个资源，这样计算下来需要分配 1KB × 20=20KB 的空间。而由于伙伴系统只能分配 2^i 个基本内存块，故会分配 32KB，32KB 可以包含 32 个资源对象，大于 20 个，故将每个资源池的对象的个数更改为 32。由此可看出，资源池真正可分配的对象的个数大于用户指定的资源对象的个数。

代码 4.29 L(4)为已经分配的资源池的个数。

代码 4.29 L(5)为最多可以分配资源池的个数。

代码 4.29 L(6)为资源池链表，空闲资源池链表。

代码 4.29 L(7)为资源操作接口。

代码 4.29 L(8)为自旋锁，只用于多核情况。

代码 4.29 L(9)为该类资源名称。

（2）线程初始化

根据代码 4.27 L(3)，创建线程的最后一步是对创建的通用线程进行初始化 comm_policy_thread_init()，初始化过程与具体的调度策略相关。不同的调度策略，需要不同的初始化函数，如图 4.11 所示，即根据调度策略进行相关初始化，因此，线程初始化又称为在某调度策略下的线程初始化，例如，通用调度策略下的线程初始化 comm_policy_thread_init()。

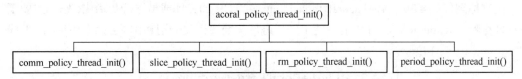

图 4.11　不同调度策略下的初始化函数

各调度策略需要的线程初始化函数是在系统初始化时绑定的（详见 4.2.5 小节）。如果是通用调度策略，则指向 comm_policy_init()（comm_policy_thread_init()）；如果是 RM 策略，则指向 rm_policy_init()。

对于通用调度策略, comm_policy_thread_init()具体完成什么工作呢？主要是将通用策略控制块中的成员值赋给刚创建线程的 TCB 的成员，例如，CPU、优先级等；然后调用 acoral_thread_init()进行线程初始化，根据用户创建线程时传递的参数给线程 TCB 剩余成员（非策略控制块中的参数，例如，堆栈大小 stack_size、栈底 stack_buttom 等）赋值。代码 4.30 L(1) 将策略数据转换为具体策略的数据块，L(2)和 L(3)根据调度策略控制块给 TCB 的相关成员赋值。接下来根据用户传入的参数做其他初始化工作，如 L(4)的 acoral_thread_init()，最后，通过 acoral_resume_thread()将线程挂到就绪队列上，供内核调度，如代码 4.30 L(5)所示。

代码 4.30　（⋯\1 aCoral\kernel\src\comm_thrd）

```
acoral_id comm_policy_thread_init(acoral_thread_t *thread,void (*route)
(void *args),void *args,void *data){
    acoral_sr CPU_sr;
    acoral_u32 prio;
    acoral_comm_policy_data_t *policy_data;
    policy_data=(acoral_comm_policy_data_t *)data;              L(1)
    thread->CPU=policy_data->CPU;                               L(2)
    prio=policy_data->prio;                                     L(3)
    if(policy_data->prio_type==ACORAL_BASE_PRIO){
        prio+=ACORAL_BASE_PRIO_MIN;
        if(prio>=ACORAL_BASE_PRIO_MAX)
            prio=ACORAL_BASE_PRIO_MAX-1;
    }
    thread->prio=prio;
    if(acoral_thread_init(thread,route,acoral_thread_exit,args)!=0){  L(4)
        acoral_printerr("No thread stack:%s\n",thread->name);
        HAL_ENTER_CRITICAL();
            acoral_release_res((acoral_res_t *)thread);
        HAL_EXIT_CRITICAL();
        return -1;
```

```
    }
        /*将线程就绪，并重新调度*/
        acoral_resume_thread(thread);                              L(5)
        return thread->res.id;
    }
```

（3）堆栈初始化

前文提到代码 4.30 L(4)中 acoral_thread_init()对 TCB 的其他成员进行初始化，它的主要工作是什么呢？acoral_thread_init()的主要工作是进行与堆栈相关的初始化，包括堆栈空间、堆栈内容，如代码 4.31 所示。

代码 4.31　（···\1 aCoral\kernel\ src\thread.c）

```
/*==================================
 * func: init thread in acoral
 * in:   (*route)
 * in:   (*exit)  (acoral_thread_exit)
 *        stack_size
 *        args
 *        name
 *===================================*/
acoral_err acoral_thread_init(acoral_thread_t *thread,void (*route)(void
*args),void (*exit)(void),void *args){
    if(thread->stack_buttom==NULL){                                L(1)
        if(stack_size<ACORAL_MIN_STACK_SIZE)
            stack_size=ACORAL_MIN_STACK_SIZE;
        thread->stack_buttom=(acoral_u32 *)acoral_malloc(stack_size);
        if(thread->stack_buttom==NULL)
            return ACORAL_ERR_THREAD_NO_STACK;                    L(2)
        thread->stack_size=stack_size;
    }
    thread->stack=(acoral_u32 *)((acoral_8 *)thread->stack_buttom+stack_
    size-4);
    HAL_STACK_INIT(&thread->stack,route,exit,args);               L(3)
    if(thread->CPU_mask==-1)                                      L(4)
        thread->CPU_mask=0xeffffffff;
    if(thread->CPU<0)
        thread->CPU=acoral_get_idle_maskCPU(thread->CPU_mask);
    if(thread->CPU>=HAL_MAX_CPU)
        thread->CPU=HAL_MAX_CPU-1;                                L(5)
    thread->data=NULL;
        thread->state=ACORAL_THREAD_STATE_SUSPEND;               L(6)
    /*继承父线程的 console_id*/
    thread->console_id=acoral_cur_thread->console_id;
    acoral_init_list(&thread->waiting);  /*TCB 的等待队列成员(list)初
    始化*/                                                         L(7)
    acoral_init_list(&thread->ready);
    acoral_init_list(&thread->timeout);
    acoral_init_list(&thread->global_list);
```

```
        acoral_spin_init(&thread->timeout.lock);
        acoral_spin_init(&thread->waiting.lock);
        acoral_spin_init(&thread->ready.lock);
        acoral_spin_init(&thread->move_lock);
        HAL_ENTER_CRITICAL();
        acoral_spin_lock(&acoral_threads_queue.head.lock);
        acoral_list_add2_tail(&thread->global_list,&acoral_threads_
        queue.head);                                              L(8)
        acoral_spin_unlock(&acoral_threads_queue.head.lock);
        HAL_EXIT_CRITICAL();
#ifdef CFG_TEST
        acoral_print("%s thread initial well\n",thread->name);
#endif
        return 0;
}
```

代码 4.31 L(1)判断堆栈指针是否为 NULL，如果堆栈指针为 NULL，则说明需动态分配。L(2)分配堆栈。既然是动态分配，就有分配失败的可能，如果失败就返回错误信息。当堆栈分配好之后，需要通过 L(3)模拟线程创建时的堆栈环境。L(4)和 L(5)为线程确定 CPU。L(6)将线程的当前状态设置为"ACORAL_THREAD_STATE_SUSPEND"。L(7)初始化线程的其他成员，如等待队列、就绪队列、延迟队列及与这些队列相关的自旋锁。L(8)将刚创建的线程挂到全局队列尾部。

HAL_STACK_INIT()包括 4 个参数：堆栈指针变量地址、线程执行函数、线程退出函数、线程参数，无返回值。从名字可以看出，HAL_STACK_INIT()是与硬件相关的函数，不同的处理器有不同的寄存器，例如，不同的寄存器个数、寄存器功能分配（程序指针、程序当前状态寄存器、链接寄存器、通用寄存器……）等。这些寄存器体现了当前线程的运行环境。如果当前线程被其他中断或线程抢占，将发生线程上下文切换，此时，需要通过堆栈来保存被抢占线程的运行环境。那先保存哪个寄存器，再保存哪个寄存器呢？这需要根据处理器的结构而定，HAL_STACK_INIT()就用于规定寄存器的保存顺序。

Arm9 S3C2410 的线程环境是通过 R0～R15 及 CPSR 来保存的，即当发生上下文切换时，需要保存这 16 个寄存器的值，R13（SP）除外。故在堆栈初始化时就要压入这么多寄存器来模拟线程的环境（在没有具体针对某一硬件平台的时候，模拟堆栈的压栈）。为了方便修改和操作，用一个数据结构（见代码 4.32）表示环境。

代码 4.32　　（…\1 aCoral\hal\arm\S3C2440A\include\hal_thread.h）

```
#define HAL_STACK_INIT(stack,route,exit,args) hal_stack_init(stack,
route,exit,args)                                                  L(1)
typedef struct {
    acoral_u32 cpsr;
    acoral_u32 r0;
    acoral_u32 r1;
    acoral_u32 r2;
    acoral_u32 r3;
    acoral_u32 r4;
    acoral_u32 r5;
```

```
        acoral_u32 r6;
        acoral_u32 r7;
        acoral_u32 r8;
        acoral_u32 r9;
        acoral_u32 r10;
        acoral_u32 r11;
        acoral_u32 r12;
        acoral_u32 lr;
        acoral_u32 pc;
    }hal_ctx_t;
```

由于是用 C 语言来模拟线程创建时的堆栈环境的，因此用宏转换定义 hal_stack_init()来实现 HAL_STACK_INIT()（见代码 4.32 L(1)）。其中，R0～R7 是通用寄存器，R8～R12 是影子寄存器，LR（R14）是链接寄存器，PC（R15）是程序指针寄存器。有关 Arm9 S3C2410 寄存器及其使用方法，请参考芯片手册。

hal_stack_init()是与线程相关的接口，包括 4 个参数：堆栈指针变量地址、线程执行函数、线程退出函数、线程参数，无返回值。其具体实现如代码 4.33 所示。

代码 4.33 （···\1 aCoral\hal\arm\S3C2440A\src\hal_thread.c）

```
void hal_stack_init(acoral_u32 **stk,void (*route)(),void (*exit)(),
void *args){
    hal_ctx_t *ctx=*stk;
    ctx--;                                              L(1)
    ctx=(acoral_u32 *)ctx+1;                            L(2)
    ctx->cpsr=0x0000001FL;                              L(3)
    ctx->r0=(acoral_u32)args;                           L(4)
    ctx->r1=1;                                          L(5)
    ctx->r2=2;
    ctx->r3=3;
    ctx->r4=4;
    ctx->r5=5;
    ctx->r6=6;
    ctx->r7=7;
    ctx->r8=8;
    ctx->r9=9;
    ctx->r10=10;
    ctx->r11=11;
    ctx->r12=12;
    ctx->lr=(acoral_u32)exit;
    ctx->pc=(acoral_u32)route;                          L(6)
    *stk=ctx;
}
```

代码 4.33 L(1)用来获得堆栈模拟环境的起始地址。由于堆栈是向下生长的，而 hal_ctx_t 结构体是向上的，因此使用 "ctx--"，如图 4.12 所示，其中虚线箭头表示实际切换时堆栈的生长方向。L(2)调整了 4B（(acoral_u32 *)ctx+1），传进来的堆栈指针的内存本身可以容纳一个数据。L(3)压入处理器程序状态寄存器。L(4)压入刚创建线程需要传递的参数。从 L(5)开始压入其他寄存器的值。为了调试的时候方便识别出堆栈，将这些寄存器的值按 1～N 赋值。L(6)压入线程执行函数的入口地址。从代码 4.33 可以看出，堆栈生长的方向与当前线程运行环境（16 个寄存器）的保存顺序为：PC、LR、R12、R11……R0、CPSR，这 16 个寄存器的值将反序保存在结构体 ctx 中（见图 4.12（b）），然后将指针传给 stk，如图 4.12 所示，stk是用户创建的堆栈指针变量地址（见代码 4.33），这样就模拟了线程切换时当前线程的运行环境是如何保存到堆栈中的。在系统运行过程中发生实际任务切换时，需要根据该方式将16 个寄存器的值依次保存在 stk（见图 4.12（a））。

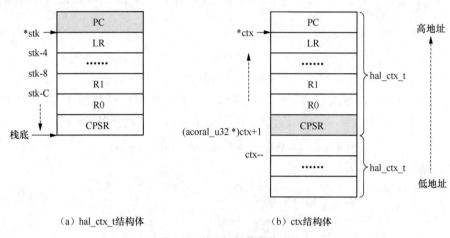

（a）hal_ctx_t结构体　　　　　　　　　（b）ctx结构体

图 4.12　线程创建时的堆栈环境

（4）挂载线程到就绪队列

回顾代码 4.30，comm_policy_thread_init()是对通用调度策略下的线程进行初始化，最后一步恢复线程（见代码 4.30 L(5)），即将新创建的线程挂载到一个就绪队列上。

线程恢复有两个接口：acoral_resume_thread()和 acoral_rdy_thread()。前者比后者多一个acoral_sched()调度函数和一个判断；acoral_resume_thread()可以由用户调用，而 acoral_rdy_thread()是用户不能直接调用的，只能在内核内部调用；调用 acoral_resume_thread()可能会立刻导致当前线程被挂起，而 acoral_rdy_thread()不会，必须要显式调用 acoral_sched()后才能挂起当前线程。acoral_resume_thread()的实现如代码 4.34 所示。

代码 4.34　（…\1 aCoral\kernel\src\thread.c）

```
/*===============================
 * func: resume thread in acoral
 * thread(TCB)
 *===============================*/
void acoral_resume_thread(acoral_thread_t *thread){
    acoral_sr CPU_sr;
    acoral_8 CPU;
    if(!(thread->state&ACORAL_THREAD_STATE_SUSPEND))        L(1)
        return;
#ifdef CFG_CMP
    CPU=thread->CPU;
```

```
            /*resumed*/
        if(CPU!=acoral_current_CPU){           /*给特定 CPU 发送命令*/    L(2)
            acoral_ipi_cmd_send(CPU,ACORAL_IPI_THREAD_RESUME,
            thread->res.id,NULL);
            return;
        }
#endif
    HAL_ENTER_CRITICAL();
    /*将线程挂到指定 CPU 的就绪队列上*/
        acoral_rdyqueue_add(thread);                              L(3)
    HAL_EXIT_CRITICAL();
    acoral_sched();                                              L(4)
}
```

其中，代码 4.34 L(1)表示如果当前线程不处于挂起状态，则不需要唤醒。L(2)读取线程所在 CPU，如果不是当前 CPU，则要进行核间通信的特殊处理。L(3)将线程挂到就绪队列上，其具体实现如代码 4.35 所示。L(4)执行调度函数 acoral_sched()，对任务进行重调度。

代码 4.35　（···\1 aCoral\kernel\src\sched.c）

```
    /*===============================
     * func: add thread to acoral_ready_queues
     *      将线程挂到就绪队列上
     *===============================*/
    void acoral_rdyqueue_add(acoral_thread_t *thread){
        acoral_rdy_queue_t *rdy_queue;
        acoral_u8 CPU;
        CPU=thread->CPU;
        rdy_queue=acoral_ready_queues+CPU;                       L(1)
        acoral_prio_queue_add(&rdy_queue->array,thread->prio,&thread->
        ready);                                                  L(2)
        thread->state&=~ACORAL_THREAD_STATE_SUSPEND;
        thread->state|=ACORAL_THREAD_STATE_READY;
        thread->res.id=thread->res.id|CPU<<ACORAL_RES_CPU_BIT;
        acoral_set_need_sched(true);   /*设置线程调度影响标准为 True*/ L(3)
    }
```

其中，代码 4.35 L(1)根据线程所在的 CPU 找到 CPU 的就绪队列。L(2)调用 acoral_prio_queue_add()添加函数将线程挂到优先级队列，其具体实现如代码 4.36 所示。L(3)表示因为线程所在 CPU 的就绪队列发生了变化，有可能导致任务切换，故要置为调度标志，以让调度函数起作用。

代码 4.36　（···\1 aCoral\lib\src\queue.c）

```
    void acoral_prio_queue_add(acoral_prio_array_t *array,acoral_u8 prio,
    acoral_list_t *list){
        acoral_queue_t *queue;
        acoral_list_t *head;
        array->num++;
        queue=array->queue + prio;                               L(1)
        head=&queue->head;
```

```
        acoral list add2 tail(list,head);                    L(2)
        acoral_set_bit(prio,array->bitmap);                  L(3)
    }
```

这里，代码 4.36 L(1)是根据线程优先级找到线程所在的优先级链表。L(2)将该线程挂到该优先级链表上。L(3)置位该优先级就绪标志位，从名字可以看出，这里的设置是与优先级位图法相关的。有关优先级位图法的原理和实现请参考 4.1.2 小节。

（5）调用 acoral_sched()

创建一个通用线程的最后一步是调用内核调度函数 acoral_sched()，由内核根据调度算法（策略）安排线程执行（见代码 4.34 L(4)），即从就绪队列中取出符合调度算法的线程依次运行。关于调度函数 acoral_sched()，需要做更多解释。

真正意义上的多任务操作系统，都要通过一个调度程序（scheduler）来实现调度功能（aCoral 调度函数即 acoral_sched()），该调度程序以函数形式存在，用来实现操作系统的调度策略，可在内核的各个部分进行调用。调用调度程序的具体位置又被称为调度点（scheduling point）。由于调度通常由外部事件的中断来触发，或者由周期性的时钟信号触发，因此，调度点通常出现在以下时刻。

- **中断服务程序结束的时刻**。例如，当用户通过按键向系统提出新的请求时，系统首先以中断服务程序 ISR 响应用户请求，然后，在中断服务程序结束时创建新的任务，并将新任务挂载到就绪队列尾部。接下来，RTOS 就会进入一个调度点，调用调度程序，执行相应的调度策略。又如，当 I/O 中断发生的时候，如果 I/O 事件是一个或者多个任务正在等待的事件，则在 I/O 中断结束时刻，将会进入一个调度点，调用调度程序，调度程序将根据调度策略确定是否继续执行当前处于运行状态的任务，或让高优先级就绪任务抢占该任务。

- **运行任务因缺乏资源而被阻塞的时刻**。当任务执行过程中进行 I/O 操作时，使用 UART 传输数据，如果 UART 正在被其他任务使用，将导致当前任务从就绪状态转换成等待状态，不能继续执行。此时 RTOS 会进入一个调度点，调用调度程序。

- **任务周期开始或者结束的时刻**。一些嵌入式实时系统往往将任务设计成周期性运行的，例如，空调控制器、雷达探测系统等，这样，RTOS 在每个任务的周期开始或者结束时刻，都将进入调度点。

- **高优先级任务就绪的时刻**。当高优先级任务处于就绪状态时，如果采用基于优先级的抢占式调度策略，将导致当前任务暂停运行，使更高优先级任务处于运行状态，此时，也将进入调度点。

（6）通用线程创建流程

到此，一个通用线程创建完毕，简而言之，其创建过程如图 4.13 所示。首先为线程分配空间，然后根据创建线程的调度策略对线程 TCB 进行相关初始化，然后对线程的堆栈进行初始化，最后将创建的线程挂载到就绪队列上，供内核调度。

2. 特殊线程

特殊线程是指用户需要用特殊调度策略进行调度的线程，例如，用户希望自己创建的线程采用 RM、最早截止时间优先（earliest deadline first，EDF）等方式进行调度。如果要创建特殊调度策略的线程，则采用扩展策略线程创建函数 acoral_create_thread_ext()。这是一个宏，指向 create_thread_ext()，如代码 4.26 L(2)所示。

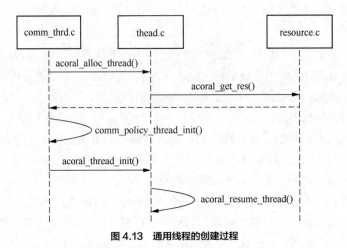

图 4.13 通用线程的创建过程

用户调用 create_thread_ext()创建线程时，需要的参数为线程函数指针、堆栈大小、线程函数的参数、线程名称、堆栈指针、调度策略、调度策略数据等，实现过程如代码 4.37 所示。

代码 4.37　　**(···\1 aCoral\kernel\src\policy.c)**

```
acoral_id create_thread_ext(void (*route)(void *args),acoral_u32 stack_
size,void *args,acoral_char *name,void *stack,acoral_u32 sched_policy,void
*data){
    acoral_thread_t *thread;
    /*分配 TCB 数据块*/
    thread=acoral_alloc_thread();            //返回刚分配的 TCB 的指针
    if(NULL==thread){
        acoral_printerr("Alloc thread:%s fail\n",name);
        acoral_printk("No Mem Space or Beyond the max thread\n");
        return -1;
    }
    thread->name=name;
    stack_size=stack_size&(～3);
    thread->stack_size=stack_size;
    if(stack!=NULL)
        thread->stack_buttom=(acoral_u32 *)stack;
    else
        thread->stack_buttom=NULL;
    thread->policy=sched_policy;
    return acoral_policy_thread_init(sched_policy,thread,route,
    args,data);                                    L(1)
}
```

可以看出，创建特殊线程的过程与创建通用线程的过程差不多，主要区别在于线程初始化，即根据用户指定的调度策略（详见 4.2.3 小节）将线程初始化为某一特定类型的线程（见代码 4.37 L(1)）。acoral_policy_thread_init()将从调度策略链表上取出相应的策略控制块，根据其元素对线程进行初始化，如代码 4.38 所示。其所需的参数是调度策略、TCB、线程函数、线程函数的参数、线程策略数据等。

嵌入式系统设计——基于 Arm 处理器的进阶式项目实战

代码 4.38　（···\1 aCoral\kernel\src\policy.c）

```
acoral_id acoral_policy_thread_init(acoral_u32 policy,acoral_thread_t
*thread,void (*route)(void *args),void *args,void *data){
    acoral_sr CPU_sr;
    acoral_sched_policy_t  *policy_ctrl;
    policy_ctrl=acoral_get_policy_ctrl(policy);              L(1)
    if(policy_ctrl==NULL||policy_ctrl->policy_thread_init==NULL){
        HAL_ENTER_CRITICAL();
        acoral_release_res((acoral_res_t *)thread);
        HAL_EXIT_CRITICAL();
        acoral_printerr("No thread policy support:%d\n",thread->
        policy);
        return -1;
    }
    return policy_ctrl->policy_thread_init(thread,route,args,
    data);                                                  L(2)
}
```

其中，代码 4.38 L(1)根据策略类型找到调度策略控制块。L(2)根据调度策略控制块初始化各成员，调用对应的线程初始化函数（采用的线程初始化函数是在系统初始化时绑定的）。如果用户希望采用时间片轮转调度策略，将调用 slice_policy_thread_init()函数，根据 CPU、优先级、优先级类型、时间片等信息（见代码 4.17）对所创建的线程 TCB 成员进行初始化（见代码 4.39）。而通用线程初始化时是不需要时间片信息的，读者可以对比一下代码 4.39 和代码 4.30。

代码 4.39　（···\1 aCoral\kernel\src\slice_thrd.c）

```
acoral_id slice_policy_thread_init(acoral_thread_t *thread,void (*route)
(void *args),void *args,void *data){
    acoral_sr CPU_sr;
    acoral_u32 prio;
    acoral_slice_policy_data_t *policy_data;
    slice_policy_data_t *private_data;
    if(thread->policy==ACORAL_SCHED_POLICY_SLICE){
        policy_data=(acoral_slice_policy_data_t *)data;      L(1)
        thread->CPU=policy_data->CPU;
        prio=policy_data->prio;
        if(policy_data->prio_type==ACORAL_BASE_PRIO){
            prio+=ACORAL_BASE_PRIO_MIN;
            if(prio>=ACORAL_BASE_PRIO_MAX)
                prio=ACORAL_BASE_PRIO_MAX-1;
        }
        thread->prio=prio;
        private_data=(slice_policy_data_t *)acoral_malloc2(sizeof
        (slice_policy_data_t));                              L(2)
        if(private_data==NULL){
            acoral_printerr("No level2 mem space for private_
            data:%s\n", thread->name);
            HAL_ENTER_CRITICAL();
                acoral_release_res((acoral_res_t *)thread);
```

```
                HAL EXIT CRITICAL();
                return -1;
            }
            private_data->slice_ld=TIME_TO_Ticks(policy_data->
            slice);                                              L(3)
            thread->slice=private_data->slice_ld;           L(4)
            thread->private_data=private_data;
            thread->CPU_mask=-1;
        }
    if(acoral_thread_init(thread,route,acoral_thread_exit,args)!=0){
        acoral_printerr("No thread stack:%s\n",thread->name);
        HAL_ENTER_CRITICAL();
        acoral_release_res((acoral_res_t *)thread);
        HAL_EXIT_CRITICAL();
        return -1;
    }
            /*将线程就绪，并重新调度*/
    acoral_resume_thread(thread);
    return thread->res.id;
}
```

代码 4.39 L(1)将传入的调度策略数据 data 转换为时间片调度策略控制块（acoral_slice_policy_data_t）的类型。代码 4.39 L(2)为 TCB 的 private_data 成员分配空间。代码 4.39 L(3)将时间片大小转换成 Ticks，并赋值给 private_data 的 slice_ld 成员（这里的 slice_ld 的值为该线程的时间片的大小，由用户指定）。代码 4.39 L(4)将时间片赋给 TCB 的 slice 成员，供调度时使用，每当系统 Tick 加 1，slice 就将减 1。特殊线程初始化的剩余过程与通用线程类似，这里不做详细叙述。

3. 编写线程函数

读者已知道，线程就是一段代码的无限循环执行体。创建线程时，其执行体在哪里添加呢？根据代码 4.27，创建线程所需要的第一个参数，即线程函数 void (*route)(void *args)，该线程函数就是线程的执行体。因此，用户需要为自己创建的线程编写执行函数，编写规范是 void thread(void *args)。线程函数返回为空，有一个参数，这个参数可以是任何数据结构，若用户知道数据结构，可以进行转换。同时 void 最好换成 ACORAL_RM_THREAD 或者 ACORAL_COMM_THREAD，以便体现线程采用的调度策略，也有利于后续扩展。代码 4.40 是用户编写线程函数的实例，L(1)采用一般线程创建命令，创建了一个用户线程，参数为执行线程的函数名 test1、线程的堆栈空间 ACORAL_PRINT_STACK_SIZE、传进线程的参数 NULL、创建线程的名字 test1、创建线程的优先级 22，以及绑定 test1 到 0 号 CPU 上运行。可以看出，该线程对应的执行函数是 test1()。test1()的实现是一个无限循环，每隔 1000ms 就输出一次"in test1"。用户可以根据 aCoral 的线程函数编写规范，编写自己的线程执行体——线程函数。

代码 4.40   编写线程函数的实例

```
ACORAL_COMM_THREAD test1(){                                    L(1)
    acoral_print("in test1,this thread's period is 1s\n");
    while(1){
        acoral_delay_self(1000);
        acoral_print("in test1\n");
```

```
        }
    }

    void test_delay_init()
    {
        acoral_create_thread(test1, ACORAL_PRINT_STACK_SIZE,NULL,
        "test1",22,0)                                          L(2)
    }
```

4.3.2 调度线程

创建线程的最后一步是将其挂载到就绪队列（此时，系统已具备多个线程并发执行的环境），然后调用调度函数 acoral_sched()，由它来安排线程的具体执行，这就是线程调度。线程调度分为两种：主动调度与被动调度。

主动调度：就是任务主动调用调度函数，根据调度算法选择需要执行的任务。如果这个任务是当前任务就不切换，否则切换。

被动调度：被动调度往往是事件触发的，例如 Ticks 时钟中断来了、任务执行时间加 1、任务的执行时间到了，或者有高优先级的任务的等待时间到了，就需要调用调度函数来切换任务。

对于嵌入式实时操作系统而言，调度策略通常都是基于优先级的抢占式调度，而调度的本质就是从就绪队列中找到最高优先级的线程来执行，如图 4.14 所示，就绪队列中有 4 个线程，

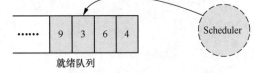

图 4.14　查询最高优先级的线程

其优先级分别为 4、6、3、9，那么 acoral_sched()究竟是如何实现线程调度的呢？如何找到最高优先级的线程的呢？

1．调度前准备

代码 4.41 是 acoral_sched()的实现，可见，首先判断是否能调度，如果内核根据系统运行情况通过 acoral_set_need_sched()设置了"不需要调度"状态（!acoral_need_sched）、中断被屏蔽、调度被屏蔽，尚未开始调度将直接返回；否则，将执行 HAL_SCHED_BRIDGE()进行调度。以下是线程调度的影响标志。

（1）调度开始标志 acoral_start_sched

调度开始标志用于标志调度系统初始化完毕，表示系统可以进行调度了。由于 aCoral 支持多核，下面的标志是每个核上均有的标志。

（2）是否需要调度标志 acoral_need_sched

是否需要调度标志是为了减少不必要的调度。这主要是因为将线程挂到就绪队列，或从就绪队列取下线程的过程与调用调度函数 acoral_sched()有一个时间差，而在这个时间差中就有可能发生中断。在中断退出时会执行调度函数，该情况下返回时没有必要再次执行调度函数，所以用 acoral_need_sched 标志：当进行一些操作导致需要调度时（实际尚没有调度），只是标志它，表示可以调度了，而什么时候调度则由系统状态决定。当执行一次调度后，标志失效，只有有新操作（如挂起、恢复、创建线程等操作），才能重新置位此标志。

（3）是否处于中断函数执行过程中的标志

在中断处理函数执行过程中不能进行线程切换，这是因为中断状态和线程状态是根本不一样的。同时，中断处理程序处理完后有很多收尾工作要做，必须执行完所有中断处理程序才能进行线程切换。

（4）调度锁

调度锁是用来禁止调度的标志。它用于实现暂时禁止抢占功能，以达到类似临界点的作用。读者可能会说，这种情况用关中断就可以了，为什么还要用禁止调度的机制呢？是的，可以使用关中断，但是关中断会影响到高优先级中断的响应；而如果允许中断，中断后会触发重调度，从而导致不可重入等问题。均衡之下，采用调度锁的机制可以达到兼顾二者的效果。但是这种方式只能用于中断和线程上下文可重入的函数，如果中断和线程上下文不可重入，则不起作用。

只有当设置了"需要调度"状态（acoral_need_sched）、中断没有被屏蔽、调度没有被屏蔽、尚未开始调度，才能进行任务调度。其实代码 4.41 L(1)、L(2)、L(3)的条件判断顺序是有讲究的，第一个判断条件 need_sched 失效的频率是最高的，放在最开始有助于提高性能。

代码 4.41　（…\1 aCoral\kernel\src\sched.c）

```
/*================================
 *       func: sched thread in acoral
 *                   调度线程
 *================================*/
void acoral_sched(){
                                  /*判断是否需要调度，如果不需要，则返回*/
    if(!acoral_need_sched)                                   L(1)
        return;
    if(acoral_intr_nesting)          /*如果中断被屏蔽*/         L(2)
        return;
    if(acoral_sched_is_lock)         /*如果调度被屏蔽（禁止调度）*/  L(3)
        return;
    /*如果还没有开始调度，则返回*/
    if(!acoral_start_sched)
        return;
/*进行简单处理后会直接或间接调用 acoral_real_sched(), 或 acoral_real_intr_
sched()*/
    HAL_SCHED_BRIDGE();                                      L(4)
    return;
}
```

经过多层判断后，终于要调度了，这里怎么出现一个 HAL_SCHED_BRIDGE()（见代码 4.41 L(4)）呢？桥？它是什么？下面来揭开它的真面目。HAL_SCHED_BRIDGE()是一个可配置的硬件抽象层的宏，如代码 4.42 所示。

代码 4.42　（…\1 aCoral\ \hal\include\ hal_comm.h）

```
#define HAL_SCHED_BRIDGE()  hal_sched_bridge_comm()
```

hal_sched_bridge_comm()的实现如代码 4.43 所示。读者可能会觉得，这也没做什么事啊！近似于直接调用 acoral_real_sched()，那为什么不直接在上面调用 acoral_real_sched()呢？这要从一个特例说起：aCoral 在 Arm STM32 的实现。

代码 4.43 （···\1 aCoral\ \hal\src\ hal_comm.c ）

```
static inline void hal_sched_bridge_comm(){
    acoral_sr CPU_sr;
    HAL_ENTER_CRITICAL();
    acoral_real_sched();
    HAL_EXIT_CRITICAL();
}
```

其实最初 acoral_sched()是通过代码 4.44 实现的，结果它在 Arm STM32 移植时出现问题。因为 acoral_real_sched()必须是"原子"的，调用时必须关中断。而 stm32 的硬件特性决定 HAL_CTX_SWITCH 和 HAL_SWITCH_TO 等函数在 PENDSV 中执行最合适，最容易实现线程切换，如代码 4.45 所示。即使用 acoral_real_sched 中的 HAL_CTX_SWITCH 和 HAL_SWITCH_TO 之前必须开启中断，这样就发生矛盾了。经过项目组讨论，最终决定将 acoral_real_sched 整个放到 PENDSV 中，但这样就和原来的设计冲突了，因为无法统一用代码 4.45 L(1)这种方式调用 acoral_real_sched()。因此就新建了一个调度桥——HAL_SCHED_BRIDGE，这个桥在一般的开发板下实现很简单，就是指向 acoral_real_sched()。

代码 4.44 acoral_sched()的最初实现方式

```
void acoral_sched(){
    ……
    HAL_ENTER_CRITICAL();
    acoral_real_sched();                              L(1)
    HAL_EXIT_CRITICAL()
  return;
}
```

将 aCoral 移植到 stm32 时，HAL_SCHED_BRIDGE 会直接跳转到汇编代码 4.45 L(1)的 HAL_SCHED_BRIDGE，再执行 PENDSV 中断。相当于触发 PENDSV 中断，然后在中断服务程序中调用 acoral_real_intr_sched（见代码 4.45 L(2)）。其实不论使用哪种方式，最后调用的都是 acoral_real_sched、acoral_real_intr_sched，两者类似。但是 acoral_real_intr_sched 比 acoral_real_sched 多一个 intr_nesting（中断前套数递减及判断操作），并且在后续的任务切换处理会不一样，请参考后文的线程切换。

本书是基于开发板 Arm 2440 描述的，stm32 不是重点，所以这里不做详细叙述。有兴趣的读者可以仔细分析 aCoral 的 stm32 版本。

代码 4.45 （···\1 aCoral\hal\arm\stm3210\src\ hal_thread_s.s ）

```
.equ NVIC_INT_CTRL,    0xE000ED04  /* interrupt control state register */
.equ NVIC_SYSPRI2,     0xE000ED20  /* system priority register (2) */
.equ NVIC_PENDSV_PRI,  0x00FF0000  /* PendSV priority value (lowest) */
.equ NVIC_PENDSVSET,   0x10000000 /* value to trigger PendSV exception*/
HAL_SCHED_BRIDGE:                                                L(1)
    ldr  r0, =NVIC_INT_CTRL             //触发 PENDSV 中断切换进程
    ldr  r1, =NVIC_PENDSVSET
    str   r1,  [r0]
```

```
        bx lr

PENDSV_CALL:
    mrs r1,primask
    CPSID      I
    push      {r0,lr}
    mrs       r0,psp
    stmfd     r0!,{r1,r4-r11}
    msr       psp,r0
    bl        acoral_real_intr_sched               L(2)
    pop       {r0,lr}
    mrs       r0,psp
    ldmfd     r0!,{r1,r4-r11}
    msr       psp,r0
    msr       primask,r1
    bx        lr
```

根据前面的叙述，如果读者选择的是其他开发板，例如，Arm9 Mini2440，HAL_SCHED_
BRIDGE()将指向 hal_sched_bridge_comm()，调用 acoral_real_sched()。

2. 找到最高优先级线程

调度前的准备工作完成后，便是调用 acoral_real_sched()。acoral_real_sched()的核心工作是从
就绪队列中找到最高优先级线程并在 CPU 上执行（见代码 4.46 L(1)）。那么 acoral_real_sched()
是如何找到最高优先级线程的呢？又是怎么把寻找最高优先级线程所花的时间尽可能减少到
最少的呢？这些是本小节重点讨论的问题。

代码 4.46 （···\1 aCoral\kernel\src\sched.c）

```
/*=================================
 *       func: sched thread in acoral
 *       进程上下文调度实现
 *       该函数必须是原子操作
 *=================================*/
void acoral_real_sched(){
    acoral_thread_t *prev;
    acoral_thread_t *next;
    acoral_set_need_sched(false);
    prev=acoral_cur_thread;            /*将当前运行的线程设为*prev */
    /*选择最高优先级线程*/
    acoral_select_thread();                                     L(1)
    next=acoral_ready_thread;      /*将刚找到的最高优先级线程设为*next */
    if(prev!=next){
        acoral_set_running_thread(next);
        if(prev->state==ACORAL_THREAD_STATE_EXIT){
            prev->state=ACORAL_THREAD_STATE_RELEASE;
            HAL_SWITCH_TO(&next->stack);                        L(2)
```

```
                    return;
               }
#ifdef CFG_CMP
               if(prev->state&ACORAL_THREAD_STATE_MOVE){
                   /*这个函数开 lock 后不能使用 prev 的堆栈*/
                   prev->state&=~ACORAL_THREAD_STATE_MOVE;
                   HAL_MOVE_SWITCH_TO(&prev->move_lock,0,&next->stack);
                   return;
               }
#endif
               /*线程切换*/
               HAL_CONTEXT_SWITCH(&prev->stack,&next->stack);        L(3)
          }
     }
```

　　acoral_select_thread()从就绪队列中找到最高优先级线程后，如果*prev 指向的线程（被抢占或者被中断的前一个线程）已执行完毕，并被置为"ACORAL_THREAD_STATE_EXIT"状态，则用代码 4.46 L(2)直接从*prev 线程环境下切入指定线程*next（将要在 CPU 上执行的线程）。acoral_select_thread()只有一个参数：要切换线程的堆栈指针。其接口形式为 HAL_SWITCH_TO(&prev->stack)，参数为线程堆栈指针变量的地址，无返回值。相对而言，如果*prev 指向的线程并未执行完毕，只是被暂时中断执行，则通过代码 4.46 L(3)进行两个线程的上下文切换，其接口形式为 HAL_CONTEXT_SWITCH(&prev->stack, &next->stack)，包括两个参数：切换的两个线程的堆栈指针变量的地址。

　　这里需要进一步分析 acoral_select_thread()的实现（见代码 4.47），其工作是从线程所在 CPU 的就绪队列中找到最高优先级线程。

代码 4.47　（…\1 aCoral\kernel\src\sched.c）

```
     static acoral_rdy_queue_t acoral_ready_queues[HAL_MAX_CPU];

     void acoral_select_thread(){
         acoral_u8 CPU;
         acoral_u32 index;
         acoral_rdy_queue_t *rdy_queue;
         acoral_prio_array_t *array;
         acoral_list_t *head;
         acoral_thread_t *thread;
         acoral_queue_t *queue;
         CPU=acoral_current_CPU;                                    L(1)
         rdy_queue=acoral_ready_queues+CPU;                         L(2)
         array=&rdy_queue->array;
         //找出就绪队列中优先级最高的线程的优先级
         index = acoral_get_highprio(array);                       L(3)
         queue = array->queue + index;
         head=&queue->head;
         thread=list_entry(head->next, acoral_thread_t, ready);
#ifdef CFG_ASSERT
```

```
        ACORAL_ASSERT(thread,"Aseert:In select thread");
#endif
        HAL_SET_READY_THREAD(thread);
}
```

其中，代码 4.47 L(1)用于获取当前 CPU 的编号。L(2)根据 CPU 编号获取就绪队列。L(3)
从就绪队列上获取最高优先级线程。根据数据结构的一般知识，从就绪队列中找到最高优先级
线程所花的时间是与队列的长度相关的，即队列越长，所花时间越长。对于嵌入式实时系统而
言，希望做到该查找时间与队列长度没有关系，那么 aCoral 是如何设计的呢？

在 4.1.2 小节中提到，aCoral 线程优先级是通过 acoral_prio_array 来表述的，并且用优先级
位图数组 bitmap[PRIO_BITMAP_SIZE]标识某一优先级是否任务就绪，这样才能满足 $O(1)$复杂
度来找出最高优先级线程。接下来的问题是：acoral_prio_array 结构及优先级位图数组如何保
证满足 $O(1)$复杂度的查找过程呢？

读者知道 uc/OS Ⅱ 采用的是优先级位图法[5]，它能很快从就绪队列中找出最高优先级线
程，而且查找所花费的时间与队列长度无关。但是这种方式所构造的映射图表会耗费一些内
存。由于优先级位图映射要求"一个优先级只能有一个线程与之对应，一个线程也只能有一
个优先级"，而 aCoral 的一个优先级可以有多个线程与之对应，因此 aCoral 采用另一种方
案。当然，在某些具体应用中也可以采用 uc/OS Ⅱ 方案来进一步提高性能。aCoral 是通过函数
acoral_get_highprio()来实现查找最高优先级线程的，如代码 4.48 和代码 4.49 所示。

代码 4.48　　(···\1 aCoral\lib\src\queue.c)

```
acoral_u32 acoral_get_highprio(acoral_prio_array_t *array){
    return acoral_find_first_bit(array->bitmap,PRIO_BITMAP_SIZE);
}
```

代码 4.49　　(···\1 aCoral\lib\src\bitops)

```
acoral_u32 acoral_find_first_bit(const acoral_u32 *b,acoral_u32 length)
{
    acoral_u32 v;
    acoral_u32 off;
for (off = 0; v = b[off], off < length; off++) {
        if(v)                                               L(1)
            break;
    }
    return acoral_ffs(v)+off*32;                            L(2)
}

acoral_u32 acoral_ffs(acoral_u32 word)                      L(3)
{
    acoral_u32 k;
    k = 31;
    if (word & 0x0000ffff) { k -= 16; word <<= 16; }        L(4)
    if (word & 0x00ff0000) { k -= 8;  word <<= 8; }         L(5)
    if (word & 0x0f000000) { k -= 4;  word <<= 4; }         L(6)
    if (word & 0x30000000) { k -= 2;  word <<= 2; }         L(7)
```

```
        if (word & 0x40000000) { k -= 1; }                          L(8)
    return k;
    }
acoral_u32 acoral_get_highprio(acoral_prio_array_t *array){
    return acoral_find_first_bit(array->bitmap,PRIO_BITMAP_SIZE);
    }
```

代码 4.49 L(1)选择第一个数值不为 0 的 32 位 bitmap。L(2)将这个 bitmap 交给 acoral_ffs 进一步确定最低位为 1 的是哪一位。L(3)中函数 acoral_ffs 采用类似二分法查找的方式找到最低位为 1 的是哪一位。L(4)如果低 16 位有值为 1 的位，则为 1 的那一位肯定小于 16，所以减去 16，并且去掉高 16 位，下一次进一步比较。L(5)如果低 8 位有值为 1 的位，则为 1 的那一位肯定小于 8，所以再减去 8，并且去掉高 8 位，下一次进一步比较。L(6)像前述步骤那样继续操作。L(7)…L(8)直到最后两位比较，然后就可得出最低位为 1 的是哪一位。

以图 4.5 所示的 bitmap[2]为例，查询过程如图 4.15 所示。当然函数 acoral_ffs 的执行有个前提，那就是 acoral_ffs 的参数不能为 0。如果为 0，表明没有一位为 1，返回值为 31。在 aCoral 目前的版本中，不直接调用 acoral_ffs，而是调用 acoral_find_first_bit，这样本身就保证了调用 acoral_ffs 的参数是非 0 的。

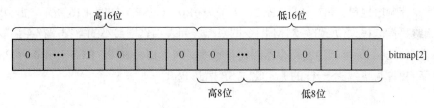

图 4.15　确定 bitmap[2]中首先出现"1"的位

到此，我们已经知道 aCoral 是如何从就绪队列中找到最高优先级的线程让其在 CPU 上执行的。这样，用户所创建的多个线程便可让 acoral_sched()根据其调度策略来安排执行。哪个任务先执行，哪个任务后执行，哪个任务执行多长时间，完全由调度策略来决定，例如，用户指定时间片轮转调度策略，并且设定时间片为 10μs，则系统时钟每推进 10μs，就将触发 acoral_sched()重调度。

3. 线程切换

找到最高优先级线程后，紧接着就要进行线程上下文切换，让最高优先级线程执行。线程上下文切换，顾名思义就是从一个线程转移到另一个线程，从底层来看就是改变了 PC 值。同时，改变 PC 值还是不够，因为一个线程不仅由 PC 构建，还有堆栈、寄存器的值等，例如在 x86 就是 EAX、EBX，这些都是代码经常操作的寄存器。因此，在切换线程时，必须保存旧线程的环境，然后恢复将要执行的高优先级线程的环境。当然对于不同 CPU，其环境的具体内容不一样，但总体而言，会包括当前指令地址 PC、当前堆栈地址 SP、当前寄存器的值（不同 CPU 寄存器有所不同）等信息。

前文提到，如果先前的线程处于退出状态"ACORAL_THREAD_STATE_EXIT"，则调用 HAL_SWITCH_TO 切入最高优先级线程（该情况在内核启动时出现，详见第 7 章）；否则，先前的线程处于非退出状态"ACORAL_THREAD_STATE_EXIT"，则调用 HAL_CONTEXT_ SWITCH 切换到最高优先级线程，这就是线程抢占过程中的上下文切换（context switching）。下面进一步分析上下文切换要做哪些处理。代码 4.50 是 Arm Mini2440 下的线程切换过程。

代码 4.50 （…\1 aCoral\kernel\src\hal_thread_s.s）

```
HAL_CONTEXT_SWITCH:
    stmfd sp!,{lr}          @保存 PC                                      L(1)
    stmfd sp!,{r0-r12,lr}   @保存寄存器 LR，及 r0~r12                     L(2)
    mrs   r4,CPSR                                                        L(3)
    stmfd sp!,{r4}          @保存 CPSR                                    L(4)
    str   sp,[r0]           @保存旧上下文栈指针到旧的线程 prev->stack     L(5)
    ldr   sp,[r1]           @取得新上下文指针                             L(6)
    ldmfd sp!, {r0}                                                      L(7)
    msr   cpsr,r0           @恢复新 CPSR（不能用 SPSR，因为工作模式、用户模式没
                            @有 SPSR）                                   L(8)
    ldmfd sp!, {r0-r12,lr,pc} @恢复寄存器                                L(9)
```

其中，L(1)~L(5)是保存被抢占线程的现场（环境），L(6)~L(9)是恢复抢占线程（高优先级线程）的现场（环境）。在前面的堆栈初始化部分，读者知道线程现场信息需要 16 个寄存器保存，并且 hal_stack_init()函数模拟了任务第一次执行时的运行环境信息。这些信息的内容及保存顺序为 PC、LR、R12、R11……R0、CPSR。从代码 4.50 看来，实际任务切换时，这些寄存器的保存顺序也是：PC、LR、R12、R11……R0、CPSR，如图 4.16 所示。此外，Arm规定，SP 始终是指向栈顶位置的，STM 指令把寄存器列表中索引最小的寄存器存在最低地址，所以这 16 个寄存器的保存顺序为寄存器的保存顺序：PC、LR、R12、R11……R0、CPSR（不同 CPU 保存内容和顺序是不一样的），此时 SP 指向 PSR。

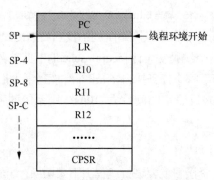

图 4.16   线程切换时现场信息的保存顺序

这里仍需注意的是，在执行 HAL_CONTEXT_SWITCH(&prev->stack,&next->stack)时需要两个参数：要切换的两个线程的堆栈指针变量地址（详见 4.3.2 小节的找到最高优先级线程）。代码 4.50 L(5)是将被抢占线程（prev）的堆栈指针 R13（SP）保存到 R0 指向的内存地址，该地址指向为 Prev→stack。因此，当调用 HAL_CONTEXT_SWITCH 进行任务切换时，其主要步骤如下（见图 4.17）。

（1）依次保存 CPU 的 PC、LR、R12、R11……R0、CPSR 到被抢占线程的堆栈（R13 指向的地址）。

（2）将 R13 保存到 Prev→stack，此时 SP 指向 CPSR。

（3）将抢占线程堆栈地址（Next→stack）传给 R13。

（4）将抢占线程堆栈（R13 指向的地址）内容依次恢复到 CPU 的 CPSR、R0、R1……R12、

LR、PC 寄存器中，此时 R13 指向堆栈的栈底，供下次切换时保存环境。

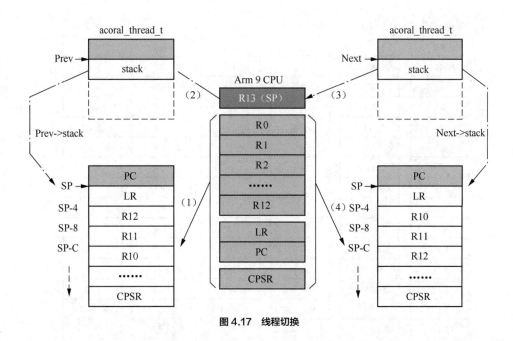

图 4.17　线程切换

最后，为什么代码 4.50 L(1)和代码 4.50 L(2)都要保存 LR 呢？两个 LR 有什么不同呢？L(1)保存的 LR 是调用 HAL_CONTEXT_SWITCH 之前的程序指针 PC（见 4.3.2 小节的找到最高优先级线程），而 L(2)保存的 LR 是任务环境里的链接寄存器。这两个 LR 有什么不同呢？它们里面存的内容相同吗？这需要进一步分析造成任务切换的原因。

（1）任务主动发起线程切换

如果任务主动发起线程切换，例如，某一任务执行过程中需要主动挂起自己（如 acoral_suspend_self()），这将触发 acoral_sched()重调度，此时，两个 LR 的值是相等的，都是调用 HAL_CONTEXT_SWITCH 之前的程序指针，因为切换前后 Arm 处理器一直都工作在系统模式或用户模式。

（2）中断触发线程切换

如果是中断引发线程切换，例如，一个低优先级的线程正在运行，用户通过中断创建一个新线程，而新线程的优先级高于以前线程的优先级，显然，低优先级任务将被高优先级任务抢占。此时，代码 4.50 L(1)保存的 LR 是中断模式下的程序指针 PC，代码 4.50 L(2)保存的 LR 是用户模式下旧线程的 LR，故两个 LR 不同。造成这种情况的原因是 Arm 有 7 种工作模式：用户（user）模式、快速中断请求（FIQ）模式、中断请求（IRQ）模式、管理（supervisor）模式、数据访问中止（abort）模式、系统（system）模式、未定义（Undefined）模式。具体而言，中断发生前，处理器工作在系统模式或用户模式，中断发生后，处理器自动切换到中断请求模式。而不同模式下寄存器分配及使用是不一样的，如图 4.18 所示，详见 Arm 的芯片手册。在该情况下，内核将通过 acoral_real_intr_sched()触发重调度，此时的任务切换工作是由 HAL_INTR_CTX_SWITCH 完成的，如代码 4.51 所示，读者可以仔细分析一下 HAL_CONTEXT_SWITCH 和 HAL_INTR_CTX_SWITCH 的区别，以及内核在什么情况下会使用 HAL_CONTEXT_

SWITCH，什么情况下会使用 HAL_INTR_CTX_SWITCH。

System/User	FIQ	Supervisor	Abort	IRQ	Undefined
R0	R0	R0	R0	R0	R0
R1	R1	R1	R1	R1	R1
R2	R2	R2	R2	R2	R2
R3	R3	R3	R3	R3	R3
R4	R4	R4	R4	R4	R4
R5	R5	R5	R5	R5	R5
R6	R6	R6	R6	R6	R6
R7	R7	R7	R7	R7	R7
R8	R8_fq	R8	R8	R8	R8
R9	R9_fq	R9	R9	R9	R9
R10	R10_fq	R10	R10	R10	R10
R11	R11_fq	R11	R11	R11	R11
R12	R12_fq	R12	R12	R12	R12
R13	R13_fq	R13_svc	R13_abt	R13_irq	R13_und
R14	R14_fq	R14_svc	R14_abt	R14_irq	R14_und
R15（PC）	R15（PC）	R15（PC）	R15（PC）	R15（PC）	R15（PC）
CPSR	CPSR	CPSR	CPSR	CPSR	CPSR
	SPSR_fiq	SPSR_svc	SPSR_abt	SPSR_irq	SPSR_und

注：阴影部分表示用户模式或系统模式使用的一般寄存器被异常模式下的特定寄存器替代

图 4.18　Arm 处理器各种模式下的寄存器

代码 4.51　（···\1 aCoral\hal\arm\S3C2440A\src\hal_thread_s.s）

```
HAL_INTR_CTX_SWITCH:
    stmfd   sp!,{r2-r12,lr}        @保存正在服务的中断上下文

    @以下几句把旧的线程 prev 的上下文从正在服务的中断栈顶转移到虚拟机栈中
    ldr     r2,=IRQ_stack          @取 irq 栈起始地址，这里存放着被中断线程的上下文
    ldmea   r2!,{r3-r10}           @按递增式空栈方式弹栈，结果：
                                   @[r2-1]=LR_irq->r10，被中断线程的 PC+4
                                   @[r2-2]=r12->r9，被中断线程的 R12
                                   @[r2-3]=r11->r8，被中断线程的 PC
                                   @······
                                   @[r2-8]=r4->r3，被中断线程的 R6
    sub     r10,r10,#4             @中断栈中的 LR_irq-4=PC

    @以下 3 句是取出旧的线程 prev 的 SP_sys，只能通过 stmfd 指令间接取
    mov     r11,sp                 @下一句不能用 SP，故先复制到 R11
    stmfd   r11!,{sp}^             @被中断线程的 SP_sys 压入正在服务的中断栈中
    ldmfd   r11!,{r12}             @从正在服务的中断栈中读取 SP_sys->r12
```

```
stmfd    r12!,{r10}              @保存 PC sys
stmfd    r12!,{lr}^              @保存 lr_sys
stmfd    r12!,{r3-r9}            @保存被中断线程的 r12~r6 到它的栈中
ldmea    r2!,{r3-r9}             @读被中断线程的 r5~r0->r9~r4，SPSR_irq->
                                 @r3，递增式空栈
stmfd    r12!,{r3-r9}            @保存被中断线程的 r5~r0，CPSR_sys 到它的栈中
str      r12,[r0]               @换出的上下文的栈指针指向 old_sp

@以下几句把新的线程 next 的上下文复制到 IRQ 栈顶
@与递减式满栈对应，此时 IRQ 栈用递增式空栈的方式访问
ldr      r12,[r1]               @读取需换入的栈指针
ldmfd    r12!,{r3-r11}          @读取换入线程的 CPSR_sys->r3
                                 @读取换入线程的 r0~r7->r4~r11
stmea    r2!,{r3-r11}           @保存换入线程的 CPSR_sys->SPSR_irq、r0~r7
                                 @到 IRQ 栈
ldmfd    r12!,{r3-r7}           @读取换入线程的 r8~r12->r3~r7
stmea    r2!,{r3-r7}            @保存换入线程的 r8~r12 到 IRQ 栈
ldmfd    r12!,{lr}^             @恢复换入线程的 LR_sys 到寄存器中
ldmfd    r12!,{r3}             @读取换入线程的 PC->r3
add      r3,r3,#4              @模拟 IRQ 保存被中断上下文 PC 的方式：PC+4->
                                 @LR_irq
stmea    r2!,{r3}              @保存换入线程的 LR_irq 到 IRQ 栈
                                 @就是将 R12 赋值给 sp^，因为无法通过 mov，所以要
stmfd    r12!,{r12}            @读取 SP_sys 到 R12
ldmfd    r12!,{sp}^            @恢复 SP_sys
mov      r0,r0                 @无论是否操作当前状态的 SP，操作 SP 后，不能立即
                                 @执行函数返回指令，否则返回指令的结果不可预知
ldmfd    sp!,{r2-r12,pc}
```

中断环境下，中断硬件系统可能已经保存了部分旧线程的环境，因此线程切换时需做特殊处理。中断环境下线程切换函数调用后不能立即切换到新的线程，中断服务程序必须执行完后才能执行新的线程；否则，进入新的线程，相当于中断被终止，无法复原中断。例如中断模式下的堆栈，因为中断没有执行完，中断的堆栈没有回收。这种情况是不能允许的，因此需要一个解决办法，在中断完全退出时才真正进入新的线程。

同时，中断环境下旧线程的运行环境无法直接获取。运行到中断任务切换函数时，处理器中寄存器的值已经不是旧线程的寄存器的值——被破坏了。因此在中断入口就要保存旧线程的环境。

这里有两种方式来处理中断发生时保存旧线程的运行环境。

（1）刚进入中断时就将旧的线程的上下文保存到旧线程的堆栈，这种方式在退出中断时需要切换线程的情况下效果很好；但若非如此，则需要弹出旧线程的堆栈，比较麻烦，而其实绝大部分中断并不会触发切换。

（2）刚进入中断时，将旧的线程的上下文环境（寄存器）保存到中断的堆栈中，而在线程切换时从中断模式栈顶复制环境到旧的线程的堆栈。这样虽然要复杂些，但是在中断发生后不需要切换线程时，中断退出的处理更简单。该方式也是 aCoral 采用的方式，如图 4.19 及代码 4.51 所示。

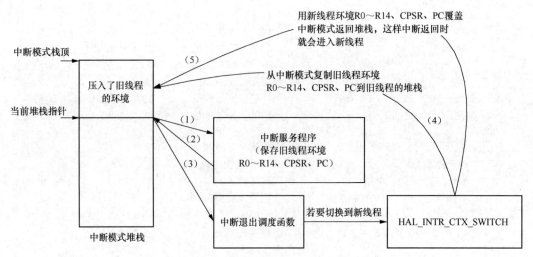

图 4.19　Arm S3C2440A 下 aCoral 线程环境下线程切换

4.3.3　线程退出

读者是否注意到代码 4.30 L(4)，其中有一个参数是 acoral_thread_exit，即线程退出函数。有些人在编程时候可能会有个顾虑，就像得了恐高症一样，明明知道掉不下去，心里就是不踏实。编程时的"恐高症"在于：main 函数执行完后会执行什么代码？如果没有代码了，那系统岂不就崩溃了？这就是在 Linux 环境下编程时，用户常担心的事。而在嵌入式操作系统中，"恐高症"则是：任务函数执行完后会执行什么代码？还有代码执行吗？对前者的担心是多余的，而对后者，像 uc/OS Ⅱ 等常规嵌入式操作系统就真是一个问题了。所以 uc/OS Ⅱ 的任务函数要么是以 whilc(1)等无限循环结尾，要么显式调用 delete 退出接口，也就是说没有所谓的任务函数执行完的机会。但在 aCoral 中，采用了和 Linux 一样的方式，线程函数不用死等或显式调用退出相关函数，也就是说用户不用担心函数执行完后的事情，因为 aCoral 帮用户做了线程退出的工作，当用户的线程代码执行完后，系统代为回收。具体实现机制是：当用户的线程代码执行完后，系统会隐式地调用 acoral_thread_exit()函数进行线程退出的相关处理。下面比较一下 uc/OS Ⅱ 和 aCoral 的线程退出。代码 4.52 是 uc/OS Ⅱ 的任务函数与退出的示例。

代码 4.52　uc/OS Ⅱ 的任务函数与退出

```
void test(void *ptr){
        Do_something();
        While(1);
}
//或者
void test(void *ptr){
        Do_something();
        EXIT();
}
```

在 aCoral 中，用户不必关心代码执行完后的工作，就像平常编写应用程序一样，如代码 4.53 所示。如果这种代码在 uc/OS Ⅱ 中出现，很可能导致段错误，然后造成系统崩溃。很明显第二种更符合用户的编程习惯。

代码 4.53　　aCoral 的线程函数

```
void test(void *ptr){
        Do_something();
}
```

因此，acoral_thread_exit()本质上是要执行 acoral_kill_thread()的，如代码 4.54 所示。

代码 4.54　　（…\1 aCoral\kernel\src\thread.c）

```
/*===============================
 *      func: kill current thread in acoral
 *===============================*/
void acoral_thread_exit(){
        acoral_kill_thread(acoral_cur_thread);
}
```

进而，acoral_kill_thread()的实现如代码 4.55 所示。

代码 4.55　　（…\1 aCoral\kernel\src\thread.c）

```
void acoral_kill_thread(acoral_thread_t *thread){
    acoral_sr CPU_sr;
    acoral_8 CPU;
    acoral_evt_t *evt;
    acoral_pool_t *pool;
#ifdef CFG_CMP
    CPU=thread->CPU;                                        L(1)
    if(CPU!=acoral_current_CPU){
    acoral_ipi_cmd_send(CPU,ACORAL_IPI_THREAD_KILL,thread->res.id,NULL);
        return;
    }
#endif
    HAL_ENTER_CRITICAL();

      if(thread->state&ACORAL_THREAD_STATE_SUSPEND){        L(2)
        evt=thread->evt;
        if(thread->state&ACORAL_THREAD_STATE_DELAY){        L(3)
        acoral_spin_lock(&thread->waiting.prev->lock);
        acoral_spin_lock(&thread->waiting.lock);
        acoral_list_del(&thread->waiting);
        acoral_spin_unlock(&thread->waiting.lock);
        acoral_spin_unlock(&thread->waiting.prev->lock);
      }else
      {
            if(evt!=NULL){                                  L(4)
        acoral_spin_lock(&evt->spin_lock);
/*调用通用等待队列删除函数acoral_prio_queue_del删除一个获得响应的等待线程*/
                acoral_evt_queue_del(thread);
                acoral_spin_unlock(&evt->spin_lock);
```

```
                    }
                }
            }
            acoral_unrdy_thread(thread);                                  L(5)
            acoral_release_thread1(thread);                               L(6)
            HAL_EXIT_CRITICAL();
            acoral_sched();                                               L(7)
        }
```

这里，代码 4.55 L(1)获取线程所在的 CPU，如果不是当前 CPU，则做特殊处理。至于要做哪些特殊处理，请见参考文献[4]和[27]。L(2)判断如果线程处于挂起状态，则将其从相关链表中取下。L(3)判断如果是延时挂起，则从延时队列取下。L(4)判断如果是事件等待，则从事件队列取下。L(5)将线程从就绪队列中取下。L(6)释放线程。L(7)调用 acoral_sched()重调度其他线程执行。

说到释放线程（见代码 4.55 L(6)），就是回收创建线程时分配的空间，具体工作如代码 4.56 所示。

代码 4.56 （…\1 aCoral\kernel\src\thread.c）

```
    void acoral_release_thread1(acoral_thread_t *thread){
        acoral_list_t *head,*tmp;
        acoral_thread_t *daem;
        thread->state=ACORAL_THREAD_STATE_EXIT;                          L(1)
        head=&acoral_res_release_queue.head;                             L(2)
        acoral_spin_lock(&head->lock);
        tmp=head->prev;
        if(tmp!=head)
            acoral_spin_lock(&tmp->lock);
        acoral_list_add2_tail(&thread->waiting,head);
        if(tmp!=head)
            acoral_spin_unlock(&tmp->lock);
        acoral_spin_unlock(&head->lock);
        daem=(acoral_thread_t *)acoral_get_res_by_id(daemon_id); L(3)
        acoral_rdy_thread(daem);
    }
```

这里，代码 4.56 L(1)是将线程置为退出状态，如果是当前线程，则只能是 ACORAL_THREAD_STATE_EXIT 状态，表明还不能释放该线程的资源，例如 TCB、堆栈。尽管该线程要退出，但是还没完成退出的使命，还要继续向前"走"，直至走到线程切换 HAL_SWITCH_TO函数。在该过程中，还有函数调用，故还需要堆栈；线程切换前还需要用到当前线程的 TCB，故 TCB 也还有用。这样，aCoral 提供了另一个状态 ACORAL_THREAD_STATE_RELEASE。L(2)将线程挂到回收队列，供 daemon 线程回收。L(3)唤醒 daemon 线程回收资源。尽管线程挂到回收队列，但如果线程的状态不为 ACORAL_THREAD_STATE_RELEASE，也是不能回收的。最后查看 daemon 线程的实现，如代码 4.57 所示。

代码 4.57 （…\1 aCoral\kernel\src\thread.c）

```
    /*=================================
     *      resouce collection function
```

```
 *                资源回收函数
 *==============================*/
void daem(void *args){
    acoral_sr CPU_sr;
    acoral_thread_t * thread;
    acoral_list_t *head,*tmp,*tmp1;
    acoral_pool_t *pool;
    head=&acoral_res_release_queue.head;
    while(1){
        for(tmp=head->next;tmp!=head;){
            tmp1=tmp->next;
            HAL_ENTER_CRITICAL();
            thread=list_entry(tmp,acoral_thread_t,waiting);
                        acoral_spin_lock(&head->lock);
            acoral_spin_lock(&tmp->lock);
            acoral_list_del(tmp);
            acoral_spin_unlock(&tmp->lock);
            acoral_spin_unlock(&head->lock);
            HAL_EXIT_CRITICAL();
            tmp=tmp1;
            /*如果线程资源已经不使用，即处于 release 状态，则释放*/
            if(thread->state==ACORAL_THREAD_STATE_RELEASE){
                acoral_release_thread((acoral_res_t *)thread);
            }else{
                HAL_ENTER_CRITICAL();
                acoral_spin_lock(&head->lock);
                tmp1=head->prev;
                acoral_spin_lock(&tmp1->lock);
                acoral_list_add2_tail(&thread->waiting,head);
                acoral_spin_unlock(&tmp1->lock);
                acoral_spin_unlock(&head->lock);
                HAL_EXIT_CRITICAL();
            }
        }
        acoral_suspend_self();
    }
}
```

4.3.4　其他基本机制

1. 挂起线程

　　操作系统在运行过程中，有时需要挂起某个线程。例如，当某一线程运行时需要请求某一资源，而该资源正在被其他线程占用，此时用户线程需要挂起自己。aCoral 提供两种线程挂起方式，对应的接口分别是 acoral_suspend_thread()（见代码 4.58）和 acoral_unrdy_thread()（见代码 4.59）。为什么要提供两个接口？两者的区别是什么？其实，acoral_suspend_thread()只是比 acoral_unrdy_thread()多一个 acoral_sched()。也就是说，acoral_suspend_thread()会立即将指定线程挂起（将其从就绪队列中取出），然后重调度；而 acoral_unrdy_thread()只改变指定线程的状态，将其从就绪队列中取出，并不会马上触发重调度，要等到一个时机才会触发。

代码 4.58 （…\1 aCoral\kernel\src\thread.c）

```
/*=================================
 *      func: suspend thread in acoral
 *            thread(TCB)
 *=================================*/
void acoral_suspend_thread(acoral_thread_t *thread){
    acoral_sr CPU_sr;
    acoral_8 CPU;
    if(!(ACORAL_THREAD_STATE_READY&thread->state))
        return;
#ifdef CFG_CMP
    CPU=thread->CPU;
    if(CPU!=acoral_current_CPU){
    ......
    acoral_ipi_cmd_send(CPU,ACORAL_IPI_THREAD_SUSPEND,thread->res.
    id,NULL);
        return;
    }
#endif
    HAL_ENTER_CRITICAL();
        acoral_rdyqueue_del(thread);
    HAL_EXIT_CRITICAL();
    acoral_sched();
}
```

代码 4.59 （…\1 aCoral\kernel\src\thread.c）

```
void acoral_unrdy_thread(acoral_thread_t *thread){
#ifdef CFG_CMP
    acoral_u32 CPU;
    CPU=thread->CPU;                                            L(1)
    //如果线程所在的核不在当前核心上，则通知线程所在的核进行 suspend 操作
    if(CPU!=acoral_current_CPU){
        acoral_ipi_cmd_send(CPU,ACORAL_IPI_THREAD_SUSPEND,thread);
        return;
    }
#endif
    //将线程从就绪队列上取下
    if(ACORAL_THREAD_STATE_READY==thread->state)
        acoral_rdyqueue_del(thread);                            L(2)
}
```

代码 4.59 L(1)读取线程所在 CPU，如果不是当前 CPU，则要进行核间通信的特殊处理。L(2)将线程从就绪队列上取下。将线程从就绪队列取下的函数 acoral_rdyqueue_del()的实现如代码 4.60 所示。

代码 4.60 （···\1 aCoral\kernel\src\sched.c）

```
/*================================
 * func: remove thread from acoral_ready_queues
 *        将线程从就绪队列上取下
 *================================*/
void acoral_rdyqueue_del(acoral_thread_t *thread){
    acoral_u32 CPU;
    acoral_rdy_queue_t *rdy_queue;
    CPU=thread->CPU;
    rdy_queue=acoral_ready_queues+CPU;                    L(1)
    acoral_prio_queue_del(&rdy_queue->array,thread->prio,&thread->
    ready);                                               L(2)
    thread->state=ACORAL_THREAD_STATE_SUSPEND;
    //设置线程所在的核可调度
    acoral_set_need_sched(CPU,true);                      L(3)
}
```

由于 aCoral 支持多核、支持多处理器，且采用多就绪队列方式，因此，首先要找到线程所在的就绪队列。代码 4.60 L(1)就是根据线程所在 CPU 找到其就绪队列。根据 4.1.2 小节，线程的就绪队列是一个优先级队列，因此，L(2)调用删除函数 acoral_prio_queue_del()将线程从某个优先级队列上取下来（见代码 4.61）。由于该线程从队列上取下后，其所在 CPU 的就绪队列将发生变化，这就有可能导致任务切换，因此要通过 L(3)设置调度标志，以让调度函数 acoral_sched()起作用。

代码 4.61 （···\1 aCoral\lib\src\queue.c）

```
void acoral_prio_queue_del(acoral_prio_array_t *array,acoral_u8 prio,
acoral_list_t *list){
    acoral_queue_t *queue;
    acoral_list_t *head;
    queue= array->queue + prio;                           L(1)
    head=&queue->head;
    array->num--;
    acoral_list_del(list);                                L(2)
    if(acoral_list_empty(head))
        acoral_clear_bit(prio,array->bitmap);             L(3)
}
```

这里，代码 4.61 L(1)根据线程的优先级找到线程所在的优先级链表。L(2)从链表上删除该线程。L(3)判断如果该优先级不存在就绪线程，则清除该优先级就绪标志位。

任务挂起接口用到的地方很多，只要牵涉到任务等待都会调用该函数。也许读者会问，如何区分用户是调用 acoral_suspend_thread()，还是调用 acoral_delay_self()导致线程挂起的呢？很简单，看线程 TCB 的 waiting 成员是否为空。如果因为等待时间或资源导致挂起，其 waiting 肯定挂在一个队列上，则是调用 acoral_delay_self()导致线程挂起；否则是直接调用 acoral_suspend_thread()导致线程挂起。当调用 acoral_resume_thread()时，这两种情况是有区别的，这将在下一小节（恢复线程）详细讲述。

2. 恢复线程

线程恢复是线程挂起的逆过程，和线程挂起类似，线程恢复也有两个接口：acoral_resume_thread()（见代码 4.62）、acoral_rdy_thread()。前者比后者多一个 acoral_sched()调用外，还多一个判断。并且 acoral_resume_thread()是用户能够调用的，而 acoral_rdy_thread()是用户不能直接调用的，它是内核内部调用。简单而言，acoral_resume_thread()可能立刻导致当前线程挂起的调用，而 acoral_rdy_thread()不会，必须要显式调用 acoral_sched()后，才有可能导致当前线程挂起。另外，前文提到过，acoral_suspend_thread()和 acoral_delay_self()都会使线程进入挂起状态。

代码 4.62 （…\1 aCoral\kernel\src\thread.c）

```
void acoral_resume_thread(acoral_thread_t *thread){
    acoral_sr CPU_sr;
    acoral_8 CPU;
    if(!(thread->state&ACORAL_THREAD_STATE_SUSPEND))        L(1)
        return;
#ifdef CFG_CMP
    CPU=thread->CPU;                                        L(2)
        /*resumed*/
    if(CPU!=acoral_current_CPU){
    acoral_ipi_cmd_send(CPU,ACORAL_IPI_THREAD_RESUME,thread->res.
    id,NULL);
        return;
    }
#endif
    HAL_ENTER_CRITICAL();
        acoral_rdyqueue_add(thread);                        L(3)
    HAL_EXIT_CRITICAL();
    acoral_sched();                                         L(4)
}
```

代码 4.62 L(1)判断如果当前线程不处于挂起状态，则不需要唤醒。L(2)读取线程所在 CPU，如果不是当前 CPU，则要进行核间通信的特殊处理。L(3)将线程挂到就绪队列上。L(4)执行重调度。

3. 改变线程优先级

本章提到，当多个线程互斥地访问某一共享资源时，可能导致优先级反转。优先级反转将造成实时调度算法的不确定性，进而影响系统实时性。解决优先级反转的方法是优先级继承和优先级天花板，而在使用这两种方式的时候，需要动态改变线程优先级。

aCoral 描述线程优先级时，采用的是优先级队列，每个优先级是一个链表，因此改变优先级不是简单地更改线程 TCB 的 prio 变量，最终要通过 acoral_thread_change_prio()实现将线程挂到要设置的优先级的链表上（见代码 4.63）。

代码 4.63 （…\1 aCoral\kernel\src\thread.c）

```
void acoral_thread_change_prio(acoral_thread_t* thread, acoral_u32 prio){
    acoral_sr CPU_sr;
#ifdef CFG_CMP
```

```
        acoral u32 CPU;
        CPU=thread->CPU;                                        L(1)
        if(CPU!=acoral_current_CPU){
            thread->data=prio;
            acoral_ipi_cmd_send(CPU,ACORAL_IPI_THREAD_CHG_PRIO,thread);
            return;
        }
#endif
    HAL_ENTER_CRITICAL();
if(thread->state&ACORAL_THREAD_STATE_READY){
        acoral_rdyqueue_del(thread);                            L(2)
        thread->prio = prio;                                    L(3)
        acoral_rdyqueue_add(thread);                            L(4)
    }else
        thread->prio = prio;                                    L(5)
    HAL_EXIT_CRITICAL();
}
```

代码 4.63 L(1)读取线程所在 CPU，如果不是当前 CPU，则要进行核间通信的特殊处理。L(2)~L(4)判断如果线程处于就绪状态，则将线程从就绪队列取下，改变优先级，再次将线程挂到就绪队列。因为此时 prio 成员变量的值已经改变，当挂载时就会挂到对应的优先级链表上；否则，只需通过 L(5)修改优先级。线程恢复时，会自动挂到新的优先级队列上。

4．调度策略时间处理函数

除了中断外，时钟是推动系统不断运行的另一因素。系统启动后，晶体振荡器源源不断地产生周期性信号。通过设置，晶体振荡器可以为系统产生稳定的 Ticks，也叫心跳。Tick 是系统的时基，也是系统中最小的时间单位，Tick 的大小可以根据晶体振荡器的精度和用户的需求进行设置。每当产生一个 Tick，就对应着一个时钟中断服务程序 ISR。在 aCoal 中，时钟中断服务程序的具体实现是 acoral_Ticks_entry()，如代码 4.64 所示。其中包括几项重要工作。

（1）延迟队列的处理函数 time_delay_deal()，使挂到延迟队列中线程的 TCB 的 delay 成员值依次减少 1；若某一线程的 TCB 的 delay 成员值减少到 0，将触发 aCoral 重调度 acoral_sched()。

（2）与调度策略相关的处理函数 acoral_policy_delay_deal()（见代码 4.65），例如，采用周期性调度策略的线程，或者采用时间片轮转调度策略的线程。acoral_policy_delay_deal()将维护每个线程的周期和时间片，每当某一线程新的周期或时间片到达，都将触发 acoral_sched()。

（3）超时处理函数 timeout_delay_deal()。

（4）用户也可以在 acoral_Ticks_entry()扩展自己所需的函数。

代码 4.64　（…\1 aCoral\kernel\src\timer.c）

```
void acoral_Ticks_entry(acoral_vector vector){
#ifdef CFG_HOOK_TickS
    acoral_Ticks_hook();
#endif
    Ticks++;
    acoral_printdbg("In Ticks isr\n");
```

```
        if(acoral start sched==true){
            time_delay_deal();
            acoral_policy_delay_deal();
            /*--------------------------*/
            /* 超时链表处理函数*/
            /* pegasus  0719*/
            /*--------------------------*/
            timeout_delay_deal();
        }
    }
```

代码 4.65　（ ⋯\1 aCoral\kernel\src\policy.c ）

```
void acoral_policy_delay_deal(){
    acoral_list_t   *tmp,*head;
    acoral_sched_policy_t *policy_ctrl;
    head=&policy_list.head;
    tmp=head;
    for(tmp=head->next;tmp!=head;tmp=tmp->next){
        policy_ctrl=list_entry(tmp,acoral_sched_policy_t,list);
        if(policy_ctrl->delay_deal!=NULL)
            policy_ctrl->delay_deal();
    }
}
```

对于 acoral_policy_delay_deal()，不同的调度策略有不同的时间处理函数 delay_deal()，它是在调度策略注册并初始化时进行绑定的。这充分体现了 aCoral 调度策略与调度机制分离的设计原则（见代码 4.22 和代码 4.66）。例如，时间片轮转调度策略对应的时间处理函数为 slice_delay_deal()，其具体工作如代码 4.67 所示。

代码 4.66　（ ⋯\1 aCoral\kernel\src\slice_thrd.c ）

```
slice_policy_init(){
    slice_policy.type=ACORAL_SCHED_POLICY_SLICE;
    slice_policy.policy_thread_release=slice_policy_thread_release;
    slice_policy.policy_thread_init=slice_policy_thread_init;
    slice_policy.delay_deal=slice_delay_deal;
    slice_policy.name="slice";
    acoral_register_sched_policy(&slice_policy);
}
```

代码 4.67　（ ⋯\1 aCoral\kernel\src\slice_thrd.c ）

```
void slice_delay_deal(){
    acoral_thread_t *cur;
    slice_policy_data_t *data;
#ifndef CFG_TickS_PRIVATE
    acoral_u32 i;
    for(i=0;i<HAL_MAX_CPU;i++){
```

```
            cur=acoral_get_running_thread(i);
#else
            cur=acoral_cur_thread;
#endif
            if(cur->policy==ACORAL_SCHED_POLICY_SLICE){
                 cur->slice--;
                 if(cur->slice<=0){
                     data=(slice_policy_data_t *)cur->private_data;L(1)
                     cur->slice=data->slice_ld;                 L(2)
                     acoral_thread_move2_tail(cur);             L(3)
                 }
            }
#ifndef CFG_TickS_PRIVATE
     }
#endif
}
```

代码 4.67 首先获得当前运行线程，然后将其 TCB 的 slice 成员的值减 1。根据时间片轮转调度策略，如果 slice 成员的值减到 0，则把当前线程 TCB 的 private_data 成员转换成时间片调度策略控制块的类型 slice_policy_data_t（见代码 4.67 L(1)）。将当前线程 TCB 的 slice 成员的值恢复到调度策略控制块中指定的初始值（见代码 4.67 L(2)），该线程的时间片重新开始计时（以 Tick 为单位）。最后通过代码 4.67 L(3)把当前线程置于队列尾部，具体步骤如代码 4.68 所示。

代码 4.68 （···\1 aCoral\kernel\src\ thread.c）

```
void acoral_thread_move2_tail(acoral_thread_t *thread){
    acoral_8 CPU;
    acoral_sr CPU_sr;
#ifdef CFG_CMP
    CPU=thread->CPU;
         /*suspend*/
    if(CPU!=acoral_current_CPU){
        acoral_ipi_cmd_send(CPU,ACORAL_IPI_THREAD_MOVE2_TAIL,
        thread-> res.id,NULL);
        return;                                          L(1)
    }
#endif
    HAL_ENTER_CRITICAL();
    acoral_unrdy_thread(thread);                         L(2)
    acoral_rdy_thread(thread);                           L(3)
    HAL_EXIT_CRITICAL();
    acoral_sched();                                      L(4)
}
```

代码 4.68 L(1)给特定 CPU 发送命令。L(2)用 acoral_unrdy_thread()将当前线程从就绪队列中移出。L(3)用 acoral_rdy_thread()将线程队列中的下一线程置为就绪线程。L(4)重调度。

4.4　事件处理机制

嵌入式实时系统内核启动后，用户可以默认创建几个线程。在没有用户干预的情况下，哪个线程先执行、哪个线程后执行、哪个线程执行多长时间，完全由 acoral_sched() 根据用户指定的调度策略（如周期策略、时间片轮转策略等）决定。而周期策略、时间片轮转策略等需要时钟来触发和维护。如果用户线程执行完毕，内核将安排 idle 线程执行。如果用户需要干预系统运行，并通过按钮、键盘等输入设备提出新的事件请求，内核将通过中断机制接收并进行相关处理，若因事件过于复杂而造成中断服务程序 ISR 难以处理，ISR 的最后部分将创建新的线程来接收用户的请求，再使用 acoral_sched() 安排其执行。如果多个线程并发执行过程中因资源暂时无法获取、异常等内部原因造成当前线程无法继续执行，内核也将通过中断来挂起当前线程，再由 acoral_sched() 安排其他线程执行。以上便是内核提供的事件处理机制，事件处理机制可分为事件触发机制和时间触发机制。通过中断响应、处理来触发内核重调度的机制属于事件触发机制；通过时钟维护、管理来触发内核重调度的机制属于时间触发机制。中断和时钟是分别实现这两种机制的处理方式。

4.4.1　中断

第 3 章讨论过在没有 RTOS 情况下的中断处理。例如，如何注册用户的 ISR、如何保存和恢复现场、现场需要保存哪些信息、如何响应并执行用户的 ISR、如何通过引入中断实现一个前后台系统。在有操作系统的情况下，中断的响应、处理、注册会有什么不同呢？

中断首先是一种硬件机制，其优先级高于系统中的所有任务，它的产生将会中断某个线程或者正在执行程序的运行。因此从这个角度来说，即使没有操作系统的系统，也可以实现操作系统的部分功能，例如抢占。当然这个抢占只是一个中断处理程序段，而不是真正意义上的线程抢占。如果将 ISR 看成一个"简单线程"，那么也可以将它看成线程抢占，只是在这种系统中，一个中断就对应一个线程。同时这种系统也是具有优先级的，因为中断本身就是有优先级的，因此中断系统可以说成是一个微型的硬件实现调度的操作系统。只是这样的系统不够灵活，因为用户需要自己写程序去安排中断的执行，实现"简单线程"的调度，维护系统的运行。并且，一个系统只能实现某一特定的调度策略，没有将调度策略与调度机制分离。此外，这样的系统只能适合简单的、事务处理能力小的嵌入式系统。

正如前面提到的事件处理机制，操作系统内核的实现必须借助中断才能完成，中断也是内核的一个重要组成部分，因此从架构上设计出一种优秀的中断子系统是有必要的，尤其在多核实时系统中。

1. 中断发生及响应

（1）硬件抽象层响应

中断请求 IRQ 被中断控制器汇集成中断向量（interrupt vector），每个中断向量对应一个中断服务程序 ISR，中断向量存放了 ISR 的入口地址或 ISR 的第一条指令。系统中通常包含多个中断向量，存放这些中断向量对应 ISR 入口地址的内存区域被称为中断向量表。在 Intel 80x86 处理器中，中断向量表包含 256 个入口，每个中断向量需要 4B 存放 ISR 的起始地址。根据第 3 章的内容，Arm 处理器的 IRQ 将被中断控制器汇集到异常向量（每个异常向量 4B），该异常向量位于 Arm 异常向量表的第 7 条记录，由于 Arm 异常向量表存放在内存 0x00000000 开始处（见图 4.20），IRQ 将被中断控制器汇集到 0x00000018（第 7 条记录的起始地址）的内存地址，也就是说，当 IRQ 发生时，PC 将通过硬件机制跳转到 0x00000018 开始执行（见图 4.20）。

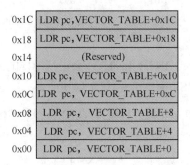

（a）异常向量表的内存地址　　　　　（b）异常向量表中的指令

图 4.20　Arm 异常向量表

异常向量表在 0x00 到 0x1C 的地址空间分别存放的是什么内容呢？是像 80x86 的中断向量表一样，存放的是 ISR 的起始地址吗？根据 Arm 的中断机制，0x00 到 0x1C 存放的是 8 条跳转指令，其中，0x00 处存放的是"LDR pc, VECTOR_TABLE+0"，意味着当系统复位时，PC 将跳转到 0x00（该地方是一条 4B 的跳转指令），此时，PC 值将变成"VECTOR_TABLE+0"，VECTOR_TABLE 是 Arm 处理器中断向量表的起始地址（用户可自己定义，其内容见代码 4.69）。异常向量表中其他位置存放的跳转指令分别在处理器出现未定义指令、软中断、预取指终止、数据终止、普通中断、快速中断异常等情况时执行（详见第 3 章）。本章重点讨论与用户更密切的普通中断请求处理的相关实现机制。

当处理器发生 IRQ 时，PC 将跳转到 0x18，该地方是另一条 4B 的跳转指令"LDR pc, VECTOR_TABLE+0x18"。此时，PC 值将变成"VECTOR_TABLE+0x18"，从代码 4.69 的中断向量表可知，VECTOR_TABLE+0x18 处存放的是 HAL_INTR_ENTRY，它是指向所有 IRQ 的一个公共入口。也就是说，当各种 IRQ 发生时，它们都将汇集到 HAL_INTR_ENTRY，进行与硬件相关的处理，也称为硬件抽象层中断处理。

代码 4.69　异常向量表（···\1 aCoral \kernel\include\int.h）

```
HAL_VECTR_START:
    LDR    pc, VECTOR_TABLE+0       @ Reset              L(1)
    LDR    pc, VECTOR_TABLE+4       @ Undefined          L(2)
    LDR    pc, VECTOR_TABLE+8       @ SWI                L(3)
    LDR    pc, VECTOR_TABLE+0xc     @ Prefetch Abort     L(4)
    LDR    pc, VECTOR_TABLE+0x10    @ Data Abort         L(5)
    LDR    pc, VECTOR_TABLE+0x14    @ RESERVED           L(6)
    LDR    pc, VECTOR_TABLE+0x18    @ IRQ                L(7)
    LDR    pc, VECTOR_TABLE+0x1c    @ FIQ                L(8)

VECTOR_TABLE:
    .long EXP_HANDLER
    .long EXP_HANDLER
```

```
                    .long EXP HANDLER
                    .long EXP_HANDLER
                    .long EXP_HANDLER
                    .long EXP_HANDLER
                    .long HAL_INTR_ENTRY
                    .long EXP_HANDLER
            HAL_VECTR_END:
```

那么 HAL_INTR_ENTRY 会进行怎样的处理呢？如何实现现场保存呢？如何跳转到各中断号对应的 ISR 呢？请见代码 4.70。

代码 4.70 HAL_INTR_ENTRY（…\1 aCoral \hal\arm\S3C2440A\src\ hal_int_s.s）

```
        HAL_INTR_ENTRY:
            stmfd  sp!, {r0-r12,lr}      @保护通用寄存器及 PC              L(1)
            mrs    r1,spsr                                                L(2)
            stmfd  sp!, {r1}             @保护 SPSR，以支持中断嵌套        L(3)
            msr    cpsr_c, #SVCMODE|NOIRQ @进入 SVCMODE，以便允许中断嵌套   L(4)

            stmfd  sp!, {lr}             @保存 SVC 模式的专用寄存器 LR      L(5)
            ldr    r0,  =INTOFFSET       @读取中断号                      L(6)
            ldr    r0,  [r0]                                              L(7)
            mov    lr,  pc               @求得最新 LR 的值                 L(8)
            ldr    pc,  =hal_all_entry                                    L(9)
            ldmfd  sp!, {lr}             @恢复 SVC 模式下的 LR             L(10)
            msr    cpsr_c,#IRQMODE|NOINT @更新 CPSR，进入 IRQ 模式并禁止中断 L(11)

            ldmfd  sp!,{r0}              @spsr->r0                        L(12)
            msr    spsr_cxsf,r0          @恢复 SPSR                       L(13)
            ldmfd  sp!,{r0-r12,lr}                                       L(14)
            subs   pc,lr,#4              @此后，中断被重新打开             L(15)
```

代码 4.70 首先通过 L(1)将寄存器 R0～R12 的值保存在中断模式下堆栈指针指向的内存地址（堆栈以递减方式生长），然后保存中断返回地址 LR（LR 存放的是中断发生时，被中断程序的 PC 值）到堆栈中，最后通过 L(2)和 L(3)保存 SPSR，以支持中断嵌套。上述压栈的顺序为：R0、R1……R12、LR、CPSR。L(4)将 Arm 处理器切换到 SVC 模式，并且通过 L(5)保存 SVC 模式链接寄存器 LR 到堆栈中。到此，完成了中断现场保护的工作。

代码 4.70 L(6)读取中断控制器中 INTOFFSET 寄存器的值，对 INTOFFSET 的读写操作与其他内存地址一致。当某个 IRQ 发生时，INTOFFSET 会为该中断源分配一个整数（例如，时钟中断，对应的整数是 0），这个整数唯一地对应于该中断源。这样可通过读取该寄存器分辨不同的中断源，进而执行不同的 ISR。代码 4.70 L(7)将 INTOFFSET 的值赋给 R0，L(8)将 PC 赋给 LR，L(9)跳转到用 C 语言编写的中断公共入口函数 hal_all_entry()，刚才的 R0 将作为参数传给 hal_all_entry()。hal_all_entry()的实现如代码 4.71 所示，它执行时所需的参数 vector 就是 R0。剩下的代码 4.70 L (10)～代码 4.70 L(15)是 ISR 处理完成后的现场恢复代码，是代码 4.70 L(1)～代码 4.70 L(5)的逆过程。

代码 4.71 （···\1 aCoral\hal\arm\S3C2440A\src\hal_int_c.c）

```
        void hal_all_entry(acoral_vector vector){
            unsigned long eint;
            unsigned long irq=4;
            if(vector==4||vector==5){                    L(1)
                eint=rEINTPND;                            L(2)
                for(;irq<24;irq++){                       L(3)
                    if(eint & (1<<irq)){                  L(4)
                        acoral_intr_entry(irq);           L(5)
                        return;                           L(6)
                    }
                }
            }
            if(vector>5)                                  L(7)
                vector+=18;                               L(8)
            if(vector==4)
                acoral_prints("DErr\n");
            acoral_intr_entry(vector);                    L(9)
        }
```

（2）内核层响应

HAL 的处理完成后，通过 hal_all_entry()进入内核层响应（见代码 4.71）。hal_all_entry()
是与 Arm 2440 中断控制器密切相关的设
置，经过相关处理后，会调用真正的中断
公共服务入口函数 acoral_intr_entry()，开
始内核层的中断处理。

Arm Mini2440 的中断机制中，第 4 号
中断到第 7 号中断复用了中断号 4，第 8
号中断到第 23 号中断复用了中断号 5，因
此，当从 INTOFFSET 中读取的值为 4 或 5
时，需要通过代码 4.71 L(1)～L(6)，并根
据寄存器 EINTPND 的值进一步区分中断
源。由于 4 号～7 号包括 4 个中断，而 8
号～23 号包括 16 个中断，再除去 4 号和 5
号本身，总共包括 18 个中断，如图 4.21
所示。因此，当从 INTOFFSET 中读取的值
R0 大于 5 时，实际对应在内核层中的中
断号应该是 R0+18，如代码 4.71 L(7)与代
码 4.71 L(8)所示。

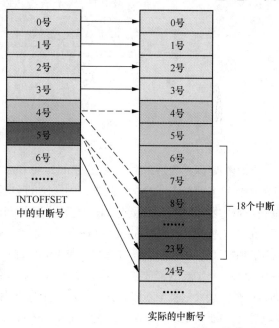

图 4.21 Arm Mini 2440 中 4、5 号中断的复用

代码 4.71 经过简单处理之后，调用真正的中断公共服务入口函数 acoral_intr_entry()，如
代码 4.71 L(9)所示，而 acoral_intr_entry()的实现如代码 4.72 所示。

代码 4.72 （···\1 aCoral\kernel\src\int.c）

```c
/*=============================
*       the common ISR of vector
*       中断公共服务入口函数
*=============================*/
void acoral_intr_entry(acoral_vector vector){
    acoral_vector index;
#ifdef CFG_DEBUG
    acoral_print("isr in CPU:%d\n",acoral_current_CPU);
#endif
    HAL_TRANSLATE_VECTOR(vector,index);                    L(1)
    acoral_intr_nesting_inc();                             L(2)
    if(intr_table[index].type==ACORAL_EXPERT_INTR){
        intr_table[index].isr(vector);                     L(3)
        acoral_intr_disable();
    } else{    //这个之前都是要关中断的，调用中断进入函数
        if(intr_table[index].enter!=NULL)
            intr_table[index].enter(vector);               L(4)
            //开中断
        acoral_intr_enable();                              L(5)
            //调用该中断的服务处理函数
        intr_table[index].isr(vector);                     L(6)
            //关中断
        acoral_intr_disable();                             L(7)
            //调用中断退出函数
        if(intr_table[index].exit!=NULL)
            intr_table[index].exit(vector);                L(8)
    }
    acoral_intr_nesting_dec();                             L(9)
    acoral_intr_exit();                                    L(10)
}
```

这里需要提到的是：由于 Arm Mini2440 的中断复用机制，内核层的中断号可以比 HAL 层的中断号多（见图 4.21）。此外，内核层的中断号也可少于 HAL 层的中断数。这是因为，有些特殊中断或异常不需要交给内核层处理，所以可能造成内核层的中断数减少，故 HAL 层中断与内核层中断的对应关系不一样。因此需要一个转换，将 HAL 层的中断号转换为内核层的中断号。该转换是通过 HAL_TRANSLATE_VECTOR()实现的（见代码 4.72 L(1)）。代码 4.72 L(2)将中断嵌套数加 1，因为 aCoral 只有在最后一层中断退出时才执行调度函数，所以需要一个变量来记录中断嵌套数。在进一步分析代码 4.72 L(3)之前，必须先介绍一下 aCoral 内核层的中断向量表，aCoral 通过 acoral_intr_ctr_t 表示内核层的中断向量表（见代码 4.73）。显然，它比 HAL 层的异常向量表（见图 4.20 和代码 4.69）要丰富，除了中断号 index 和相应的中断服务程序外，还包括中断状态、类型等信息及中断进入时的处理（如清除中断 Pending 位）、中断退出时的处理（如设置中断结束位）、中断屏蔽、中断开启等操作。其中，中断状态 state 是内核层状态，其实中断在 HAL 层也有状态，例如，挂起、正在处理、处理完毕等。内核层的 state 除了包含这些状态外，还可以增加一些状态以满足特殊需求。这样设计的目的

是增加中断的灵活性和可扩展性。也许读者会问为什么要为每个中断设置这样的函数指针，而不能共用？例如中断屏蔽函数，直接用一个函数，并传入一个中断号参数区分是对哪个中断操作就可以了。确实这种方式是比较好的，事实上，aCoral 早期就采用这种方式，中断屏蔽函数、取消中断屏蔽函数就是共用的，名字分别为 HAL_INTR_MASK、HAL_INTR_UNMASK，但是后来为什么采取函数指针的方式呢？一是方便管理，可以灵活修改。还有一个不得不修改的原因：嵌入式 SoC 芯片，不同中断，其屏蔽、取消屏蔽的操作并不是很一致，有些中断差异很大，采用函数指针可以很有效地解决问题。中断初始化的时候，所有中断的 mask、unmask 都指向通用的 mask、unmask 函数，而对于特殊中断，则在对其特殊初始化的时候更改相应的指针就可以了。

代码 4.73 （…\1 aCoral\kernel\include\int.h）

```
typedef struct {
    acoral_u32 index;                    //内核层中断号（中断索引号）
    acoral_u8 state;                     //中断状态
    acoral_u8 type;                      //中断类型
    void (*isr)(acoral_vector);          //ISR
    void (*enter)(acoral_vector);        //中断进入时的处理
    void (*exit)(acoral_vector);         //中断退出时的处理
    void (*mask)(acoral_vector);         //中断除能
    void (*unmask)(acoral_vector);       //中断使能
}acoral_intr_ctr_t;
```

代码 4.72 L(3)根据转换后的中断号 index，从中断向量表中找到相应的中断向量，如果中断类型属于专家模式，则根据内核中断标号找到对应的中断结构体，然后调用这个中断的进入处理函数，并且通过 acoral_intr_disable()除能中断。讲到这里，必须解释一下 aCoral 的 3 种中断模式。

- 实时模式：使用这种模式，中断处理程序直接被调用，即不经过 HAL_INTR_ENTRY→acoral_intr_entry→中断处理程序。这种模式明显减少了中断响应时间，提高了中断的实时性。
- 专家模式：这种模式需要用户在中断处理程序中自己处理与中断响应相关的操作，例如清中断位等。该模式主要应用于特殊中断，例如 aCoral 的网卡中断，就需要在中断里关闭中断。这种模式无法调用统一中断模型。
- 普通模式：这种模式主要是为了方便用户编程。中断处理程序往往要使用汇编语言，并对处理相关寄存器进行操作，这就需要编程人员具备一些硬件知识。aCoral 的普通模式可简化中断处理程序的编写。aCoral 的普通模式的中断处理程序不需要任何硬件中断相关的操作。

回到代码 4.72，判断中断是否为专家模式中断。如果是，直接调用中断处理程序。如果非专家模式中断，则需调用该中断结构体的 enter()成员，进行中断进入时的处理（见代码 4.72 L(4)），然后开启中断（见代码 4.72 L(5)）。为什么要开启中断呢？前面提到过，在进入 hal_all_entry()之前是要临时关中断的，但是中断处理程序往往会比较长，如果整个过程都关中断，必然影响中断的性能。因此，为了保证中断性能和实时性，此时要开启中断。之后，再调用其 ISR，如代码 4.72 L(6)所示。ISR 是在中断初始化时进行注册和绑定的，详见 4.4.1 小节。

当 ISR 处理结束后，需要关闭中断，再调用该中断对应的退出函数，并将中断嵌套数减 1
（见代码 4.72 L(9)）。代码 4.72 中的 acoral_intr_disable()、acoral_intr_enable()是与硬件相关的
操作，aCoral 分别在头文件 int.h（···\1 aCoral\kernel\include）中定义 HAL_INTR_DISABLE()、
HAL_INTR_ENABLE()来实现中断屏蔽和中断开启，具体如代码 4.74 和代码 4.75 所示。

代码 4.74　（···\aCoral\hal\arm\S3C2440A\src\ hal_int_s.s）

```
HAL_INTR_ENABLE:
    mrs r0,cpsr
    bic r0,r0,#NOINT
    msr cpsr_cxsf,r0
    mov pc,lr
```

代码 4.75　（···\aCoral\hal\arm\S3C2440A\src\ hal_int_s.s）

```
HAL_INTR_DISABLE:
    mrs r0,cpsr
    mov r1,r0
    orr r1,r1,#NOINT
    msr cpsr_cxsf,r1
    mov pc ,lr
```

最后，代码 4.72 L(10)做中断退出时的相关处理，具体如代码 4.76 所示。读者是否觉得
acoral_intr_exit()和 acoral_sched()（见代码 4.41）是差不多的？是的，除了 HAL_INTR_EXIT_
BRIDGE()外，两个函数完全一样。

代码 4.76　（···\1 aCoral\kernel\src\int.c）

```
/*============================
 *      The exit function of the vector
 *              中断退出函数
 *============================*/
void acoral_intr_exit(){
    if(!acoral_need_sched)                          L(1)
        return;
    if(acoral_intr_nesting)                         L(2)
        return;
    if(acoral_sched_is_lock)                        L(3)
        return;
    if (!acoral_start_sched)                        L(4)
        return;
        //如果需要调度，则调用此函数
    HAL_INTR_EXIT_BRIDGE();                          L(5)
}
```

代码 4.76 L(1)判断如果中断退出时不需要调度（调度标志为假），则直接退出。L(2)判断
如果中断属于嵌套中断，也要直接退出。L(3)判断如果调度标志未开启，同样退出。L(4)判断
如果是否开始调度标志未开启，直接退出。L(5)判断如果有任务需要调度，则执行
HAL_INTR_EXIT_BRIDGE()。在 hal_comm.h 文件（···\1 aCoral\hal\include）中，将 HAL_INTR_

EXIT_BRIDGE()定义为 hal_intr_exit_bridge_comm()，其具体操作如代码 4.77 所示，可见，中断退出时，如果需要调度，会通过 acoral_real_intr_sched()调度线程执行，这一点也和 acoral_sched()类似。

代码 4.77 （…\1 aCoral\hal\src \hal_comm.c）

```c
void hal_intr_exit_bridge_comm(){
    acoral_sr CPU_sr;
    HAL_ENTER_CRITICAL();
        acoral_real_intr_sched();
    HAL_EXIT_CRITICAL();
}
```

根据前面的叙述可知，中断发生时，aCoral 的中断响应和执行的主要过程如图 4.22 所示。其中，"Save ri"表示保存 Arm Mini2440 寄存器的值（保存现场），"IntrServerRoute"表示要执行的中断服务程序，"Restore ri"表示恢复中断前 Arm Mini2440 的寄存器值（恢复现场），其他函数及其实现请查阅相关代码。

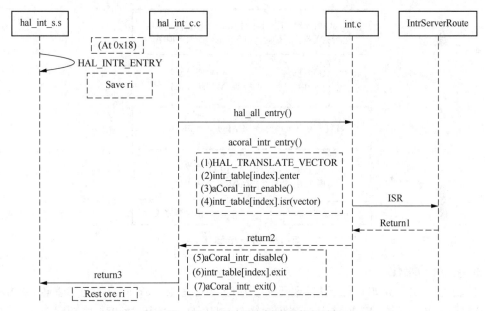

图 4.22 aCoral 的中断响应和执行的主要过程

2. 中断系统结构

在 RTOS 中，中断是与具体硬件平台关联度最高的部分，为了实现高可移植性、可配置性，中断子系统依照 aCoral 的整体层次结构来设计，划分为 HAL 层和内核层，如图 4.23 所示。在 HAL 层先将各种中断汇集，对与硬件相关的公共部分进行前期处理，然后在内核层根据中断源进行后续处理。

HAL 层的处理为将复位、未定义指令、软中断、预取指终止、数据终止、快速中断等异常交给 special_entry 进行相应的专门处理（见代码 4.69 的异常向量表，此处不做详细讨论），而将普通中断的异常都赋值为 HAL_INTR_ENTRY。HAL_INTR_ENTRY 根据中断控制器产生的中断号做一些必要的公共操作，例如压栈、临时关中断（如果硬件没有自动关中断）、读取中断向量号等，然后跳转到 hal_all_entry 执行，交内核层处理。当内核层处理完毕后，中断处理程序调用 acoral_intr_exit 进行中断退出操作（包括中断后触发重调度等）。根据该层次结构，中断处理步骤大致如图 4.24 所示。

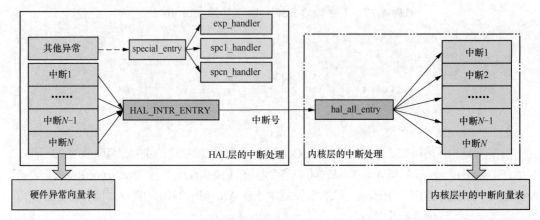

图 4.23　中断子系统结构

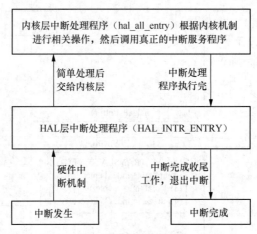

图 4.24　中断处理步骤

3．中断初始化

前面介绍了 aCoral 如何响应并处理硬件产生的中断，那么 aCoral 是如何知道某个中断应该触发哪个 ISR 执行？不同中断执行过程中的进入时处理、退出时处理、中断屏蔽、中断开启等操作各有什么不同呢？这些操作又如何体现在内核层、中断向量表（acoral_intr_ctr_t）中呢？这是中断子系统初始化时必须回答的问题。因此，在中断能够正确响应并处理以前，必须做相关初始化。中断初始化是 aCoral 内核各模块初始化（acoral_module_init()）过程中的首要工作（见代码 4.23），由 acoral_intr_sys_init()实现，如代码 4.78 所示。

代码 4.78　（…\1 aCoral\kernel\src\int.c）

```
/*============================
 *     Initialize the interrupt
 *         中断初始化函数
 *============================*/
void acoral_intr_sys_init(){
```

```
        acoral u32 i;
        acoral_vector index;
                //关中断
        acoral_intr_disable();                              L(1)
                //中断嵌套标志初始化
        HAL_INTR_NESTING_INIT();                            L(2)
                //中断底层初始化函数
        HAL_INTR_INIT();                                    L(3)
                //对于每个中断, 设置默认的服务处理程序, 然后屏蔽该中断
        for(i=HAL_INTR_MIN;i<=HAL_INTR_MAX;i++){            L(4)
            HAL_TRANSLATE_VECTOR(i,index);                  L(5)
            intr_table[index].isr=acoral_default_isr;       L(6)
            intr_table[index].type=ACORAL_COMM_INTR;        L(7)
            acoral_intr_mask(i);                            L(8)
        }
                //特殊中断初始化
        HAL_INTR_SPECIAL();                                 L(9)
    }
```

在中断初始化时, 先要将中断关闭 (见代码 4.78 L(1)), 否则可能会出现异常。L(2)进行中断嵌套标志初始化。L(3)进行中断底层硬件初始化, 这是针对 Arm Mini2440 所做的初始化。L(4)对每一个中断进行初始化操作, 首先是将每一个 HAL 层的中断号转换成内核层的中断号 (见代码 4.78 L(5)); 再通过 L(6)为它设置默认的处理函数, 即为每个中断初始化默认的中断服务程序 acoral_default_isr(), 初始化时, 可为简单的 "acoral_printdbg("in Default interrupt route\n");"。系统实际运行过程中, 对各个中断的处理是不一样的, 而且其与具体的外部设备密切相关, 因此需要根据各个外部设备及用户的实际需求为各中断注册服务程序 ISR。L(7)设置中断类型为 ACORAL_COMM_INTR, 也就是普通中断。L(8)屏蔽各中断。L(9)进行一些特殊的中断初始化操作, 这是在初始化后要调用的接口。有些平台需要在初始化后执行一些特殊的初始化操作。

根据代码 4.78, 中断的初始化过程也分为 HAL 层初始化和内核层初始化。其中, acoral_intr_disable()及以 "HAL" 开头的是 HAL 层初始化, 剩下的是内核层初始化。

（1）HAL 层初始化

HAL 层初始化是针对具体硬件平台的中断特性做相关设置。前面提到的 acoral_intr_disable()属于 HAL 层初始化, 因为中断关闭是与具体硬件平台相关的, 而且其最终实现是使用 HAL_INTR_DISABLE, 如代码 4.75 所示。接下来的 HAL_INTR_NESTING_INIT() 是通过定义 hal_intr_nesting_init_comm() (…\1 aCoral\hal\src\ hal_comm.c) 实现的, 如代码 4.79 所示。可见, 中断嵌套初始化是将中断嵌套次数的初始值设置为 0。

代码 4.79　 (…\1 aCoral\hal\src\ hal_comm.c)

```
/*===========================
 *     initialize the nesting
 *          中断嵌套初始化
 *===========================*/
void hal_intr_nesting_init_comm(){
```

```
    acoral u32 i;
    for(i=0;i<HAL_MAX_CPU;i++)
        intr_nesting[i]=0;
}
```

然后，通过 HAL_INTR_INIT()完成中断优先级、屏蔽寄存器及中断向量表私有函数等初始化，如代码 4.80 所示。

代码 4.80 （…\1 aCoral\hal\arm\S3C2440A\src\ hal_int_c.c）

```
void hal_intr_init(){
    acoral_u32 i;
    rPRIORITY = 0x00000000;        /*使用默认的固定的优先级*/      L(1)
    rINTMOD = 0x00000000;          /*所有中断均为 IRQ*/           L(2)
    rEINTMSK = 0xFFFFFFFF;         /*屏蔽所有外部中断*/            L(3)
    rINTMSK = 0xFFFFFFFF;          /*屏蔽所有中断*/               L(4)

    //设置各中断的私有函数，例如应答、屏蔽
    for(i=HAL_INTR_MIN;i<=HAL_INTR_MAX;i++){                    L(5)
        acoral_set_intr_enter(i,hal_intr_ack);
        acoral_set_intr_exit(i,NULL);
        acoral_set_intr_mask(i,hal_intr_mask);
        acoral_set_intr_unmask(i,hal_intr_unmask);
    }
}
```

代码 4.80 先通过设置中断控制器的相关寄存器来确定中断优先级、类型，屏蔽所有中断等（L(1)～L(4)），这些设置是 Arm Mini2440 中断初始化特有的，也是必需的。也许读者有个疑问：这里的"屏蔽所有中断"和代码 4.78 L(1)中的关中断有什么区别呢？关中断是将 Arm 处理器程序当前状态寄存器的第 6 位置为"1"，此时，Arm 处理器进入关中断模式，不会对任何 IRQ 做出响应。而屏蔽所有中断是将中断控制器的屏蔽寄存器每一位都置为"1"，用户可以通过改变屏蔽寄存器的某些位来屏蔽某些中断，不至于关闭所有中断。

（2）内核层初始化

完成与硬件相关的初始化后，开始内核层的中断初始化，设置内核层的中断向量表。代码 4.80 L(5)是初始化每个中断向量（中断描述符 acoral_intr_ctr_t）的数据成员，即为每个中断设定默认的进入时处理、退出时处理、屏蔽、开启等操作函数，如代码 4.81 所示。而具体的处理由代码 4.80 L(5)传入的函数决定，分别为"hal_intr_ack"（中断进入）、"NULL"（目前，中断退出时的操作设置为空）、"hal_intr_mask"（中断屏蔽）和"hal_intr_unmask"（中断开启）。

代码 4.81 （…\1 aCoral\kernel\src \int.c）

```
*===========================
*   Set the enter function of the vector
*       设置中断进入函数为 isr
*===========================*/
void acoral_set_intr_enter(acoral_vector vector,void (*isr)(acoral_
vector)){
```

```
        acoral_vector index;
        HAL_TRANSLATE_VECTOR(vector,index);
        intr_table[index].enter=isr;
}


/*===========================
*   Set the exit  function of the vector
*       设置中断退出函数为isr
*===========================*/
void acoral_set_intr_exit(acoral_vector vector,void (*isr)(acoral_
vector)){
        acoral_vector index;
        HAL_TRANSLATE_VECTOR(vector,index);
        intr_table[index].exit=isr;
}


/*===========================
*   Set the mask  function of the vector
*       设置中断屏蔽函数为isr
*===========================*/
void acoral_set_intr_mask(acoral_vector vector,void (*isr)(acoral_
vector)){
        acoral_vector index;
        HAL_TRANSLATE_VECTOR(vector,index);
        intr_table[index].mask=isr;
}


/*===========================
*   Set the unmask function of the vector
*       设置中断使能函数为isr
*===========================*/
void acoral_set_intr_unmask(acoral_vector vector,void (*isr)(acoral_
vector)){
        acoral_vector index;
        HAL_TRANSLATE_VECTOR(vector,index);
        intr_table[index].unmask=isr;
}
```

　　"hal_intr_ack""NULL""hal_intr_mask""hal_intr_unmask"的实现又与具体硬件平台相关。对于 Arm Mini2440 而言，中断进入时的操作由 hal_intr_ack 实现，如代码 4.82 所示，这里主要是清除中断 Pending 位。由于第 4 号中断到第 7 号中断复用了中断号 4，第 8 号中断到第 23 号中断复用了中断号 5，因此，中断进入时操作除了设置寄存器 INTPND 外，还需要设置寄存器 EINTPND，剩下的需要设置寄存器 INTPND 和 SRCPND。中断退出时的操作目前设置为空。

代码 4.82　（…\1 aCoral\hal\arm\S3C2440A\src\ hal_int_c.c）

```
static void hal_intr_ack(acoral_u32 vector){
        if((vector>3) && (vector<8)){
```

```
                    rEINTPND &= ~(1<<vector);
                    vector = 4;
            }
        else if((vector>7) && (vector<24)){
            rEINTPND &= ~(1<<vector);
            vector = 5;
        }
        else if(vector > 23)
            vector -= 18;
        rSRCPND = 1<<vector;
    rINTPND = 1<<vector;
}
```

屏蔽中断时的操作由 hal_intr_mask 实现，如代码 4.83 所示。同理，由于第 4 号中断到第 7 号中断复用了中断号 4，第 8 号中断到第 23 号中断复用了中断号 5，因此，屏蔽中断时除了设置寄存器 INTMSK，还需要设置寄存器 EINTMSK，剩下的只需设置寄存器 INTMSK。有关中断控制器的设置请参考数据手册[2]。

代码 4.83　（…\1 aCoral\hal\arm\S3C2440A\src\ hal_int_c.c）

```
static void hal_intr_mask(acoral_vector vector){
        if((vector>3) && (vector<8)){
                rEINTMSK |=(1<<vector);
                vector = 4;
        }
        else if((vector>7) && (vector<24)){
                rEINTMSK |=(1<<vector);
                vector = 5;
        }
        else if(vector > 23)
                vector -= 18;
        rINTMSK |= (1<<vector);
}
```

中断开启的操作由 hal_intr_unmask 实现，这是中断屏蔽的逆操作，如代码 4.84 所示。

代码 4.84　（…\1 aCoral\hal\arm\S3C2440A\src\ hal_int_c.c）

```
static void hal_intr_unmask(acoral_vector vector){
        if((vector>3) && (vector<8)){
                rEINTMSK &=~(1<<vector);
                vector = 4;
        }
        else if((vector>7) && (vector<24)){
                rEINTMSK &=~(1<<vector);
                vector = 5;
        }
        else if(vector > 23)
                vector -= 18;
        rINTMSK &=~(1<<vector);              /*开启中断*/
}
```

根据前面的叙述，Arm Mini2440 中断初始化过程如图 4.25 所示。其中，"Set_Intr_En_Ex_Ma_Un"表示为每个中断设定默认的进入时处理、退出时处理、屏蔽、开启等操作函数，"Set_ISR_For_Vector"表示为每个中断设定默认的 ISR。

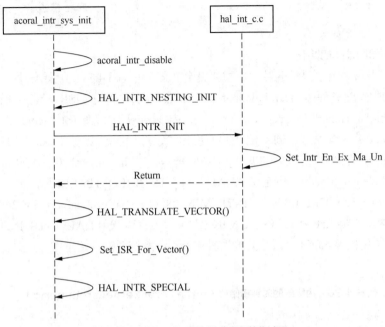

图 4.25　Arm Mini 2440 中断初始化过程

4．时钟中断实例

这里以时钟中断为例，介绍其初始化过程。在 RTOS 中，Tick 是非常重要的单位，它是操作系统运行的时基，也是调度的一个激发源。Ticks 是由中断触发产生的，每隔一段时间就会触发一次时钟中断，用来计时，例如，线程的延时函数就要利用 Ticks 时钟。时钟初始化是 aCoral 系统初始化的一项重要工作。根据 4.2.5 小节的描述，当开发板完成启动和 aCoral 的加载后，系统会通过代码 4.24 L(1)进入 acoral_start()，而时钟初始化是 acoral_start()的重点工作之一。

（1）HAL 层的时钟初始化

HAL 层的时钟初始化主要通过设置 Ticks 时钟中断相关的寄存器完成，如代码 4.85 所示，主要涉及时钟模式、时钟计数值、时钟开启等寄存器操作，详见 Arm S3C2440A 芯片手册[2]，这里不进行详细叙述。

代码 4.85　（…\1 aCoral\hal\arm\S3C2440A\src\hal_timer.c）

```
#include"acoral.h"
/*****************************************************/
/*****这个函数的作用是初始化 Ticks 时钟相关数据**/
/*****************************************************/
void hal_Ticks_init(){
    rTCON = rTCON & (~0xF) ;
    rTCFG0 &= 0xFFFF00;
    rTCFG0 |= 0xF9;              /* prescaler 等于 249*/
```

```
rTCFG1  &= ~0x00000F;
rTCFG1  |= 0x2;      /*divider 等于 8，则设置定时器 4 的时钟频率为 25kHz*/
rTCNTB0 = PCLK /(8*(249+1)*ACORAL_TickS_PER_SEC);
rTCON = rTCON & (~0xf) |0x02;              /* 手动更新 Timer0*/
rTCON = rTCON & (~0xf) |0x09;              /* 启动定时器*/
}
```

（2）内核层的时钟初始化

内核层的时钟初始化[1]是给时钟中断重新设定 ISR。在代码 4.78 的初始化中，为每个中断设定了默认的中断服务程序 acoral_default_isr。显然，时钟中断的 ISR 不能只是简单地输出 "acoral_printdbg("in Default interrupt route\n");"，内核层的时钟初始化由 acoral_Ticks_init() 完成（见代码 4.86）。首先将 Ticks 的初始值设为 0，然后重新设置 Ticks 的 ISR，这里的 HAL_Ticks_INTR 为硬件抽象层中的时钟中断向量号，在 hal_timer.h（···\1 aCoral \hal\arm\ S3C2440A\include\hal_timer.h）中定义 "HAL_TickS_INTR IRQ_TIMER0"，而 IRQ_TIMER0 的定义为 "#define IRQ_TIMER0 HAL_INTR_MIN+28"（···\1 aCoral\hal\arm\S3C2440A\include\ hal_int.h），这里 "#define HAL_INTR_MIN 0"，接下来再调用 HAL_TickS_INIT() 完成硬件抽象层初始化（见代码 4.86），最后开启时钟中断，让系统时钟开始工作，此时，RTOS 就有 "心跳" 了。

代码 4.86 内核层的时钟初始化（···\1 aCoral\kernel\src\timer.c）

```
void acoral_Ticks_init(){
    Ticks=0;                    /*初始化嘀嗒时钟计数器*/              L(1)
    acoral_intr_attach(HAL_TickS_INTR,acoral_Ticks_entry);
                                /*设置 Ticks 处理函数*/               L(2)
    HAL_TickS_INIT();           /*主要将用于 Ticks 的时钟初始化*/
    acoral_intr_unmask(HAL_TickS_INTR);
    return;
}
```

首先，代码 4.86 L(1)重新设置 Ticks 服务程序 acoral_intr_attach()，这里需要将 HAL 层的时钟中断号转换成内核层的中断号（见代码 4.87）。如果是非实时中断，就为内核层中断向量表的 isr 成员赋值（将 acoral_Ticks_entry()的指针赋给 isr），否则就调用 HAL_INTR_ATTACH 进行实时中断服务程序的绑定（目前尚未实现）。这是针对实时中断特别设计的，该接口的功能是直接将中断处理函数放到相应的中断向量表中。这样中断发生后，其处理函数直接被调用，而不必经过 "HAL_INTR_ENTRY→hal_all_entry→中断处理函数" 的流程。该接口一般为空，因为只有向量模式的中断才具备这种实时特性，所以只有在支持向量模式中断的处理器，且用户需要很快的中断响应时，才实现这个接口。这里的 acoral_Ticks_entry()便是时钟的中断服务程序。

代码 4.87 绑定 Ticks 处理程序（···\1 aCoral\kernel\src\int.c）

```
/*==============================
*Binding the isr to the Vector
*将服务函数 isr 绑定到中断向量
```

---

[1] 有关时钟硬件初始化的工作请参考 2.3.2 小节和代码 4.85。

```
*============================*/
acoral_32 acoral_intr_attach(acoral_vector vector,void (*isr)(acoral_
vector)){
    acoral_vector index;
    HAL_TRANSLATE_VECTOR(vector,index);
    if(intr_table[index].type!=ACORAL_RT_INTR)
        intr_table[index].isr =isr;
    else
        HAL_INTR_ATTACH(vector,isr);
    return 0;
}
```

4.4.2 时钟管理

在 RTOS 中，时钟具有非常重要的作用，通过时钟可实现延时任务、周期性触发任务的执行、任务有限等待的计时、软定时器的定时管理、确认超时，以及与时间相关的调度操作，例如，时间片轮转调度等。时钟管理是处理实时系统必不可少的，因此，实时内核必须提供时间管理机制。

大多数嵌入式系统有两种时钟源，分别为实时时钟（real-time clock，RTC）和定时器/计数器。RTC 一般靠电池供电，即使系统断电，也可以维持日期和时间，例如 Arm9 S3C2440A 的 RTC。由于 RTC 独立于操作系统，所以也被称为硬件时钟，它为整个系统提供一个时间标准。此外，嵌入式处理器通常集成了多个定时器/计数器，实时内核需要一个定时器作为系统时钟，并由内核控制系统时钟工作，系统时钟的最小粒度是由应用和操作系统的特点决定的。

在不同 RTOS 中，实时时钟和系统时钟之间的关系是不一样的，实时时钟和系统时钟之间的关系决定了 RTOS 的时钟运行机制。一般而言，实时时钟是系统时钟的基准，实时内核通过读取实时时钟来初始化系统时钟，此后，二者保持同步运行，共同维持系统时间。因此，系统时钟并不是真正意义上的时钟，它只有当系统运行起来以后才有效，并且由实时内核完全控制。

根据硬件的不同，嵌入式系统的时钟源可以是专门的硬件定时器，也可以是来自 AC 交流电的 50/60Hz 信号频率。定时器一般由晶体振荡器提供周期信号源，并通过程序对其计数寄存器进行设置（见代码 4.86 L(1)），让其产生固定周期的脉冲信号，而每次脉冲信号的产生都将触发一个时钟中断，时钟中断的频率既是系统的心跳，也叫时基或 Tick，Tick 的大小决定了整个系统的时间粒度。对于 RTOS，时钟心跳率一般为每秒 10～100 次，甚至更高。图 4.26 所示为一个简单的定时器/计数器示意图，晶体振荡器提供周期信号源，它通过总线连接到 CPU 核，开发人员可编程设定计数寄存器的初始值，随后，每一个晶体振荡器输入信号都会导致该值增加，当计数寄存器溢出时，就产生一个输出脉冲，输出脉冲可以用来触发 CPU 核上的一个中断，输出脉冲就是 RTOS 时钟的硬件基

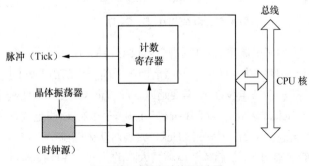

图 4.26 定时器/计数器示意图

础。因为它将被送到中断控制器上，产生中断信号，触发时钟中断，由时钟中断服务程序维持系统时钟的正常工作。

实时内核的时间管理以系统时钟为基础，通过 Tick 处理程序来实现。提到 Tick 处理程序，读者马上会回想起 4.4.1 小节的内容，是的，Tick 处理程序和中断是密不可分的。定时器产生中断后，RTOS 将响应并执行其中断服务程序，并在中断服务程序中调用 Tick 处理函数。它作为实时内核的一部分，与具体的定时器/计数器无关，由系统时钟中断服务程序调用，使内核具有对不同定时器/计数器的适应性。

回顾 4.4.1 小节，从中断角度叙述了时钟中断的 HAL 层和内核层的初始化。在内核层的初始化中，重要的一步就是通过 acoral_intr_attach()将时钟中断服务程序与 Tick 处理程序进行绑定（见代码 4.86 L(2)）。这样，每当定时器产生一个输出脉冲，输出脉冲就向 CPU 核发出一个时钟中断。再根据图 4.22 所示的中断响应过程，经过 HAL 层的中断处理后，就进入内核层的中断响应，找到内核层对应的时钟中断号，最终执行该中断号对应的服务程序，即 Tick 处理函数 acoral_Ticks_entry()，如代码 4.64 所示。RTOS 内核时钟管理的绝大部分工作都是在 acoral_Ticks_entry()进行的，例如，线程延迟操作 time_delay_deal()、超时处理 timeout_delay_deal()、与调度策略相关的操作（如时间片轮转调度）等。

如果任务采用时间片轮转调度，则需要在 Tick 处理程序中对当前正在运行的任务已执行时间进行"加 1"操作。执行完该操作后，如果任务的已执行时间同任务时间片的相等，则表示任务使用完一个时间片的执行时间，需要通过 acoral_sched()触发重调度（见 4.3.2 小节）。

如果开发人员在线程中调用 acoral_delay_thread()对线程进行延迟操作，则 acoral_delay_thread()会将当前运行线程从运行状态切换到挂起状态，并将其挂载到一个等待队列"acoral_list_t waiting"（见代码 4.3）。这里的等待队列也称为时间等待链，它用来存放需要延迟处理的任务。接下来，每当定时器产生一个 Tick，Tick 处理函数 acoral_Ticks_entry()的 time_delay_deal()（线程延迟操作）需要对时间等待链中线程的剩余等待时间进行"减 1"操作，如果某个线程的剩余等待时间被减到了 0，则将该线程从等待队列中移出，挂载到就绪队列，并通过 acoral_sched()触发重调度。例如，开发人员用 acoral_delay_thread()将线程 A、线程 B、线程 C、线程 D 分别延迟 3、5、10 和 14 个 Ticks，如图 4.27 所示。

通常情况下，延迟队列的时间等待链如图 4.28 所示，每当定时器产生一个 Tick，time_delay_deal()会对时间等待链中的每一个节点进行"减 1"操作。若时间等待链的节点数较多，时钟中断的 Tick 处理函数的计算开销就比较大，从而降低系统性能。

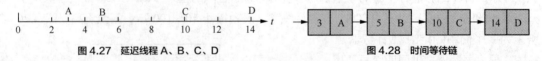

图 4.27　延迟线程 A、B、C、D　　　　　图 4.28　时间等待链

为了提高系统性能，减少计算开销，可采用差分时间等待链来描述延迟队列，如图 4.29 所示。队列中某个节点的值是相对于前一个节点的时间差，例如，线程 B 需要延迟 5 个 Ticks，其前一个节点线程 A 需要延迟 3 个 Ticks，意味着线程 B 在线程 A 延迟结束后，还需延迟 2 个 Ticks，因此，线程 B 所在节点的值为 2，该值是线程 A 的相对值。采用差分时间等待链后，每当时钟中断产生一个 Tick，只需对队列头部节点进行"减 1"操作，当减到 0 时，就将其从等待链中取下，后续节点将成为新的头部，并且被激活。该过程中，等待链其他节点的值保持不变，无须对每一个节点进行"减 1"操作，这样可减少计算开销。

如有新线程要进行延迟操作，需要往差分时间等待链中插入新的节点，例如，线程 E 要延迟 7 个 Ticks，如图 4.30 所示。这样，只需在线程 B 和线程 C 之间插入线程 E（3+2＜7＜3+2+5），再修改线程 C 节点的值即可，如图 4.31 所示。

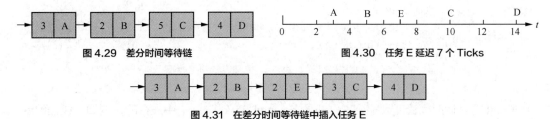

图 4.29 差分时间等待链   图 4.30 任务 E 延迟 7 个 Ticks

图 4.31 在差分时间等待链中插入任务 E

差分时间等待链是 RTOS 采用的一种性能优化技术，实现比较简单。aCoral 的 time_delay_deal() 的实现如代码 4.88 所示，L(1) 为获取时间等待链的头部；L(2) 的 list_entry() 为获取时间等待链头节点对应的 TCB 地址（list_entry() 为宏，其用法与 Linux 类似）；L(3) 的断言 ACORAL_ASSERT 用来检查线程 ID 的合法性（调试时使用）；L(4) 对时间等待链头节点对应线程 delay 成员的剩余等待时间进行"减 1"操作；如果头节点线程 delay 成员大于 0（见 L(5)），则退出，否则（delay=0，该线程延迟结束），通过 L(6) 将该线程从时间等待链中删除，并将该线程切换成就绪状态（L(7)，将"ACORAL_THREAD_STATE_DELAY"中的"1"位清零，thread.h(…\1 aCoral\kernel\include\thread.h) 中定义："#define ACORAL_THREAD_STATE_DELAY (1<<(ACORAL_THREAD_STATE_MINI+5))"，"#define ACORAL_THREAD_STATE_MINI 0"）；最后，通过 L(8) 将其挂载到就绪队列中。

代码 4.88 （…\1 aCoral\kernel\src\timer.c）

```
void time_delay_deal(){
    acoral_list_t   *tmp,*tmp1,*head;
    acoral_thread_t *thread;
    head = &time_delay_queue.head;                        L(1)
    if(acoral_list_empty(head))  /*若时间等待链中没有现场线程，则返回*/
        return;
                        /*获取时间等待链头节点对应的 TCB 地址*/  L(2)
    thread=list_entry(head->next,acoral_thread_t,waiting);
    ACORAL_ASSERT(thread,"in time deal");                 L(3)
    thread->delay--;                                      L(4)
    for(tmp=head->next;tmp!=head;){
        thread=list_entry(tmp,acoral_thread_t,waiting);
        ACORAL_ASSERT(thread,"in time deal for");
        if(thread->delay>0)                              L(5)
            break;
        /*防止 add 判断 delay 时取下 thread*/
#ifndef CFG_TickS_PRIVATE
        acoral_spin_lock(&head->lock);
        acoral_spin_lock(&tmp->lock);
#endif
        tmp1=tmp->next;
        acoral_list_del(&thread->waiting);              L(6)
```

```
#ifndef CFG TickS PRIVATE
        acoral_spin_unlock(&tmp->lock);
        acoral_spin_unlock(&head->lock);
#endif
        tmp=tmp1;
        thread->state&=~ACORAL_THREAD_STATE_DELAY;            L(7)
        acoral_rdy_thread(thread);                            L(8)
    }
}
```

aCoral 的其他时间管理大部分工作都是在 acoral_Ticks_entry() 中进行的，例如，线程延迟操作 time_delay_deal()、超时处理 timeout_delay_deal()、与调度策略相关的操作（如时间片轮转调度）。由于篇幅有限，这里不进行详细介绍，留给读者自己分析。

4.5 本章小结

本章详细讨论了开源嵌入式实时操作系统 aCoral 的设计和实现。以用 C 语言和数据结构描述线程、线程进入就绪队列、对就绪队列进行调度、触发操作系统运行和调度的机制（中断和时钟）为主线，介绍 aCoral 详细的工程实现。本章为四轴飞行器运行支撑平台的设计和构建奠定了基础，也为四轴飞行器应用子系统的设计做了铺垫。在该部分，读者可以根据本章的思路自己设计和实现能支持四轴飞行器的嵌入式实时操作系统，也可对 aCoral 的硬件相关部分（CPU 启动、系统中断、时钟、上下文切换、输入输出设备驱动等方面）进行修改和优化，将其移植在自己设计的四轴飞行器硬件子系统（第 6 章和第 7 章）之上，作为其运行支撑平台。

习题 4

1. 进程和线程的区别是什么？
2. aCoral 优先级通过什么方式定义？aCoral 优先级的表示与 uc/OS II 中的有什么不同？
3. 什么是调度机制？什么是调度策略？
4. 如果开放人员要扩展新的调度策略，aCoral 怎么实现？如何在系统中注册新扩展的调度策略？
5. 详细叙述 aCoral 对 Arm9 Mini2440 堆栈初始化的过程。
6. 请叙述 RTOS 如何创建一个任务。结合一个开源 aCoral，给出 aCoralS 创建任务的流程图，并对其 TCB 初始化进行详细解释。
7. 什么是任务切换？任务切换通常在什么时候进行？任务切换的主要内容是什么？请提供 aCoral 在 Arm9 Mini2440 上任务切换的代码并进行解释。
8. aCoral 什么时候会触发内核调度程序 acoral_sched() 的执行？acoral_sched() 是如何调度任务的？
9. aCoral 的 HAL_CONTEXT_SWITCH 与 HAL_INTR_CTX_SWITCH 有什么区别？分别在什么情况下调用？

10. 结合代码 4.89，说明 HAL_INTR_ENTRY 在中断响应过程中的作用。它是如何区分不同中断源的？该函数在执行过程中进行了几次模式切换？为什么要进行切换？

代码 4.89   IRQ 公共入口函数

```
stmfd     sp!, {r0-r12,lr}
mrs       r1,  spsr
stmfd     sp!, {r1}
msr       cpsr_c, #SVCMODE|NOIRQ
stmfd     sp!, {lr}
ldr       r0,  =INTOFFSET
ldr       r0,  [r0]
mov       lr,  pc
ldr       pc,  =hal_all_entry
ldmfd     sp!, {lr}
msr       cpsr_c,#IRQMODE|NOINT
ldmfd     sp!,  {r0}
msr       spsr_cxsf,r0
ldmfd     sp!,{r0-r12,lr}
subs      pc,lr,#4
```

11. aCoral 是如何从就绪队列中找到最高优先级任务的？请结合代码对查找过程进行深入剖析。

12. aCoral 硬件抽象层的中断号与内核层的中断号有什么不同？为什么会有不同？内核如何实现硬件抽象层中断号到内核层中断号的映射？

13. 简单叙述 aCoral 在 Arm9 Mini2440 上的中断响应流程，重点对中断响应过程中的 acoral_intr_entry() 函数进行说明。

14. aCoral 的第二级内存管理机制采用什么方式？资源池控制块、资源池、资源对象之间的关系是什么？资源池控制块如何定义？当 aCoral 要为用户分配一个线程控制块时，如何通过资源池控制块找到空闲的内存单元？

15. 互斥量和信号量的区别是什么？它们可分别用在哪些情况下？

第四部分

设计一个具备基本飞行功能的
四轴飞行器

第 1~4 章由浅入深、由易到难、循序渐进地讨论了如何设计一个具有轮询结构的嵌入式系统和具有前后台系统的嵌入式系统,进而讨论了多任务实时操作系统内核关键部分的设计和实现。此外,读者可以通过"Arm 处理器及应用"和"嵌入式操作系统"课程的学习与工程实践,掌握如何根据用户需求对嵌入式系统量体裁衣,选择适当规模的嵌入式方案来完成系统设计与实现。

为了培养读者的系统工程能力和交叉复合能力,本部分(第 5~8 章)将进一步讨论一个更加完善、复杂度更高的嵌入式系统的设计与实现:基于多任务实时操作系统的四轴飞行器。

这部分内容也对应于前言中提到的:进阶式挑战性项目Ⅰ/Ⅱ/Ⅲ。如前言中图 1 所示,在 3 个学期完成 3 个阶段的学习和设计。多数高校的计算机、软件工程、电子工程及自动化等专业均设置了图 1 中的绝大部分课程,这些课程是进阶式挑战性项目模式的基础。在进阶式挑战性项目模式下,需要学生在不同阶段综合应用该阶段所学课程知识,并通过实践来融会贯通。如果某些课程不在所学专业的课程体系中,也不会太影响整个学习计划和项目实施,因为在该过程中,可以通过观看 MOOC 等自学方式掌握相关内容,再进行实践,这是进阶式挑战性项目模式倡导的,也是形成多学科知识交叉复合能力必需的。

05

chapter

四轴飞行器飞行基本原理

5.0 综述

顾名思义，四轴飞行器（quadrotor）就是具有 4 个轴机体结构的飞行器。提到四轴飞行器，就不得不提及多轴飞行器（multirotor），多轴飞行器是一种具有两个以上旋翼轴的旋翼航空器。它与通常的直升机不同。通常的直升机具有两个旋翼，主旋翼负责产生升力，同时产生强大的扭力；副旋翼位于尾部，用于平衡主旋翼产生的扭矩，控制飞机旋转。而多轴飞行器具有成对的旋翼，旋翼一般大小相同，每对旋翼的旋转方向相反，用于抵消扭矩。多轴飞行器的旋翼一般由电动机驱动，考虑寿命和功率问题，一般使用直流无刷电动机（brushless direct current motor，BLDC），并使用大功率的动力电池供电。多轴飞行器容易制造和控制，所以常用来制作模型和遥控飞行器。常见的有四轴、六轴、八轴飞行器。它的体积小、重量轻，因此携带方便，能轻易进入人不易进入的各种恶劣环境。发展到如今，多轴飞行器已可执行航拍电影取景、实时监控、地形勘探等飞行任务。

5.1 四轴飞行器机体结构

四轴飞行器总体布局呈十字交叉型，属于非共轴式碟形飞行器，如图 5.1 所示。和常规的旋翼式飞行器不同，四轴飞行器不用添加反扭矩桨就能抵消每只旋翼的反扭矩。其机械结构更为紧凑，旋翼的利用效率也更高。四轴飞行器的骨架仅由安装电机的支臂和固定 4 根支臂的核心板组成，有时候还会在机体上安装起落架以便降落。

四轴飞行器需要 4 只旋翼用于产生升力。旋翼为固定式非变距桨，两对旋翼参数相同，桨距方向相反，可直接连接或通过齿轮箱连接到驱动电机。电机和旋翼可以按对角线划分为两组，每组电机和旋翼位于同一对角线上，同组旋翼的桨距方向相同，运转方向相同，产生同方向的扭矩；异组旋

图 5.1 大疆 Matrice 100 四轴飞行器

翼的桨距方向不同，运转方向相异，产生的扭矩方向相异；两组旋翼产生的扭矩相互抵消，用于平衡飞行器。理想状况下，当 4 只旋翼产生的升力、扭矩大小相同时，飞行器便可平稳起飞。

在飞行过程中，机体上需安装一个嵌入式系统进行稳定控制。对于一个功能单一的四轴飞行器而言，只需一个单片机级别的嵌入式系统就足够了，本方案采用的是基于 Arm Cortex-M4内核的 STM32F4 嵌入式系统，详细内容将在第 6～8 章介绍。

5.2 四轴飞行器飞行模式

根据飞行时前进方式的不同，四轴飞行器的飞行模式可分为十字飞行模式和 X 字飞行模式，分别如图 5.2 和图 5.3 所示，飞行模式可以通过软件设置来实现，两种飞行模式下都是相对的两个电机（motor）同向旋转，相邻的两个电机反向旋转，即 Motor1 与 Motor3 顺时针旋转，Motor2 与 Motor4 逆时针旋转。相对而言，X 字飞行模式下四轴的飞行动作更为灵活，但

也相对更不易控制。而十字飞行模式下，虽然四轴的灵活性会略受影响，但飞行姿态相对稳定，更易于控制。因此本书将在十字飞行模式下对四轴飞行器的控制系统进行研究。

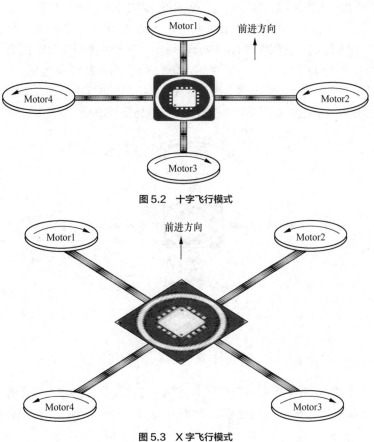

图 5.2　十字飞行模式

图 5.3　X 字飞行模式

　　为了进一步理解四轴飞行器的飞行模式，我们以十字飞行模式为例展开说明。如图 5.2 所示，把 4 个电机按顺时针方向编号为 Motor1、Motor2、Motor3、Motor4，电机 Motor1、Motor3 编为第 1 组，电机 Motor2、Motor4 编为第 2 组，下面来讨论飞行器的各个飞行状态。

5.2.1　悬停、上升、下降

　　悬停、上升、下降的英文单词分别为 Hover、Up、Down。如图 5.2 所示，当控制器使得 Motor1、Motor2、Motor3、Motor4 的转速增大时，升力增大，足以与飞行器受到的重力相抵消时便可起飞。如果升力继续增大，飞行器将获得向上的加速度，飞行器上升；当升力与飞行器受到的重力平衡时，飞行器可悬停或匀速上升/下降；当升力小于飞行器受到的重力时，飞行器将向下加速。在上升、悬停、降落过程中，控制器高速地发出指令，动态控制各个旋翼的转速，使得各旋翼提供的升力大小相近，飞行器保持水平状态；控制器还必须使得 2 组电机产生的扭矩相互抵消，这样飞行器才不会绕自身轴线旋转。

5.2.2　俯仰

　　俯仰的英文单词为 Pitch。如图 5.4 所示，当第 2 组电机转速保持不变，Motor3 转速减小，

Motor1 转速增大时（此过程中，第 1 组电机产生的扭矩仍然与第 2 组电机产生的扭矩相同），飞行器将绕 Motor2 和 Motor4 的连接线旋转。由于飞行器倾斜，产生的升力仅是旋翼拉力的一个分量，将小于重力，为维持飞行器的高度，必须提升各旋翼的转速，使得升力与重力重新平衡，此过程中仍然需要保持 2 组电机的扭矩相抵消，否则飞行器将绕与自身平面垂直的轴线旋转。由于做俯仰运动时，飞行器将获得向前或向后的力，飞行器将做向前或向后的加速运动（平飞）；当飞行器平飞受到的阻力与平飞的拉力平衡时，飞行器将做匀速直线运动。故根据飞行器俯仰倾斜的角度不同，可以获得不同的最大速度。但是，此过程中必须保持旋翼提供的拉力在重力方向上的分力与重力平衡，否则飞行器将不能保持原有高度，会坠毁。

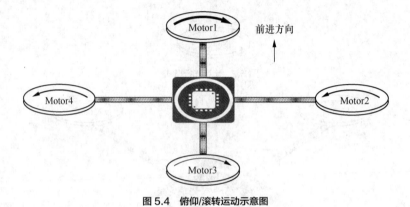

图 5.4　俯仰/滚转运动示意图

5.2.3　滚转

滚转的英文单词为 Roll，滚转运动与俯仰运动类似，只是需要把 2 组电机的控制方式对调。滚转运动和俯仰运动可以"叠加"，根据叠加的量不同，可以做不同半径的绕圈运动或圆锥运动。

5.2.4　偏航

偏航的英文单词为 Yaw，偏航是一个特殊的运动。下面考虑飞行器悬停时的情况。悬停时，4 只旋翼提供的总的升力与重力平衡，对角线上的旋翼提供的升力大小相同，飞行器不会做俯仰或滚转运动，2 组电机产生的扭矩大小相同，方向相反，飞行器总体的扭矩为 0。为使飞行器绕着与自身平面垂直的轴旋转，飞行器总体必须有扭矩存在，此扭矩由 2 组电机产生的扭矩差提供。如图 5.5 所示，当第 1 组电机的转速减小，第 2 组电机的转速增大时，第 1 组电机与第 2 组电机间产生了扭矩差，飞行器绕自身中轴旋转，即偏航运动。在此过程中为保持飞行器总的升力与重力平衡，控制器将使 2 组旋翼产生的升力维持不变。

总而言之，四轴飞行器飞行过程中的状态及对其的控制可以通过悬停、上升、下降、俯仰-滚转-偏航（Pitch-Roll-Yaw）来描述。根据线性代数与空间解析几何学的知识可知，"俯仰-滚转-偏航"是一种欧拉角的描述形式，这里用欧拉角来描述四轴飞行器飞行过程中的位姿（包括位置与姿态，英文用 Pose 表示），因为这样比较直观和易于想象。飞行过程中，嵌入式系统通过传感器来实时获取其飞行位姿（俯仰-滚转-偏航），获取俯仰-滚转-偏航各参数的过程被称为姿态解算；完成姿态解算后，再对 4 个电机的旋转进行实时控制，以确保飞行器稳定飞行。当然，飞行器的飞行位姿除了用欧拉角来描述以外，还有其他的数学描述方法，相关内容将在 5.4 节进行详细描述，这里只是为了让读者先大致理解一下四轴飞行器的飞行模式。

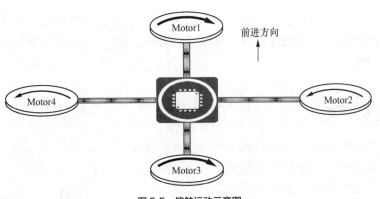

图 5.5　偏航运动示意图

5.2.5　四轴飞行器设计的关键点

即使设计一个仅完成基本飞行功能的四轴飞行器,也要设计一个完整和完善的系统。麻雀虽小五脏俱全,这个系统的边界不仅是一个嵌入式系统,还包括机械系统、动力系统等。因此,要让一个四轴飞行器稳定地飞行和控制,必须要掌握除计算机、软件工程专业以外的知识,例如,机电一体化、自动化、空气动力、线性代数、空间解析几何等。还必须对这些知识进行融会贯通,才能设计出真正满足四轴飞行器需要的系统。这一点是时代和产业发展的需要,也是符合新工科教育教学培养理念的:让学生具有交叉复合、跨界融合能力。四轴飞行器作为一个复杂系统,在设计过程中,除了嵌入式系统本身以外,还需要考虑哪些跨专业的问题呢?要解决什么关键问题呢?

(1)四轴飞行器的机械结构决定了它可以通过改变旋翼转速的方法来实现位姿变化和位移。但为了保证四轴飞行器平稳飞行,在改变四轴旋翼转速时,总的旋转力矩必须保持恒定。

(2)四轴飞行器具有高度耦合的动态特性:一个输入量的改变会影响至少 3 个自由度方向上的运动。以图 5.2 为例,假设电机 Motor1 所在轴指向四轴飞行器的前进方向,只增加 Motor4 的转速时,四轴飞行器左右两翼的升力失衡,会直接导致四轴飞行器进行横滚运动,横滚运动又会引起四轴飞行器向右的位移,因为此时 4 只旋翼的合力指向了四轴飞行器的左下方,Motor4 速度的变化还会引起 4 只旋翼转动惯量的不平衡,导致四轴飞行器的航向发生变化。

(3)为方便设计四轴飞行器控制系统,需要对其建立准确的数学模型。但是,在飞行过程中,由于四轴飞行器机身较小,容易受外部不稳定气流等因素干扰,想要建立精确的空气动力学模型比较困难。此外,四轴飞行器所使用的螺旋桨大多是塑料材质,质量相对较轻、在飞行过程中易发生形变,难以获得精确的空气动力参数,这也在一定程度上影响了数学模型的建立。因此,四轴飞行器与常规飞行器的空气动力特性有较大差别,根据现有理论难以精确建立其空气动力学模型。

(4)四轴飞行器飞行的数学模型是一个包含 6 个自由度的欠驱动系统,具有非线性、强耦合及易受干扰等特点,加上无法准确建立四轴飞行器动力学模型,增加了飞行控制器的设计难度。位姿控制是四轴飞行控制的关键,因为四轴飞行器的位置变化受位姿变化的直接影响。许多研究工作都围绕位姿控制器的设计与验证展开,这也是四轴飞行器设计的一个关键技术。

如果你是计算机专业或者软件专业的学生,当看完以上几点之后,你可能会觉得脑袋"一团浆糊",完全是蒙的。这很正常,因为在你过去的学习中建立起来的知识体系,是缺失机电一体化、自动化、空气动力学这些内容的。但是,如果要设计和实现一个像四轴飞行器这样的能稳定飞行的系统，就必须首先走出自己的舒适区①，然后通过各种可能的方式完善自己的知识体系，补充并融会贯通上述知识。只有这样，才能逐渐培养交叉复合、跨界融合的能力，才能跟上时代的步伐。

5.3 飞行控制

本书第四部分描述的是一个能完成基本飞行功能的四轴飞行器设计。这需要一个遥控器来确定其飞行轨迹。而对于一个能自主飞行的四轴飞行器而言，理想情况下是不需要遥控器的。因为它可通过高级的传感器，如双目摄像头、全球定位系统（global positioning system，GPS）、IMU 等，以及智能算法来自动确定飞行轨迹，并能自动躲避障碍物。自主飞行的四轴飞行器是一个更加复杂、更加综合的系统，我们需要进一步走出自己的舒适区。关于它的设计和实现，本书将在第五部分详细介绍。

回过头继续分析完成基本飞行功能的四轴飞行器，它通过控制 4 个电机的转速来控制四轴的位姿和位移。那是谁来确定飞行的位姿和位移呢？是遥控器，如图 5.6 所示。

在某个特定时刻，飞行器处在某个飞行

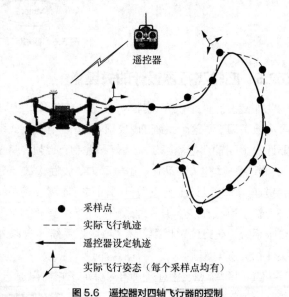

- ● 采样点
- - - - - 实际飞行轨迹
- ← 遥控器设定轨迹
- ↗ 实际飞行姿态（每个采样点均有）

图 5.6　遥控器对四轴飞行器的控制

状态：包括位姿"俯仰-滚转-偏航"和位移。其当前值可以通过飞行器上的位姿传感器来周期性地获取，并由飞行控制嵌入式系统进行解析，该过程称为姿态解算，如图 5.7 所示。这里的周期就是系统的采样周期（其大小可以由软件设定），每次采样的时刻称为采样点。如果想让四轴飞行器飞到下一个位置（称为设定值，set-point），就需要通过遥控器发出新的位姿和位移命令。飞行器上的飞行控制系统接收到新的位姿和位移改变量以后，发送相应指令给 4 个电机，根据四轴飞行器的飞行原理（见 5.2 节）确定各自旋转方向与位移。如果下一个采样点再次通过传感器获取到新的位姿和位移，而这次的位姿和位移与遥控器设定的位姿和位移有偏差，如图 5.7 所示，系统会再次发送调整指令给 4 个电机进行相应调整。这个过程不断重复地进行，直到四轴飞行器稳定地到达设定值，这就是一个典型的反馈控制系统（feed-back control system）。5.2.5 小节已提过，要确保四轴飞行器稳定飞行，不是一件容易的事情。反馈控制过程中，每次调整多少，每隔多长时间调整一次，都需要经过数学分析和大量试验来确定。此外，还必须分析影响系统稳定性的因素，掌握自动控制原理，灵活应用反馈控制算法，理论联系实际，不断试验，才能确保调整过程不会出现抖动，换句话说，才能确保系统的稳定性。关于反馈控制，如果学生要深入掌握，建议比较系统地学习自动控制基本原理[73][74][77]，这也是走出自己舒适区的一种体现和体验。

---

① 舒适区，又称为心理舒适区，英文为 comfort zone，指的是一个人所表现的心理状态和习惯性的行为模式，人会在这种状态或模式中感到舒适。心理学研究表明，沉溺于舒适区的人，对现状有一定的满意度，既没有强烈的改变欲望，也不会主动地付出太多的努力——源于百度百科。

嵌入式系统设计——基于 Arm 处理器的进阶式项目实战

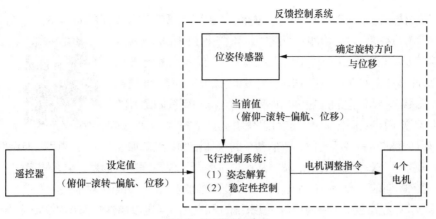

图 5.7　飞行控制示意图

5.3.1　遥控器发送控制命令

用于发送四轴飞行器位姿和位移的遥控器种类很多，图 5.8 所示的遥控器是其中的一种，主要包括左操控杆和右操控杆，左操控杆包含副翼操控杆和升降操控杆，分别为通道 CH1 和通道 CH2，右操控杆包含油门操控杆和方向操控杆，分别为通道 CH3 和通道 CH4。

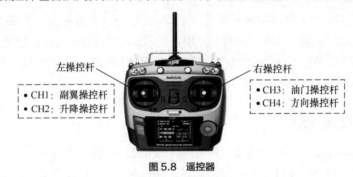

图 5.8　遥控器

- 当副翼操控杆拨至右边时，右副翼抬升，左副翼下沉，飞行器倾向右边；当副翼操控杆拨至左边时，副翼向相反方向动作，飞行器倾向左边；当需要水平平衡飞行时，副翼操控杆需要按照飞行器倾斜方向反向动作再回至中心位置。
- 当升降操控杆往后拉时，尾舱抬升，机尾下沉，飞行器爬升；当往前推升降操控杆时，则操控结果相反。
- 当油门操控杆往后拉时，电机变为低速；当油门操控杆往前推时，电机变为高速。
- 当方向操控杆推至右边时，飞行器向右转；当方向杆推至左边时，飞行器向左转。

读者可以把这 4 个通道的操控与飞行器的飞行模式、欧拉角联系起来，就能明白遥控器是如何发送位姿和位移命令给四轴飞行器以控制其飞行的。

5.3.2　姿态传感器确定位姿

四轴飞行器位姿是通过姿态传感器实时获取的，姿态传感器基于惯性导航系统（inertial navigation system，INS）原理设计。INS 是一个自主导航系统，使用加速计和陀螺仪来测量物体的加速度和角速度，并用计算机来连续估算运动物体位姿和速度。它不需要外部参考系，常常被用在飞机、潜艇、导弹和各种航天器上。

一些姿态传感器集成了加速度计、陀螺仪、磁力计，如图 5.9 所示的 GY-86，它通过检测系统的加速度和角速度，可以检测飞行器的位置变化（向东或向西的运动）、速度变化（速度大小或方向）和位姿变化（绕各个轴旋转）。

图 5.9　GY-86

（1）加速度计在惯性参照系中用于测量系统的加速度，但只能测量相对于系统运动方向的加速度（由于加速度计与系统固定并随系统转动，不知道自身的方向）。这可以想象成一个被蒙上眼睛的乘客在汽车加速时向后挤压座位，汽车刹车时身体前倾，汽车加速上坡时下压座位，汽车越过山顶下坡时从座位上弹起，仅根据这些信息，乘客知道汽车相对自身怎样加速，即向前、向后、向上、向下、向左或向右，但不知道相对地面的方向。

（2）陀螺仪在惯性参照系中用于测量系统的角速度。通过以惯性参照系中系统初始方位作为初始条件，对角速度进行积分，就可以时刻得到系统的当前方向。这可以想象成被蒙上眼睛的乘客坐在汽车中感受汽车左转、右转、上坡、下坡，仅根据这些信息可知道汽车朝哪里开，但不知道汽车是快、是慢或汽车是否开向路边。

（3）惯性导航系统传感器的小误差会随时间累积成大误差，其误差大体上与时间成正比，因此需要不断修正，现代惯性导航系统使用磁力计对其进行修正，采取控制论原理对不同信号进行权级过滤，保证惯性导航系统的精度及可靠性。因此，一些姿态传感器也集成了磁力计。

通过跟踪系统当前角速度及相对于系统运动测量到的当前加速度，就可以确定参照系中系统当前加速度。以起始速度作为初始条件，应用正确的运动学方程，对惯性加速度进行积分就可得到系统惯性速度，然后以起始位置作为初始条件再次积分就可得到惯性位置，即俯仰-滚转-偏航。该过程就是姿态解算，将在 5.4 节和 5.5 节详细讨论。

5.3.3　飞行的反馈控制

在完成姿态解算后，需要一个能避免系统抖动的反馈控制模型来确保飞行的稳定性。建立反馈控制模型考虑的因素比较多，有的模型简单，有的模型复杂；有的完备，有的欠完备；有的稳定性好，有的稳定性稍差。这项工作和系统的软硬件环境有关，也和系统的性能要求有关，例如，实时性精度和稳定性精度等。本小节介绍其中一种反馈控制模型，该模型将飞行控制系统划分为角运动和位移运动两个子系统分别进行控制，如图 5.10 所示。在实际控制过程中，因为位移运动子系统会受到角运动子系统的影响，而角运动子系统不受位移运动子系统的影响，所以在设计四轴的飞行控制系统时，应先考虑位姿控制，再考虑位移控制。

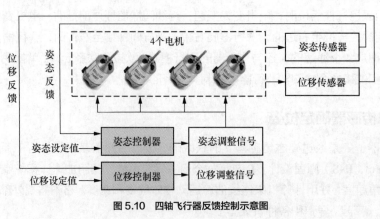

图 5.10　四轴飞行器反馈控制示意图

该反馈控制系统采用闭环控制，包含两个控制回路：一个是控制四轴飞行位姿的位姿控制回路，另一个是控制飞行位移的位移控制回路。由于位移控制回路运动速度相对较慢，且会受到位姿控制回路的影响，而位姿控制回路不受位移控制回路的影响，运动速度快，因此可将位姿控制回路作为内控制回路，位移控制回路作为外控制回路。

位移控制回路可使四轴飞行器实现定点悬停或沿着某个规划的路径飞行；位姿控制回路可实现四轴飞行器稳定的飞行位姿，由位姿传感器采样数据与遥控器控制命令偏差来产生控制信号。在两个控制回路共同产生的控制信号作用下，通过电机实时控制 4 个旋翼的转速，使四轴飞行器能够按照控制信号的要求实现悬停及各种飞行姿态。

图 5.10 中有两个控制器，分别是位姿控制器和位移控制器，在设计控制器时，通常采用基于偏差的比例-积分-微分（proportional-integral-differential，PID）控制。PID 控制器原理简单，具有鲁棒性好、适用范围广等特点，参数易调节，在自动化控制领域中得到了广泛的应用。PID 控制器是一种负反馈闭环控制器，通过调整 K_p、K_i、K_d 等参数使自动控制系统输出的动态响应满足想要达到的性能指标。关于四轴飞行器的反馈控制设计与实现将在 5.6 节详细讨论，这里只是让读者对四轴飞行器的飞行原理有个总体认识。

5.4 用数学描述飞行器位姿与运动

5.3.2 小节介绍了用姿态传感器（如 GY-86）确定飞行器的位姿，这个过程实际要更复杂些。因为传感器是一种嵌入式系统的输入输出设备，是一种硬件，它本身只会产生一连串二进制的数据，不能直接得到飞行器的位姿。因此，首先需要灵活应用计算机组成原理、汇编语言与接口技术、Arm 处理器及应用等课程的知识，编写姿态传感器的驱动程序，去周期性地读取传感器的数据并进行解析，获得原始的俯仰-滚转-偏航的加速度、角速度，再利用线性代数和空间解析几何学的知识去描述飞行器的位姿与运动。当漂亮地完成这项工作时，你会发现以前学的线性代数是多么有用！而这也是形成融会贯通能力、交叉复合能力的重要步骤。

5.4.1 刚体在三维空间中的运动

刚体是指在运动中和受力作用后，形状和大小不变，而且内部各点的相对位置不变的物体。绝对刚体是不存在的，只是一种理想化的模型，因为任何物体在受力作用后，都或多或少会变形。如果变形程度相对于物体本身几何尺寸而言忽略不计，在研究物体运动时变形就可以忽略不计。因此，研究物体在三维空间中的运动时，通常用"刚体"这个概念，而四轴飞行器就可以被近似认为是刚体。

根据空间解析几何学的知识，刚体在三维空间中的一次运动可以通过一次平移加上一次旋转来描述。平移相对比较简单，容易通过数学来描述，但旋转就比较麻烦，需要通过旋转矩阵、四元数、欧拉角等来描述，并且在实际系统实现时还需要进行转换。

5.4.2 向量的旋转

如何通过数学语言来描述刚体的旋转呢？为了让读者便于理解，我们由浅入深，循序渐进，先理解向量的旋转。在讨论向量的旋转之前，有必要回顾一下线性代数与空间解析几何学中的基本概念：三维空间、坐标系、点、向量等。三维空间由 3 个轴组成，所以一个空间点的位置可以由 3 个坐标指定。作为四轴飞行器的刚体，其不光有位置，还有自身的姿态，因此位置是指刚体在空间中的哪个地方，而姿态是刚体的朝向，结合起来，可以这样描述：四轴飞行器处于三维空间点(1,5,3)处，朝向正前方，但是这样描述比较麻烦，嵌入式系统也理解不了，这就需要用数学语言来表达。

从线性代数最基本的内容即点和向量开始。点容易理解，那向量是什么呢？它是线性空间中的一个元素，是从坐标原点指向某处的一个箭头。需要注意的是，只有当指定了一个三维空间中的某个坐标系 $\mathbb{R}^3$ 时，才可以谈论某个向量 a 在该坐标系 $\mathbb{R}^3$ 中的坐标。换句话说，某个向量 a 可以存在于不同的坐标系中，坐标系不同，其相应的坐标就不同。那如何表示"确定一个坐标"呢？可以用线性空间的基(e_1,e_2,e_3)。如果我们确定了一个坐标系，也就是确定了一个线性空间的基，就可以谈论向量 a 在这组基下的坐标了，这样，向量 a 可以由公式（5.1）表示。因此，向量 a 的坐标值与向量本身和坐标系的选取有关，坐标系通常由 3 个正交的坐标轴组成。

$$a = \begin{bmatrix} e_1, & e_2, & e_3 \end{bmatrix} \begin{bmatrix} a_1 \\ a_2 \\ a_3 \end{bmatrix} = a_1 e_1 + a_2 e_2 + a_3 e_3 \qquad （5.1）$$

根据线性代数知识，向量有一组基本运算法则，例如，加法、减法、内积、外积等，与本小节内容相关的有内积和外积。对于向量 $a, b \in \mathbb{R}^3$，内积用公式（5.2）表示，其几何意义是一个向量与其在另一个向量上的投影的积。

$$a \cdot b = a^{\mathrm{T}} b = \sum_{i=1}^{3} a_i b_i = |a||b| \cos<a, b> \qquad （5.2）$$

外积用公式（5.3）表示，外积的方向垂直于这两个向量，大小为 $|a||b|\sin<a,b>$，是两个向量构成的四边形的有向面积。对于外积，可以把 a 写成一个矩阵，如公式（5.3）所示，事实上是一个反对称矩阵，这里的符号 $\wedge$ 表示反对称。

$$a \times b = \begin{bmatrix} i & j & k \\ a_1 & a_2 & a_3 \\ b_1 & b_2 & b_3 \end{bmatrix} = \begin{bmatrix} a_2 b_3 - a_3 b_2 \\ a_3 b_1 - a_1 b_3 \\ a_1 b_2 - a_2 b_1 \end{bmatrix} = \begin{bmatrix} 0 & -a_3 & a_2 \\ a_3 & 0 & -a_1 \\ -a_2 & a_1 & 0 \end{bmatrix} b \triangleq a \wedge b \qquad （5.3）$$

向量的外积可以表示向量的旋转，考虑两个不平行的向量 a、b，如图 5.11 所示，a 到 b 是如何旋转的呢？我们可以用一个向量 r 来描述三维空间中两个向量的旋转关系。根据右手法则，令右手的 4 个指头从 a 转向 b，大拇指朝向就是选择向量 r 的方向，事实上也是 $a \times b$ 的方向，其大小由 a 和 b 的夹角决定（$|a||b|\sin<a,b>$）。通过这种方式，可以构造从 a 到 b 的一个旋转向量 r，这个向量同样位于该三维空间。

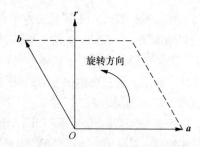

图 5.11　a 到 b 的旋转与旋转向量 r

5.4.3　用变换矩阵描述三维刚体旋转与位移

在 5.4.2 小节中，用一个向量描述三维空间中两个向量的旋转关系，那么如何描述一个刚体的旋转呢？我们可以通过描述坐标系的旋转来描述。因为四轴飞行器作为一个刚体，可以以质点为原点建立一个坐标系，所以刚体的旋转就等同于该坐标系的旋转。

刚体运动过程中，通常的做法是假设一个惯性坐标系，或者世界坐标系，可以认为它是固定不动的，如图 5.12 所示，x_W-y_W-z_W 构成的坐标系。与此同时，刚体本身有一个以自己的质点为原点建立的一个坐标系，如图 5.12 中的 x_C-y_C-z_C。接下来，假设在刚体坐标系下观察到的某一个点 P，其坐标值为 p_C，而在世界坐标系下看，它的坐标值是 p_W。换句话说，同一个空间中的观测点，在不同坐标系下的坐标值是不一样的，如果坐标系的原点就是刚体的质点，则不同坐标系就代表了刚体在不同时刻的位姿，也表示了从一个时刻到另一个时刻的一次运动：旋转+位移。

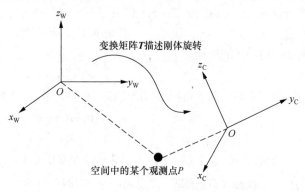

图 5.12　刚体旋转与坐标变换

图 5.12 中，P 在刚体坐标系和世界坐标系中的坐标值是如何转换的呢？此时，需要先得到该点相对刚体坐标系的坐标值（可以通过姿态传感器与解析几何学的知识计算后得到），再根据刚体位姿变换模型转换到世界坐标系中，这个转换关系由一个矩阵 T 来描述（见图 5.12）。现在想象把一个刚体（例如一个魔方）抛到空中，在它落地之前，只可能会有位姿（空间位置和姿态）的不同，而魔方自己的大小、各个面的角度等性质不会有任何变化，这就是刚体的运动性质。它保证了刚体中同一个点对应的向量在各个坐标系下的长度和夹角都不会发生变化，这种变换称为欧氏变换。欧氏变换体现了刚体的运动，由一个旋转和一个位移两部分组成。

首先只分析旋转。假设某个单位正交基 (e_1, e_2, e_3) 经过一次旋转（注意这里只有旋转，没有位移）变成了 (e_1', e_2', e_3')，则对于同一个向量 a（注意该向量并没有随着坐标系旋转而发生变化），它在两个坐标系下的坐标分别为 $[a_1, a_2, a_3]^T$ 和 $[a_1', a_2', a_3']^T$，根据坐标的定义，则

$$[e_1, e_2, e_3]\begin{bmatrix} a_1 \\ a_2 \\ a_3 \end{bmatrix} = [e_1', e_2', e_3']\begin{bmatrix} a_1' \\ a_2' \\ a_3' \end{bmatrix} \tag{5.4}$$

为了描述两个向量之间的关系，在等式（5.4）的左右两边同时乘 $\begin{bmatrix} e_1^T \\ e_2^T \\ e_3^T \end{bmatrix}$，则等式左边的系数就变成了单位矩阵，因此

$$\begin{bmatrix} a_1 \\ a_2 \\ a_3 \end{bmatrix} = \begin{bmatrix} e_1^T e_1' & e_1^T e_2' & e_1^T e_3' \\ e_2^T e_1' & e_2^T e_2' & e_2^T e_3' \\ e_3^T e_1' & e_3^T e_2' & e_3^T e_3' \end{bmatrix}\begin{bmatrix} a_1' \\ a_2' \\ a_3' \end{bmatrix} \triangleq Ra' \tag{5.5}$$

把公式（5.5）中间的矩阵单独提出来，定义成一个矩阵 R。该矩阵由两组基的内积组成，描述了旋转前后同一个向量的坐标变换关系，只要旋转是一样的，那么这个矩阵也是一样的。因此，矩阵 R 体现了旋转本身，被称为旋转矩阵，通过旋转矩阵就可以讨论两个坐标系之间的旋转变换，也就是说旋转矩阵可以用于描述刚体的旋转运动。此外，因为旋转矩阵为正交矩阵，其逆矩阵体现了反向旋转，这样，可得到公式（5.6），其中，R^T 描述了一个反向旋转。

$$a' = R^{-1}a = R^T a \tag{5.6}$$

前面提到，在欧氏变换中，一个刚体的运动除了旋转之外，还有平移。考虑世界坐标系中的向量 a，经过一次旋转（用 R 表示）和一次平移（用 t 表示）后，得到了 a'，则把旋转和平移一起考虑，可得到公式（5.7）。相对于旋转，平移只需把平移向量加到旋转之后的坐标上。通过公式（5.7），就可以用一个旋转矩阵 R 和平移向量 t 来描述一个欧氏空间的坐标变换，或者描述刚体的运动。

$$a' = Ra + t \tag{5.7}$$

进一步地，刚体进行了两次变换，分别为 R_1, t_1 和 R_2, t_2，则

$$b = R_1 a + t_1$$
$$c = R_2 b + t_2$$

于是，$c = R_2(R_1 a + t_1) + t_2$。这样经过多次变换后，等式就会显得比较复杂，怎么做简化呢？基于线性代数的知识，可以引入齐次坐标和变换矩阵重写公式（5.7），得到公式（5.8）。这里利用了一个数学技巧：在一个三维向量末尾添加 1，将其变成四维向量，得到一个齐次坐标。通过该四维向量，可以把旋转和平行体现在一个矩阵中，使得整个关系变成线性关系。公式（5.8）中，矩阵 T 称为变换矩阵。

$$\begin{bmatrix} a' \\ 1 \end{bmatrix} = \begin{bmatrix} R & t \\ \mathbf{0}^{\mathrm{T}} & 1 \end{bmatrix} \begin{bmatrix} a' \\ 1 \end{bmatrix} \triangleq T \begin{bmatrix} a' \\ 1 \end{bmatrix} \tag{5.8}$$

5.4.4 用旋转向量描述旋转与平移

5.4.3 小节介绍了如何通过变换矩阵来描述刚体的旋转与位移，变换矩阵描述了 6 个自由度（3 个角度变换+3 个位移变换）的三维刚体运动，看上去已经足够了，但是用线性代数的知识进一步分析刚体的旋转及旋转矩阵 R，发现旋转矩阵存在一些不足，如下。

旋转矩阵 R 有 9 个量，但一次旋转只有 3 个自由度，因此，采用这种方式表示旋转存在冗余；同理，变换矩阵 T 用 16 个量表示 6 个自由度的变换，也存在冗余。此外，旋转矩阵必须是一个正交矩阵，去行列式为 1，变换矩阵也是这样，想要估计或者优化一个旋转矩阵或者变换矩阵时，会变得比较困难。有没有更加紧凑的描述刚体旋转与平移的方式呢？

在 5.4.2 小节，我们介绍了用外积表示两个向量的旋转关系。以此类推，对于任意旋转都可以用一个旋转轴和一个旋转角来描述。这样，可以用一个向量，其方向与旋转轴一致，而长度等于旋转角，这个向量称为旋转向量。如此只需要一个三维向量就可表示旋转。同样，对于变换矩阵，可以用一个旋转向量和一个平移向量来表示一次变换。

接下来的问题是：旋转向量和旋转矩阵能否进行转换呢？现假设有一个旋转轴为 n、角度为 θ 的旋转，其对应的旋转向量为 θn，根据罗德里格斯公式（有关罗德里格斯公式的原理及推导请参考线性代数与空间解析几何学的相关资料），可得

$$R = \cos\theta I + (1 - \cos\theta) nn^{\mathrm{T}} + \sin\theta n^{\wedge} \tag{5.9}$$

公式（5.9）中，符号 ∧ 为反对称转换符。也可以计算从一个旋转矩阵到旋转向量的转换，对于旋转角 θ，有

$$\begin{aligned} \mathrm{tr}(R) &= \cos\theta \,\mathrm{tr}(I) + (1 - \cos\theta)\,\mathrm{tr}(nn^{\mathrm{T}}) + \sin\theta \,\mathrm{tr}(n^{\wedge}) \\ &= 3\cos\theta + (1 - \cos\theta) \\ &= 1 + 2\cos\theta \end{aligned} \tag{5.10}$$

因此

$$\theta = \arccos\big((\operatorname{tr}(\boldsymbol{R})-1)/2\big) \tag{5.11}$$

关于转轴 $\boldsymbol{n}$，由于旋转轴上的向量在旋转后不会发生变化，则 $\boldsymbol{Rn}=\boldsymbol{n}$，这样，转轴 $\boldsymbol{n}$ 是旋转矩阵 $\boldsymbol{R}$ 特征值 1 对应的特性向量，求解齐次方程，再归一化，就可得到旋转轴了。

5.4.5　用欧拉角描述旋转

无论是旋转矩阵还是旋转向量，虽然都能描述刚体的旋转，但还不够直观。因为我们难以想象当一个刚体按照旋转矩阵或旋转向量旋转后，其最终的位姿会变成什么样子。那有没有直观的描述旋转的方式呢？有，这就是欧拉角。它使用了 3 个分离的旋转角，将一个旋转分解成 3 次绕不同轴的旋转，这种表述方式很适合用于描述四轴飞行器的运动（位姿变化），读者可参考 5.2 节。我们用俯仰-滚转-偏航来描述四轴飞行器的位姿变化，它等价于欧拉角中 y-x-z 轴的旋转。具体而言，假设四轴飞行器沿着 x 轴的方向往前飞，右侧为 y 轴，向上为 z 轴，如图 5.13 所示，则 y-x-z 转角相当于把任意旋转分解成以下 3 个轴上的旋转角。

（1）绕 y 轴旋转，得到俯仰角 Pitch。

（2）再绕完成上一个旋转后的 x 轴旋转，得到滚转角 Roll。

（3）再绕完成上一个旋转后的 z 轴旋转，得到偏航角 Yaw。

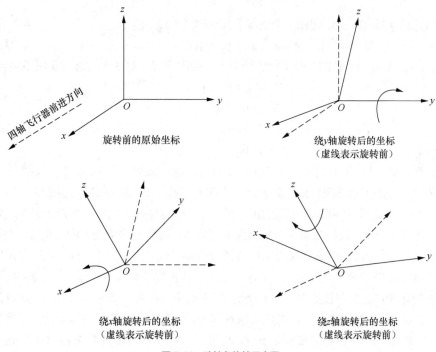

图 5.13　欧拉角旋转示意图

需要说明的是，使用欧拉角来描述运动时，可以选择不同的坐标旋转方向和旋转顺序，图 5.13 只是其中一个例子，按照 y-x-z 轴顺序旋转，用户可以根据实际需要自己确定。欧拉角的一个缺陷是"万向锁"问题。即在俯仰角为 ±90° 时，第一次旋转与第三次旋转将使用同一个轴，这使得系统丢失了一个自由度，这称为奇异性问题。读者可以试试画图理解上述情况，有关万向锁问题，可以查阅参考文献[45]。

5.4.6　用四元数描述旋转

虽然用欧拉角表示旋转可以避免用旋转矩阵表示旋转的冗余性，但是它会引起奇异性，那么有没有一种数学上既能避免冗余，又没有奇异性的表示方式呢？有，答案是四元数。在讨论四元数之前，我们先回顾一下中学阶段学的复数。

我们知道，复平面上的向量可以用复数集表示，根据复数乘法法则：两个复数相乘，积的模等于各个复数的模的积，积的辐角等于各个复数辐角的和。这样，复数的乘法法则可以表示复平面上的旋转，例如，在复平面上某个复向量(1+i)乘上复数 i，其结果为(−1+i)，这相当于把该复向量逆时针旋转 90°。与此类似，当要表示三维空间旋转时，也有一种类似复数的数学形式，这就是四元数，英文名称为 Quaternion。

四元数是由爱尔兰数学家威廉·罗恩·哈密顿（William Rowan Hamilton）在 1843 年提出的，目前被广泛运用于计算机图形学和惯性导航的姿态解算中。四元数可以方便地用于描述刚体的角运动，弥补了通常使用的欧拉角在描述刚体旋转运动时的不足。四元数可以用于描述一个坐标系或者一个矢量相对某一个坐标系的旋转。四元数的标量部分表示转角一半的余弦值，而其矢量部分表示瞬时转轴的方向、瞬时转动轴与参考坐标系轴间的方向余弦值。因此，一个四元数既表示了转轴的方向，又表示了转角的大小，其往往称为转动四元数。四元数是哈密顿找到的一种扩展的复数，用它描述旋转时，既是紧凑的，又没有奇异性，只是没有欧拉角直观。

一个四元数 q 具有一个实部和 3 个虚部，如公式（5.12）所示。

$$q = q_0 + q_1 i + q_2 j + q_3 k \tag{5.12}$$

其中，i、j、k 为四元数的 3 个虚部，根据四元数的定义，这 3 个虚部满足以下关系。

$$\begin{cases} i^2 = j^2 = k^2 = -1 \\ ij = k, \ ji = -k \\ jk = i, \ kj = -i \\ ki = j, \ ik = -j \end{cases} \tag{5.13}$$

四元数和复数一样，可以进行一系列运算，包括加法、减法、乘法、共轭、求模长、求逆、叉乘与点乘等，这里不做详细介绍，如果读者想深入了解细节，请见参考文献[76]。

四元数有 3 个虚部，是考虑到三维空间需要 3 个轴，这样一个虚四元数就可以对应到三维空间中的一个点。同理，我们知道一个模长为 1 的复数可以表示复平面上的纯旋转（没有长度的改变），那么三维空间中的旋转可否用单位四元数表示呢？是可以的。我们也可以用单位四元数表示三维空间中任意一个旋转，只是这种表达方式和复数有些不一样。在复数中，乘 i 相当于逆时针旋转 90°。在四元数中，乘 i 就是绕 i 轴旋转 90° 吗？那么 ij=k 是否意味着先绕 i 轴旋转 90°，再绕 j 轴旋转 90°？如果读者试着画图，会发现实际情况并非如此。正确的情况是，乘 i 对应旋转 180°，这样才能保证 ij=k；此外 $i^2 = -1$ 意味着绕 i 轴旋转 360°。这一部分需要读者比一比画一画，发挥空间想象力，再查看相关参考资料，才能走出自己的舒适区，才能想象四元数的定义和用单位四元数表示旋转之间的关系。总而言之，我们是能够用单位四元数表示三维空间中任意一个旋转的。

用单位四元数表示的旋转，和前面提到的旋转矩阵、旋转向量有什么关系呢？我们先来看旋转向量。如果某个旋转是绕单位向量 $n=(n_x, n_y, n_z)^T$ 进行的角度为 θ 的旋转，如图 5.14 所示（相关内容请参考 5.4.4 小节）。

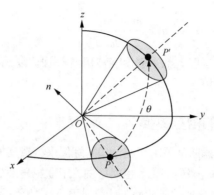

图 5.14　绕单位向量 **n** 的旋转

这个旋转的四元数形式为

$$\boldsymbol{q} = \left(\cos\frac{\theta}{2}, n_x\sin\frac{\theta}{2}, n_y\sin\frac{\theta}{2}, n_z\sin\frac{\theta}{2} \right)^{\mathrm{T}} \tag{5.14}$$

可以从单位四元数中计算出对应旋转轴与夹角，如下

$$\begin{cases} \theta = 2\arccos q_0 \\ (n_x, n_y, n_z)^{\mathrm{T}} = (q_1, q_2, q_3)^{\mathrm{T}} / \sin\frac{\theta}{2} \end{cases} \tag{5.15}$$

这便是旋转向量到四元数的转换关系。

那四元数和旋转向量之间是什么关系呢？在图 5.14 中，当 P 旋转到 P'时，如果用矩阵描述，则 $\boldsymbol{P'}=\boldsymbol{RP}$。如果用四元数描述旋转，它们的关系又如何呢？首先，把三维空间点用虚四元数可描述为 $\boldsymbol{P}=(0,x,y,z)$，这相当于把四元数的 3 个虚部与空间中的 3 个轴对应，再根据公式（5.14），用四元数 $\boldsymbol{q}$ 表示该旋转为 $\boldsymbol{q}=(\cos(\theta/2),\boldsymbol{n}\sin(\theta/2))$。那么旋转后的 $\boldsymbol{P'}$ 可用公式（5.16）来描述。由于四元数详细内容不是本书的重点，所以这几个步骤证明及相关细节在此略去。

$$\boldsymbol{P'} = \boldsymbol{q}\boldsymbol{P}\boldsymbol{q}^{-1} \tag{5.16}$$

根据公式（5.15），我们已经知道从旋转向量到四元数的转换方式。而把四元数转换为旋转矩阵的直观方式是先把四元数 $\boldsymbol{q}$ 转换为轴角 θ 和 $\boldsymbol{n}$，然后根据罗德里格斯公式转换为矩阵，即可得到四元数到旋转矩阵的转换。由于篇幅有限，具体的推导和证明省略。

令四元数 $\boldsymbol{q} = q_0 + q_1\mathrm{i} + q_2\mathrm{j} + q_3\mathrm{k}$，其对应的旋转矩阵 $\boldsymbol{R}$ 为

$$\boldsymbol{R} = \begin{pmatrix} 1-2q_2^2-2q_3^2 & 2q_1q_2-2q_0q_3 & 2q_1q_3+2q_0q_2 \\ 2q_1q_2+2q_0q_3 & 1-2q_1^2-2q_3^2 & 2q_2q_3-2q_0q_1 \\ 2q_1q_3-2q_0q_2 & 2q_2q_3+2q_0q_1 & 1-2q_1^2-2q_2^2 \end{pmatrix} \tag{5.17}$$

由旋转矩阵可计算得到对应的四元数，令矩阵 $\boldsymbol{R}=\{m_{ij}\}$，$i,j \in (1,2,3)$，则其四元数由公式（5.18）～（5.21）表示。

$$q_0 = \frac{\sqrt{\mathrm{tr}(\boldsymbol{R})+1}}{2} \tag{5.18}$$

$$q_1 = \frac{m_{23}-m_{32}}{4q_0} \tag{5.19}$$

$$q_2 = \frac{m_{31}-m_{13}}{4q_0} \tag{5.20}$$

$$q_3 = \frac{m_{12} - m_{21}}{4q_0} \qquad (5.21)$$

由上面的关系可以看出，用四元数来表示旋转和姿态矩阵的运算较为简便，基本由加、减、乘及平方构成，运算量减少很多。

5.4.7 四元数与欧拉角的相互转换

5.3.2 小节提到四轴飞行器通常采用加速计和陀螺仪来测量其加速度和角速度，再通过姿态解算来获得位姿数据：俯仰-滚转-偏航。也就是说，用欧拉角来描述四轴飞行器的旋转与平移；用四元数来描述旋转的运算形式更简单，计算量更小。因此，在系统设计时，我们先获取四轴飞行器的俯仰-滚转-偏航参数，再转换成四元数完成姿态解算，最后转换回俯仰-滚转-偏航，供后面的反馈控制子系统使用。因此我们还需要掌握和应用四元数与欧拉角的相互转换。首先是欧拉角转换为四元数。

根据欧拉角的属性，刚体旋转使用了 3 个分离的转角，将一个旋转分解成 3 次绕不同轴的旋转。先分析刚体绕某个轴 n 的旋转，如图 5.14 所示。设刚体在时间 Δt 内旋转的瞬时角度为 θ，则旋转的角速度为 $\boldsymbol{\omega}$（该角速度可以通过四轴飞行器上的姿态传感器检测到）

$$\boldsymbol{\omega} = \dot{\theta}\boldsymbol{n} \qquad (5.22)$$

则在时间 Δt 内

$$\theta = \boldsymbol{\omega}\Delta t \qquad (5.23)$$

根据公式（5.14），θ 的四元数表示为：

$$\boldsymbol{q} = (q_0, q_1, q_2, q_3)^{\mathrm{T}} = \begin{bmatrix} \cos\left(\dfrac{\theta}{2}\right) \\ \boldsymbol{n}\sin\left(\dfrac{\theta}{2}\right) \end{bmatrix} \qquad (5.24)$$

其约束条件为：

$$q_0^2 + q_1^2 + q_2^2 + q_3^2 = 1 \qquad (5.25)$$

超复数的形式为：

$$\boldsymbol{q} = \cos\left(\frac{\theta}{2}\right) + \mathrm{i}\sin\left(\frac{\theta}{2}\right) + \mathrm{j}\sin\left(\frac{\theta}{2}\right) + \mathrm{k}\sin\left(\frac{\theta}{2}\right) = q_0 + \boldsymbol{n}\sin\left(\frac{\theta}{2}\right) \qquad (5.26)$$

根据公式（5.26）对时间 t 求导，可得

$$\frac{\mathrm{d}\boldsymbol{q}}{\mathrm{d}t} = -\frac{1}{2}\sin\left(\frac{\theta}{2}\right)\frac{\mathrm{d}\theta}{\mathrm{d}t} + \frac{1}{2}\cos\left(\frac{\theta}{2}\right)\frac{\mathrm{d}\theta}{\mathrm{d}t}\boldsymbol{n} + \sin\left(\frac{\theta}{2}\right)\frac{\mathrm{d}\boldsymbol{n}}{\mathrm{d}t} \qquad (5.27)$$

因为旋转轴未发生变化，因此，$\dfrac{\mathrm{d}\boldsymbol{n}}{\mathrm{d}t} = 0$，则

$$\frac{\mathrm{d}\boldsymbol{q}}{\mathrm{d}t} = -\frac{1}{2}\sin\left(\frac{\theta}{2}\right)\frac{\mathrm{d}\theta}{\mathrm{d}t} + \frac{1}{2}\cos\left(\frac{\theta}{2}\right)\frac{\mathrm{d}\theta}{\mathrm{d}t}\boldsymbol{n} \qquad (5.28)$$

即

$$\dot{\boldsymbol{q}} = -\frac{1}{2}\sin\left(\frac{\theta}{2}\right)\frac{\mathrm{d}\theta}{\mathrm{d}t} + \frac{1}{2}\cos\left(\frac{\theta}{2}\right)\frac{\mathrm{d}\theta}{\mathrm{d}t}\boldsymbol{n} \qquad (5.29)$$

因为 $nn = -1$，则

$$
\begin{aligned}
\dot{q} &= -\frac{1}{2}\sin\left(\frac{\theta}{2}\right)\dot{\theta} + \frac{1}{2}\cos\left(\frac{\theta}{2}\right)\dot{\theta}n \\
&= \frac{\dot{\theta}}{2}n\left(\cos\left(\frac{\theta}{2}\right) + \sin\left(\frac{\theta}{2}\right)n\right) \\
&= \frac{1}{2}\omega q
\end{aligned}
\tag{5.30}
$$

由于惯性导航系统的传感器是直接安装在四轴飞行器上的，所以陀螺仪测量得到的角速度是四轴飞行器坐标系的绝对角速度，在姿态解算时，我们需要进行转换。因此公式（5.30）在实际计算时不方便使用，需要进一步变换。根据四元数坐标系旋转性质（详见参考文献[76]），可知

$$
\omega = q^{-1}\omega_{\mathrm{w}} \cdot q = q^* \cdot \omega_{\mathrm{w}} \cdot q
\tag{5.31}
$$

又因为

$$
q \cdot q^* = q^* \cdot q = 1
\tag{5.32}
$$

这里，q^* 为 q 的共轭四元数，$q^* = q_0 - q_1 \mathrm{i} - q_2 \mathrm{j} - q_3 \mathrm{k}$，$\omega_{\mathrm{w}}$ 为该次旋转相对于世界坐标系的角速度。

这样，

$$
\omega_{\mathrm{w}} = q \cdot \omega \cdot q^{-1} = q \cdot \omega \cdot q^*
\tag{5.33}
$$

则

$$
\dot{q} = \frac{1}{2}q \cdot \omega
\tag{5.34}
$$

将公式（5.34）写成矩阵的形式，可得

$$
\begin{bmatrix} \dot{q}_0 \\ \dot{q}_1 \\ \dot{q}_2 \\ \dot{q}_3 \end{bmatrix} = \frac{1}{2}\begin{bmatrix} q_0 & -q_1 & -q_2 & -q_3 \\ q_1 & q_0 & -q_3 & q_2 \\ q_2 & q_3 & q_0 & -q_1 \\ q_3 & -q_2 & q_1 & q_0 \end{bmatrix}\begin{bmatrix} 0 \\ \omega_x \\ \omega_y \\ \omega_z \end{bmatrix}
\tag{5.35}
$$

$$
\begin{bmatrix} \dot{q}_0 \\ \dot{q}_1 \\ \dot{q}_2 \\ \dot{q}_3 \end{bmatrix} = \frac{1}{2}\begin{bmatrix} 0 & -\omega_x & -\omega_y & -\omega_z \\ \omega_x & 0 & \omega_z & -\omega_y \\ \omega_y & -\omega_z & 0 & \omega_x \\ \omega_z & \omega_y & -\omega_x & 0 \end{bmatrix}\begin{bmatrix} q_0 \\ q_1 \\ q_2 \\ q_3 \end{bmatrix}
\tag{5.36}
$$

这里 ω_x、ω_y、ω_z 分别为四轴飞行器刚体坐标系相对于世界坐标系沿各个轴的角速度分量，可直接通过姿态传感器测得。由此，求解一个一阶微分方程便可求得此次旋转对应的四元数 q。此外，在一个由计算机完成处理的系统中，求解一个数学问题通常需要用离散方法，而姿态传感器周期性采集 3 个轴角速度的过程本身就是离散的。因此，求解该一阶微分方程需要离散处理，详情请参考 5.5 节公式（5.44）。

以上是将欧拉角转换为四元数，那如何将四元数转换成欧拉角呢？我们最终是要通过欧拉角来控制 4 个电机的旋转，从而调整四轴飞行器的飞行姿态的。在 5.4.6 小节中，我们已经知道一次旋转中其对应的四元数与旋转矩阵的关系。有了旋转矩阵 R，便可以将四元数转换成欧拉角。这里令旋转矩阵 $R=\{m_{ij}\}$，$i,j \in (1,2,3)$，根据 3 个欧拉角公式（5.37）～（5.39），将 R 相应元素的值代入其中，可得

$$\varphi = \arctan\left(\frac{m(3,2)}{m(3,3)}\right) \tag{5.37}$$

$$\theta = \arcsin(-m(3,1)) \tag{5.38}$$

$$\psi = \arctan\left(\frac{m(2,1)}{m(1,1)}\right) \tag{5.39}$$

这样便可得 3 个欧拉角：俯仰-滚转-偏航（这里假设四轴飞行器沿着 x 轴延伸的方向飞行，如图 5.12 所示），从而得到四轴飞行器的飞行姿态。可以看出，只要计算出四元数 q_0、q_1、q_2、q_3，就能够将其转换成 3 个欧拉角，计算量大大减少。

总结一下，无论是四元数、旋转矩阵还是轴角与欧拉角，都可以用来描述同一个旋转。我们可根据实际应用情况，例如计算资源情况、算法复杂度情况等，选择恰当的形式，而不拘泥于某个特定的形式。另外，上述转换过程将在系统设计与实现部分应用到。这也是为什么在这一部分比较详细地介绍四轴飞行器飞行过程与姿态解算相关的数学基础知识。

5.5 姿态解算

5.3.2 小节提到，四轴飞行器飞行姿态的获取需要用到姿态传感器，姿态传感器是基于惯性导航系统的原理设计的。在飞行器飞行过程中，嵌入式系统从姿态传感器中获取数据，实时解算姿态矩阵，获取飞行的位姿（姿态与位移）信息，该过程称为姿态解算。姿态解算是把各个传感器的数据通过一定的算法进行融合计算，进而得出系统的位姿信息的过程。姿态解算作为捷联式惯导系统的核心算法，是除传感器精度之外影响惯性导航系统精度的最重要因素之一。因此，为实现实时控制，除采用高速的控制器外，还必须应用高效的姿态解算算法。

在 5.4 节中，我们介绍了如何用数学语言描述四轴飞行器位姿与变换，为本节的姿态解算奠定了基础。姿态解算的方法一般有欧拉法、旋转矩阵法和四元数法等。已有大量工程实践表明，四元数法相对于其他两种方法的优越性。例如在大姿态角情况下，欧拉方程存在奇异点；方向余弦虽然消除了欧拉方程的奇异性，但为了减小正交误差不得不以计算时间为代价。随着飞行器导航控制系统的迅速发展和数字计算机在运动控制中的应用，控制系统要求在导航计算环节更加合理地描述载体的空间运动。因此，四元数法因其无奇异性和计算量小的特点常用于飞行器实时解算。

姿态解算过程中需要 5 个数据源：陀螺仪数据、加速度计数据、重力数据、电子罗盘数据、地磁数据。其中重力数据、地磁数据来自地球，其他数据来自四轴飞行器上的姿态传感器 GY-86。下面介绍各个数据源对实际姿态解算的意义。

（1）陀螺仪数据：基于四轴飞行器机体，也在机体上积分，所以独立性很强。飞行器飞行过程中，传感器进行周期性采样。直接在公式的旧系数上积分，得到新系数。狭义上的捷联惯导算法，就是指陀螺积分公式，也分为欧拉角、方向余弦矩阵、四元数，采用的积分算法有增量法、数值积分法等。

（2）加速度计数据、重力数据：加速度计基于机体，重力基于地球，重力向量（$0,0,g$）用公式换算到机体，根据机体的加速度计向量算出误差，用于纠正姿态解算算法的系数（横滚、俯仰）。

（3）电子罗盘数据、地磁数据：电子罗盘基于机体，地磁基于地球。要去掉地球上的垂直面的向量，只留下地球水平面的向量，误差可用来纠正姿态解算算法的系数（航向）。

姿态传感器周期性地采集实时数据，相关数据不停地被陀螺仪积分更新，也不停地被误差修正，姿态解算后所代表的姿态也在不断更新。如果积分和修正用四元数法，最后用欧拉角输出控制 PID（因为欧拉角比较直观），就需要有四元数系数到欧拉角系数的转换。

接下来，分析如何利用上述传感器数据进行姿态解算。这里采用了经典的、被广泛应用的姿态航向参考系统（attitude and heading reference system，AHRS）[88]。AHRS 的大致原理是以陀螺仪数据为主体，以加速度计和磁力计的数据误差为辅助，对陀螺仪数据进行 PI 修正（比例和积分修正，前者收敛加速度和磁通量，后者收敛角速度偏移。PI 修正采用的参数 K_p 和 K_i 需要经过反复试验得到）。然后，利用修正后的加速度值通过毕卡一阶公式对四元数进行更新，最后将四元数转换为欧拉角，完成姿态解算与更新。

四轴飞行器飞行之前放置于地表。此时，假设当前坐标系为世界坐标系，或者地理坐标系，则四元数的初始值为 $\boldsymbol{q} = \left[q_0, q_1, q_2, q_3 \right]^{\mathrm{T}} = \left[1, 0, 0, 0 \right]^{\mathrm{T}}$。接着，传感器 GY-86 中的加速度计实时提供 3 轴的加速度 a_x、a_y、a_z，陀螺仪提供 3 轴的角速度 ω_x、ω_y、ω_z。

根据向量归一化公式，将 3 个轴加速度 a_x、a_y、a_z 转换为三维单位向量，可得

$$
\begin{cases}
a_x = \dfrac{a_x}{\sqrt{a_x^2 + a_y^2 + a_z^2}} \\[4mm]
a_y = \dfrac{a_y}{\sqrt{a_x^2 + a_y^2 + a_z^2}} \\[4mm]
a_z = \dfrac{a_z}{\sqrt{a_x^2 + a_y^2 + a_z^2}}
\end{cases}
\tag{5.40}
$$

从四元数（初始值为 $[1,0,0,0]^{\mathrm{T}}$，后续会根据飞行姿态的变化及姿态解算算法进行周期性更新）中获得 3 轴的重力向量 V_x、V_y、V_z，可得公式（5.41）。初始时，只有 $V_z=1$，而 $V_x=V_y=0$，这表示重力向量$(0,0,g)$。

$$
\begin{cases}
V_x = 2\left(q_1 q_3 - q_0 q_2 \right) \\
V_y = 2\left(q_0 q_1 - q_3 q_2 \right) \\
V_z = q_0^2 - q_1^2 - q_2^2 + q_3^2
\end{cases}
\tag{5.41}
$$

得到四元数重力向量之后，将其与加速度计算误差值，作为陀螺仪修正量

$$
\begin{cases}
e_x = a_y V_z - a_z V_y \\
e_y = a_z V_x - a_x V_z \\
e_z = a_x V_y - a_y V_x
\end{cases}
\tag{5.42}
$$

利用得到的误差，通过公式（5.43）～公式（5.45）对陀螺仪的测量值进行 PI 修正。

$$
\begin{cases}
e_{x\mathrm{int}} = K_i \int_0^t e_x \mathrm{d}t + K_i \int_{t-1}^t e_x \mathrm{d}t \\[3mm]
\omega_{x\mathrm{int}} = \omega_x + K_p e_x + K_i \int_0^t e_x \mathrm{d}t
\end{cases}
\tag{5.43}
$$

$$
\begin{cases}
e_{y\mathrm{int}} = K_i \int_0^t e_y \mathrm{d}t + K_i \int_{t-1}^t e_y \mathrm{d}t \\[3mm]
\omega_{y\mathrm{int}} = \omega_y + K_p e_y + K_i \int_0^t e_y \mathrm{d}t
\end{cases}
\tag{5.44}
$$

$$\begin{cases} e_{zint} = K_i \int_0^t e_z \mathrm{d}t + K_i \int_{t-1}^t e_z \mathrm{d}t \\ \omega_{zint} = \omega_z + K_p e_z + K_i \int_0^t e_z \mathrm{d}t \end{cases} \tag{5.45}$$

这里，K_i 和 K_p 是 PI 修正的参数，需经过反复调试得到。例如，可以先让 K_i 和 K_p 的初始值为 0，然后以步长 0.01 增加，最终，根据系统的稳定性确定合适的参数。

接下来，根据公式（5.36）以及计算机离散计算的方式，可利用修正后的陀螺仪值 ω_{xint}、ω_{yint}、ω_{zint} 更新四元数，可得

$$\begin{cases} q_0 = q_0 + \dfrac{t}{2}\left(-q_1 \omega_{xint} - q_2 \omega_{yint} - q_3 \omega_{zint}\right) \\ q_1 = q_1 + \dfrac{t}{2}\left(q_0 \omega_{xint} + q_2 \omega_{zint} - q_3 \omega_{yint}\right) \\ q_2 = q_2 + \dfrac{t}{2}\left(q_0 \omega_{yint} - q_1 \omega_{zint} + q_3 \omega_{xint}\right) \\ q_3 = q_3 + \dfrac{t}{2}\left(q_0 \omega_{zint} + q_1 \omega_{yint} - q_2 \omega_{xint}\right) \end{cases} \tag{5.46}$$

由于姿态传感器进行的是周期性采样，公式（5.46）左边的 q_0、q_1、q_2、q_3 是更新后的四元数值，右边的 q_0、q_1、q_2、q_3 是上一个周期计算得到的四元数值。将公式（5.46）进行归一化处理，可得

$$\begin{cases} q_0 = \dfrac{q_0}{\sqrt{q_0^2 + q_1^2 + q_2^2 + q_3^2}} \\ q_1 = \dfrac{q_1}{\sqrt{q_0^2 + q_1^2 + q_2^2 + q_3^2}} \\ q_2 = \dfrac{q_2}{\sqrt{q_0^2 + q_1^2 + q_2^2 + q_3^2}} \\ q_3 = \dfrac{q_3}{\sqrt{q_0^2 + q_1^2 + q_2^2 + q_3^2}} \end{cases} \tag{5.47}$$

再根据 3 个欧拉角公式（5.37）～（5.39），可得到 3 个欧拉角的值，便完成了一次姿态解算。

5.6 稳定性控制

根据 5.2.5 小节和 5.3 节的描述，当完成姿态解算以后，可以通过调整 4 个电机改变飞行器的姿态，以确保它按照遥控器规划的路径进行飞行。在实际设计和实现过程中，如果直接在姿态解算后就调整电机，可能会使飞行器出现晃动或者摆动，原因见 5.2.5 小节。这样系统就不稳定，甚至有出现坠机的可能。因此，必须引入自动控制中的反馈控制方法以确保飞行过程的稳定性，同时，减少人为操作遥控器的复杂性和保证电机调整的准确性。这里采用了一种经典的 PID 算法。

5.3.3 小节提到，PID 由比例、积分、微分的英文第一个字母组成，是一种线性控制方式。它是如何确保控制过程稳定性的呢？根据控制理论，如果系统是连续的，可以通过公式（5.48）

求出一个控制输出值。

$$u(t) = K_{\mathrm{p}}\left[e(t) + \frac{1}{T_{\mathrm{i}}}\int_0^t e(t)\mathrm{d}t + T_{\mathrm{d}}\frac{\mathrm{d}e(t)}{\mathrm{d}t} \right]$$ （5.48）

参数说明如下。

（1）$e(t)$：为设定值与实际输出值之间的误差，即 $e(t) = s(t) - y(t)$。

（2）$s(t)$：为设定值，是每次遥控器发过来的期望达到的姿态值（注意，我们先假设系统是连续的）。可以是俯仰角，或者滚转角，或者偏航角，或者油门值。

（3）$y(t)$：为实际输出值，是经过姿态解算之后的值。也可以是俯仰角，或者滚转角，或者偏航角，或者油门值。

（4）K_{p}：为比例系数。

（5）T_{i}：为积分时间。

（6）T_{d}：为微分时间。

（7）$u(t)$：为控制输出量。

（8）$K_{\mathrm{p}}e(t)$：为控制的比例项。K_{p} 体现了每次调整对误差 $e(t)$ 响应的大小，$e(t)$ 越大，控制器产生的控制力度越大。理论上 K_{p} 的值越大越好，但实际中当 K_{p} 大到一定程度时，系统的动态稳定性会变差。所以针对不同的系统，应当反复试验才能得到恰当的 K_{p}。

（9）$K_{\mathrm{p}}\frac{1}{T_{\mathrm{i}}}\int_0^t e(t)\mathrm{d}t$：为控制的积分项，这里令 $K_{\mathrm{i}} = K_{\mathrm{p}}\frac{1}{T_{\mathrm{i}}}$，$K_{\mathrm{i}}$ 为积分系数。与 K_{p} 类似，K_{i} 也体现对误差 $e(t)$ 响应的大小。但与 K_{p} 不同的是，它是积分控制，其作用更缓慢，但可以消除静态误差，防止由于 K_{p} 过大而导致的振荡。

（10）$K_{\mathrm{p}}T_{\mathrm{d}}\frac{\mathrm{d}e(t)}{\mathrm{d}t}$：为控制的微分项，这里令 $K_{\mathrm{d}} = K_{\mathrm{p}}T_{\mathrm{d}}$，$K_{\mathrm{d}}$ 为微分系数。微分项的作用体现在响应的速率上，在误差变大之前它就会给出一个控制量，这样就可以解决由于 K_{i} 过大而导致系统响应速度太慢的问题。

上述过程的总体思路是：先计算出每次设定值与实际输出值之间的误差 $e(t)$，然后对其进行相应的比例-积分-微分运算，对各项求和后得到一个相关的控制输出 $u(t)$；将该值传递给电机完成相应调整，调整后经过姿态传感器再次采样，再次与设定值进行误差计算；不断反馈，不断调整。这就构成了一个不断重复的反馈控制环。通过这种方式，可确保系统稳定性。具体的原因及证明，请见参考文献[73]和[77]。连续 PID 反馈控制示意图如图 5.15 所示，它是图 5.7 和图 5.10 的细化及引入 PID 控制后的另一种表达。

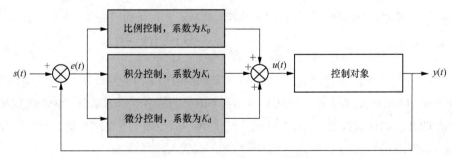

图 5.15　连续 PID 反馈控制示意图

在控制过程中，我们需要分别对四轴飞行器姿态的 3 个轴的欧拉角和油门大小进行 PID

控制，图 5.15 所示的示意图将变成 4 个反馈控制环，如图 5.16 所示，图中的 φ、θ、ψ、z 分别表示俯仰、滚转、偏航和油门值（这里假设四轴飞行器沿着 x 轴延伸的方向飞行，详见 5.4.7 小节）。另外，在设计系统时，一个 PID 反馈控制算法不一定全部包含完整的比例项、积分项和微分项，可针对不同系统的需要或不同情况，保留相应的控制项，并且反复试验得到恰当的参数，才能实现一个很好的控制方案。

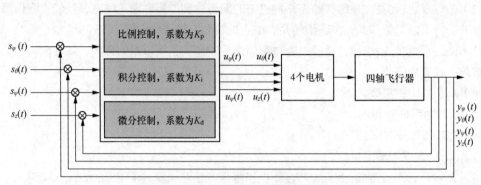

图 5.16　四轴飞行器 PID 反馈控制示意图

需要再次提及的是，由于飞行控制是通过嵌入式系统来实施的，而嵌入式系统属于数字化专用设备，因此，我们需要将前面的连续 PID 算法（公式（5.48））进行离散化处理。这就是将完美的理论应用在实际工程中的变化。因此，离散化处理之后的 PID 称为数字式 PID，也是当前数控系统或者计算机系统中采用的控制方法。设计数字式 PID 控制系统时，需要做如下处理。

（1）以多个采样时刻点来代替连续时间，采样频率（或者周期）可以根据系统控制精度要求进行设定。

（2）积分由多个采样时刻点的和值表示。

（3）微分由相邻时刻采样值的增量式表示。

（4）将采样误差值作为输入控制量。

这样

$$t \approx kT \quad (k=1,2,3,\cdots,\ T\ \text{为采样周期}) \tag{5.49}$$

$$\int_0^t e(t)\,\mathrm{d}t \approx T\sum\nolimits_{j=0}^k e(jT) \quad (k\ \text{为采样次数}) \tag{5.50}$$

$$\frac{\mathrm{d}e(t)}{\mathrm{d}t} \approx \frac{e(kT)-e((k-1)T)}{T} \quad (k-1\ \text{表示上一次采样}) \tag{5.51}$$

常用的数字式 PID 有两种：位置式和增量式。增量式 PID 可通过公式（5.52）表示：

$$u(k) = K_p e(k) + K_i T\sum\nolimits_{j=0}^k e(j) + K_d \frac{e(k)-e((k-1))}{T} \tag{5.52}$$

其中，$e(k)$ 为 $e(kT)$ 的简略写法，代表 kT 时刻的误差值 $e(t)$。从公式（5.52）可以看出，为求得 k 时刻 $u(k)$ 的值，需要把 $e(t)$ 从 0 时刻到 k 时刻的值全部累加起来，这样就增大了计算量，因此增量式 PID 被提出。增量式 PID 就是指输出时仅输出一个增加量，而不是当前的整体状态。根据公式（5.52），将上一个采用周期的值代入，可得到：

$$u(k-1) = K_p e(k-1) + K_i T\sum\nolimits_{j=0}^k e(j) + K_d \frac{e(k-1)-e((k-2))}{T} \tag{5.53}$$

如果将公式（5.52）减去公式（5.53），可得出：

$$\Delta u(k) = K_{\text{p}}\left(e(k) - e(k-1)\right) + K_{\text{i}}Te(k) + K_{\text{d}}\frac{e(k) - 2e(k-1) + e((k-2))}{T} \tag{5.54}$$

这样，公式（5.54）中的 $\Delta u(k) = u(k) - u(k-1)$ 就是增量式 PID 的输出。从其表达形式可以看出，当确定了采样周期 T，以及 3 个 PID 控制参数 K_{p}、K_{i}、K_{d} 时，系统的输出量仅是当前控制量 $e(k)$ 及之前两个状态的值的和，这样可有效减少控制量，并且可更好地确保控制的可靠性。

5.7 本章小结

本章介绍了一个简单的四轴飞行器的基本原理，包括四轴飞行器的飞行模式、用数学描述四轴飞行器的位姿和运动、飞行过程中的控制方式。其中，重点描述了如何构建一个能确保飞行器稳定飞行的反馈控制系统：从遥控器发出以欧拉角为体现的控制命令，到姿态传感器实时采集飞行器位姿数据，再到用四元数进行姿态解算得到当前位姿，然后计算控制命令与当前位姿的偏差，最后建立 PID 反馈控制模型，并利用该模型计算 4 个电机的调整量。此外，重点介绍了与姿态解算相关的数学模型和确保控制稳定性的数学模型。整个反馈控制系统（典型的复杂系统）的建立是一个理论与工程完美结合的过程，该过程综合应用了计算机、软件工程、机电一体化、自动化和应用数学专业相关的知识，有些内容可能不属于读者所学习专业的范畴，也可能没有学过，这就需要读者获取相关知识，不断走出自己的舒适区，不断跨界融合相关理论和技术，才能为后面系统的设计与实现打下坚实的基础和提供有利的理论依据。

习题 5

1. 如果四轴飞行器按十字模式飞行，4 个电机是如何控制螺旋桨悬停、攀升或者转向的？

2. 在四轴飞行器飞行控制中，遥控器的 4 个通道 CH1、CH2、CH3、CH4 如何协同发送命令控制 4 个电机的旋翼，从而控制飞行器的飞行偏航、俯仰和横滚？

3. 假设有两个不平行的向量 a 和 b，可以通过什么方式表示 a 和 b 的旋转关系？它们的几何意义是什么？

4. 什么是变换矩阵？如何通过变换矩阵描述四轴飞行器的旋转与位移？

5. 什么是旋转向量？如何用旋转向量描述四轴飞行器的旋转与平移？

6. 欧拉角是如何描述四轴飞行器的飞行姿态的？如何确定四轴飞行器飞行过程中的俯仰角、滚转角、偏航角？

7. 欧拉角和四元数之间的关系是什么？二者是如何进行相互转换的？

8. PID 反馈控制中，3 个参数 K_{p}、K_{i}、K_{d} 在确保四轴飞行器稳定飞行中所起的作用是什么？它们是如何协同让飞行器稳定调整到设定值的？

基于 aCoral 的四轴飞行器总体设计

chapter

06

6.0　综述

第 5 章介绍了一个完成基本飞行功能的四轴飞行器的基本原理,以及在设计和实现过程中必须要具备的理论知识,包括与飞行器位姿描述相关的数学基础与模型(旋转矩阵、旋转向量、欧拉角、四元数)及相互转化、姿态解算算法、反馈控制、PID 算法等。此外,在第 2 章和第 3 章,我们已通过设计简单轮询嵌入式系统和前后台嵌入式系统,对嵌入式系统有了初步认识,这为设计更为复杂和综合性更强的四轴飞行器做了很好的工程铺垫。有了上述理论基础和工程基础,便可根据第 1 章嵌入式系统设计模型,着手开始飞行器的总体设计。本章将从系统硬件/软件方案选择、总体设计思路来描述可完成基本功能的、能稳定飞行的四轴飞行器的设计需求。

6.1　选定四轴飞行器机体

四轴飞行器的机体种类、材质及特点各有不用,设计时需根据自己的定位、价格、应用场合选择合适的机体。一方面,为保证飞行器的强度和持续飞行时间,四轴飞行器机体需要采用强度高、重量轻的材料;另一方面,由于四轴飞行器的飞行机制(详见 5.1 节和 5.2 节),需要动力系统产生较大升力来使机体飞行。因此,重量每减轻 1g 都对飞行器具有较重要的意义。本四轴飞行器设计时采购了强度高、重量轻的碳纤维复合材料,其机体结构如图 6.1 所示。读者在选定机体时,可以选择直接采购完整的机体,也可以选择自己搭建机体。

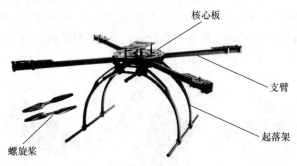

图 6.1　选定的四轴飞行器机体结构

6.1.1　核心板

核心板作为机体的主要承力构件(注意:这里的核心板并非嵌入式开发板,而是图 6.1 所示的机械结构),主要由 2 层碳纤维板和连接件构成。核心板使用的是 2mm 厚的进口碳纤维板,该碳纤维板采用交叉编织和高压成型技术,具有非常高的结构强度。同时,为进一步减轻重量,碳纤维板使用 CNC 加工技术进行镂空处理。在尽可能保证高强度的情况下,减轻结构重量,有利于延长飞行器滞空时间和增加飞行器载荷能力。连接件采用 7075 航空铝合金材料制作。7075 铝合金材料在具有钢材料的硬度的情况下仍具有普通铝合金的密度,被广泛用作飞机结构材料。

6.1.2 支臂

支臂是连接升力电机和核心板的关键，必须具有强度高、重量轻的特点。本机采用的支臂主要由碳纤维管和铝合金结构件组成，碳纤维管厚度为 1.0mm，内径为 10mm，外径为 12mm，长度为 16.5cm，质量约为 20g。铝合金结构件同核心板一样，采用 CNC 加工技术处理。铝合金构件的功能是连接电机和碳纤维管。

6.2 选定嵌入式硬件方案

第 1 章提到，嵌入式系统设计的最大特点就是必须针对具体应用量体裁衣，设计时要充分考虑系统满足什么领域、什么档次的需求，这样才能选择与需求匹配的硬件资源（处理器、外设）、软件架构及软件规模。

如果我们设计的四轴飞行器的定位是满足基本功能、能稳定飞行，则只需一个单片机级别的、价格便宜的、满足四轴飞行器输入输出接口要求的嵌入式硬件系统。本四轴飞行器采用意法半导体公司的 STM32F401RE[71][72] 嵌入式开发板作为飞控主板，微控制器采用 Arm Cortex-M4 核、32 位精简指令集计算机（reduced instruction set computer，RISC），支持完整的 DSP 指令和存储器保护单元，可提高应用程序的安全性。外部设备主要包括姿态传感器模块（集成了加速度计、陀螺仪、磁力计等）、蓝牙模块、遥控器及接收器模块、电调控制模块等。为了方便外部设备的连接和扩展，飞控主板上需要一个自行设计绘制的转接板，如图 6.2 所示（这里给出了一个特别的问号，因为我们目前只知道需要一个转接板，这是什么样的转接板呢？我们将在第 7 章详细讨论）。姿态传感器通过转接板与飞控主板之间采用 I²C 协议进行通信；蓝牙通过转接板与飞控主板之间采用通用同步/异步串行接收/发送器（universal synchronous/asynchronous receiver/transmitter，USART）协议进行通信；遥控器及接收器购买成品，通过飞控主板对其 PWM 信号进行捕获处理；4 个电调控制模块通过转接板与飞控主板之间采用 PWM 进行通信，进而控制电机转速。

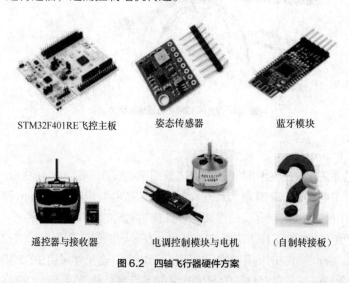

STM32F401RE飞控主板　　　姿态传感器　　　　　　蓝牙模块

遥控器与接收器　　　电调控制模块与电机　　（自制转接板）

图 6.2　四轴飞行器硬件方案

在工程实现上，还可以有一个更优的方案，就是设计成一体的硬件系统，不需要转接板，这样系统会更稳定，也更美观，读者可以自己尝试。

除了图 6.2 所示的主要模块，还需要一些其他部件，硬件方案采购清单如表 6.1 所示（读者可根据自己的情况选择适当器件，无须完全按照表中的型号）。

表 6.1　硬件方案采购清单

器件模块	型号及参数
机架	桨距为 450mm，采用碳纤维材料
主控板	STM32 Nucleo 开发平台 STM32F401RE，频率为 84MHz，512KB FLASH/96KB RAM
加速度计、陀螺仪	MPU6050（集成于 GY-86 中）
磁力计	HMC5883L（集成于 GY-86 中）
蓝牙	HM-10（下位机端）、HM-15（上位机端）
遥控器	乐迪 T4EU 2.4G 四通道遥控器
接收器	乐迪 R7EH 2.4G 七通道接收器
电调	好盈天行者 20A
电机	新西达 2212（1000kV）
螺旋桨	1045（直径约为 25.4cm，桨叶角为 45°）
电池	格氏 2200mAh 25C 锂聚合物电池
扩展板	使用 Protel 99 SE 自行设计并绘制

根据飞行器的定位和硬件方案，可以初步确定硬件子系统的总体结构，如图 6.3 所示。

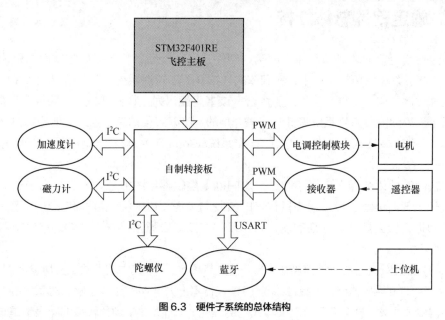

图 6.3　硬件子系统的总体结构

6.3　选定嵌入式操作系统

设计一个能完成基本功能的、稳定飞行的四轴飞行器时，选定 6.2 节的硬件清单中的硬件就可满足需要。我们注意一下表 6.1 中的主控板 STM32F401RE，这是一个单片机级别的嵌入式开发系统，频率为 84MHz，拥有 512KB FLASH/96KB RAM。在此配置下，其软件开发采用跑裸机程序（例如，前后台系统）就能够满足系统设计要求，即不用运行嵌入式实时操作系统。毕竟系统的功能和复杂度不高，却要花很多时间去考虑整个程序的结构、各模块的运行时序及优先级、中断服务程序的编写、时钟管理、应用程序的设计、系统性能和逻辑正确性的保障等问题，会给软件开发和软件维护带来更大的工作量。但根据 STM32F401RE 的频率和内存，运行一个精简的嵌入式实时操作系统内核（例如，uc/OS II、aCoral 等）来管理整个系统的硬件和软件资源是没有问题的。因为，像 uc/OS II 这样的系统编译后只有几 KB 的大小，而且如果有嵌入式操作系统的支持，会降低软件开发的难度、减少工作量和提高系统可维护性。很多硬件管理工作、上层应用的一些工作（例如，任务调度，任务间的同步、通信、互斥）都可以由操作系统来完成。这样我们就可以集中更多的精力在四轴飞行器设计本身上（例如，姿态解算、PID 稳定性控制等）。最后，本方案选择 RTOS 的目的是让读者借此学习和掌握操作系统的知识和内容，并形成相关能力。

在第 4 章中，介绍了嵌入式实时操作系统 aCoral。本四轴飞行器选用 aCoral，还包括如下原因：确保本书的系统性；让读者体会到整个软件设计的系统性；使读者感受到在四轴飞行器的设计中，整个系统的设计和实现都是可以由自己完成的（包括硬件设计、嵌入式实时操作系统）；更好地训练读者的复杂工程问题解决能力、系统工程能力，建立研发核心基础软件的信心。嵌入式系统开发具有一定的通用性和普遍性，只要读者"吃透"一个 RTOS，便可快速掌握其他 RTOS。

6.4 确定软件总体结构

根据四轴飞行器的功能和性能定位确定硬件开发环境后，就可以确定软件的总体方案了。在第 2 章、第 3 章和第 4 章中，我们依次详细介绍了轮询系统、前后台系统和多任务系统的嵌入式软件结构、特点及各种应用场合。读者可能认为：在设计这样的四轴飞行器时，采用前后台系统就能够满足系统设计的要求。是的，可以采用前后台系统。但是本方案选用的是多任务系统，并且选用了嵌入式实时操作系统 aCoral 作为运行支撑软件，其原因已经在6.3 节中介绍了。

确定软件的总体结构之后，还需进一步明确上层软件系统的总体方案。为了达成这个目标，我们主要对姿态解算、遥控器信号的接收与发送、PID 控制姿态和上位机通信这几个关键模块进行大致规划，详细的设计与实现将在第 8 章讨论。整个软件的总体业务流图如图 6.4 所示。

图 6.4 中各圆对应的细节流程描述可参见 5.3 节和 5.6 节，其中的参数定义可参考图 5.15。图 6.4 也是图 5.7 的细化版本，随着我们对四轴飞行器方方面面的逐步了解，对系统的设计就必须描述得更加具体，直至细到可以编写代码的程度。另外，图中颜色较深的圆表示是与硬件相关的业务。

系统软件总体层次图如图 6.5 所示，整个应用软件运行于嵌入式实时操作系统 aCoral 之上。它也称为系统运行支撑软件，负责嵌入式系统硬件和软件的管理（详见第 4 章）。系统主任务为操作系统启动后创建的第一个应用级任务，负责姿态解算任务、PID 控制任务、蓝牙模块与上位机通信任务的创建。aCoral 根据基于优先级的调度算法对其进行调度。上述 3 个任务各自又包括相应的模块，具体如图 6.5 所示。其中蓝牙通信包括上传实时姿态解算之后的四轴飞行器姿态与油门数据、PID 参数给上位机（这里的上位机可以是移动终端，例如，笔记本、智能手机或者 Pad，可以方便户外调试），进行动态跟踪或者调试；此外，还要完成从上位机接收需要更新的 PID 参数，供 PID 控制任务进行计算、参数调整。

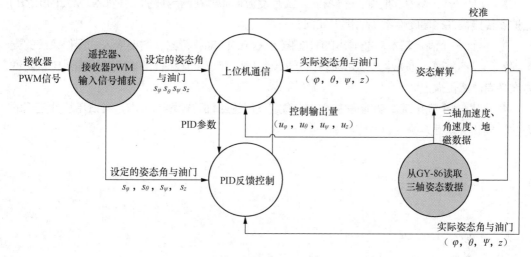

图 6.4　软件总体业务流图

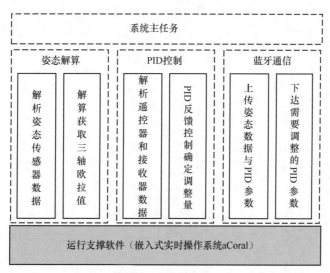

图 6.5　软件总体层次图

6.5　本章小结

　　本章介绍了能完成基本功能的、稳定飞行的四轴飞行器的总体设计，包括硬件各个模块和输入输出设备选取，软件的运行支撑平台嵌入式实时操作系统选择，软件总体设计思路等方面的内容，以此指引第 7 章的硬件系统设计和第 8 章的软件系统设计。

习题 6

1. 如果自己设计一个四轴飞行器的硬件系统，其总体方案应该包括哪些？

2. 设计一个一体化的四轴飞行器嵌入式开发板和通过在商用评估板（如 STM32F401RE）上扩展转接板来构建硬件系统的优劣如何？

3. 设计一个满足基本功能需求的、能稳定飞行的四轴飞行器，需要嵌入式操作系统的支持吗？如果不需要，其软件方案如何设计？如果需要，可选择什么样的嵌入式操作系统？两种方案各有什么优缺点？

4. 根据一个满足基本功能需求的、能稳定飞行的四轴飞行器的需求，尝试用软件工程的方法，描述其软件系统的业务流程。

07 chapter

硬件系统设计

第 6 章介绍了一个可完成基本飞行功能的四轴飞行器总体设计方案，包括选定四轴飞行器机体、确定嵌入式硬件方案、选定嵌入式操作系统和确定软件总体结构。其中，硬件方案选型中，根据系统功能和性能要求，确定了嵌入式开发板、相关输入输出设备（加速度计、陀螺仪、磁力计、蓝牙、遥控器、接收器、电调等）。本章将依照第 6 章的硬件总体方案讨论基于 STM32 Nucleo 评估板的硬件设计。

7.1 理解 STM32 Nucleo 嵌入式评估板

STM32 Nucleo 评估板是一个商用的、低成本且易于使用的嵌入式开发平台[71][72]，其将作为本系统的飞控主板。STM32 Nucleo 采用意法半导体公司生产的 STM32 处理器（STM32F401RE LQFP64），使用 A 型 USB 转 Mini-B 型 USB 线缆，将 Nucleo 连接到 PC，通过 Mini-B USB 连接器接口给评估板供电。评估板长约 85mm，如图 7.1 所示。评估板包括两部分：ST-LINK/V2-1 调试器、评估板主体（STM32F401RE 位于正中间）。

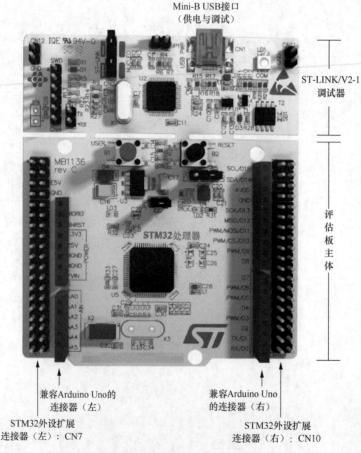

图 7.1　STM32 Nucleo-64 评估板

STM32 Nucleo 开发平台兼容 Arduino Uno。Arduino Uno 是一款灵活且易于上手的单片机级别的开源原型平台，由欧洲的一个开发团队于 2005 年开发。它能通过各种传感器感知环境，通过控制灯光、马达和其他装置来反馈和控制相应设备，使用 Arduino 编程语言来编写程序。因此，STM32 Nucleo 开发平台具有以下特性。

（1）支持两种类型的扩展资源（见图 7.1）。

① 支持 Arduino Uno（第 3 版）连接。

② 提供 STM32 扩展插头（19 × 2），支持完全访问所有 STM32 的 I/O 接口。

（2）板载 SWD 接口的 ST-LINK/V2-1 调试器/编程器。

（3）灵活的电源供电。

① USB VBUS。

② Arduino Uno 连接器或者 STM32 连接器的外部 VIN（7V<VIN<12V）电源电压。

③ STM32 连接器的外部 5V（E5V）电源电压。

④ Arduino Uno 连接器或者 STM32 连接器的外部+3.3V 电源电压。

（4）LSE 晶振：32.768kHz 晶体振荡器（取决于开发板版本）。

（5）支持 IAR、Keil、GCC+GDB 等多种开发环境。

从图 7.1 看到，位于 STM32 Nucleo-64 评估板正中间的是 STM32F401RE LQFP64 处理器，采用的是薄型 QFP（low-profile quad flat package，LQFP）封装，有 64 个引脚，频率为 84MHz，片内存储为 512KB FLASH/96KB RAM，如图 7.2 所示。

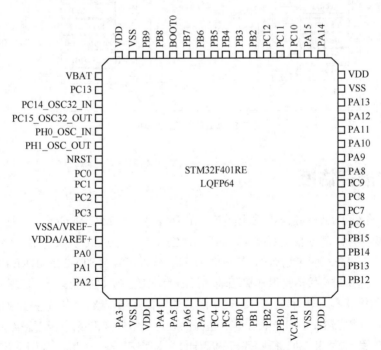

图 7.2　STM32F401RE LQFP64 处理器

STM32F401RE LQFP64 处理器内部主要模块如图 7.3 所示，采用的是 ARM Cortex-M4 核心，支持浮点运算。此外，片内集成了 GPIO、TIM、I^{2}C、USART、SPI 等 I/O 模块。这些模块及对浮点运算（姿态解算时会用到）的支持等特性，恰好能满足四轴飞行器设计的需要。这就是为什么在硬件方案选型的时候选择了这一款处理器。根据图 6.3，图 7.3 进一步表示了四轴飞行器设计所需要的输入输出接口。

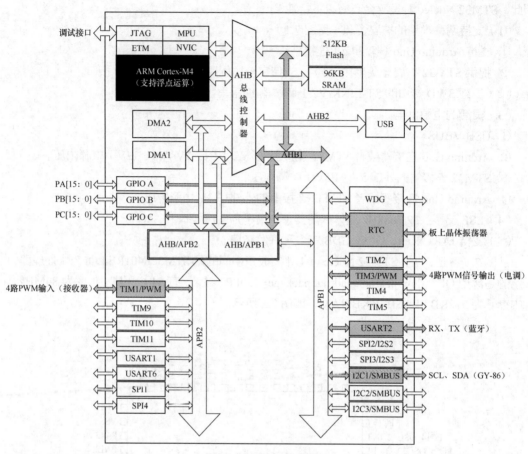

图 7.3　处理器内部主要模块

7.2　扩展评估板

7.1 节简单介绍了四轴飞行器所依赖的嵌入式开发平台 STM32 Nucleo，在设计的时候，还需反复查找数据手册，获取我们所需要的信息和数据。如果回过头再看图 7.1，会发现评估板引出了左右两排 STM32 外设连接器，每一排 38 针，分别连接到 STM32F401RE LQFP64 处理器的相应引脚。这两排连接器是供连接四轴飞行器的外部设备（加速度计、陀螺仪、磁力计、蓝牙、遥控器与接收器、电调等，见图 6.2）的。如果再仔细观察，似乎这些外部设备难以直接连接到这两排连接器上；即使连接上了，也无法固定这些外部设备。如果固定不好，可能会影响系统工作的稳定性和四轴飞行器飞行的稳定性。为了解决这个问题，我们需要自己设计一个转接板[①]，以方便外部设备的连接和扩展。

[①] 在本方案中，我们采取直接基于 STM32 Nucleo 评估板并在其上扩展一个转接板的方式来构造硬件平台，这也是一种比较容易上手的方式。有了这一步的基础，后续可以修改 STM32 Nucleo 原理图和 PCB 图，重新设计并制作与本四轴飞行器完全吻合的一体化硬件平台，这样系统就会更加稳定、更加美观。这也是一个循序渐进的学习过程。

7.3 设计转接板

在开始设计转接板之前，需要先从意法半导体公司官网下载 STM32 Nucleo-64 评估板数据手册、STM32F401RE LQFP64 处理器数据手册、STM32 Nucleo-64 评估板原理图（Connectors.SchDoc）、PCB（Nucleo_64_mechanic_revC.PcbDoc），供设计时查阅相关数据和信息。

接下来安装和配置设计转接板所需的工具软件，本方案选用 AD16（Altium Designer 16）。Altium Designer 是由 Altium 公司推出的集成化电子产品开发工具，具有原理图设计、电路仿真、PCB 制作、拓扑逻辑自动布线、信号完整性分析和设计输出等功能，使硬件设计人员可以方便快捷地进行设计。有关 Altium Designer 的安装、配置及使用见参考文献[70]。

7.3.1 确定输入输出设备数据

在 6.2 节的硬件总体方案的基础上，需要进一步明确表 6.1 中输入输出设备的相关数据，例如，外设种类、数目、控制方式、供电方案等。经过查阅各设备的数据手册，将相关信息总结在表 7.1 中。

表 7.1 输入输出设备的相关数据

输入输出设备	接口类型	供电方式	控制方式
姿态传感器 GY-86： ■ MPU6050 ■ HMC5883L	I^2C	3.3V	GND、SDL、SDA
蓝牙：HM-10	USART	5V	GND、SDL、SDA
遥控器接收器：R7EH 2.4G	PWM（输入）	5V	GND、S
电调：好盈天行者 20A	PWM（输出）	5V	GND、PWM 控制线

7.3.2 确定评估板与扩展板连接方案

用 AD16 打开 STM32 Nucleo-64 评估板原理图和 PCB 图，查阅 STM32F401RE LQFP64 处理器数据手册，了解其各个引脚如何通过 CN7 和 CN10 连接处理器用于外设扩展，CN7 和 CN10 各引脚定义及与 STM32F401RE LQFP64 各引脚的对应关系，CN7 和 CN10 在评估板上的准确坐标位置及评估板的尺寸等。根据这些信息，需要完成以下任务。

（1）确定与各输入输出设备（见表 7.1）相连接的处理器接口及对应引脚（图 7.2 中的引脚及 CN7、CN10 的引脚）。

（2）为各输入输出设备分配处理器接口和引脚，解决引接口和引脚冲突问题。

（3）确定扩展板与评估板的连接关系及准确尺寸。

经过分析和安排，可确定如表 7.2 所示的引脚分配方案。

表 7.2   引脚分配

输入/输出设备	接口类型	处理器接口	引脚
姿态传感器 GY-86： ■ MPU6050 ■ HMC5883L	I²C	I2C1/SMBUS	GND、PB8、PB9
蓝牙：HM-10	USART	USART 2	GND、PA2、PA3
遥控器接收器：R7EH 2.4G	PWM（输入）①	TIM1/PWM	GND、PA8、PA9、PA10、PA11
电调：好盈天行者 20A	PWM（输出）②	TIM3/PWM	GND、PC6、PC7、PC8、PC9
预留（以备后期扩展）	SPI	SPI2	GND、PB12、PB13、PB14、PB15
	I²C	I2C2/SMBUS	GND、PB3、PB10
	USART	USART 1	GND、PB6、PB7
	PWM	TIM2/PWM	GND、PA0、PA1

7.3.3   生成元件库

打开评估板原理图，发现除了三脚 I/O 元件以外，原理图包含本次设计所需的所有类型元件。在原理图库中添加三脚 I/O 元件的原理图，在 PCB 库中添加三脚 I/O 接口的器件图，再将两个库元件连接，便可绘制原理图了。

7.3.4   绘制转接板原理图

根据前面的准备工作，例如，图 7.3、表 7.1、表 7.2，确定出的转接板的尺寸、转接板与 CN7 和 CN10 的连接方式等，将转接板所需的引脚引出，并建立对应连接，同时解决引脚冲突问题，以此绘制转接板原理图，如图 7.4 所示。绘制完后，可通过 AD16 的自动检测功能对原理图的正确性进行检测。

7.3.5   设计与制作转接板 PCB 图

由于转接板是要直接连接到评估板上的，因此，在绘制 PCB 图之前，需要用 AD16 的工具从评估板 PCB 图中准确测出 CN7 与 CN10 的直接距离（对应图 7.1 的 CN7 与 CN10）。然后，就可以用 AD16 确定转接板的外形、外轮廓、电路板的物理边界和电气边界，确保转接板和主控板能正确连接。下一步是将所有元件拖入，并确定元件的布局，在保证有充足空间放置元件和连接相应外部设备的同时，使得各元件之间的间隔尽可能小。再往后便是根据原理图的引脚关系进行布线和铺铜，这是一项烦琐、细致而又很重要的工作。当处理器的频率不高时，该项工作相对比较简单。但如果处理器的频率很高，例如 1GHz 以上，元器件的布局及布线就显得尤为重要，因为它会影响到制作出来的电路板能否稳定工作。因此，在高频率情况下，布局和布线是非常考验设计经验的。在这里，我们简单介绍一下布线时应遵循的一些原则。

---

① 为了对接收器的信号进行采集，需要使用处理器内部的定时器输入捕获功能。根据 STN32F401RE 数据手册，能进行 4 路 PWM 输入捕获的定时器有 TIM1、TIM2、TIM3、TIM4、TIM5，本方案选用 TIM1。
② 为了对电调进行控制，需要使用 PWM 输出控制。同样查阅 STN32F401RE 数据手册，PWM 输出是定时器的功能之一，并且可以产生 4 路 PWM 输出的定时器有 TIM1、TIM2、TIM3、TIM4、TIM5，本方案选用 TIM3。

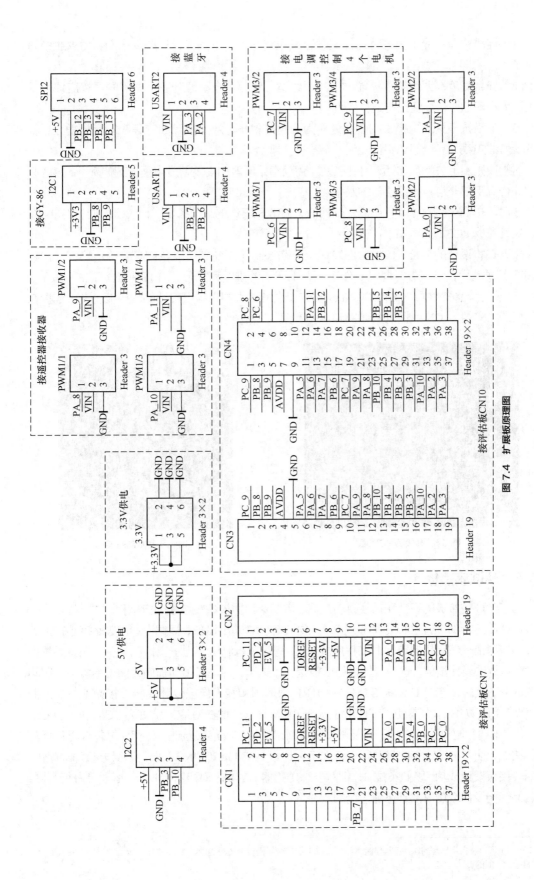

图 7.4　扩展板原理图

（1）**连线精简**：除了一些特殊情况，连线应精简，尽可能短，尽量少转弯，力求线条简单明了。

（2）**安全载流**：铜线的载流能力取决于线宽、线厚、允许温升，根据不同导线应该承受的电流大小对这 3 个变量进行适当的调整。

（3）**电磁抗干扰**：铜膜线的转弯处应为圆角或斜角，双面板两面的导线应互相垂直、斜交或者弯曲走线，尽量避免平行走线，减少寄生耦合等。

这些原则看上去就几句话，但是在设计高频率处理器和高复杂度电路板的情况下，这些原则的综合应用却非常考验设计者的水平。

布局、布线和铺铜之后，还需仔细检查，修改元器件的细节参数，对 PCB 进行修正和完善，最终完成 PCB 设计，如图 7.5 所示。

接下来将设计的转接板 PCB 图发送至电路板制作厂商制作成我们想要的转接板。在拿到转接板成品后，就该进行焊接工作了。焊上所需的排针和排母，并将其连接到主控板上，如图 7.6 所示。图的底层为 STM32 Nucleo-64 评估板，上层为自己设计的转接板，CN1 插接在评估板的 CN7 上，CN4 插接在评估板的 CN10 上。

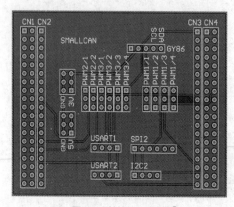

图 7.5　转接板 PCB 图[①]

图 7.6　制作的 PCB

7.3.6　测试转接板

为了验证转接板的设计和布线是否正确，需要对评估板和转接板进行编程测试。可以选择姿态传感器 GY-86、遥控器接收器、蓝牙及电调等输入输出设备，根据设计图，连接到转接板相应的接口上，然后用简单的汇编程序或者 C 程序进行测试。由于我们已经有了轮询系统和前后台系统的设计基础，这一步就显得很轻松了。这里，以电机驱动程序为例进行展示。在测试的时候，还需要参考评估板 STM32F401RE 原理图和我们自己设计的转接板原理图。再根据表 7.2 和图 7.4，本方案使用了 TIM3 实现 PWM 输出功能，对应的引脚为 PC6、PC7、PC8、PC9，将电调和电机接上之后，可以通过编写简单的接口程序来验证。将程序进行编译后烧写至评估板，使用电调连接电机并将电调连至转接板 PWM3/2（TIM3）上，如果电机开始旋转，说明转接板设计成功。以此类推，分别对姿态传感器 GY-86、遥控器接收器、蓝牙等进行测试，以确保转接板各个接口都是正确连接的。

---

① 该图为电子科技大学信息与软件工程学院本科嵌入式工作室李旭桐、李涛涛等同学在 2017 年（大二上学期）完成进阶式挑战性项目 I 时的设计方案。

7.4 设计一体化控制主板

前面的硬件方案是一种入门级的、最简单的解决方案，通过直接在 STM32 Nucleo-64 评估板增加一个扩展板的方式实现。从功能上来讲，这种方式是最简单的，也是行之有效的。但是这种方式不够完美，硬件的牢固性和系统工作的稳定性存在一些隐患，毕竟评估板是通过连接器与扩展板相连，外部设备也通过连接器与扩展板相连。因此，可以设计一个一体化的硬件方案解决上述问题。有了这一章的基础，再综合应用计算机组成原理、汇编语言与接口技术、Arm 处理器及应用等理论知识及 STM32 相关数据手册，读者应该就有思路实现一个更加完美的嵌入式硬件系统。这留给读者自己完成，毕竟"To learn by doing"。

7.5 本章小结

本章基于系统总体设计方案，基于 STM32 Nucleo-64 评估板，介绍了如何通过设计扩展板来实现与外部输入输出设备的有效连接，具体描述了转接板的设计方法和流程，为学生自己设计一体化控制主板打下了基础。这部分内容是进阶式挑战性项目 I（第一阶段：硬件子系统设计）的工作重点，安排在第 3 学期完成，因为该学期学生刚好学习了计算机组成原理等硬件类课程。通过这种方式可以让学生融会贯通该学期核心课程的重要知识点，并且将知识转换成能力和素质。此外，进阶式挑战性项目 I 也是进阶式挑战性项目 II 的基础，进阶式挑战性项目 II 将基于本阶段设计的硬件系统进行运行支撑平台的移植和设计工作。

习题 7

1. 根据系统硬件总体设计和硬件方案，如果将图 6.2 中的各个部件连接在 STM32F401RE 上，分别通过哪些端口进行连接？如何复用这些端口？
2. 为什么需要自己设计一个转接板？如何用 Altium Designer 设计转接板？
3. 如果不采用转接板来连接各输入输出设备，而采用一体化的方案来构建硬件系统，如何重构原理图和 PCB 图？

08 chapter

软件系统设计

8.0 综述

根据进阶式挑战性项目 Ⅰ/Ⅱ/Ⅲ 的教学设计，在大学第 3 学期完成四轴飞行器硬件系统的设计后（详情请参考第 7 章），就要在第 4 学期（阶段 Ⅱ）着手软件系统设计了。在该阶段需完成如下主要工作：四轴飞行器控制系统运行支持平台（嵌入式实时操作系统等）搭建、配置与设计，包括嵌入式操作系统移植、接口驱动设计等；软件系统的详细设计与实现，包括搭建软件总体架构、飞行状态获取、姿态解算等。完成上述工作后，将在第 5 学期（阶段 Ⅲ）完成反馈控制系统的设计、系统集成、飞行稳定性调试与试验、系统测试与优化。本章将介绍如何在第 6 章的基础上进行四轴飞行器软件系统设计。

8.1 移植 aCoral

第 1 章和第 4 章讨论了多任务结构的嵌入式软件系统，比较详细地介绍了 RTOS 相关内容。此外，第 6 章飞行器总体设计部分提到，本四轴飞行器将选择 RTOS 作为软件系统的运行支撑平台，也分析了相关原因。软件系统设计的第一项重要工作就是 RTOS aCoral 内核移植[1][3][4][27][34]~[40]。根据完成基本飞行功能的四轴飞行器的功能与性能定位，这里只需 aCoral 内核模块就足够了，因为这样规模的系统不需要文件系统、TCP/IP 协议栈和 GUI 等模块。因此，首先要移植内核①。

什么是移植内核？移植内核就是使已在某一特定 CPU（或 SoC 芯片）上运行的 RTOS 内核在另一 CPU（或 SoC 芯片）上运行，移植工作大部分和硬件相关，需要针对具体 CPU 或芯片进行有区别的代码编写。aCoral 的移植包括两个部分：一是硬件抽象层移植，二是项目移植。

硬件抽象层移植是针对不同开发板改写相关代码。不同开发板的硬件资源不一样，具体体现在：不同架构处理器的指令集不一样；相同架构处理器的不同系列产品，其寄存器资源也不一样。

对于项目移植，因为不同开发环境（例如，Windows 操作系统下的 ADS、Keil、IAR，Linux 操作系统下的 Makefile）的编译器、汇编器、连接器不一样，所以即使用 C 语言编写的代码，也存在兼容性问题（基本兼容，只是一些扩展性能不兼容，例如，inline，增加段相关操作等），而使用汇编语言就不一样了。因此需要针对不同开发环境编写专门的汇编代码，同时实现很少量的 C 语言的扩展属性。

上述两种移植，硬件抽象层移植是重点，而项目移植主要是处理规则不一致的问题。例如 GNU 的汇编标号要加 "："，而 ADS 的汇编标号不用加 "："；GNU 的变量导出是 ".global"，

---

① 在《嵌入式实时操作系统的设计与开发》中，强调了动手实践的重要性。该书以 RTOS 设计过程为线索，通过 aCoral 在一个具体嵌入式平台 ARM9 Mini2440 的设计与实现，让学生融会贯通相关核心知识点，进而激发学生自己设计操作系统的热情。写操作系统不是最终目的，最终目的是通过写的过程来锻炼系统设计能力、工程实现能力、分析与解决问题能力，充分体现教育家约翰·杜威先生的 "To learn by doing" 教学理念。基于上述原因，本书秉承《嵌入式实时操作系统的设计与开发》的思路。因此，在讨论 aCoral 内核移植的时候，我们以 ARM9 Mini2440 为蓝本说明内核移植的相关内容和关键点。aCoral 内核是如何移植到 STM32F401RE 飞控主板的呢？这是进阶式挑战性项目 Ⅱ 的主要任务之一。如果学生踏实完成了轮询系统和前后台系统在 ARM9 Mini2440 上的设计与实现，RTOS 移植就是一件相对容易的工作了，第 2 章和第 3 章是四轴飞行器设计重要的工程基础。

而 ADS 中是"EXPORT"。因此，移植的过程主要是实现硬件抽象层移植，此外，只需修改部分规则即可完成项目移植。接下来就详细讨论这两部分。

8.1.1　硬件抽象层移植

RTOS 内核中与硬件相关的代码通常包括如下几个方面。

（1）启动（BOOT）。不同 CPU 的 BOOT 是不一样的。

（2）中断。不同 CPU 的中断机制和处理流程也是不同的，例如，中断优先级、屏蔽中断、开/关中断、时钟中断等。移植时要针对指定 CPU 进行相应处理。

（3）任务切换。任务切换是操作系统的"灵魂"，有了它才能支持多任务并发执行，才称得上是操作系统。这部分也是和硬件密切相关的，因为任务切换的主体是任务运行的上下文，即 CPU 的各种寄存器，例如，x86 的是 AX、BX 等，而 Arm 的是 R0、R1、…、R12、LR、PC、CPSR 等。

（4）内存。不同内存的大小、工作机制、控制器初始化、MMU 映射、地址空间设置都是不一样的。移植时也需做针对性处理才能确保内核正常工作。

如果将上述与硬件相关的功能部件抽象化，提供相应接口供内核使用，便可简化移植工作量，也利于区分硬件和软件的界限，这种抽象方式叫硬件抽象。相应的与硬件相关的代码层称为硬件抽象层。这种硬件抽象对用户而言是透明的，移植时会比较有头绪。因此，对于与硬件相关的移植部分，aCoral 采用现代操作系统的硬件抽象层框架，将需要移植的部分抽象成接口，用户只要根据具体平台实现这些接口，并在指定平台上运行 aCoral 即可。按功能划分，aCoral 的硬件抽象层移植接口分类，以及移植文件规范、移植实例如下所示。

1．启动接口

aCoral 内核在 Arm Mini2440 平台上的启动是从 start.s 开始的。该文件由汇编语言编写，主要完成一些简单的初始化，然后就转到 C 语言入口函数 acoral_start()。启动接口的移植需要根据具体 CPU 对 start.s 做相应的修改和设置，才能确保启动的正确性，这里不做详细叙述，相关细节请见参考文献[4]和[27]。

2．中断接口

与中断相关的移植接口都包含在 hal_int_s.s 文件（…\1 aCoral\hal\arm\S3C2440A\src\hal_int_s.s）中，具体如下。

（1）HAL_INTR_ENTRY

HAL_INTR_ENTRY 为硬件相关的中断入口函数。所有要交给内核层中断系统处理的中断都会首先进入此函数，由它进行简单处理后读取中断向量号，然后调用内核层的中断处理函数；内核层函数返回后，要调用中断退出函数 acoral_intr_exit()做中断退出处理。

接口形式为 HAL_INTR_ENTRY，无参数，无返回值。

（2）HAL_INTR_INIT

HAL_INTR_INIT 为中断初始化接口，顾名思义就是对中断进行初始化，一般会涉及中断模式、中断优先级、中断屏蔽等寄存器的初始化。此外，还包括中断各种操作函数的初始化，例如，中断响应、中断屏蔽、中断开启等。在 aCoral 环境下，分别对应 acoral_set_intr_ack(i, hal_intr_ack)、acoral_set_intr_mask(i, hal_intr_mask)、acoral_set_intr_unmask(i,hal_intr_unmask)等。

接口形式为 HAL_INTR_INIT，无参数，无返回值。

（3）HAL_INTR_SPECAIL

这是在中断初始化后要调用的接口。有些平台需要在初始化后执行一些特殊化的初始化操作。aCoral 中，HAL_INTR_INIT 初始化进行的是通用操作，而 HAL_INTR_SPECIAL 是特殊操作，一般处理器都不用实现该接口。

接口形式为 HAL_INTR_SPECAIL，无参数，无返回值。

（4）HAL_INTR_SET_ENTRY

这是设置内核层中断入口函数。该入口函数设置好后，硬件抽象层的中断入口函数 HAL_INTR_ENTRY 进行简单处理后会调用此函数。

接口形式为 HAL_INTR_SET_ENTRY(isr)，只有一个参数——中断服务程序的函数指针，无返回值。

（5）HAL_INTR_ENABLE 与 HAL_INTR_DISABLE

这是中断开启与禁止接口，用于开启和禁止所有中断。其实现有以下几种方式。

① 直接使用指定 CPU 的状态寄存器实现中断开关。例如，设置 Arm9 Mini2440 的 CPSR 的 IRQ、FIQ 位就可以用来开关所有中断。

② 使用中断屏蔽寄存器。有些 SoC 芯片的中断屏蔽寄存器带有屏蔽所有中断的功能，即使没有这种功能，逐一屏蔽所有中断位也是可以实现的。

第一种方式，简单、语句少、效率高。没有使用第一种方式支持的处理器，可以考虑使用第二种方式。

接口形式如下。

■ HAL_INTR_ENABLE()。

■ HAL_INTR_DISABLE()。

以上接口形式都无参数，无返回值。

（6）HAL_INTR_ATTACH

这是针对实时中断而特殊设计的接口。该接口的功能是直接将中断处理函数放到相应的中断向量表中。这样中断产生后，其处理函数直接被调用，而不必经过如下流程：HAL_INTR_ENTRY→intr_c_entry→中断处理函数。该接口一般为空，因为只有向量模式的中断才具备这种实时特性，所以只有在支持向量模式中断的处理器，且用户需要快速中断响应时，才需实现该接口。

（7）HAL_INTR_DISABLE_SAVE

这是带保存处理器状态的关中断接口。该接口在使用 HAL_INTR_DISABLE 方式关中断前，会保存当前处理器的状态，最后会返回当前处理器状态，例如，处理器的中断状态等。

接口形式为 HAL_INTR_DISABLE_SAVE()，会返回一个 acoral_isr 变量的值。

（8）HAL_INTR_RESTORE

根据传入参数来恢复处理器状态，例如，处理器的中断状态等。

接口形式为 HAL_INTR_RESTORE(isr)，只有一个参数——中断服务程序的函数指针，无返回值。

（9）HAL_INTR_MIN、HAL_INTR_MAX、HAL_TRANSLATE_VECTOR

HAL_INTR_MIN 为获取最小中断向量号接口，HAL_INTR_MAX 为最大中断向量号接口，

HAL_TRANSLATE_VECTOR 为中断向量号转换接口。最小中断向量号不一定为 0。另外，这里指的中断都是需要交给内核层处理的中断，对于内核层不处理的中断无须进行定义，直接在硬件抽象层中处理（详见 4.4.1 小节）。例如，中断向量 0 为数据异常中断，这个中断是不交给内核层处理的，直接在硬件抽象层处理，故最小中断向量号从 1 开始。而这个对应的内核层中断向量号为 0，因此需要一个从真正中断号转换内核层中断号的接口，该接口就是 HAL_TRANSLATE_VECTOR（此接口的详细介绍见 4.4.1 小节）。

接口形式为 HAL_INTR_MAX，会返回一个内核层中断号的最大值。

接口形式为 HAL_INTR_MIN，会返回一个内核层中断号的最小值。

接口形式为 HAL_TRANSLATE_VECTOR，输入两个参数，分别为硬件抽象层中断向量号 vector、内存层中断向量号 index，无返回值。

（10）HAL_GET_INTR_NESTING

这是获取中断嵌套状态接口。我们已知：只有在最后一层中断返回时才可以进行任务重调度，但是由于允许中断嵌套，中断返回时就必须判断是否是最后一层中断返回。因此，可以通过一个变量来存取中断嵌套数。

接口形式为 HAL_GET_INTR_NESTING，会返回中断嵌套状态。

（11）HAL_INTR_NESTING_DEC

这是减少中断嵌套数接口。中断嵌套时，每当完成一次中断处理，就将调用一次 HAL_INTR_NESTING_DEC 来减少中断嵌套数。

接口形式为 HAL_INTR_NESTING_DEC，返回中断嵌套数。

（12）HAL_INTR_NESTING_INC

这是增加中断嵌套状态接口。该接口与 HAL_INTR_NESTING_DEC 相反。中断嵌套时，每当再一次触发中断处理，就将调用一次 HAL_INTR_NESTING_INC 来增加中断嵌套数。

接口形式为 HAL_INTR_NESTING_INC，返回中断嵌套数。

如果在文件 hal_int_s.s（…\1 aCoral\hal\arm\S3C2440A\src\ hal_int_s.s）中没有找到上述某个/某些接口，这是因为 Arm Mini2440 不需要这个/这些接口，而其他处理器可能需要。例如：Arm11 MPCore（4 个 Arm11 核），如果需要把 aCoral 移植到 MPCore 上，就需要根据该处理器特性实现这些接口，这也是移植的本质。

3. 线程相关接口

与线程相关的移植接口都包含在文件 hal_thread_s.s（…\1 aCoral\hal\arm\S3C2440A\src\ hal_thread_s.s）中，具体如下。

（1）HAL_SWITCH_TO

这是线程切入接口。其从线程环境下切入指定线程接口，只有一个参数，是要切换的线程的堆栈指针。

接口形式为 HAL_SWITCH_TO(&prev→stack)，参数为线程堆栈指针变量地址，无返回值。

（2）HAL_START_OS

这是操作系统线程开始运行接口，即内核最开始的线程切入接口。只有一个参数，即要切入的线程的堆栈指针，它往往等于 HAL_SWITCH_TO。

接口形式为 HAL_START_OS(&prev→stack)，参数为线程堆栈指针变量地址，无返回值。

（3）HAL_CONTEXT_SWITCH

这是线程切换接口。该接口实现线程环境线程上下文切换，例如，某一线程运行过程中，另一高优先级的任务到达，其在进行调度前处理之后（例如，设定调度标准位、查询最高优先级的线程等，详见 4.3.2 小节），便会在调度函数 acoral_sched()中调用该接口进行线程上下文切换。该接口是线程相关接口中最重要的一个，也是维护多任务系统线程上下文保存、支持多任务并发执行的必备接口。

接口形式为 HAL_CONTEXT_SWITCH(&prev→stack, &next→stack)，两个参数，就是要切换的两个线程的堆栈指针变量的地址。

（4）HAL_INTR_CTX_SWITCH

这是中断处理过程中的线程切换接口，用于实现中断环境下线程切换（详见 4.3.2 小节）。

接口形式为 HAL_INTR_CTX_SWITCH(&prev→stack,&next→stack)，两个参数，就是要切换的两个线程的堆栈指针变量的地址。

中断环境下，中断硬件系统可能已经保存了部分旧线程的环境，因此线程切换时需要做特殊处理，当然有些平台的 HAL_SWITCH_TO、HAL_INTR_SWITCH_TO 是一样的，例如 STM3210，它们的实现就是一样的。此外，HAL_INTR_SWITCH_TO 和 HAL_CONTEXT_SWITCH 的区别可参考 4.3.2 小节。

（5）HAL_INTR_SWITCH_TO

这仍然是中断处理过程中的线程切入接口，在中断环境下切入指定线程。但这只是 HAL_INTR_CTX_SWITCH 的下半部分实现，读者查看 HAL_INTR_CTX_SWITCH 的实现可知。

接口形式为 HAL_INTR_SWITCH_TO(&thread→tack)，只有一个参数，是要切换的线程的堆栈指针变量地址。

（6）HAL_STACK_INIT

这是线程堆栈初始化接口，用于线程创建时模拟线程的环境。

接口形式为 HAL_STACK_INIT(stack,route,exit,args)，有 4 个参数——堆栈指针变量地址、线程执行函数、线程退出函数、线程参数，无返回值，详见 4.3.1 小节。

（7）HAL_SCHED_INIT

这是调度初始化接口,用于初始化和调度相关的标识,例如是否需要调度标志 need_sched、调度锁等。

接口形式为 HAL_SCHED_INIT()，无参数，无返回值。

（8）HAL_SCHED_BRIDGE

这是调度中转桥接口。该接口可让调度 acoral_sched()能更灵活地移植到不同的硬件平台上，详见代码 4.43。

4. 时间相关接口

（1）HAL_TICKS_INTR

这是时钟中断向量号接口。

接口形式为#define HAL_TICKS_INTR IRQ_TIMER0，需根据具体硬件中断机制而定，对于 Arm Mini2440 而言，"#define HAL_INTR_MIN 0""#define IRQ_TIMER0 HAL_INTR_MIN+28"，即 Arm Mini2440 的时钟中断对应 28 号中断源。

（2）HAL_TICKS_INIT

这是时基 Ticks 初始化接口。Ticks 是调度的激发源，它是一个中断，每隔一定时间就会触发一次中断，用来计时。线程延时等函数就是利用 Ticks 时钟，主要初始化 Ticks 时钟中断相关的寄存器，同时可能需要重新给此中断做赋值操作。Arm Mini2440 的 Ticks 时基初始化如代码 8.1 所示，具体设置请参考相关芯片手册[2]。

接口形式为 HAL_TICKS_INIT()，无参数，无返回值。

代码 8.1 （…\1 aCoral\hal\arm\S3C2440A\srchal_timer.c）

```
void hal_ticks_init(){
    rTCON = rTCON & (~0xf);    /* clear manual update bit, stop Timer0*/
    rTCFG0 &= 0xFFFF00;
    rTCFG0 |= 0xF9;            /* prescaler 等于 249*/
    rTCFG1 &= ~0x0000F;
    rTCFG1 |= 0x2;   /*divider 等于 8, 则设置定时器 4 的时钟频率为 25kHz*/
    rTCNTB0 = PCLK /(8*(249+1)*ACORAL_TICKS_PER_SEC);
    rTCON = rTCON & (~0xf) |0x02;           /* updata*/
    rTCON = rTCON & (~0xf) |0x09;           /* star*/
}
```

5. 内存相关接口

不同嵌入式平台，其内存的大小及地址分配情况基本上是不一样的，因此，在移植时需要向内核层的内存管理子系统告知相关信息。

HAL_HEAP_START：堆内存开始地址，该接口是一个变量。

HAL_HEAP_END：堆内存结束地址。

HAL_MEM_INIT：内存初始化。主要对相关内存控制器进行初始化，如果启动时内存初始化不用修改，则在此可以不做处理。其接口形式为 HAL_MEM_INIT()，无返回值。

6. 开发板相关接口

开发板相关接口为 HAL_BOARD_INIT()，对开发板上 CPU 和一些设备控制器进行初始化。当然此处也可以不进行相关初始化，而在驱动程序里对设备进行初始化。不过有些状态不定的设备，如果不尽早初始化可能会带来一些问题，因此，在此处初始化较好。

接口形式为 HAL_BOARD_INIT()，无参数，无返回值。

7. 多核相关接口

多核相关接口是针对多核嵌入式处理器的，例如，Arm11 MPCore。如果用户想让 aCoral 能在 Arm11 MPCore 上正常运行，并且支持多核功能才需要实现这些接口。Arm9 Mini2440 这样的单处理器，无须实现这些接口；只使用某一个核的多处理器也无须实现这些接口。

（1）HAL_CORE_CPU_INIT

这是主核初始化接口，就是对主核的一些私有数据进行初始化。其实该函数基本上是空的，因为主核在进入 acoral_start 过程中会调用各种函数，这些函数已经初始化了主核的大部分甚至所有数据。

（2）HAL_FOLLOW_CPU_INIT

这是次核初始化接口，主要对次核的私有数据进行初始化。例如，私有中断寄存器等，以

Arm11 MPCore 中断为例，0～31 号中断的相关寄存器就是私有的，必须是自己的核心才能访问，同时需要初始化自己各种状态的堆栈。

接口形式为 HAL_FOLLOW_CPU_INIT，无参数，无返回值。

（3）HAL_CPU_IS_ACTIVE

这个接口用于检测某个 CPU 核是否被激活，主要在系统重启时用到。对于第一次启动，除主核外的其他核心都没有被激活。什么是激活呢？激活就是 CPU 核已经初始化了，能够并且正在执行内核映像代码。

接口形式为 HAL_CPU_IS_ACTIVE(CPU)，参数为整型数，表示获取某个 CPU 的激活状态。

（4）HAL_PREPARE_CPUS

这是主核为激活次核做准备的接口，为次核准备开始代码。有些是将次核启动代码复制到指定地址（如 ADI blackfin51），有些是在寄存器中指定开始代码地址（如 Arm11 MPCore）。同时可能为次核分配临时堆栈，可以作为参数传递给次核，次核将自己的堆栈指向分配好的地址。

接口形式为 HAL_PREPARE_CPUS()，无参数，无返回值。

（5）HAL_START_CPU

这个接口用于激活某一 CPU，让其运行。让 CPU 运行有两种形式。

① 次核没有执行过任何代码，激活就是让其执行指定代码。

② 次核已执行过代码，只不过开始时处于一种过渡状态，要么是空循环状态，要么是一种特殊的类似 Standby 或 Sleep 状态。

激活一般通过核间中断来实现，又或者启动相关寄存器。

接口形式为 HAL_START_CPU(CPU)，有一个参数，即要激活的 CPU 编号，无返回值。

（6）HAL_IPI_SEND

这个接口用于向指定 CPU 发送核间中断，这是核间通信的基础。

接口形式为 HAL_IPI_SEND(cpu,vector)，有两个参数：第一个参数为目标 CPU，第二个参数为核间中断向量号。无返回值。

（7）HAL_IPI_SEND_CPUS

这个接口用于向某一 CPU 组发送核间中断，该实现与平台强相关。对于不支持向多个核发送相同中断的处理器，可使用 for 循环调用 HAL_IPI_SEND 实现。

接口形式为 HAL_IPI_SEND_CPUS(cpulist,vector)，有两个参数：第一个参数为目标 CPU 位图（每位代表一个 CPU），第二个参数为核间中断向量号。无返回值。

（8）HAL_IPI_SEND_ALL

这个接口用于向所有核心发送中断，对于不支持向所有核发送相同中断的处理器，也可用 for 循环调用 HAL_IPI_SEND 实现。

接口形式为 HAL_IPI_SEND_ALL(vector)，有一个参数，为核间中断向量号，无返回值。

（9）HAL_WAIT_ACK

这个接口用于等待次核初始化响应，响应可以用变量实现，也可以用初始化为锁状态的自旋锁实现。

接口形式为 HAL_WAIT_ACK()，无参数，无返回值。

（10）HAL_CMP_ACK

这是次核响应主核确认接口，对应 HAL_WAIT_ACK。

接口形式为 HAL_CMP_ACK()，无参数，无返回值。

（11）自旋锁实现

- HAL_SPIN_LOCK：抢占自旋锁。
- HAL_SPIN_UNLOCK：释放自旋锁。
- HAL_SPIN_TRYLOCK：尝试抢占自旋锁，如果失败则立刻返回。

（12）原子操作

- HAL_ATOMIC_INIT：原子量初始化。
- HAL_ATOMIC_READ：原子读操作。
- HAL_ATOMIC_SET：原子赋值操作。
- HAL_ATOMIC_INC：原子递增操作。
- HAL_ATOMIC_ADD：原子加法操作。
- HAL_ATOMIC_DEC：原子递减操作。
- HAL_ATOMIC_SUB：原子减操作。

在移植 aCoral 的过程中，上述接口必须实现，但是可以置为空（尽管为空，但不能没有），也就说可以通过宏定义进行设置，例如定义了 "#define HAL_FOLLOW_CPU_INIT"，表示该处理器需要对次核进行初始化。

8. 移植文件规范

在移植过程中，需要注意如下规范。

（1）必须要有 start 名字的启动文件，扩展名根据不同编译器进行相应修改。对于 GNU 的 GCC，启动文件应该是 start.s 或 start.S，对于 ArmCC 则是 start.asm。为什么要规定启动代码的文件名字呢？主要是因为这部分代码必须在映像文件最开始部分，这样才能算是启动代码。

（2）为了可配置，aCoral 的硬件抽象层相关的接口规范为：如果是汇编语言实现的接口，则直接使用上面的接口名 "HAL_"；如果是 C 语言实现的接口，则推荐使用小写，然后用宏转向，例如，HAL_INTR_INIT。由于这个接口都可以用 C 语言实现，因此名字为 hal_intr_init，然后用宏#define HAL_INTR_INIT() hal_intr_init()转换即可。

（3）必须包含两个头文件：hal_port.h 和 hal_undef.h，在 hal\\$BOARD\include 目录下。例如，对于 Arm S3C2440A 处理器，该头文件在 hal\arm\S3C2440A\include 下，而如果是 STM3210，则在 hal\arm\STM3210\include 下。此外，hal\\$BOARD\include 目录下还包含除 hal_port.h 和 hal_undef.h 以外的所有扩展名为.h 的头文件。

这里需要强调一下其中一个头文件 hal_undef.h，在移植过程中，有些通用接口可以不必实现（如 hal_comm.h 定义的接口），但如果要对移植进行优化，则可自己实现，这样就有重定义的问题。由于 hal_comm.h 已经实现了，如果再定义，根据宏的规则，最后一个才有效。因此，如果想要自己的实现覆盖 hal_comm.h 中的公共定义，就要将自己的定义放在后面，这就是需要独立出 hal_undef.h 的原因。那如何覆盖 hal_comm.h 的定义呢？下面以 STM3210 开发板为例来说明。由于 STM3210 的中断调度函数使用的是 PENDSV 中断，而这个中断优先级最低，因此最后一层中断时才执行，这样不需要中断嵌套标志，可以将这部分全部置为空，于是可以在 hal_undef.h 中进行如代码 8.2 所示的定义，这样自定义的接口就可生效了。

代码 8.2 （···\1 aCoral\hal\arm\STM3210\include\hal_undef.h）

```
#undef HAL_SCHED_BRIDGE()
#undef HAL_INTR_EXIT_BRIDGE()
#undef HAL_INTR_NESTING_INIT()
#undef HAL_GET_INTR_NESTING()
#undef HAL_INTR_NESTING_DEC()
#undef HAL_INTR_NESTING_INC()
#undef HAL_START_OS(stack)
#define HAL_INTR_NESTING_INIT()
#define HAL_GET_INTR_NESTING()
#define HAL_INTR_NESTING_DEC()
#define HAL_INTR_NESTING_INC()
```

9. 移植实例

下面以 S3C2410 的移植为例说明 aCoral 的移植。该实例将 aCoral 从 Arm S3C2440A 移植到 Arm S3C2410 上（两款处理器类似，但有所不同）。

首先建立文件结构：S3C2410 是基于 Arm 公司的 Arm9 开发的，因此在 hal\arm 下建立 S3C2410 目录。然后在 S3C2410 目录下建立 include、src 目录。再在 include 目录下建立 hal_port.h 和 hal_undef.h 两个文件。最后在 src 目录下建立一个 start.s 文件。

（1）启动接口

重写或改写 start.s 文件。这一步可以借鉴开源项目或者其他开发人员已经实现的启动代码，例如 Vivi、Uboot 等 Bootloader。主要完成哪些工作呢？

第一，中断向量。 Arm9 是非向量模式的中断系统，IRQ 中断只有一个入口，由于要将中断汇总到 HAL_INTR_ENTRY，因此在 start.s 就要将 HAL_INTR_ENTRY 放到 IRQ 向量的处理程序里，如代码 8.3 所示。

代码 8.3　S3C2410 的中断向量

```
__ENTRY:
    b     ResetHandler
    b     HandleUndef        @handler for Undefined mode
    b     HandleSWI          @handler for SWI interrupt
    b     HandlePabort       @handler for PAbort
    b     HandleDabort       @handler for DAbort
    b     .                  @reserved
    b     HandleIRQ          @handler for IRQ interrupt
    b     HandleFIQ          @handler for FIQ interrupt
......
HandleFIQ:
    ldr pc,=acoral_start
HandleIRQ:
    ldr pc,=HAL_INTR_ENTRY
```

```
HandleUndef:
    ldr pc,=EXP_HANDLER
HandleSWI:
    ldr pc,=EXP_HANDLER
HandleDabort:
    ldr pc,=EXP_HANDLER
HandlePabort:
    ldr pc,=EXP_HANDLER
```

第二，复位函数 ResetHandler。复位处理过程是与具体处理器密切相关的，对于 S3C2410，其处理流程如代码 8.4 所示。

代码 8.4　S3C2410 的 ResetHandler

```
ResetHandler:
    @ disable watch dog timer
    mov r1, #0x53000000
    mov r2, #0x0
    str r2, [r1]

    @ disable all interrupts
    mov r1, #INT_CTL_BASE
    mov r2, #0xffffffff
    str r2, [r1, #oINTMSK]
    ldr r2, =0x7ff
    str r2, [r1, #oINTSUBMSK]

    @ initialize system clocks
    mov r1, #CLK_CTL_BASE
    mvn r2, #0xff000000
    str r2, [r1, #oLOCKTIME]

    mov r1, #CLK_CTL_BASE
    mov r2, #M_DIVN
    str r2, [r1, #oCLKDIVN]

    mrc p15, 0, r1, c1, c0, 0          @ read ctrl register
    orr r1, r1, #0xc0000000            @ Asynchronous
    mcr p15, 0, r1, c1, c0, 0          @ write ctrl register

    mov r1, #CLK_CTL_BASE
    ldr r2, =vMPLLCON                  @ clock user set
    str r2, [r1, #oMPLLCON]
    bl  memsetup
    bl  InitStacks

    adr  r0,__ENTRY
    ldr  r1,_text_start
    cmp  r0,r1
```

```
        blne copy self
s

        ldr  r0,_bss_start
        ldr  r1,_bss_end
        bl   mem_clear

        ldr  pc,=acoral_start
        b
```

此外，还需关闭"看门狗"、设定时钟（可采用默认时钟）、初始化 SDRAM 控制器、加载内核（如果在 NAND FLASH、NOR FLASH 等存储设备上）、初始化堆栈等，然后跳转到 aCoral 的 C 语言启动函数 acoral_start。由于篇幅有限，这里不做详细叙述，具体移植时，可见参考文献[27]和 Arm 2410 的芯片手册[38]。

（2）线程相关接口

由于是与线程相关的接口，因此首先在 include（…\1 aCoral\hal\arm\S3C2410\include）目录下新建 hal_thead.h 头文件，并修改 hal_port.h，将 hal_thread.h 包含进来（#include "hal_thread.h"）。再在 src 目录下新建 hal_thread_c.c、hal_thread_s.c 文件。这里主要实现 HAL_SWITCH_TO、HAL_START_OS、HAL_CONTEXT_SWITCH、HAL_INTR_CTX_SWITCH、HAL_INTR_SWITCH_TO、HAL_STACK_INIT 等接口。由于 Arm 2410 和 Arm 2440 的工作机制差别不大，所以上述接口的实现是一样的，但对于其他处理器，尤其是不同厂商的处理器，修改工作量比较大。只有在充分理解处理器架构、对应汇编语言、工作流程的前提下才能完成代码修改。

（3）中断相关接口

这里指的中断主要是外部中断 IRQ。参考 Arm S3C2410 的芯片手册[38]，了解 S3C2410 有多少个外部中断，然后在 include 目录（…\1 aCoral\hal\arm\S3C2410\include）下新建文件 hal_int.h，定义中断向量号，并定义 HAL_INTR_MAX、HAL_INTR_MIN、HAL_TRANSLATE_VECTOR 等值，如代码 8.5 所示。

代码 8.5　（…\1 aCoral\hal\arm\S3C2410\include\hal_int.h）

```
#ifndef HAL_INTR_H
#define HAL_INTR_H
#define HAL_INTR_MIN         0
#define IRQ_EINT0         HAL_INTR_MIN+0
#define IRQ_EINT1         HAL_INTR_MIN+1
#define IRQ_EINT2         HAL_INTR_MIN+2
#define IRQ_EINT3         HAL_INTR_MIN+3
#define IRQ_EINT4         HAL_INTR_MIN+4
#define IRQ_EINT5         HAL_INTR_MIN+5
#define IRQ_EINT6         HAL_INTR_MIN+6
#define IRQ_EINT7         HAL_INTR_MIN+7
#define IRQ_EINT8         HAL_INTR_MIN+8
#define IRQ_EINT9         HAL_INTR_MIN+9
#define IRQ_EINT10        HAL_INTR_MIN+10
#define IRQ_EINT11        HAL_INTR_MIN+11
```

```
#define IRQ_EINT12        HAL_INTR_MIN+12
#define IRQ_EINT13        HAL_INTR_MIN+13
#define IRQ_EINT14        HAL_INTR_MIN+14
#define IRQ_EINT15        HAL_INTR_MIN+15
#define IRQ_EINT16        HAL_INTR_MIN+16
#define IRQ_EINT17        HAL_INTR_MIN+17
#define IRQ_EINT18        HAL_INTR_MIN+18
#define IRQ_EINT19        HAL_INTR_MIN+19
#define IRQ_EINT20        HAL_INTR_MIN+20
#define IRQ_EINT21        HAL_INTR_MIN+21
#define IRQ_EINT22        HAL_INTR_MIN+22
#define IRQ_EINT23        HAL_INTR_MIN+23

#define IRQ_CAM                                                        L(1)
#define IRQ_BAT_FLT       HAL_INTR_MIN+25
#define IRQ_TICK          HAL_INTR_MIN+26
#define IRQ_WDT_AC97 HAL_INTR_MIN+27 /*Changed to IRQ_WDT_AC97 for 2440A*/
#define IRQ_TIMER0        HAL_INTR_MIN+28  /*HAL_INTR_MIN+10*/
#define IRQ_TIMER1        HAL_INTR_MIN+29
#define IRQ_TIMER2        HAL_INTR_MIN+30
#define IRQ_TIMER3        HAL_INTR_MIN+31
#define IRQ_TIMER4        HAL_INTR_MIN+32
#define IRQ_UART2         HAL_INTR_MIN+33
#define IRQ_LCD           HAL_INTR_MIN+34
#define IRQ_DMA0          HAL_INTR_MIN+35
#define IRQ_DMA1          HAL_INTR_MIN+36
#define IRQ_DMA2          HAL_INTR_MIN+37
#define IRQ_DMA3          HAL_INTR_MIN+38
#define IRQ_SDI           HAL_INTR_MIN+39
#define IRQ_SPI0          HAL_INTR_MIN+40
#define IRQ_UART1         HAL_INTR_MIN+41
#define IRQ_NFCON         HAL_INTR_MIN+42  /* Added for 2440*/
#define IRQ_USBD          HAL_INTR_MIN+43
#define IRQ_USBH          HAL_INTR_MIN+44
#define IRQ_IIC           HAL_INTR_MIN+45
#define IRQ_UART0         HAL_INTR_MIN+46
#define IRQ_SPI1          HAL_INTR_MIN+47
#define IRQ_RTC           HAL_INTR_MIN+48
#define IRQ_ADC           HAL_INTR_MIN+49

#define HAL_INTR_NUM 50
#define HAL_INTR_MAX HAL_INTR_MIN+HAL_INTR_NUM-1

#ifndef HAL_TRANSLATE_VECTOR
#define HAL_TRANSLATE_VECTOR(_vector_,_index_) \
    (_index_)=(_vector_);
#endif
```

```
#define HAL INTR INIT() hal intr init()
#endif
```

根据代码 8.5，除代码 8.5 L(1)外，Arm S3C2410 的中断设置和 Arm 2440 是一样的，移植时修改不大，但如果要移植到 Arm11 MPCore、STM3210 或者 LPC2131，那修改就要多些了。

此外，还需要修改 HAL_INTR_INIT 以初始化各个中断的优先级、屏蔽位及控制函数；再修改 HAL_INTR_SET_ENTRY 以设定中断入口。

（4）内存相关接口

在 include 目录（···\1 aCoral\hal\arm\S3C2410\include）下创建文件 hal_mem.h，并包含在 hal_port.h 中。这里定义堆内存开始地址和结束的地址，代码 8.6 是对 S3C2410 内存的相关设置。

代码 8.6　（···\1 aCoral\hal\arm\S3C2410\include\include hal_mem.h）

```
/* hal_mem.h, Created on: 2010-3-7*/

#ifndef HAL_MEM_H_
#define HAL_MEM_H_
#include<type.h>
extern acoral_u32 heap_start[];
extern acoral_u32 heap_end[];
#define HAL_HEAP_START heap_start
#define HAL_HEAP_END heap_end
#define HAL_MEM_INIT() hal_mem_init()                              L(1)
void hal_mmu_setmtt(int vaddrStart,int vaddrEnd,int paddrStart,int attr);
#endif /* HAL_MEM_H_ */
```

aCoral 的连接文件 acoral.lds 中定义了 heap_start、heap_end 变量的值。这两个变量就是堆的起始和结束地址。为什么要在 acoral.lds 中定义变量来确定堆的起始和结束地址呢？也许读者觉得可以直接使用如下方式来定义：HAL_HEAP_START=0xxxxx；HAL_HEAP_END=0xxxxx。在 acoral.lds 文件中定义是因为：堆的起始地址是和代码、数据占用量有关的；为了避免修改代码时，每次都要修改 HAL_HEAP_START、HAL_HEAP_END 等值。代码 8.7 定义了 S3C2410 内存分布情况，代码 8.7L(1)、L(2)分别对应堆栈的起始和结束地址。

代码 8.7　（···\1 aCoral\hal\arm\S3C2410）

```
ENTRY(__ENTRY)
MEMORY
{
    ram (wx) : org = 0x030000000,  len = 64M
}
SECTIONS
{
   .text :
   {
        text_start = .;
            * (.text)
            * (.init.text)
        * (.rodata*)
```

```
    }>ram

    .data ALIGN(4):
    {
        *(.acoral1.call)
        *(.acoral2.call)
        *(.acoral3.call)
        *(.acoral4.call)
        *(.acoral5.call)
        *(.acoral6.call)
        *(.acoral7.call)
        *(.acoral8.call)
        *(.acoral9.call)
        *(.acoral10.call)
            *(.data)
        *(.data.rel)
        *(.got)
        *(.got.plt)
    } >ram

    .bss ALIGN(4):
    {
        bss_start = .;
        * (.bss)
            . = ALIGN(4) ;
    } >ram
    bss_end = .;

    stack_base = 0x33ffff00;
    MMU_base   =  0x33f00000;

    SYS_stack_size   = 0x200;
    SVC_stack_size   = 0x200;
    Undef_stack_size = 0x100;
    Abort_stack_size = 0x100;
    IRQ_stack_size   = 0x200;
    FIQ_stack_size   = 0x0;

    FIQ_stack        = stack_base;
    IRQ_stack        = FIQ_stack - FIQ_stack_size;
    ABT_stack        = IRQ_stack - IRQ_stack_size;
    UDF_stack        = ABT_stack - Abort_stack_size;
    SVC_stack        = UDF_stack - Undef_stack_size;
    SYS_stack        = SVC_stack - SVC_stack_size;
    heap_start = (bss_end + 3)&( ~ 3);                              L(1)
    heap_end = MMU_base - 0x1000;                                   L(2)
}
```

此外，还需实现内存初始化函数 HAL_MEM_INIT()，在这里开启 MMU，因为 aCoral 要支持 SDRAM 运行模式。根据 4.4.1 小节，Arm920t 核的异常向量是放在 0x0 开始的地址，而这段地址空间存放的是启动代码。如何让中断程序进入存放在 SDRAM 中的异常向量呢？这就需要 MMU 的内存映射。代码 8.6 L(1)有定义"#define HAL_MEM_INIT() hal_mem_init()"，新建 hal_mem_c.c 文件，实现 hal_mem_init()。这里需要将"_ENTRY"映射到地址 0x0 处，这样中断就可进入用户的程序了。另外，还需要对 MMU 页表进行初始化，如代码 8.8 所示。

代码 8.8 （···\1 aCoral\hal\arm\S3C2410\src\hal_mem_c.c）

```
static void hal_mmu_init(void)
{
    acoral_32 i,j;
    /*====================== IMPORTANT NOTE ================*/
    /*The current stack and code area can't be re-mapped in this
    routine.*/
    /*If you want memory map mapped freely, your own sophiscated MMU*/
    /*initialization code is needed.*/
    /*========================================================*/

    MMU_DisableDCache();
    MMU_DisableICache();

    /*If write-back is used,the DCache should be cleared.*/
    for(i=0;i<64;i++)
        for(j=0;j<8;j++)
            MMU_CleanInvalidateDCacheIndex((i<<26)|(j<<5));
    MMU_InvalidateICache();

    #if 0
    /*To complete MMU_Init() fast, Icache may be turned on here.*/
    MMU_EnableICache();
    #endif

    MMU_DisableMMU();
    MMU_InvalidateTLB();
    /*hal_mmu_setmtt(int vaddrStart,int vaddrEnd,int paddrStart,int attr)*/
    /*hal_mmu_setmtt(0x00000000,0x07f00000,0x00000000,RW_CNB);bank0*/
    hal_mmu_setmtt(0x00000000,0x03f00000,_ENTRY,RW_CB);      /*bank0*/
    hal_mmu_setmtt(0x04000000,0x07f00000,0,RW_NCNB);         /*bank0*/
    hal_mmu_setmtt(0x08000000,0x0ff00000,0x08000000,RW_CNB); /*bank1*/
    hal_mmu_setmtt(0x10000000,0x17f00000,0x10000000,RW_NCNB);/*bank2*/
    hal_mmu_setmtt(0x18000000,0x1ff00000,0x18000000,RW_NCNB);/*bank3*/
    /*hal_mmu_setmtt(0x20000000,0x27f00000,0x20000000,RW_CB);/*bank4*/
    hal_mmu_setmtt(0x20000000,0x27f00000,0x20000000,RW_CNB);/*bank4
    for STRATA Flash*/
    hal_mmu_setmtt(0x28000000,0x2ff00000,0x28000000,RW_NCNB); /*bank5*/
    /*30f00000->30100000, 31000000->30200000*/
    hal_mmu_setmtt(0x30000000,0x30100000,0x30000000,RW_NCNB);/*bank6-1*/
```

```
hal_mmu_setmtt(0x30200000,0x33e00000,0x30200000,RW_NCNB);/*bank6-2*/
hal_mmu_setmtt(0x33f00000,0x33f00000,0x33f00000,RW_NCNB);/*bank6-3*/
hal_mmu_setmtt(0x38000000,0x3ff00000,0x38000000,RW_NCNB);/*bank7*/

hal_mmu_setmtt(0x40000000,0x47f00000,0x40000000,RW_NCNB);/*SFR*/
hal_mmu_setmtt(0x48000000,0x5af00000,0x48000000,RW_NCNB);/*SFR*/
hal_mmu_setmtt(0x5b000000,0x5b000000,0x5b000000,RW_NCNB);/*SFR*/
hal_mmu_setmtt(0x5b100000,0xfff00000,0x5b100000,RW_FAULT);
                                                    /*not used*/


MMU_SetTTBase(&MMU_base);
MMU_SetDomain(0x55555550|DOMAIN1_ATTR|DOMAIN0_ATTR);
    /*DOMAIN1: no_access, DOMAIN0,2~15=client(AP is checked)*/
MMU_SetProcessId(0x0);
MMU_EnableAlignFault();
MMU_EnableMMU();
MMU_EnableICache();
MMU_EnableDCache(); /*DCache should be turned on after MMU is turned on.*/
}

void hal_mmu_setmtt(int vaddrStart,int vaddrEnd,int paddrStart,int
attr) /*MMU 页表初始化*/
{
    volatile unsigned int *pTT;
    volatile int i,nSec;
    pTT=MMU_base+(vaddrStart>>20);
    nSec=(vaddrEnd>>20)-(vaddrStart>>20);
    for(i=0;i<=nSec;i++)*pTT++=attr |(((paddrStart>>20)+i)<<20);
}
```

（5）时钟相关接口

Ticks 时钟中断是推动操作系统运行的重要因素，因此需要优选时钟。S3C2410 的时钟可以是 watchdog、timer0～timer4，aCoral 选择的是 timer0。同样，在 include 目录下（…\1 aCoral\hal\arm\S3C2410\include）新建文件 hal_timer.h，并在 hal_port.h 中包含定义 "#define HAL_TICKS_INTR IRQ_TIMER0" 和 "#define HAL_TICKS_INIT() hal_ticks_init()"，再新建 hal_timer.c 文件，实现 hal_ticks_init，主要涉及时钟模式、时钟计数值、时钟开启等寄存器操作，如代码 8.9 所示。

代码 8.9 （…\1 aCoral\hal\arm\S3C2410\src\hal_timer.c）

```
void hal_ticks_init(){
    rTCON = rTCON & (~0xf) ;// clear manual update bit, stop Timer0
    rTCFG0 &= 0xFFFF00;
    rTCFG0 |= 0xF9;            // prescaler 等于 249
    rTCFG1 &= ~0x0000F;
    rTCFG1 |= 0x2;          //divider 等于 8, 则设置定时器 4 的时钟频率为 25kHz
```

```
        rTCNTB0 = PCLK /(8*(249+1)*ACORAL_TICKS_PER_SEC);
        rTCON = rTCON & (～0xf) |0x02;              // updata
        rTCON = rTCON & (～0xf) |0x09;              // start
    }
```

（6）开发板相关接口

对开发板初始化，在 include 目录（…\1 aCoral\hal\arm\S3C2410\include）下新建文件 hal_board.h，并在 hal_port.h 中包含定义"#define HAL_BOARD_INIT() hal_board_init()"，再新建 hal_board.c，实现相关设置，这里不详细叙述。到此，Arm S3C2410 开发板的硬件抽象层移植结束。

8.1.2 项目移植

项目移植分为以下两个方面。

1. 生成对应开发板的项目

从 aCoral 官网服务器上下载代码后，如何生成对应的开发板项目呢？我们知道，ADS 等开发环境下无法进行编译文件配置，只要是添加到项目中的文件都能被编译。因此，从服务器上下载的代码不能全放到 ADS 的项目中，需要将其他芯片平台的文件删除，同时改变结构层次。那么如何删除及改变呢？

aCoral 的 HAL 和 driver 目录分别存放了各种类型芯片平台（如 Arm11 MPCore、STM3210 或者 LPC2131）的移植代码和驱动。因此，代码下载后，只需要对 HAL、driver 两个目录下的无关内容做删除操作。例如，要新建一个 S3C2410 的 ADS 项目，如何操作呢？从官网下载 acoral_gdk 代码，解压后可以看到根目录有 kernel、lib、driver、plugin、user 等目录，相关的删除及修改如下。

（1）driver 目录

driver 有如下几个子目录：S3C2440A、S3C2410、LPC2200、STM3210、src、include 等，而本项目只需要 S3C2410 相关的驱动。将 S3C2410 中的 include、src 分别复制到 driver\include、driver\src 中，然后删除除 include、src 文件夹外的其他所有文件夹。删除后 driver 目录只包含 include、src 目录。

（2）HAL 目录

HAL 目录下包括如下几个子目录：board、mk、ads、include、src 等，而本项目只需要 S3C2410 相关移植文件。以在 ADS 建立 S3C2410 的项目为例说明，将 board\S3C2410\include、board\S3C2410\src 下的文件分别复制到 pal\include、pal\src 中。因为是新建 ADS 项目，所以将 ads\include、ads\src 的文件分别复制到 pal\include、pal\src 中，将 ads\S3C2410\include、ads\S3C2410\src 的文件分别复制到 pal\include、pal/src 中，然后删除除 include、src 文件夹外的其他所有文件夹。删除后 pal 目录只包含 include、src 目录，其他目录结构不变。上面的文件删除及结构修改操作完成后，就可以新建 ADS 项目了，ADS 项目的新建操作不在此叙述，添加后的文件结构如图 8.1 所示。

针对新建的 aCoral 的 ADS 项目，需要注意两点。

① 新建完成后，需要修改项目的配置，在 Arm C Compiler 中添加-Ecp 选项，如图 8.2 所示。

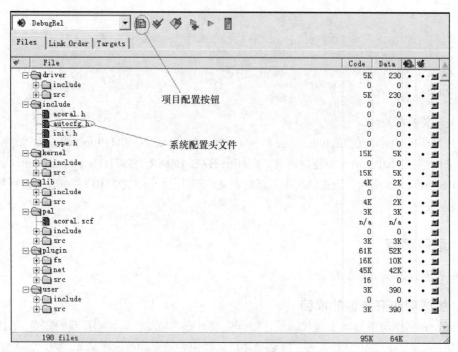

图 8.1　ADS 下 aCoral 项目的文件结构

图 8.2　ADS 下 aCoral 项目的配置

② 同时在 Arm Linker 中选择 Scattered，然后将 pal\src 或 pal 目录下的 xx.scf 文件选定，进行连接器配置，如图 8.3 所示。

完成这些配置后，还需要修改 include\autocfg.h 文件来配置 aCoral 系统，例如，最小堆栈大小、最大线程个数、串口波特率、支持的线程种类，以及驱动支持等，如代码 8.10 所示。

図 8.3　ADS 下连接器的配置

代码 8.10　（…\1 aCoral\include\autocfg.h）

```c
/* Automatically generated by make menuconfig: don't edit */
#define AUTOCONF_INCLUDED

/* HAL Configuration */
#define CFG_ARCH_X86 1
#undef  CFG_ARCH_Arm

/* Board */
#undef  CFG_X86_EMU_SINGLE
#define CFG_X86_EMU_CMP 1
#undef  CFG_CMP

/* kernel configuration */
#define CFG_MEM_BUDDY 1
#undef  CFG_MEM_SLATE
#define CFG_MEM2 1
#define CFG_MEM2_SIZE (10240)
#define CFG_THRD_SLICE 1
#define CFG_THRD_PERIOD 1
#define CFG_THRD_RM 1
#define CFG_HARD_RT_PRIO_NUM (20)
#define CFG_THRD_POSIX 1
#define CFG_POSIX_STAIR_NUM (30)
#define CFG_MAX_THREAD (100)
#define CFG_MIN_STACK_SIZE (1024)
#undef  CFG_PM
```

```
#define  CFG_EVT_MBOX 1
#define  CFG_EVT_SEM 1
#define  CFG_MSG 1
#define  CFG_TICKS_ENABLE 1
#define  CFG_SOFT_DELAY 1
#define  CFG_TICKS_PER_SEC (100)
#undef   CFG_HOOK

/* driver configuration */
#define  CFG_DRIVER 1
#define  CFG_DRV_CONSOLE 1
#define  CFG_DRV_EMU_DISK 1

/* bsp configuration */

/* plugin configuration */
#undef   CFG_PLUGIN_GUI
#undef   CFG_PLUGIN_NET
#undef   CFG_PLUGIN_FS

/* lib configuration */
#define  CFG_LIB_EXT 1

/* test configuration */
#define  CFG_TEST 1
#define  CFG_TEST_TASK 1
#define  CFG_TEST_TASK_NUM (4)
#define  CFG_TEST_DELAY 1
#undef   CFG_TEST_MUTEX
#undef   CFG_TEST_MBOX
#undef   CFG_TEST_SEM
#define  CFG_TEST_RM 1
#undef   CFG_TEST_POSIX
#undef   CFG_TEST_STAT
#undef   CFG_TEST_INTR
#undef   CFG_TEST_SPINLOCK
#undef   CFG_TEST_ATOMIC
#undef   CFG_TEST_TASKSW
#undef   CFG_TEST_RAND
#undef   CFG_TEST_LOCK
#undef   CFG_TEST_MEM
#undef   CFG_TEST_MEM2
#undef   CFG_TEST_EXP
#undef   CFG_TEST_PERIOD
#undef   CFG_TEST_SLICE
#undef   CFG_TEST_MOVE
#undef   CFG_TEST_MSG1
#undef   CFG_TEST_MSG2
```

```
#undef    CFG_TEST_MSG3
#undef    CFG_TEST_FILE
#undef    CFG_TEST_SCREEN
#undef    CFG_TEST_TS
#undef    CFG_TEST_TASKSWITCH
#undef    CFG_TEST_INTR_TIME
#undef    CFG_TEST_SEMAPHORE_SHUFFLING

/* user configuration */
#define   CFG_SHELL 1
#undef    CFG_UART_SHELL

/* system hacking */
#define   CFG_BAUD_RATE (115200)
#undef    CFG_OUT_SEMI
#undef    CFG_DEBUG
#undef    CFG_STAT
```

2. 添加到官网

移植好一个针对某个开发板的 aCoral 版本，需要将 pal 中相关的文件及项目上传到官网服务器，供其他开发人员使用。

移植好的代码分为三部分：一部分是 C 语言代码，一部分是汇编代码，另外还有连接文件，例如 GNU 编译器使用的.lds 文件，ADS 使用的.scf 文件。我们知道汇编代码不仅是平台相关的，也是汇编器相关的。因此，在 Linux 下 GNU 的汇编程序和在 ADS、IAR 下针对同一款芯片编写的汇编程序是有差异的，移植后的代码要分为两部分，一部分是 C 语言代码，另一部分是汇编代码。针对同一芯片，不同的开发平台，C 语言代码不用修改，汇编代码需要修改，例如，在 Linux 下就要写 GNU 规范的汇编代码，在 ADS 下就要写 ADS 格式的汇编代码，在 IAR 下要写 IAR 格式的汇编代码。

8.2 用 DARTS 设计应用系统

操作系统移植完成后，就该根据图 6.5 进行四轴飞行器上层应用软件的详细设计。软件工程中有许多用于软件设计和实现的工具，例如，传统的数据流图、层次图、流程图、E-R 图、类图等，也有基于统一建模语言（unified modeling language，UML）的用例图、顺序图、活动图等。对于嵌入式实时软件的设计，上述方法不一定全部适合。首先，嵌入式软件采用的操作系统是嵌入式操作系统，其用户 API 与 Windows、Linux 不一样；其次，嵌入式软件很多时候是面向过程的，而非面向对象的；而且，嵌入式软件通常会涉及基于 RTOS 的底层设备驱动开发，而传统软件工程是不考虑这些问题的；再者，嵌入式软件通常都有实时性要求，在设计阶段也应该有相应的对性能方面的考虑；最后，嵌入式软件基于多任务的程序设计模式，会涉及多任务之间的通信、同步、互斥等协调关系的表达，设计工具也需提供相应支持。基于上述原因，这里介绍一种适合嵌入式软件设计的方法——DARTS。

8.2.1 DARTS

DARTS 是 design approach for real-time system 的简写，是戈马（H. Gomaa）提出的一套用于嵌入式实时软件系统设计的方法[67][68]。实时软件系统设计方法 DARTS 源于传统的结构设计方法，其中心思想是将嵌入式软件系统结构化成并发任务，并定义这些任务之间的接口。因此，该方法的开发过程可以描述如下。

（1）系统分析：DARTS 采用数据流图方式来描述系统工作流程，这部分和传统软件工程的方法类似，这里不详细讨论。8.2.2 小节将结合四轴飞行器软件设计介绍如何用数据流图来描述系统工作流程。

（2）划分子系统：对于较大规模的嵌入式软件设计，需要根据系统分析结果将系统分解成子系统；对于某些小型系统，这一步可省略。

（3）任务划分：根据系统数据流图及任务划分原则，将系统抽象成可以并发执行的任务集。

（4）定义任务间接口：定义任务之间的界面。

（5）任务设计：利用传统的结构化分析设计方法，对每个任务进行分析设计。

（6）编码实现：根据上述设计结果，在 RTOS 之上编写代码、调试。

上述过程与传统结构设计方法的不同之处主要集中在任务划分、定义任务间接口、任务设计上，下面分别介绍。

1. 任务划分

本阶段的任务是根据系统需求定义的状态图、数据流图及子系统划分的结果，按照 RTOS 的任务特性和嵌入式实时软件任务划分的经验与原则，进行任务的抽象和划分，确定在 RTOS 之上可以并发执行和调度的任务。这些经验和原则是嵌入式软件工程师经由多年开发经验总结而来的。怎么抽象任务、划分多少个任务、任务之间的关系如何都会影响到系统的性能。在将一个软件系统分解成并行任务时，首先需要考虑的是系统内功能的异步性。然后，分析数据流图中的变换，确定哪些变换可以并行，而哪些变换在本质上是顺序执行的。上述工作可参考如下经验和原则。

- **I/O 依赖性**：如果变换依赖于 I/O，则常常受限于 I/O 设备的速度，此时，变换应划分成一个任务（注：在有些情况下也可以以驱动程序的形式运行于 RTOS 中，而非任务形式）。
- **时间关键性**：如果一个变换对时间有很强的要求（如雷达探测），就必须具有高优先级，尽量不允许其他任务抢占其执行。因此，这种变换应设计成一个任务。
- **周期执行**：需要周期执行的变换可以作为一个独立的任务，按一定的时间间隔被激活。
- **时间内聚**：若某些变换要求在同一时间间隔内完成，而且每次事件导致的变换相同，则这些变换可以组成一个任务。
- **功能内聚**：若多个变换所完成的功能紧密相关，且它们之间的信息传递较多，应该将它们合成一个任务，避免更多的系统开销，保证模块级和任务级的功能内聚。
- **计算需求**：若某个或某些变换需要进行大量计算，则可以作为较低优先级任务运行，利用 CPU 处理紧急任务之后的剩余时间。

任务划分之后，需要重新调整数据流图，反映出各任务及任务间的接口。在重画数据流图时，用方框将逻辑上形成一个任务的变换（一个或一组）框起来，一个方框就代表一个任务。系统中划分出的各个任务可以运行在一个处理器上，也可以分配到多个处理器上，具体划分取决于系统的硬件体系结构和系统性能需求。

2. 定义任务间接口

对于一个基于 RTOS 的多任务系统的设计，在抽象和划分出可以并发执行的任务后，接下来就需确定任务与任务之间的协调关系，即定义任务与任务之间的接口。DARTS 定义了两类任务模块来描述任务之间的运行时关系：任务间通信模块（task communication module，TCM）和任务同步模块（task synchronization module，TSM）。这些模块都与 RTOS 提供的系统调用相互对应。

（1）任务间通信模块

TCM 处理任务间的所有通信情况。它包含一个数据结构，并定义了对该结构进行访问的访问过程。这些通信情况对应于 RTOS 的消息队列机制、邮箱机制等。从概念上讲，TCM 总是运行在调用它的任务中，也有可能在两个任务中并发执行，因此访问过程必须提供必要的同步和互斥条件来确保数据的一致性和正确性。TCM 利用了操作系统提供的同步原语，因此，TCM 的实现依系统的不同而不同，但它们的功能在概念上是相似的。DARTS 支持两类不同的 TCM：消息通信模块和信息隐藏模块。

① 消息通信模块。消息通信由一个称为消息通信模块（message communication module，MCM）的 TCM 进行处理，支持松耦合和紧耦合两类消息通信，如图 8.4 所示。aCoral 对应的消息通信模块系统调用及其他任务协调相关的系统调用在 8.2.7 小节中描述。

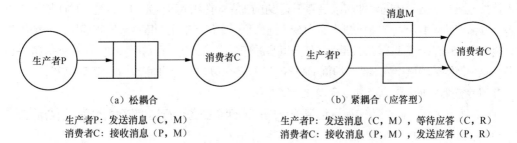

（a）松耦合
生产者P：发送消息（C，M）
消费者C：接收消息（P，M）

（b）紧耦合（应答型）
生产者P：发送消息（C，M），等待应答（C，R）
消费者C：接收消息（P，M），发送应答（P，R）

图 8.4　消息通信模块（MCM）

在松耦合的消息通信中，消息队列包括二进制信号量，用于互斥。事件同步用来在队列满时挂起生产者，在队列空时挂起消费者。访问例程用来发送和接收消息，以及获取和释放消息块。此外，每个消息队列都限定了最大长度。

在紧耦合的消息通信中，队列中只含一个元素，应答的发送和接收通过两个方向各只有一个元素的消息队列来实现，一个用于消息，另一个用于应答。另外，在松耦合的通信中，任务等待一条消息，或等待一个应答到达若干消息队列中的任意一个。当一条消息或一个应答到达时，任务被激活，这是通过使每个消息队列都和一个事件相连来实现的。向一个空的队列加入一条消息，会产生一个事件发生的信号，从而使任务被激活。

② 信息隐藏模块。系统中可能有一些资源（如查询数据、数据池和数据存储区等）可以被两个或更多的任务共享使用，或是只读，或是可读可写。一个被称为消息隐藏模块（information hiding module，IHM）的 TCM 用来实现这一功能，IHM 定义数据存储区和对它

进行访问的访问过程。

图 8.5 所示为消息隐藏模块的访问过程。数据存储区用方框表示，访问在概念上是在任务 A 和任务 B 中执行，箭头指示了任务和数据存储区之间的数据流动方向。

图 8.5　消息隐藏模块的访问过程

（2）任务同步模块

任务同步可用 RTOS 的同步或者事件机制[26][27]来实现：目标任务等待一个事件发生，或源任务发送事件信号激活目标任务。任务同步模块如图 8.6 所示。

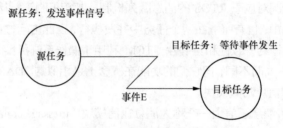

图 8.6　任务同步模块

在 DARTS 中，同步机制被扩展为允许一个任务等待几个事件发生，只要任意一个事件发生，任务就被激活；任务等待的事件可以是用于同步的或是与消息序列有关的。这是一种比较复杂的同步情形，因此需要引入 TSM 的概念。TSM 通常是一个任务的主要模块或监管模块。一个任务中只有一个 TSM，而且只有在需要大量任务同步的任务中才需要。在这个模块中，任务等待一个或多个同步事件或消息序列事件。根据情况不同，任务可以在不同的时间等待不同的事件。

在确定任务之间接口关系时，可以参考如下规则。

① 如果一个任务需要传递信息给另一个任务而两个任务运行速度不同，用松耦合消息序列。这种消息序列由 MCM 处理。

② 如果消息由一个任务传递到另一个任务，但是第一个任务只有在收到后者的回答后才能继续执行时，用紧耦合消息/应答，这也由 MCM 处理。

③ 如果只是需要事件发生的通告，没有数据传输，用事件信号。

④ 需要被两个或多个任务引用的数据区被处理成一个 IHM，在 IHM 中数据结构和获取数据的路由有定义。

⑤ 每个等待多个事件的任务都需要一个 TSM。

3．任务设计

在划分好任务、定义好任务之间的接口后，DARTS 的下一步是设计每个独立的任务，每个任务最终代表一个程序。任务的设计可以首先使用传统的设计方法，如数据流图，然后添加针对任务的实时性限制，详细设计过程见参考文献[69]。

4．系统正确性确保

除了 8.2.1 小节开始描述的几个设计方法和步骤之外，DARTS 提供了验证系统运行时正确性的方法：状态转换模块（state transition module，STM）。任务间状态转换用有限状态机描述，多数情况下是状态转换图（state transition diagram，STD）。STM 中包含了系统现在的状态和对各种合法、非法状态转换进行定义的状态转换表，其工作原理如下。

■ 需要调用 STM 的任务可以将所需的动作当作输入参数。

■ STM 对照状态转换表，检查动作参数是否合法，并给出当前状态。

■ 如果合法，STM 将改变系统状态，如有必要还将反馈正响应到调用的任务。在有些设计中，STM 除了反馈正响应外，还可能返回一个有效动作。否则，将反馈一个负响应。

在 DARTS 中，STM 包含一个对于调用任务来说隐藏的状态转换表，还包含用于检查任务需求有效性和状态转换的接口进程。同其他的 TCM 一样，STM 运行在调用它的任务中。为了保证状态转换是继续执行的，它们必须互斥。同时保证互斥和状态转换速度的办法是在进入 STM 时提高任务的优先级，退出时恢复优先级。

5. DARTS 优缺点

这里总结一下，DARTS 提出的初衷就是针对嵌入式实时软件设计的，它得到了广泛应用，是一种有效的嵌入式实时软件设计的方法和工具，它具有以下优点。

■ 强调把系统分解成并发的任务，并提供抽象和划分任务的经验和依据。强调并发在并发实时系统的设计中非常重要。

■ 针对不同情况，定义了详细的任务间接口，这些接口与 RTOS 提供的系统调用相互对应。

■ 强调用 STD 来验证系统运行时的正确性，这在实时系统的设计中也非常重要。

DARTS 也有一些不足，例如，虽然 DARTS 用 IHM 来封装数据存储，但是它并没有像面向对象设计方法那样完全做到这一点。实际上，它是用结构化的设计方法把任务创建成了程序模块。

为了改进 DARTS，研究者提出了许多扩展方案，包括支持分布式实时应用软件的 DARTS/DA 方法、完全实现数据封装的 ADARTS 和 CODARTS 等。另外，面向对象的统一建模语言也借鉴了 DARTS 以支持嵌入式实时软件设计，并被广泛应用在嵌入式软件工程领域，例如，著名的 Rational Rose RealTime、IBM Rational Rhapsod 等。限于篇幅，不再详述。

8.2.2　系统数据流图

有了第 2 章、第 3 章和第 4 章的嵌入式设计工程储备知识，以及第 5 章的四轴飞行器理论储备知识，就可以用 DARTS 来设计系统了。在第 6 章硬件和软件总体设计基础上，根据各硬件部件（STM32F401RE 主控板、姿态传感器、蓝牙、遥控器接收器、电机）数据手册、姿态解算算法、PID 反馈控制算法，可设计出图 8.7 所示的系统数据流图。

如果说图 6.4 是根据四轴飞行器的原理和数据模型得到的初步的业务流图，那么图 8.7 是根据软件工程和 DARTS 规范得到的一个隐含了软件设计和实现信息（甚至硬件信息）的数据流图，两个图的层次和深度是不同的。

图 8.7 中的深色圆表示与硬件相关的处理模块，包括驱动陀螺仪、驱动加速度计、驱动地磁计、驱动蓝牙、驱动遥控器接收器和驱动 PWM 控制电机等，这些模块往往需要根据硬件数据手册用底层语言设计和实现。从嵌入式软件实现角度看，它们可以是一个基于 aCoral 的中

断服务程序,可以是一个设备驱动程序,还可以是一个任务。这也是嵌入式软件开发的一个特点。此外,处理模块和处理模块之间是它们的通信数据,而箭头表示了通信数据的流向。

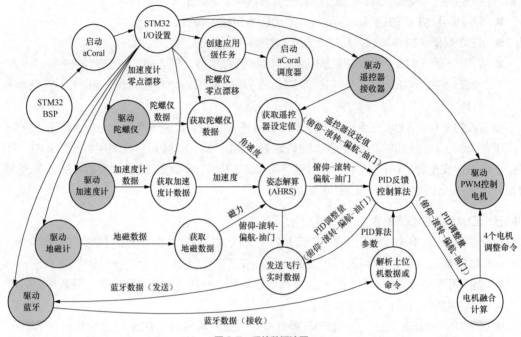

图 8.7　系统数据流图

图 8.7 中的浅色圆表示应用层面的处理模块,包括 STM32 BSP、启动 aCoral、STM32 I/O 设置、创建应用级任务、启动 aCoral 调度器、获取陀螺仪数据、获取加速度计数据、获取地磁数据、姿态解算(AHRS)、获取遥控器设定值、PID 反馈控制算法、电机融合计算、发送飞行实时数据、解析上位机数据或命令等。从嵌入式软件实现角度看,它们可以是一个函数、模块,也可以是一个任务。为了更好地理解数据流图,需要进一步解释各个模块。

(1)**STM32 BSP**:板级支持包(board support package,BSP),完成 STM32 处理器、内存、堆栈等初始化,为 aCoral 的加载和运行创建环境。这部分代码由芯片制造商提供,用户可对其进行定制和修改。

(2)**启动 aCoral**:将 aCoral 加载到内存中,并完成 RTOS 相关的初始化,包括系统支持的任务数、任务空闲 TCB 分配、IDLE 任务创建等,这部分代码由 RTOS 供应商提供或者由开源操作系统开发者提供。详情请回顾第 4 章。

(3)**STM32 I/O 设置**:完成与四轴飞行器控制相关的硬件模块设置,包括系统时钟、中断、姿态传感器 GY-86(MPU6050、HMC5883L)、连接电调的 PWM、连接蓝牙的 USART 等。同时,还要计算加速度计和陀螺仪的零点漂移,以便后续计算加速度和角速度时进行矫正。从这部分开始,需要我们自己根据四轴飞行器的设计需求编写相关代码。详见 8.2.5 小节。

(4)**创建应用级任务**:根据 DARTS 任务划分原则,创建相应数目的任务。这些任务创建好以后,由 aCoral 根据相应调度算法进行调度。

(5)**启动 aCoral 调度器**:在各任务能被调度执行之前,必须使能 aCoral 调度器,否则,即使创建了任务,也不能执行。

(6)**获取陀螺仪数据**:依据相关算法和陀螺仪的零点漂移,解析陀螺仪数据,计算三轴角速度。

（7）**获取加速度计数据**：依据相关算法和加速度计的零点漂移，解析加速度计数据，计算三轴加速度。

（8）**获取地磁数据**：解析地磁数据，计算三轴磁通量。

（9）**姿态解算**：根据三轴角速度、三轴加速度以及三轴磁通量，用 AHRS 算法进行姿态解算（详见 5.5 节），求得当前"俯仰-滚转-偏航-油门"值。

（10）**获取遥控器设定值**：根据遥控器发送过来的控制命令，解析设定的（或期望的）"俯仰-滚转-偏航-油门"值。

（11）**PID 反馈控制算法**：根据当前"俯仰-滚转-偏航-油门"值与遥控器设定的"俯仰-滚转-偏航-油门"值之间的偏差，用 5.6 节增量式 PID 算法，计算"俯仰-滚转-偏航-油门"调整量。

（12）**电机融合计算**：根据四轴飞行器的飞行模式（详见 5.2 节），PID 反馈控制算法确定的"俯仰-滚转-偏航-油门"调整量，供电机调控系统通过 PWM 控制 4 个电机的旋转方向及速度。

（13）**发送飞行实时数据**：将飞行器实时数据（如"俯仰-滚转-偏航-油门"等）发送到上位机显示，以便于系统调试。

（14）**解析上位机数据或命令**：如果由于 PID 反馈控制算法中的 K_p、K_i、K_d 参数设置不合理而造成控制不稳定，可以根据上位机数据重新调整 K_p、K_i、K_d 参数。

8.2.3　任务划分

6.3 节提到，像四轴飞行器这样小型的嵌入式系统，是可以不用 RTOS 的。而我们之所以选用 aCoral，是为了降低开发工作量、难度和提升系统可维护性。这样可以集中更多的精力在四轴飞行器设计本身上，也是为了让读者借此深入掌握 RTOS。由于整个系统的复杂度并不高，数据流图也不太复杂，因此任务的划分相对比较简单。根据任务可并发执行原则，应用 DARTS 任务划分方法（详见 8.2.1 小节），对图 8.7 的数据流图进行任务划分，如图 8.8 所示。

图 8.8 中，用虚线画出了 4 个区域，其中，第一个区域包括 2 个处理模块：STM32 I/O 设置、创建应用级任务。将其划分成一个区域的原因是它们在系统启动后，只执行一次，完成四轴飞行器相关的系统初始化。因此，依据"周期执行"原则（不会周期执行，只执行一次），将其划分为第一个任务。

第二个区域包括 4 个处理模块：获取陀螺仪数据、获取加速度计数据、获取地磁数据、姿态解算（AHRS）。因为这 4 个模块完成的都是与姿态解算密切相关的工作，相关性较大，所以，依据"功能内聚"和"周期执行"原则，将其划分成第二个任务，其运行周期可根据系统性能要求进行设定。

第三个区域包括 3 个处理模块：获取遥控器设定值、PID 反馈控制算法、电机融合计算。因为这 3 个模块完成的都是与反馈控制密切相关的工作，相关性较大，所以，依据"功能内聚"和"周期执行"原则，将其划分成第三个任务，其运行周期可根据系统性能要求进行设定。

第四个区域包括 2 个处理模块：发送飞行实时数据、解析上位机数据或命令。因为这 2 个模块完成的都是与上位机通信密切相关的工作，相关性较大，所以，依据"功能内聚"，将其划分成第四个任务。

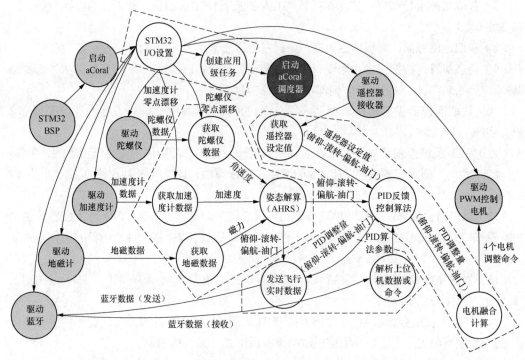

图 8.8　对数据流图进行任务划分

　　这里读者可能会有一个疑问：为什么不对图 8.8 中的深色圆进行划分呢？根据 DARTS 的"I/O 依赖性"，不是也可以划分成单独的任务吗？是的，确实如此，但在本设计方案中，并没有采用该原则。因为 8.2.2 小节提到，从嵌入式软件实现角度看，与硬件相关的处理模块可以是一个基于 aCoral 的中断服务程序，可以是一个设备驱动程序，也可以是一个任务。本方案是将这些模块以驱动程序的形式设计于 aCoral。这样考虑主要是为了更好地确保系统实时性，因为由内核来响应和处理硬件是更快速的。但是这样做的一个不足之处在于，系统的模块性和可维护性不如划分成单独的任务好。另外，在这些深色圆中，还有 3 个是特殊的，其中两个是 STM32 BSP 和启动 aCoral。这两个分别实现在 aCoral 加载和启动之前的板级初始化，类似计算机的基本输入输出系统（basic input output system，BIOS），完成 CPU、时钟、中断、内存、堆栈等设置，为 aCoral 和启动创建运行环境；aCoral 自身的初始化，分配空闲 TCB、创建 IDEL 任务和系统统计任务等[27]。此外，还有一个黑色的圆：启动 aCoral 调度器，这是操作系统工作。当应用级任务创建完成后，只有启动操作系统调度器，才能根据调度算法的调度任务周期执行。

　　经过任务划分之后，重新对数据流图进行梳理和细化，可以得到图 8.9 所示的系统任务结构。图中的圆圈即根据 DARTS 划分的、运行于 aCoral 之上的任务，包括 4 个任务：姿态解算 AHRS、PID 反馈控制、蓝牙上位机通信、启动任务，依次命名为 Task_Angle、Task_PID、Task_COM、Task_Startup。其中，有一个特殊任务 Task_Startup，图中用黑色圆表示，这是系统启动过程中的初始化，包括 STM32 板级初始化、操作系统的启动、各个硬件模块的初始化。硬件模块初始化包括系统时钟、中断、姿态传感器 GY-86（MPU6050、HMC5883L）、连接电调的 PWM、连接蓝牙的 USART、应用级别任务的创建等。

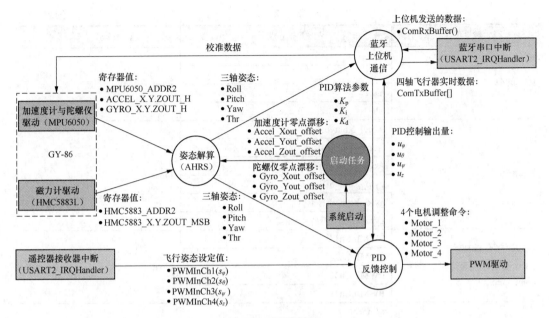

图 8.9 系统任务结构

图 8.9 中的矩形框表示与硬件相关的处理模块，包括角速度计和陀螺仪驱动、遥控器接收器中断、PWM 驱动、蓝牙串口中断和系统启动（包含图 8.8 的 STM32 BSP 和启动 aCoral），以设备驱动程序的形式运行于 aCoral 中。与数据流图一样，图 8.9 中任务之间（或者处理模块与任务之间）是通信数据。这里的通信数据已经可以是更细化的程度了，其命名可以考虑到编码阶段的变量命名和数据结构的定义。下面就这些数据进行总结，如表 8.1 所示，这些数据及其定义可在后续编码阶段直接使用。需要说明的是，虽然图 8.9 比数据流图更加简洁和抽象，但其背后隐含了许多系统设计或者实现阶段的细节，例如，硬件工作流程及驱动设计、各模块内部处理流程、输入输出量大小、各模块的耦合性、数据定义及类型等。尽管目前考虑的一些处理细节或者数据可能会在后续的迭代开发中发生变化，但在该阶段已经可考虑得深入一些了。一个经验丰富的嵌入式软件工程师，甚至在系统分析阶段就开始考虑详细设计和编码阶段的细节了。

表 8.1 系统主要数据及定义

产生数据的模块	数据定义	类型
加速度计	MPU6050_ADDR2	
	ACCEL_XOUT_H	
	ACCEL_YOUT_H	
	ACCEL_ZOUT_H	
陀螺仪	GYRO_XOUT_H	寄存器
	GYRO_YOUT_H	（见芯片手册）
	GYRO_ZOUT_H	
磁力计	HMC5883_ADDR2	
	HMC5883_XOUT_MSB	
	HMC5883_YOUT_MSB	
	HMC5883_ZOUT_MSB	

产生数据的模块	数据定义	类型
姿态解算	Roll	Float
	Pitch	
	Yaw	
	Thr	
启动任务	Accel_Xout_offset	Float
	Accel_Yout_offset	
	Accel_Zout_offset	
	gyro_Xout_offset	
	gyro_Yout_offset	
	gyro_Zout_offset	
遥控器接收器中断 （4 个通道，代表俯仰、滚转、偏航、油门）	PWMInCh1	Float
	PWMInCh2	
	PWMInCh3	
	PWMInCh4	
PID 反馈控制	Motor_1	uint16_t
	Motor_2	
	Motor_3	
	Motor_4	
	u_φ	暂时未使用 （可根据需要增加）
	u_θ	
	u_ψ	
	u_z	
蓝牙串口中断	ComRxBuffer()	uint8_t
蓝牙上位机通信 （对应图 8.7 的 K_p、K_i、K_d）	ComTxBuffer()	暂时未使用 （可根据需要增加）
	Roll_Kp	Float
	Roll_Ki	
	Roll_Kd	
	Pitch_Kp	
	Pitch_Ki	
	Pitch_Kd	
	Yaw_Kp	
	Yaw_Ki	
	Yaw_Kd	
	校准数据	暂时未使用 （可根据需要增加）

当抽象和划分好任务后，需要根据系统工作流，为任务确定优先级和运行周期，供 aCoral 创建任务和内核调度时使用。因此，上述 4 个任务的优先级依次设计为 4、5、6、7，周期依次为 0ms（周期为 0ms 表示该任务只执行一次，不会周期性执行）、4ms、6ms、8ms。总结一下划分的各任务信息，如表 8.2 所示。当然，这些信息可以根据系统的性能要求及自己的情况进行修改。

表 8.2　任务信息

任务名	功能	优先级	堆栈大小/Bytes	运行周期/ms
Task_Startup	启动任务	4	128	只在初始化时执行一次
Task_Angle	姿态解算（AHRS）	5	512	4
Task_PID	PID 反馈控制	6	512	6
Task_COM	蓝牙上位机通信	7	128	8

8.2.4　定义任务间接口

　　根据 DARTS 对任务运行关系的描述，结合图 8.7 和表 8.2，可以确定 4 个任务的运行关系，定义其接口，如图 8.10 所示。

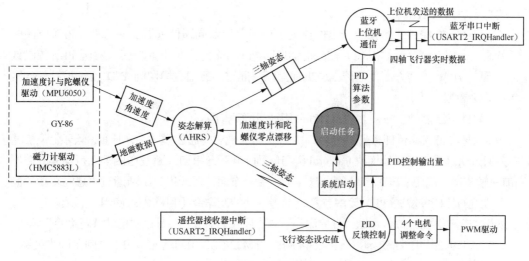

图 8.10　任务间接口

　　（1）加速度计/陀螺仪驱动和姿态解算任务之间采用消息隐藏模块（详见 8.2.1 小节），加速度计/陀螺仪驱动周期性（周期可设定为 1ms）地往消息隐藏模块写入三轴加速度和三轴角速度（详情请参考图 8.9 和表 8.1），而姿态解算任务周期性（其周期见表 8.2）地从消息隐藏模块读取这些数据。消息隐藏模块在 aCoral 中，可以用共享内存或者全局变量的形式实现。

　　（2）磁力计驱动和姿态解算任务之间也采用消息隐藏模块，磁力计驱动周期性（周期可设定为 1ms）地往消息隐藏模块写入三轴磁通量（详细定义请参考图 8.9 和表 8.1），而姿态解算任务周期性（其周期见表 8.2）地从消息隐藏模块读取磁通量数据。

　　（3）姿态解算任务和蓝牙上位机通信任务之间采用松耦合消息通信模块（松耦合消息通信模块通常属于异步通信方式，详见 8.2.1 小节），松耦合消息通信模块在 aCoral 中，以消息队列形式实现。

　　（4）姿态解算任务和 PID 反馈控制任务之间可采用"同步+消息通信"模块，与松耦合消息通信不同的是："同步+消息通信"队列中，姿态解算任务每次只发送一个或一组消息（到消息队列或者邮箱），同时，完成消息发送后，再发送一个同步信号给 PID 反馈控制任务，通知 PID 反馈控制任务（新的三轴数据已经解算完成并存放在消息队列或者邮箱，可以进行 PID 反馈控制了）。换句话说，如果 PID 反馈控制任务没有收到姿态解算任务的同步信号，它是不会执行的。这就是同步机制的作用，即在 PID 反馈控制任务执行之前，必须先确保姿态解算任务先执行。因为只有姿态解算任务得到最新的三轴姿态，并发送给 PID 反馈控制任务后，PID 反馈控制任务才能执行。在 aCoral 中，可以通过信号量来实现任务之间的同步。另外，"同步+消息通信"模块和图 8.4 的紧耦合的消息通信模块是不一样的。紧耦合的消息通信模块中，发送者一次只能发送一个消息（到消息队列），但发送者和接收者之间逻辑上是一应一答，接收者收到消息后，需要发送一个确认消息给发送者，这种通信模块通常用在机器人、机械臂的控制系统设计中，本系统没有采用该模块。

（5）遥控器接收器中断和 PID 反馈控制任务之间采用同步模块，只有当遥控器接收器中断收到最新的遥控器设定值（4 个通道值：三轴姿态与油门值）并发送给 PID 反馈控制任务之后，PID 反馈控制任务才能执行。

（6）启动任务和姿态解算任务之间也采用消息隐藏模块，其间传输的是加速度计和陀螺仪的零漂矫正数据。

（7）PID 反馈控制任务和蓝牙上位机通信任务采用双向通信模式：一方面，PID 反馈控制任务通过松耦合消息通信模块（aCoral 消息队列）向蓝牙上位机通信任务发送 PID 控制数控量，系统调试；另一方面，蓝牙上位机通信任务通过消息隐藏模块向 PID 反馈控制任务发送 PID 算法参数。

（8）PID 反馈控制任务和 PWM 之间采用消息隐藏模块。

（9）蓝牙上位机通信任务和蓝牙串口中断之间也是双向通信模式：一方面，蓝牙上位机通信任务通过松耦合消息通信模块（aCoral 消息队列）向蓝牙串口中断发送四轴飞行器实时数据（当前三轴姿态、油门、PID 控制输出量等）；另一方面，蓝牙串口中断通过消息隐藏模块向蓝牙上位机通信任务发送 PID 算法参数，或者其他控制命令（目前尚未使用，后续可让飞行器功能更加完善，由上位机发送"悬停命令""图片采集命令"，甚至"自动飞行命令"等）。

（10）启动任务和系统启动（包含图 8.8 的 STM32 BSP 和启动 aCoral）之间是同步关系，先完成 BSP 和 aCoral 启动，才能执行启动任务。

8.2.5　任务设计与实现

到目前为止，整个上层应用软件的框架和结构就基本搭建好了，可以通过图 8.7～图 8.10，以及表 8.1 和表 8.2 来体现。这些图中的符号及表中的定义，已经能映射到 RTOS aCoral 的系统调用和编码实现阶段的关键接口与数据结构的定义了。有了上述工作，就可以根据这些设计图表着手任务设计。根据图 8.9 和表 8.2，系统包括 4 个任务：姿态解算（AHRS）、PID 反馈控制、蓝牙上位机通信、启动任务，依次命名为 Task_Angle、Task_PID、Task_COM、Task_Startup，下面依次介绍这 4 个任务的详细设计与实现[1][2]。

1. 姿态解算

姿态解算的理论基础已经在 5.5 节详细介绍了，此处是将理论付诸实践的过程，也是把数

---

[1] 从软件工程的角度，通常软件的设计与实现部分是分开的，先有设计，再有编码实现。这里把设计和实现放在一起，主要原因是：为了有更好的可读性，读者了解了设计后，马上就可以对应到其实现，这样理解和体会将更加深刻；本系统复杂性不高，设计和实现所需要的团队人员不多（大规模的软件开发，涉及人员多、分工细），放在一起不太影响团队分工协作。

[2] 本书强调"To learn by doing"的学习理念，因此，实现部分只给出比较关键的代码。主要是为了让读者更好地理解四轴飞行器设计是如何把理论与工程紧密结合，如何对跨专业的知识进行融会贯通，从而通过点点滴滴建立交叉复合的系统能力。因此，代码实现只是点到为止，剩下的必须通过读者自己实践，把知识转换成能力。

学、计算机、软件工程、空气动力学等知识融会贯通的过程。姿态解算的功能主要是通过传感器（加速度计、陀螺仪和磁力计）读出的数据（详细定义请参考图 8.9 和表 8.1）进行解算处理，得到四轴飞行器的欧拉角实时变化数据，并将其姿态信息输入 PID 控制器以控制四轴飞行器的稳定性。完成一次姿态解算的全过程如下。

步骤 1：首先通过 I²C 协议对传感器进行读写来初始化传感器的相关配置，如设置采样率、低通滤波值（数据的滤波用硬件来实现）、采样范围等。

步骤 2：由于传感器在工艺上存在误差，故要在传感器静置时对其进行零漂矫正。本设计采用静置时采集 2000 组数据后取其平均值当作偏差值，并用所得数据减去偏差的方法（磁力计不需要进行零漂矫正）。若偏差值为 Offset，所得值为 X，则最终值为 Final = X−Offset，得到静置时传感器的理想值。

步骤 3：零漂矫正后，分别通过 I²C 协议不断读取 3 个传感器的 x、y、z 三轴的值，并对其进行单位转换（所设置采样范围不同，转换因子便不同）。

步骤 4：不断将获得的 3 个传感器的共 9 个数据值输入 AHRS 算法（算法原理将在实现部分中说明）函数，实时得到四轴飞行器姿态对应的四元数。

步骤 5：将实时获得的四元数通过公式转换为欧拉角。

为了让读者有更直观的认识，上述过程可用一个流程图表示，如图 8.11 所示。流程图和数据流图的区别在于：流程图强调流程、步骤和逻辑处理，广泛应用在更细节层面的设计，例如算法流程设计、函数流程设计等；而数据流图更多面向数据流向，强调各流程模块之间的关系。因此，两种工具各有侧重，可根据需要用在不同场合。

读者注意到图 8.11 中有一条虚线，其表示：在设计时，我们并没有把上述 5 个步骤全部都放在"姿态解算任务"中。原因有两点：步骤 1 和步骤 2 属于与硬件相关的工作，根据 DARTS 任务划分原则之"I/O 依赖性"，所以将其划在图8.10 中的 GY-86 驱动中（包含加速度计、陀螺仪、磁力计），并以 aCoral 驱动程序形式运行，这样系统的可维护性会更好；步骤 1 和步骤 2 在系统运行过程中都只执行一次，而姿态解算任务（步

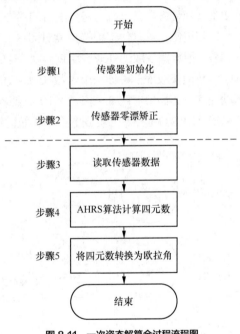

图 8.11　一次姿态解算全过程流程图

骤 3～步骤 5）是要周期性执行的（见表 8.2），因此图 8.10 中的姿态解算任务只包括步骤 3～步骤 5 的内容，是通过名为 Task_Angle 的任务实现的。我们知道，在任务能周期性执行并能被 aCoral 调度之前，必须创建该任务，Task_Angle 的创建将在 8.2.5 小节讨论。此外，步骤 1 和步骤 2 也将在 8.2.5 小节讨论。

如果进一步对姿态解算任务（步骤 3～步骤 5）进行深入分析，就涉及对第 5 章相关知识的灵活应用了，尤其是四轴飞行器飞行模式、刚体位置和姿态的数学表述、四元数、欧拉角等。经过融合之后，可以设计出姿态解算任务的数据流图，如图 8.12 所示。

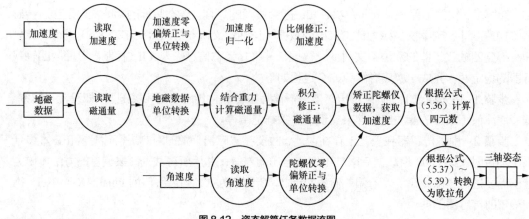

图 8.12　姿态解算任务数据流图

　　这里需要再次强调，要设计出图 8.12 所示的数据流图，必须对空间解析几何学、空气动力学、软件工程、嵌入式系统设计、传感器技术等领域的知识进行融合、灵活应用。此外，同样是做软件开发，但是要设计能支撑四轴飞行器的系统级软件，必须将理论与工程紧密结合、前沿知识与经典知识紧密结合，因为许多软件就是和相关行业紧密结合的。在这种情况下，要求学生必须具备交叉复合与跨界融合的能力，这也是新工科人才培养的理念。

　　言归正传，从软件工程的角度对图 8.12 所示各个处理模块进一步分析，对此图可以做以下划分：把数据获取的处理模块划分在一起，把纯粹算法的模块划分在一起，如图 8.13 所示。其中，数据获取部分设计一个函数 Get_AHRS_Data() 来实现（该函数需要的数据来自 GY-86 驱动程序，详情参考图 8.9 和表 8.1），纯粹计算部分设计一个函数 AHRS_Update() 来实现，这里的 AHRS 就是 5.5 节提到的姿态和航向参考系统算法。

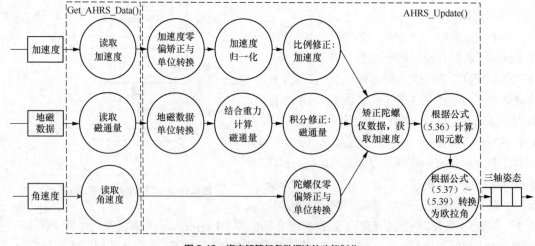

图 8.13　姿态解算任务数据流的功能划分

　　图 8.13 中，Get_AHRS_Data() 通过 I^2C 从 MPU6050 和 HMC5883L 获取加速度、角速度和地磁共 9 轴数据，并对加速度和角速度进行零漂矫正和单位换算，对磁通量进行补码矫正和单位换算。加速度和角速度的零漂矫正利用图 8.11 中步骤 2 获取的零漂偏移量进行矫正（由于加速度在理论上朝上水平放置时，对 z 轴向下有 g 的加速度，而在 x 和 y 轴上均为 0，因此矫正公式略有变化，z 轴的矫正应当再补偿回 g 的数值），此后利用数据手册中给出的换算因子

将其数值转化为所需单位的数值；而磁通量的读取由于存在补码问题，必须将其转换为正常数值，并利用数据手册中给出的换算因子将其数值转换为所需单位的数值[①]。Get_AHRS_Data() 的实现如代码 8.11 所示。

代码 8.11　姿态解算中的获取传感器数据

```c
// 获取传感器 GY-86（MPU6050、HMC5883L）数据
void Get_AHRS_Data(void)
{
    int16_t gyro[3], accel[3];
    uint8_t data_write[14];
    // 读取陀螺仪和加速度的三轴数据
    if(!i2cread(MPU6050_Addr2, ACCEL_XOUT_H, 14, data_write))
    {
        accel[0] = (((int16_t)data_write[0])<<8) | data_write[1];
        accel[1] = (((int16_t)data_write[2])<<8) | data_write[3];
        accel[2] = (((int16_t)data_write[4])<<8) | data_write[5];
        gyro[0] = (((int16_t)data_write[8])<<8) | data_write[9];
        gyro[1] = (((int16_t)data_write[10])<<8) | data_write[11];
        gyro[2] = (((int16_t)data_write[12])<<8) | data_write[13];

        // 加速度计零漂矫正及单位换算, Accel_4_Scale_Factor 为转换因子
        // accel[0] 为实测加速度值, Accel_Xout_Offset 为零点漂移（见图 8.9）
        init_ax = (float)(accel[0] - Accel_Xout_Offset) / Accel_4_Scale_
        Factor;
        init_ay = (float)(accel[1] - Accel_Yout_Offset) / Accel_4_Scale_
        Factor;
        init_az = (float)(accel[2] + (Accel_4_Scale_Factor -Accel_Zout_
        Offset)) / Accel_4_Scale_Factor;
        //陀螺仪零漂矫正及单位换算（转换为弧度制）
        init_gx = ((float)gyro[0] - Gyro_Xout_Offset) / Gyro_500_Scale_
        Factor/ ARC_TO_DEG;
        init_gy = ((float)gyro[1] - Gyro_Yout_Offset) / Gyro_500_Scale_
        Factor/ ARC_TO_DEG;
        init_gz = ((float)gyro[2] - Gyro_Zout_Offset) / Gyro_500_Scale_
        Factor ARC_TO_DEG;
    }
    // 读取磁力计三轴数据
    if(!i2cread(HMC5883L_Addr2, HMC5883L_XOUT_MSB, 6, data_write))
    {
        init_mx = (data_write[0] << 8) | data_write[1];
        init_my = (data_write[4] << 8) | data_write[5];
        init_mz = (data_write[2] << 8) | data_write[3];
```

[①] 由于本书的侧重点是在系统设计上，从小系统到大系统，以真实系统设计为主线逐步阐述相关的重要技术、理论、方式和方法，并且在设计中会涉及多个专业的知识，因此难以面面俱到。有些细节知识点（例如 STM32 的 I/O 控制、磁通量计算等），没有详细介绍，也有意不详细介绍。此外，在系统实现部分，也只给出一些关键的代码及解释，并未提供全部代码。其目的就是留给读者空间和时间自己动手实践，完成整个系统的设计与实现。在实践过程中，带着本书的主线、要领和自己遇到的问题进一步查阅相关资料，这样才能"吃透"相关细节。

```
    // 补码矫正
    if(init_mx > 0x7fff) init_mx-=0xffff;
    if(init_my > 0x7fff) init_my-=0xffff;
    if(init_mz > 0x7fff) init_mz-=0xffff;
    // 单位换算
    init_mx /= 1090.0f;
    init_my /= 1090.0f;
    init_mz /= 1090.0f;
    }
}
```

AHRS_Update()采用了由马奥尼（Mahony）设计的 AHRS 算法[88]。该算法成熟、稳定且准确度较高，被广大开发者使用。其大致原理是以陀螺仪数据为主体，以加速度计和磁力计的数据误差为辅助对陀螺仪数据进行 PI 修正（比例和积分修正，前者收敛加速度和磁通量，后者收敛角速度偏移，PI 修正所采用的参数 K_p 和 K_i 需要经过反复试验得到），然后，利用修正后的加速度值通过毕卡一阶公式对四元数进行更新，最后将四元数转换为欧拉角，完成姿态的解算与更新。AHRS_Update()的实现如代码 8.12 所示。

代码 8.12　AHRS 姿态解算

```
// P参数与I参数：P参数收敛角速度和磁通量，I参数收敛角速度偏移
#define Kp 2.0f
#define Ki 0.005f
// 约翰·卡马克（John Carmack）设计的平方根算法 sprt(value)
float invSqrt(float x)
{
    float halfx = 0.5f * x;
    float y = x;
    long i = *(long*)&y;
    i = 0x5f3759df - (i>>1);
    y = *(float*)&i;
    y = y * (1.5f - (halfx * y * y));
    return y;
}

// AHRS 更新算法，输入为 3 组三轴数据，具体见图 8.9 和表 8.1
// g 代表角速度，a 代表加速度，m 代表地磁数据
void AHRS_Update(float gx, float gy, float gz, float ax, float ay,
float az, float mx, float my, float mz)
{
    float norm;
    float hx, hy, hz, bz, by;
    float vx, vy, vz, wx, wy, wz;
    float ex, ey, ez;
    float q0_old, q1_old, q2_old;
    // 简化后面的运算
    float q0q0 = q0*q0;
    float q0q1 = q0*q1;
```

```
float q0q2 = q0*q2;
float q0q3 = q0*q3;
float q1q1 = q1*q1;
float q1q2 = q1*q2;
float q1q3 = q1*q3;
float q2q2 = q2*q2;
float q2q3 = q2*q3;
float q3q3 = q3*q3;

// 数据归一化
norm = invSqrt(ax*ax + ay*ay + az*az);
ax = ax * norm;
ay = ay * norm;
az = az * norm;
norm = invSqrt(mx*mx + my*my + mz*mz);
mx = mx * norm;
my = my * norm;
mz = mz * norm;

// 计算参考方向上的理论磁通量
hx = 2*mx*(0.5 - q2q2 - q3q3) + 2*my*(q1q2 - q0q3) + 2*mz*(q1q3 + q0q2);
hy = 2*mx*(q1q2 + q0q3) + 2*my*(0.5 - q1q1 - q3q3) + 2*mz*(q2q3 - q0q1);
hz = 2*mx*(q1q3 - q0q2) + 2*my*(q2q3 + q0q1) + 2*mz*(0.5 - q1q1 - q2q2);

// 计算磁通量在方向轴上的值
by = sqrtf((hx*hx) + (hy*hy));
bz = hz;

// 估计重力的方向
vx = 2*(q1q3 - q0q2);
vy = 2*(q0q1 + q2q3);
vz = q0q0 - q1q1 - q2q2 + q3q3;

// 估计磁通量的方向
wx = 2*by*(q1q2 + q0q3) + 2*bz*(q1q3 - q0q2);
wy = 2*by*(0.5 - q1q1 - q3q3) + 2*bz*(q0q1 + q2q3);
wz = 2*by*(q2q3 - q0q1) + 2*bz*(0.5 - q1q1 - q2q2);

// 利用叉积计算出参考方向数值与传感器实测数据值之间的误差
ex = (ay*vz - az*vy) + (my*wz - mz*wy);
ey = (az*vx - ax*vz) + (mz*wx - mx*wz);
ez = (ax*vy - ay*vx) + (mx*wy - my*wx);

// 利用定时器获取更新时间的一半
halfT = Get_AHRS_Time();

// 判断，当误差存在时，进行如下修正
if(ex != 0.0f && ey != 0.0f && ez != 0.0f)
```

```
{
    //积分修正
    exInt = exInt + ex*Ki * halfT;
    eyInt = eyInt + ey*Ki * halfT;
    ezInt = ezInt + ez*Ki * halfT;

    // 比例修正，并将积分修正结果加上来矫正陀螺仪数据
    gx = gx + Kp*ex + exInt;
    gy = gy + Kp*ey + eyInt;
    gz = gz + Kp*ez + ezInt;
}

// 保存上次采样周期中四元数
q0_old = q0;
q1_old = q1;
q2_old = q2;

// 利用毕卡一阶公式更新四元数
q0 = q0_old + (-q1_old*gx - q2_old*gy - q3*gz) * halfT;
q1 = q1_old + ( q0_old*gx + q2_old*gz - q3*gy) * halfT;
q2 = q2_old + ( q0_old*gy - q1_old*gz + q3*gx) * halfT;
q3 = q3 + ( q0_old*gz + q1_old*gy - q2_old*gx) * halfT;

// 四元数归一化
norm = invSqrt(q0*q0 + q1*q1 + q2*q2 + q3*q3);
q0 = q0 * norm;
q1 = q1 * norm;
q2 = q2 * norm;
q3 = q3 * norm;

// 将四元数转换为欧拉角（本系统令 y 轴为飞行器前进方向）
Roll  =  -asin(2*q0*q2 - 2*q1*q3) * ARC_TO_DEG;
Pitch =  atan2(2*q0*q1 + 2*q2*q3, 1 - 2*q1*q1 - 2*q2*q2) * ARC_TO_DEG;
Yaw   =  atan2(2*q1*q2 + 2*q0*q3, 1 - 2*q2*q2 - 2*q3*q3) * ARC_TO_DEG;
}
//后续还须向蓝牙上位机通信任务和 PID 反馈控制任务发送欧拉角数据
//由于篇幅有限，剩下部分留给读者自己完成
......
```

根据图 8.13，将代码 8.11 和代码 8.12 组织在一起，就可实现姿态解算任务的工作，如代码 8.13 所示。这里注意，static void Task_Angle(void *p_arg)是任务 Task_Angle 所对应的执行函数，是一个无限循环函数。任务和任务的执行函数是不一样的，任务的执行函数本身是被动调用的。而当这个函数在 RTOS aCoral 下以任务执行函数的形式与任务建立关联，它就会由被动执行变成主动执行。因为任务是操作系统调度的基本单位，一旦任务被创建，它就会由 RTOS 的调度器来调度执行，所以只要轮到该任务执行时，其对应的执行函数就是以任务的形态主动执行的。这也是裸机面向过程程序设计和基于 RTOS 的多任务程序设计的区别之一。此外，

在任务能够被 RTOS 调度之前，是要先创建的，那与执行函数 static void Task_Angle(void *p_arg) 对应的姿态解算任务 Task_Angle 是什么时候被创建的呢？请参考代码 8.13。

代码 8.13　姿态解算任务的执行函数

```
//姿态解算任务
static void Task_Angle(void *p_arg)
  {
    while(1)
    {
      //获取传感器数据
      Get_AHRS_Data();
      // 更新姿态
      AHRS_Update(init_gx, init_gy, init_gz, init_ax, init_ay,
      init_az, init_mx, init_my, init_mz);
      //调用 aCoral 延时函数，模拟任务的周期
      acoral_delay_self (1);
    }
  }
```

2．PID 反馈控制

PID 反馈控制的理论基础已经在 5.5 节详细介绍了，本节就是将理论付诸实践的过程。PID 反馈控制的主要功能是将姿态解算部分的姿态信息（详细参考图 8.9 和 8.2.5 小节）和遥控器接收器发送的遥控信息（油门、偏航、滚转和俯仰控制）输入 PID 控制器中进行 PID 计算来纠正系统的不稳定性。

本设计在图 5.15 和图 5.16 基础上，参考了相关四轴飞行器稳定性控制的资料，对其进行改造，采用了双闭环 PID 控制器（外环为欧拉角 P 控制，内环为陀螺仪中的角速度 PID 控制）。相比于单环 PID 控制器，由于角速度由陀螺仪采集数据输出，采集值一般不存在受外界影响的情况，且它自身的变化更为敏捷。也就是说，采用双闭环 PID 控制器可以使飞行器恢复稳定状态的速度更快，且在保持机动性的情况下不会出现大幅度过冲现象。以俯仰角为例，外环欧拉角的误差值为当前欧拉角与当前遥控值的差值，进行 P 控制后，将其计算结果输入内环，内环角速度的误差值为外环结果与当前角速度之和。此后进行 PID 控制，将所得结果进行积分限幅和输出限幅后即可得到 PID 输出值。以此类推，可得到 3 个角的 PID 输出值。用 3 个 PID 输出值与遥控油门值进行融合换算后可得到 4 个电机所需的转速（本设计采用的是 X 型飞行器的融合公式，即在 3 个方向上 4 个电机两两成对，一对作用正向力，另一对作用反向力，以此达到飞行器的稳定平衡，详细参考 5.2 节），最终确保飞行器的稳定性。

总而言之，本反馈控制的结构如图 8.14 所示。其中 PWMInCh1（$S_\varphi(t)$）、PWMInCh2（$S_\theta(t)$）、PWMInCh3（$S_\psi(t)$）、PWMInCh4（$S_z(t)$）为遥控器产生的飞行器姿态设定值（详见图 8.9 和图 5.16），Roll（$y_\varphi(t)$）、Pitch（$y_\theta(t)$）和 Yaw（$y_\psi(t)$）为姿态解算得到的当前姿态欧拉角（详见图 8.9、图 5.16 和 8.2.5 小节），Motor_1、Motor_2、Motor_3、Motor_4 为电机融合计算机后产生的发送给 PWM 驱动程序使用的值，用于控制 4 个电机的旋转方向的速度。其他的变量将在代码实现部分进行解释。针对图 8.14，在代码实现阶段时，为了使模块性更好，将电机融合计算之前的步骤划分在一起，通过 PID_Roll_Calculate() 实现。而电机融合计算用

Motor_Calculate()实现，电机融合计算后的参数通过 PWM_Output()发送给 PWM 驱动，实现电机的调整，下面依次进行介绍。

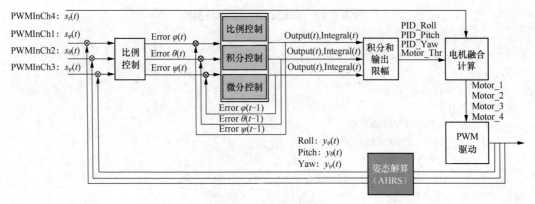

图 8.14 反馈控制结构

PID_Roll_Calculate()通过外环欧拉角 P 控制和内环角速度 PID 控制的共同作用，计算出最终的 PID 输出值。PID 计算大致的流程是在外环中将遥控与当前欧拉角的差值作为误差，经过 P 计算之后将其正输入给内环，在内环中将外环输入与当前角速度之和作为误差并进行 PID 计算（在此之前要将本次误差加入总误差中以进行后续积分计算），之后对积分作用进行限幅，输出 PID 之和的结果后再进行 PID 输出限幅，最后记录本次误差为下次 PID 计算的上次误差，同时输出 PID 最终结果。具体实现如代码 8.14 所示。

代码 8.14 PID 算法实现 PID_Roll_Calculate()

```
// 外环 Roll 角 P 参数和内环 y 轴角速度 PID 参数
float Roll_Kp            = 1.9;
float Roll_Rate_Kp       = 0.70;
float Roll_Rate_Ti       = 0.10;
float Roll_Rate_Td       = 0.01;
// 外环 Pitch 角 P 参数和内环 x 轴角速度 PID 参数
float Pitch_Kp           = 2.4;
float Pitch_Rate_Kp      = 0.70;
float Pitch_Rate_Ti      = 0.10;
float Pitch_Rate_Td      = 0.01;
// 内环 z 轴角速度 PID 参数
float Yaw_Rate_Kp        = 0.70;
float Yaw_Rate_Ti        = 0.10;
float Yaw_Rate_Td        = 0.01;

// Roll 的 PID 计算
void PID_Roll_Calculate(void)
{
 float Proportion;
 float Integral;
 float Derivative;
 float Error, Output;
 // 外环 P 控制并正输入内环 PID 控制中，得到误差值
```

```
Error = Roll_Kp * (Motor_Ail - Roll) + init_qv * 57.295780;
// 误差求和得到总误差
Roll_Err_Sum += Error;
// PID 计算
Proportion = Roll_Rate_Kp * Error;
Integral  = Roll_Rate_Ti * Roll_Err_Sum * Time_dt;
Derivative = Roll_Rate_Td * (Error - Roll_Err_Last) / Time_dt;
// 积分限幅
if(Integral > INTEGRAL_MAX)
{
 Integral = INTEGRAL_MAX;
}
if(Integral < INTEGRAL_MIN)
{
 Integral = INTEGRAL_MIN;
}

// 计算 PID 输出量
Output = Proportion + Integral + Derivative;
// PID 输出量限幅
if(Output > PID_OUTPUT_MAX)
{
 Output = PID_OUTPUT_MAX;
}
if(Output < PID_OUTPUT_MIN)
{
 Output = PID_OUTPUT_MIN;
}
// 本次误差变为上次误差
Roll_Err_Last = Error;
// 输出 PID 最终结果
PID_Roll = Output;
}

// Pitch 的 PID 计算
void PID_Pitch_Calculate(void)
{
float Proportion;
 float Integral;
 float Derivative;
 float Error, Output;
// 外环 P 控制并正输入内环 PID 控制中, 得到误差值
 Error = Pitch_Kp * (Pitch - Motor_Ele) + init_gx * 57.295780;
 // 误差求和得到总误差
 Pitch_Err_Sum += Error;
 // PID 计算
 Proportion = Pitch_Rate_Kp * Error;
 Integral  = Pitch_Rate_Ti * Pitch_Err_Sum * Time_dt;
```

```c
  Derivative = Pitch_Rate_Td * (Error - Pitch_Err_Last) / Time_dt;
  // 积分限幅
  if(Integral > INTEGRAL_MAX)
  {
   Integral = INTEGRAL_MAX;
  }
  if(Integral < INTEGRAL_MIN)
  {
   Integral = INTEGRAL_MIN;
  }
  // 计算 PID 输出量
  Output = Proportion + Integral + Derivative;
  // PID 输出量限幅
  if(Output > PID_OUTPUT_MAX)
  {
   Output = PID_OUTPUT_MAX;
  }
  if(Output < PID_OUTPUT_MIN)
  {
   Output = PID_OUTPUT_MIN;
  }
  // 本次误差变为上次误差
  Pitch_Err_Last = Error;
  // 输出 PID 最终结果
  PID_Pitch = Output;
  }


  // Yaw 的 PID 计算
  void PID_Yaw_Calculate(void)
  {
   float Proportion;
   float Integral;
   float Derivative;
   float Error, Output;
   // 内环误差值
   Error = init_gz * 57.295780 - Motor_Rud;
  // 误差求和得到总误差
  Yaw_Err_Sum += Error;
   // PID 计算
   Proportion = Yaw_Rate_Kp * Error;
   Integral  = Yaw_Rate_Ti * Yaw_Err_Sum * Time_dt;
   Derivative = Yaw_Rate_Td * (Error - Yaw_Err_Last) / Time_dt;
   // 积分限幅
   if(Integral > INTEGRAL_MAX)
   {
    Integral = INTEGRAL_MAX;
   }
   if(Integral < INTEGRAL_MIN)
```

```
{
  Integral = INTEGRAL_MIN;
}
// 计算 PID 输出量
Output = Proportion + Integral + Derivative;
// PID 输出量限幅
if(Output > PID_OUTPUT_MAX)
{
  Output = PID_OUTPUT_MAX;
}
if(Output < PID_OUTPUT_MIN)
{
  Output = PID_OUTPUT_MIN;
}
// 本次误差变为上次误差
Yaw_Err_Last = Error;
// 输出 PID 最终结果
PID_Yaw = Output;
}
```

由于本四轴飞行器机体使用的是 X 字飞行模式，故 Motor_Calculate() 采用的是 X 型飞行器的融合公式。在进行油门融合计算后，还要做一个起飞前不让电机转动的处理，否则电机有可能受到 PID 控制的作用而转动。具体实现如代码 8.15 所示。

代码 8.15 电机融合计算 Motor_ Calculate()

```
// 电机 PID 融合计算
void Motor_Calculate(void)
{
  // 获取 PID 更新时间
  Time_dt = Get_PID_Time();
  // 欧拉角 PID 计算
  PID_Roll_Calculate();
  PID_Pitch_Calculate();
  PID_Yaw_Calculate();
  // X 字飞行模式电机融合公式
  // 左前电机，顺时针
  Motor_1 = (uint16_t)Limit_PWM(Motor_Thr - PID_Pitch - PID_Roll - PID_Yaw);
  // 右前电机，逆时针
  Motor_2 = (uint16_t)Limit_PWM(Motor_Thr - PID_Pitch + PID_Roll + PID_Yaw);
  // 左后电机，逆时针
  Motor_3 = (uint16_t)Limit_PWM(Motor_Thr + PID_Pitch - PID_Roll + PID_Yaw);
  // 右后电机，顺时针
  Motor_4 = (uint16_t)Limit_PWM(Motor_Thr + PID_Pitch + PID_Roll - PID_Yaw);
  // 防止电机起飞前转动
  if(Motor_Thr <= 1050)
  {
    Motor_1 = 1000;
    Motor_2 = 1000;
```

```
        Motor_3 = 1000;
        Motor_4 = 1000;
    }
}
```

四轴飞行器拥有 4 个电调，故要使用 STM32 上一个带有 4 个通道的定时器（TIM3）来对它们进行 PWM 输出控制，如代码 8.16 所示。这里 TIM_SetCompare1(TIM3,DR1)是 STM32 的一个库函数，用于设置 STM32 上 PWM 的占空比来控制电机的旋转速度。其中 TIM3 为定时器的周期，在启动任务中设置（请参考图 8.9 和 8.2.5 小节）。DR1 对应电机融合计算 Motor_Calculate()的第一项输出数据 Motor_1，这样，Motor_1 与 TIM3 的比值就是控制左前电机转速的占空比。因此，Motor_2 与 TIM3 的比值就是控制右前电机转速的占空比，Motor_3 与 TIM3 的比值就是控制左后电机转速的占空比，Motor_4 与 TIM3 的比值就是控制右后电机转速的占空比。

代码 8.16　通过 PWM 输出到电调控制电机

```
void PWM_Output(uint16_t DR1,uint16_t DR2,uint16_t DR3,uint16_t DR4)
{
    TIM_SetCompare1(TIM3, DR1);
    TIM_SetCompare2(TIM3, DR2);
    TIM_SetCompare3(TIM3, DR3);
    TIM_SetCompare4(TIM3, DR4);
}
```

根据图 8.14，将代码 8.14 和代码 8.15 组织在一起，就可实现 PID 反馈控制任务的工作，PID 反馈控制任务的执行函数如代码 8.17 所示。

代码 8.17　PID 反馈控制任务的执行函数

```
static void Task_PID(void *p_arg)
{
    while(1)
    {
        // 获取遥控期望值
        Motor_Expectation_Calculate(PWMInCh1, PWMInCh2, PWMInCh3, PWMInCh4);
        // 通过 PID 控制计算 4 个电机所需转速
        Motor_Calculate();
        // 输出 4 个转速信息给电调控制电机
        PWM_Output(Motor_1, Motor_2, Motor_3, Motor_4);
        // 调用 aCoral 延时函数，模拟任务的周期
        acoral_delay_self(5);
    }
}
```

3. 蓝牙上位机通信

该任务相对比较单一，它主要完成下位机（STM32 飞控主板）向上位机（可以是移动终端，例如，笔记本、智能手机或者 Pad，方便户外调试）发送飞行实时数据、解析上位机数据或命令。四轴飞行器 STM32 和上位机之间是通过串口进行数据传输的（见图 6.3）。在本设

计中，上位机和下位机分别有一个蓝牙模块。上位机与位于上位机上的蓝牙之间的通信配置利用 AT 命令集来实现，通过 AT 命令能够控制下位机蓝牙进行周边蓝牙信号搜索及连接；而下位机与位于下位机上的蓝牙之间的通信利用 USART 来实现。一旦两块蓝牙连接完毕，蓝牙之间便可进行数据传输。不管是数据输入还是输出，下位机的蓝牙都会将数据通过 USART 与下位机进行输入或输出，而下位机通过这些发送出/接收到的数据便可以完成与上位机特定的通信功能。在 USART 中，本设计使用"115200 8n1"数据格式，下位机数据接收利用接收中断来捕获 Rx 线上的信号。目前，蓝牙上位机通信任务主要用于编程过程中的飞行数据实时监视和 PID 参数设置，其实现如代码 8.18 所示。当然，如果后续需要对系统进行扩展，还可加入定高、追踪和定点移动等通信功能。

代码 8.18　蓝牙上位机通信的执行函数

```
// 蓝牙上位机通信
static void Task_COM(void *p_arg)
{
    while(1)
    {
        // 发送实时飞行数据
        Sent_COM();
        // 解析上位机命令
        Get_COM();
        // 调用 aCoral 延时函数，模拟任务的周期
        acoral_delay_self (20);
    }
}
```

4. 启动任务

根据图 8.8 和图 8.9，在系统能正常工作之前，在 STM32 及与飞行相关的输出设备能驱动之前，在姿态解算任务、PID 反馈控制任务、蓝牙上位机通信任务能周期性运行之前，必须先对系统进行启动和初始化，系统启动与初始化总体流程如图 8.15 所示。

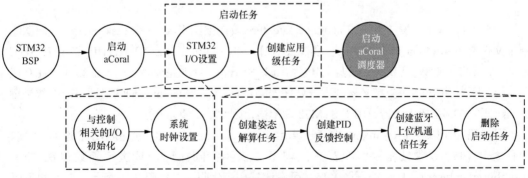

图 8.15　系统启动与初始化总体流程

从基于 RTOS 的任务划分和设计角度看，启动任务 Task_Startup 只是完成系统启动与初始化中的两项工作（其他工作由 BSP 和操作系统完成）：STM32 I/O 设置和创建应用级任务。其中，STM32 I/O 设置包含与飞行器控制相关的 I/O 初始化和 RTOS 的系统时钟设置。创建应

用级任务包括创建姿态解算任务、创建 PID 控制任务、创建蓝牙上位机通信任务和删除启动任务。启动任务执行完后，必须将其从系统中删除。为什么最后要将启动任务删除呢？因为启动任务的使命只是完成图 8.15 中的与四轴飞行器飞行控制相关的硬件和软件的初始化，之后再创建 3 个应用级的任务。它只执行这一次，后续不再执行，也不能再执行，所以要将它从操作系统就绪队列中删除（见代码 8.20），不能让调度器调度其再次执行，而其他 3 个任务是要继续被操作系统调度并按各自周期执行的。

　　接下来的问题是启动任务什么时候被创建呢？在哪里被创建呢？根据图 8.15，当 STM32 完成 BSP 的工作（完成 STM32 处理器、内存、堆栈等初始化，为 aCoral 的加载和运行创建环境，这部分代码由芯片制造商提供）后，STM32 的程序指针会载入 acoral_start()函数的地址，对 aCoral 进行启动和初始化，包括系统支持的任务数、任务空闲 TCB 分配、IDLE 任务创建等。这部分代码由 RTOS 供应商提供或者由开源操作系统开发者提供。接下来，STM32 的程序指针会在 aCoral 启动函数中载入 user_main()函数的地址（在 "…\ aCoral\user\src\user.c" 中，详见第 4 章），执行用户主函数的代码（见代码 8.19）。提到 main()函数，读者都熟悉，刚开始学 C 语言的时候，就是从 main()开始敲代码的。确实，这里的 user_main()就是 RTOS 代码和用户代码的一个分界线，从这里开始，我们就要着手编写与四轴飞行器相关的上层应用程序了。

代码 8.19　aCoral 创建启动函数

```
// 用户主函数
void user_main()
{
  #ifdef CFG_TELNET_SHELL
      user_telnetd();
  #endif
  #ifdef CFG_WEB_SERVER
      user_httpd();
  #endif
    acoral_create_thread(Task_Startup,TASK_STARTUP_STACK_SIZE,NULL,
    Task_Startup,4,0);
}
```

　　代码 8.19 调用了操作系统的 acoral_create_thread()来创建启动任务 Task_Startup，启动任务对应的执行函数名为 Task_Startup，堆栈大小为 128B（通过 TASK_STARTUP_STACK_SIZE 定义），无传入参数，启动任务的名字也为 Task_Startup，其优先级为 4（见表 8.2），在 0 核上运行（因为 aCoral 是支持多核嵌入式处理器的，acoral_create_thread()的最后一个参数是指所创建任务在哪个核上运行，由于 STM32 为单核，因此默认值为 0）。

　　现在已经可以在 user_main()中通过调用 acoral_create_thread()创建启动任务了，那启动任务的执行函数又在哪里呢？其内容是什么呢？同样地，其执行函数也在 "…\ aCoral\user\src\user.c" 中，根据图 8.15，可设计其相应代码，如代码 8.20 所示。有了执行函数，才能通过 acoral_create_thread()成功创建任务；把任务和其执行函数的代码、对应的堆栈、优先级建立联系，执行函数才能由被动的调用变成可以主动执行的、作为操作系统调度基本单位的任务。这是从面向过程的没有 RTOS 的程序设计模式到有 RTOS 的多任务程序设计模式的重要转变。

代码 8.20　启动任务的执行函数 Task_Startup

```
//启动任务的执行函数
static void Task_Startup(void *p_arg)
{
    //与四轴飞行器控制相关的I/O初始化
    Board_Init();
    //系统时钟设置（时基Tick的大小）
    acoral_Ticks_init();

    //创建3个应用级别的任务：Task_Angle、Task_PID和Task_COM
    acoral_create_thread (Task_Angle,TASK_ Angle_STACK_SIZE,NULL, Task_Angle,5,0);
    acoral_create_thread (Task_PID,TASK_ PID_STACK_SIZE,NULL, Task_PID,6,0);
    acoral_create_thread (Task_COM,TASK_ COM_STACK_SIZE,NULL, Task_COM,7,0);

    //启动任务将自己删除（在aCoral中，当启动任务代码执行完后，系统会隐式地调用
    //acoral_thread_exit()函数进行线程退出的相关处理），无须像uc/OS 2要显式调用
    //OSTaskDel(OS_PRIO_SELF)来将自己删除。
}

//与四轴飞行器控制相关的I/O初始化
void Board_Init(void)
{
    //初始化LED，可以提示开发板的工作状况
    Led_Init();
    //初始化串口
    USART2_Init();                                                    L(1)
    //初始化I²C
    I2C1_Init();                                                      L(2)
    //初始化GY-86中的3个传感器
    MPU6050_Init();                                                   L(3)
    HMC5883L_Init();                                                  L(4)
    //初始化用于计算AHRS所需的定时器
    AHRS_Time_Init();                                                 L(5)
    //初始化四元数
    Quat_Init();                                                      L(6)
    //延时一小段时间（delay()为aCoral内核代码），防止电机转动出错
    delay();
    //初始化PWM控制输出端口
    PWM_Out_Init();                                                   L(7)
    //初始化PWM输入捕获端口
    PWM_In_Init();                                                    L(8)
    //延时一小段时间，防止电机转动出错
    delay();
    //初始化用于PID算法所需的定时器
    PID_Time_Init();
    //初始化完毕，点亮LED提示
    GPIO_SetBits(GPIOA, GPIO_Pin_5);
```

显然，代码 8.20 是根据图 8.15 设计的，其中，Board_Init()就是对与四轴飞行器控制系统相关的 I/O 端口的初始化，包括 LED、USART、I^2C、GY-86、PWM、定时器等。这部分代码其实是可以放在启动 aCoral 时进行的（可在 acoral_start()中进行扩展），这样硬件和软件的界限就会更清晰一些。但是这样会造成 RTOS 和应用程序的界限不太分明。因为这部分代码是和四轴飞行器相关的（其他用 STM32 的嵌入式系统不一定用这些端口和代码），所以本设计把它们放在启动 aCoral 时进行。

在完成上述步骤之后，接下来就是调用 acoral_create_thread()完成 3 个应用级别任务的创建：Task_Angle、Task_PID 和 Task_COM，这 3 个任务对应的执行代码已在 8.2.5 小节详细描述了（见代码 8.13、代码 8.17 和代码 8.18），其相应任务参数见表 8.2。到此，aCoral 将 3 个任务和其执行函数的代码、对应的堆栈、优先级建立联系，形成了一个就绪队列。此时，就绪队列中一共有 4 个应用级别的任务：之前创建的 Task_Startup 和新创建的 Task_Angle、Task_PID 和 Task_COM。队列中成员（应用级别的任务成员，不算 aCoral 本身的任务，如 IDLE 任务）就是这 4 个任务的 TCB，TCB 对应的任务执行函数将等待 aCoral 的调度执行。

还需要提到的是：Task_Startup 是一个特殊的启动任务，只执行一次（不会周期性执行）。因此，当它完成使命后，必须把它删除或者挂起。这里我们选择了删除。在 aCoral 中，如果任务不是周期执行的，其代码执行完后，系统会隐式地调用 acoral_thread_exit()函数进行线程退出的相关处理。如果读者使用的 RTOS 是 uc/OS 2，则需在非周期性任务代码结束之处显式调用 OSTaskDel(OS_PRIO_SELF)来将自己删除。

当上述工作完成后，就绪队列就只剩下 Task_Angle、Task_PID 和 Task_COM 这 3 个应用级别的任务了，如图 8.16 所示。接下来，STM32 的程序指针回到操作系统的 acoral_start()函数，并执行 acoral_start_os()函数，启动调度器，由内核调度函数 acoral_sched()根据这 3 个任务的 TCB（包含执行函数的起始地址、堆栈、优先级等信息）来调度其执行。

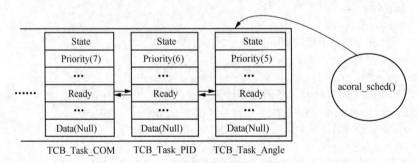

图 8.16　就绪队列中 3 个应用级任务

到此，启动任务的主体已经设计好了。我们再回过头看四轴飞行器控制系统相关的 I/O 端口的初始化 Board_Init()[①]。首先是代码 8.20 L(1)的 USART2_Init()，根据图 6.3 和 8.2.5 小节，上位机和下位机通过蓝牙连接后，两者之间需要通过串口进行数据传输，传输前先要对串口进行初始化。串口初始化的流程大致为先打开 GPIO 和串口线上的时钟，然后将 GPIO 复用为

---

① 硬件端口的初始化是一件相对比较枯燥和烦琐的工作，但很重要，因为这些底层的软件如果不能正确设置，将会影响整个系统的正常工作，因此，需要读者综合应用计算机组成原理、汇编语言与接口技术、ARM 处理器及应用等课程的知识，并且耐心阅读数据手册。可以在互联网上找到丰富的资料或参考代码帮助我们学习和理解。如果找到的代码有错误，甚至编译都过不了，请注意这是正常现象，因为嵌入式软件开发的特点就是这样。开发环境的不同、软件版本的不同、操作系统的不同都可能会引起错误，请保持耐心。不过，这也正好提供了一个绝好的机会去检验之前学习的知识是否已经转换成了能力。

USART 功能并对 GPIO 进行配置，接着配置串口的数据格式为"115200 8n1"并设置其接收中断的相关参数，最后使能配置好的串口。USART2_Init()的具体实现如代码 8.21 所示，有关串口工作原理、初始化及工作流程请参考更基础的资料及 STM32 数据手册[59]。

代码 8.21 USART2_Init()

```
// 串口 USART 初始化
void USART2_Init(void)
{
    GPIO_InitTypeDef GPIO_InitStructure;
    NVIC_InitTypeDef NVIC_InitStructure;
    USART_InitTypeDef USART_InitStructure;

    // 开启 USART2 和 GPIOA 线上的时钟
    RCC_APB1PeriphClockCmd(RCC_APB1Periph_USART2, ENABLE);
    RCC_AHB1PeriphClockCmd(RCC_AHB1Periph_GPIOA, ENABLE);

    // GPIO 复用为串口
    GPIO_PinAFConfig(GPIOA,GPIO_PinSource2,GPIO_AF_USART2);
    GPIO_PinAFConfig(GPIOA,GPIO_PinSource3,GPIO_AF_USART2);

    // 配置将实现串口发送的 GPIO
    GPIO_InitStructure.GPIO_Pin = GPIO_Pin_2;
    GPIO_InitStructure.GPIO_Mode = GPIO_Mode_AF;
    GPIO_InitStructure.GPIO_OType = GPIO_OType_PP;
    GPIO_InitStructure.GPIO_Speed = GPIO_Speed_50MHz;
    GPIO_InitStructure.GPIO_PuPd = GPIO_PuPd_UP;
    GPIO_Init(GPIOA, &GPIO_InitStructure);

    // 配置将实现串口接收的 GPIO
    GPIO_InitStructure.GPIO_Pin = GPIO_Pin_3;
    GPIO_InitStructure.GPIO_OType = GPIO_OType_OD;
    GPIO_InitStructure.GPIO_PuPd = GPIO_PuPd_NOPULL;
    GPIO_Init(GPIOA, &GPIO_InitStructure);

    // 配置串口数据格式为"115200 8n1"
    USART_InitStructure.USART_BaudRate = 115200;
    USART_InitStructure.USART_WordLength = USART_WordLength_8b;
    USART_InitStructure.USART_StopBits = USART_StopBits_1;
    USART_InitStructure.USART_Parity = USART_Parity_No;
    USART_InitStructure.USART_HardwareFlowControl =
    SART_HardwareFlowControl_None;
    USART_InitStructure.USART_Mode = USART_Mode_Tx | USART_Mode_Rx;

    // 激活串口配置
    USART_Init(USART2, &USART_InitStructure);

    // 开启串口接收中断
```

```
    USART_ITConfig(USART2, USART_IT_RXNE, ENABLE);

// 使能串口
    USART_Cmd(USART2, ENABLE);

// 配置 USART2 的 NVIC，其中断处理函数为 USART2_IRQn
    NVIC_InitStructure.NVIC_IRQChannel = USART2_IRQn;
    NVIC_InitStructure.NVIC_IRQChannelPreemptionPriority = 1;
    NVIC_InitStructure.NVIC_IRQChannelSubPriority = 0;
    NVIC_InitStructure.NVIC_IRQChannelCmd = ENABLE;
    NVIC_Init(&NVIC_InitStructure);
}
```

代码 8.20 L(2)是对 I^2C 进行初始化，通过 I^2C 协议对传感器进行读写来初始化传感器的相关配置，如设置采样率、低通滤波值（数据的滤波用硬件来实现）、采样范围等。接下来代码 8.20 L(3)和代码 8.20 L(4)将通过 I^2C 对 MPU6050（包含加速度计和陀螺仪）和 HMC5883L（磁力计）两个元件进行初始化。首先对 MPU6050 进行初始化，通过 I^2C 对其对应地址写入值，写入操作包括解除休眠模式、设置其采样频率为 1kHz、设置其低通滤波带宽为 5Hz、打开旁路以支持磁力计读取、打开 FCFS 操作、设置陀螺仪采集范围为±500°/s 和设置加速度计采样范围为±4g。具体实现如代码 8.22 所示。

代码 8.22　通过 I^2C 初始化 MPU6050

```
// MPU6050（加速度计和陀螺仪）初始化
void MPU6050_Init(void)
{
    //解除休眠状态
    I2C_WriteByte(MPU6050_Addr, PWR_MGMT_1, 0x01);
    //设置采样频率为 1kHz
    I2C_WriteByte(MPU6050_Addr, SMPLRT_DIV, 0x00);
    //设置低通滤波的带宽为 5Hz
    I2C_WriteByte(MPU6050_Addr, CONFIG, 0x06);
    //开启旁路 I²C
    I2C_WriteByte(MPU6050_Addr, INT_PIN_CFG, 0x42);
    //打开 FCFS 操作
    I2C_WriteByte(MPU6050_Addr, USER_CTRL, 0x40);
    //设置陀螺仪采集范围为±500°/s
    I2C_WriteByte(MPU6050_Addr, GYRO_CONFIG, 0x0B);
    //设置加速度计采样范围为±4g
    I2C_WriteByte(MPU6050_Addr, ACCEL_CONFIG, 0x08);
}
```

此后，代码 8.20 L(4)对 HMC5883L 进行初始化，通过 I^2C 对其对应地址写入值，写入操作包括设置其标准数据输出速率为 75Hz、设置其采样范围为±1.3Hz 和设置连续测量模式。具体实现如代码 8.23 所示，其中 I2C_WriteByte 写入函数中第一个参数为设备地址，第二个参数为设备内寄存器地址，第三个参数为期望写入值。

代码 8.23　通过 I²C 初始化 HMC5883L

```
// HMC5883L（磁力计）初始化
void HMC5883L_Init(void)
{
    // 设置标准数据输出速率为 75Hz
    I2C_WriteByte(HMC5883L_Addr, HMC5883L_ConfigurationRegisterA, 0x18);
    // 设置采样范围为±1.3Hz
    I2C_WriteByte(HMC5883L_Addr, HMC5883L_ConfigurationRegisterB, 0x20);
    // 开启连续测量模式
    I2C_WriteByte(HMC5883L_Addr, HMC5883L_ModeRegister, 0x00);
}
```

代码 8.20 L(5)初始化了一个定时器寄存器，该寄存器的设置决定了定时的长短，该时间和 AHRS 算法计算四元数有关，详见公式（5.46）和代码 8.12。代码 8.20 L(6)是对 AHRS 算法中四元数初始值进行设置。

代码 8.20 L(7)用于初始化 PWM 控制输出端口。根据图 6.3，四轴飞行器有 4 个电调，故要使用一个带有 4 个通道的定时器来对它们进行 PWM 输出控制。在 PWM 输出控制前，首先要对定时器进行初始化，大致流程为先开启 GPIO 和定时器线上的时钟，然后配置 GPIO 的相关参数并复用定时器功能，接着配置定时器的相关参数，之后配置定时器为 PWM 输出模式并初始化 4 个 PWM 输出通道，最后使能定时器及其 PWM 输出功能。具体实现如代码 8.24 所示。

代码 8.24　初始化 PWM 控制输出端口

```
// PWM 输出定时器初始化
void PWM_Out_Init(void)
{
    GPIO_InitTypeDef GPIO_InitStructure;
    TIM_OCInitTypeDef TIM_OCInitStructure;
    TIM_TimeBaseInitTypeDef TIM_TimeBaseStructure;
    // 开启 GPIOA 线上的时钟
    RCC_AHB1PeriphClockCmd(RCC_AHB1Periph_GPIOA, ENABLE);
    // 配置 PWM 输出所需的 GPIO
    GPIO_InitStructure.GPIO_Pin = GPIO_Pin_8 | GPIO_Pin_9 | GPIO_Pin_
    10 |GPIO_Pin_11;
    GPIO_InitStructure.GPIO_Mode = GPIO_Mode_AF;
    GPIO_InitStructure.GPIO_OType = GPIO_OType_PP;
    GPIO_InitStructure.GPIO_PuPd = GPIO_PuPd_UP;
    GPIO_InitStructure.GPIO_Speed = GPIO_Speed_50MHz;
    GPIO_Init(GPIOA, &GPIO_InitStructure);
    // GPIO 复用定时器功能
    GPIO_PinAFConfig(GPIOA,GPIO_PinSource8, GPIO_AF_TIM3);
    GPIO_PinAFConfig(GPIOA,GPIO_PinSource9, GPIO_AF_TIM3);
    GPIO_PinAFConfig(GPIOA,GPIO_PinSource10, GPIO_AF_TIM3);
    GPIO_PinAFConfig(GPIOA,GPIO_PinSource11, GPIO_AF_TIM3);
    // 开启 TIM3 线上的时钟
    RCC_APB2PeriphClockCmd(RCC_APB2Periph_TIM3, ENABLE);
    // 配置前先关闭定时器
```

```
        TIM_DeInit(TIM3);
        // 配置 PWM 输出定时器参数，最大值为 2500
        TIM_TimeBaseStructure.TIM_Period = 2500 - 1;
        TIM_TimeBaseStructure.TIM_Prescaler = 80 - 1;
        TIM_TimeBaseStructure.TIM_ClockDivision = TIM_CKD_DIV1;
        TIM_TimeBaseStructure.TIM_CounterMode = TIM_CounterMode_Up;
        TIM_TimeBaseStructure.TIM_RepetitionCounter = 0;
        TIM_TimeBaseInit(TIM3, &TIM_TimeBaseStructure);
        // 配置定时器为 PWM 输出模式
        TIM_OCInitStructure.TIM_OCMode = TIM_OCMode_PWM1;
        TIM_OCInitStructure.TIM_OutputState = TIM_OutputState_Enable;
        TIM_OCInitStructure.TIM_Pulse = 1000;
        TIM_OCInitStructure.TIM_OCPolarity = TIM_OCPolarity_High;
        // 初始化 4 个 PWM 输出通道
        TIM_OC1Init(TIM3, &TIM_OCInitStructure);
        TIM_OC1PreloadConfig(TIM3, TIM_OCPreload_Enable);
        TIM_OC2Init(TIM3, &TIM_OCInitStructure);
        TIM_OC2PreloadConfig(TIM3, TIM_OCPreload_Enable);
        TIM_OC3Init(TIM3, &TIM_OCInitStructure);
        TIM_OC3PreloadConfig(TIM3, TIM_OCPreload_Enable);
        TIM_OC4Init(TIM3, &TIM_OCInitStructure);
        TIM_OC4PreloadConfig(TIM3, TIM_OCPreload_Enable);
        // 开启 ARR 预装载缓冲器
        TIM_ARRPreloadConfig(TIM3, ENABLE);
        // 使能定时器
        TIM_Cmd(TIM3, ENABLE);
        // 使能 TIM3 上的 PWM 输出
        TIM_CtrlPWMOutputs(TIM3, ENABLE);
    }
```

代码 8.20 L(8)用于初始化 PWM 输入捕获端口，根据图 6.3，由于遥控器接收器拥有 4 个有效通道（详见图 8.9、5.3.1 小节和代码 8.14），故选用一个带有四通道的定时器分别捕获这 4 个信号。定时器初始化的大致流程为先开启所用 GPIO 和定时器线上的时钟，然后将 GPIO 复用为定时器功能，之后配置定时器参数和输入捕获功能的相关参数，接着配置定时器的中断，最后启动定时器进行输入捕获。具体实现如代码 8.25 所示。

代码 8.25　初始化 PWM 输入捕获端口

```
    // 输入捕获定时器初始化
    void PWM_In_Init(void)
    {
        GPIO_InitTypeDef GPIO_InitStructure;
        NVIC_InitTypeDef NVIC_InitStructure;
        TIM_ICInitTypeDef TIM_ICInitStructure;
        TIM_TimeBaseInitTypeDef TIM_TimeBaseStructure;
        // 使能 GPIO 的时钟
        RCC_AHB1PeriphClockCmd(RCC_AHB1Periph_GPIOC, ENABLE);
        // 配置所用 GPIO 为复用模式
```

```
GPIO InitStructure.GPIO Pin=  GPIO Pin 6 | GPIO Pin 7 | GPIO Pin 8
|GPIO_Pin_9;
GPIO_InitStructure.GPIO_Mode = GPIO_Mode_AF;
GPIO_InitStructure.GPIO_Speed = GPIO_Speed_50MHz;
GPIO_InitStructure.GPIO_OType = GPIO_OType_PP;
GPIO_InitStructure.GPIO_PuPd = GPIO_PuPd_UP;
GPIO_Init(GPIOC, &GPIO_InitStructure);
// GPIO 复用定时器功能
GPIO_PinAFConfig(GPIOC,GPIO_PinSource6,GPIO_AF_TIM1);
GPIO_PinAFConfig(GPIOC,GPIO_PinSource7,GPIO_AF_TIM1);
GPIO_PinAFConfig(GPIOC,GPIO_PinSource8,GPIO_AF_TIM1);
GPIO_PinAFConfig(GPIOC,GPIO_PinSource9,GPIO_AF_TIM1);
// 使能 TIM1 的时钟
RCC_APB1PeriphClockCmd(RCC_APB1Periph_TIM1, ENABLE);
// 配置前先关闭 TIM1
TIM_DeInit(TIM1);
// 配置定时器相关参数
TIM_TimeBaseStructure.TIM_Period = 0xFFFF;
TIM_TimeBaseStructure.TIM_Prescaler = 80 - 1;
TIM_TimeBaseStructure.TIM_ClockDivision = TIM_CKD_DIV1;
TIM_TimeBaseStructure.TIM_CounterMode = TIM_CounterMode_Up;
TIM_TimeBaseStructure.TIM_RepetitionCounter = 0;
TIM_TimeBaseInit(TIM1, &TIM_TimeBaseStructure);
// 配置输入捕获 4 个通道的参数，此处捕获上升沿为先
TIM_ICInitStructure.TIM_Channel = TIM_Channel_1;
TIM_ICInitStructure.TIM_ICPolarity = TIM_ICPolarity_Rising;
TIM_ICInitStructure.TIM_ICSelection = TIM_ICSelection_DirectTI;
TIM_ICInitStructure.TIM_ICPrescaler = TIM_ICPSC_DIV1;
TIM_ICInitStructure.TIM_ICFilter = 0x0B;
TIM_ICInit(TIM1, &TIM_ICInitStructure);
TIM_ICInitStructure.TIM_Channel = TIM_Channel_2;
TIM_ICInitStructure.TIM_ICPolarity = TIM_ICPolarity_Rising;
TIM_ICInitStructure.TIM_ICSelection = TIM_ICSelection_DirectTI;
TIM_ICInitStructure.TIM_ICPrescaler = TIM_ICPSC_DIV1;
TIM_ICInitStructure.TIM_ICFilter = 0x0B;
TIM_ICInit(TIM1, &TIM_ICInitStructure);
TIM_ICInitStructure.TIM_Channel = TIM_Channel_3;
TIM_ICInitStructure.TIM_ICPolarity = TIM_ICPolarity_Rising;
TIM_ICInitStructure.TIM_ICSelection = TIM_ICSelection_DirectTI;
TIM_ICInitStructure.TIM_ICPrescaler = TIM_ICPSC_DIV1;
TIM_ICInitStructure.TIM_ICFilter = 0x0B;
TIM_ICInit(TIM1, &TIM_ICInitStructure);
TIM_ICInitStructure.TIM_Channel = TIM_Channel_4;
TIM_ICInitStructure.TIM_ICPolarity = TIM_ICPolarity_Rising;
TIM_ICInitStructure.TIM_ICSelection = TIM_ICSelection_DirectTI;
TIM_ICInitStructure.TIM_ICPrescaler = TIM_ICPSC_DIV1;
TIM_ICInitStructure.TIM_ICFilter = 0x0B;
// 激活输入捕获的配置
```

```
        TIM_ICInit(TIM1, &TIM_ICInitStructure);
        // 为定时器配置 NVIC, 中断处理函数为 TIM1_IRQn
        NVIC_InitStructure.NVIC_IRQChannel = TIM1_IRQn;
        NVIC_InitStructure.NVIC_IRQChannelPreemptionPriority = 0;
        NVIC_InitStructure.NVIC_IRQChannelSubPriority = 0;
        NVIC_InitStructure.NVIC_IRQChannelCmd = ENABLE;
        NVIC_Init(&NVIC_InitStructure);
        // 使能定时器中断
        TIM_ITConfig(TIM1,TIM_IT_CC1,ENABLE);
        TIM_ITConfig(TIM1,TIM_IT_CC2,ENABLE);
        TIM_ITConfig(TIM1,TIM_IT_CC3,ENABLE);
        TIM_ITConfig(TIM1,TIM_IT_CC4,ENABLE);
        // 使能定时器
        TIM_Cmd(TIM1, ENABLE);
    }
```

8.2.6 驱动程序实现

8.2.5 小节详细介绍了图 8.9 中各个任务的设计与实现, 还有 5 个任务的模块的实现。在有 RTOS 的环境下, 这些模块通常以驱动程序①的形式实现。不同操作系统有不同的驱动程序实现方式, 有的简单, 但需要开发人员掌握操作系统内核的工程结构, 例如 uc/OS 2、aCoral 等; 有的比较复杂, 但操作系统提供了完善的层次化驱动模型、实现了底层部分, 开发人员只需要配置或者实现与应用程序相关的部分, 例如 ucLinux、VxWorks 等。

1. GY-86 驱动

根据图 8.10 及图 8.11, 在姿态解算任务运行前, 姿态传感器 GY-86 必须提供加速度、角速度和地磁数据。当通过代码 8.22 和代码 8.23 等初始化之后, GY-86 就能够周期性地采集当前的加速度、角速度和地磁数据, 并输入给姿态解算任务。GY-86 在初始化之后, 究竟完成了哪些工作呢? 首先是要获取零漂偏移量, 对其进行矫正; 其次, 传感器自身 (硬件) 完成加速度、角速度和地磁数据计算, 并存放在相应寄存器中, 由姿态解算任务通过 Get_AHRS_Data() 周期性读取 (见代码 8.11)。回过头看, 如何通过软件进行 GY-86 零漂矫正? 这里将通过多次读取 MPU6050 (包括陀螺仪和加速度计) 的值, 并取其平均值作为零漂偏移量, 以便获取后期数据时进行矫正 (由于磁力计在理论上的初始值不会是 0, 故无须进行零漂矫正)。而零漂矫正将在每次四轴飞行器开机和 GY-86 初始化完成后 (见代码 8.22 和代码 8.23) 运行一次, 供之后姿态解算任务使用。以陀螺仪为例 (加速度计的处理与其完全相同), 本设计采用 2000 次读数据求均值, 故在 2000 次内读取陀螺仪三轴数据分别进行求和, 当读取 2000 次完毕后, 取其平均值得到三轴零漂偏移量 Gyro_Xout_Offset、Gyro_Yout_Offset 和 Gyro_Zout_Offset (见表 8.1)。具体实现如代码 8.26 所示。

---

① 驱动程序在不同 RTOS 环境下的设计与实现是嵌入式软件开发的基本功之一, 因为驱动程序是系统硬件和软件的分水岭, 要求学生灵活应用计算机组成原理、汇编语言与接口技术、ARM 处理器及应用、C 语言程序设计、编译原理、操作系统原理等课程的知识点, 也是复杂工程问题能力训练的一种有效渠道。所以, 嵌入式系统开发是一个知识和能力逐步积累的过程, 建议学生做好跑马拉松或者长期坐冷板凳的心理准备。

代码 8.26　GY-86 零漂矫正

```
// 定义零漂偏移量变量
float Gyro_Xout_Offset, Gyro_Yout_Offset, Gyro_Zout_Offset;
float Accel_Xout_Offset, Accel_Yout_Offset, Accel_Zout_Offset;
// 获取陀螺仪三轴零漂偏移量
void Get_Gyro_Bias(void)
{
    uint16_t i;
    int16_t gyro[3];
    int32_t gyro_x = 0, gyro_y = 0, gyro_z = 0;
    static int16_t count = 0;
    uint8_t data_write[6];
    // 读取 2000 次陀螺仪数据
    for(i = 0; i < 2000; i++)
    {
        if(!i2cread(MPU6050_Addr2, GYRO_XOUT_H, 6, data_write))
        {
            gyro[0] = ((((int16_t)data_write[0])<<8) | data_write[1]);
            gyro[1] = ((((int16_t)data_write[2])<<8) | data_write[3]);
            gyro[2] = ((((int16_t)data_write[4])<<8) | data_write[5]);
            // 将 2000 次数据进行求和并统计成功读取次数
            gyro_x += gyro[0];
            gyro_y += gyro[1];
            gyro_z += gyro[2];
            count++;
        }
    }
    // 求平均值后得到陀螺仪三轴零漂偏移量
    Gyro_Xout_Offset = (float)gyro_x / count;
    Gyro_Yout_Offset = (float)gyro_y / count;
    Gyro_Zout_Offset = (float)gyro_z / count;
}
    // 获取加速度计三轴零漂偏移量
void Get_Accel_Bias(void)
{
    uint32_t i;
    int16_t accel[3];
    uint8_t data_write[6];
    float accel_x = 0, accel_y = 0, accel_z = 0;
    static int16_t count2 = 0;
    // 读取 2000 次加速度计数据
    for(i = 0; i < 2000; i++)
    {
        if(!i2cread(MPU6050_Addr2, ACCEL_XOUT_H, 14, data_write))
        {
            accel[0] = (((int16_t)data_write[0])<<8) | data_write[1];
            accel[1] = (((int16_t)data_write[2])<<8) | data_write[3];
```

```
        accel[2] = (((int16_t)data_write[4])<<8) | data_write[5];
        // 将2000次数据进行求和并统计成功读取次数
        accel_x += accel[0];
        accel_y += accel[1];
        accel_z += accel[2];
        count2++;
      }
    }
    // 求平均值后得到加速度计三轴零漂偏移量
    Accel_Xout_Offset = (float)accel_x / count2;
    Accel_Yout_Offset = (float)accel_y / count2;
    Accel_Zout_Offset = (float)accel_z / count2;
}
```

2. 遥控器接收器中断

遥控器接收器接收遥控器发送的命令的流程为在 STM32 定时器中断服务程序中解析出遥控器接收器所接收到的 PWM 信号，并将其数字化处理后输入给 PID 控制任务（见图 8.9 和表 8.1）。本设计中使用的遥控器和接收器包含 4 个通道：副翼、升降舵、油门和方向舵，如 5.3.1 小节所述。因此，需要用一个定时器的 4 个通道来分别输入捕获接收器上 4 个通道的信号输出。其捕获原理为在中断中捕获其上升沿和下降沿的数据，并以此计算出总的高电平时间，再经过限幅之后，将其作为使用的数值。当遥控器上操控杆位于中点时，理论上此时处于 0 点状态，但实际上只有当操控杆位于最某一侧时，才会使得数值最小或最大。故要测出其操控杆位于中点时信号的输出值，并利用这个中点值将未处理的信号数值转换为 $-X \sim +X$ 的数值，并使中点时的信号数值转换为 0（油门通道除外），然后根据自己的控制幅度需要去缩小这些转换后的数值以输入 PID 控制任务。总结一下，遥控器接收器接收遥控器发送的命令的处理流程如图 8.17 所示。其中，步骤 1 是属于启动任务的工作（见代码 8.25），步骤 2 为遥控器接收器中断服务程序。

对于步骤 2，通过中断服务程序来处理遥控器接收器发出的信号。中断服务程序的大致流程为，当某通道捕获到遥控器接收器的信号时，先将中断标志位清除，之后判断是捕获到上升沿还是下降沿：若捕获到上升沿，则获取其值并将中断捕获变换为捕获下降沿；若捕获到下降沿，则获取其值并将中断捕获变换为捕获上升沿。然后判断定时器是否溢出，若溢出则进行处理。最后将下降沿数值与上升沿数值求差，最终获得遥控数据的原始数值：PWMInCh1、PWMInCh2、PWMInCh3 及 PWMInCh4（见表 8.1）。步骤 2 的具体实现如代码 8.27 所示。

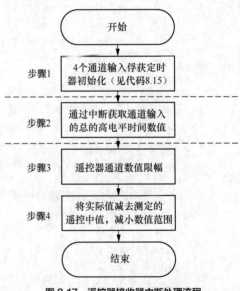

图 8.17 遥控器接收器中断处理流程

代码 8.27　遥控器信号中断捕获

```
//输入捕获定时器中断服务程序
void TIM1_IRQHandler(void)
{
    // 通道1, 捕获 AIL 数据
    if (TIM_GetITStatus(TIM1, TIM_IT_CC1) != RESET)
    {
        // 清除中断标志位
        TIM_ClearITPendingBit(TIM1, TIM_IT_CC1);
        // 若捕获到上升沿
       if(TIM1CH1_CAPTURE_STA == 1)
       {
        // 获取上升沿数据
        TIM1CH1_Rise = TIM_GetCapture1(TIM1);
        // 标志位变为下降沿
        TIM1CH1_CAPTURE_STA = 0;
        // 变换为捕获下降沿模式
        TIM_OC1PolarityConfig(TIM1, TIM_ICPolarity_Falling);
        }
        // 若捕获到下降沿
    else
    {
     // 获取下降沿数据
     TIM1CH1_Fall = TIM_GetCapture1(TIM1);
     // 标志位变为上升沿
     TIM1CH1_CAPTURE_STA = 1;
     // 若定时器溢出则进行补偿处理
  if(TIM1CH1_Fall < TIM1CH1_Rise)
    {
    TIM1_T = 65535;
    }
  else
    {
     TIM1_T = 0;
     }
    // 获得总的高电平时间
    PWMInCh1 = TIM1CH1_Fall - TIM1CH1_Rise + TIM1_T;
    // 变换为捕获上升沿模式
    TIM_OC1PolarityConfig(TIM1, TIM_ICPolarity_Rising);
   }
}
// 通道2, 捕获 ELE 数据
if (TIM_GetITStatus(TIM1, TIM_IT_CC2) != RESET)
{
     TIM_ClearITPendingBit(TIM1, TIM_IT_CC2);
if(TIM1CH2_CAPTURE_STA == 1)
   {
```

```
          TIM1CH2_Rise = TIM_GetCapture2(TIM1);
          TIM1CH2_CAPTURE_STA = 0;
          TIM_OC2PolarityConfig(TIM1, TIM_ICPolarity_Falling);
      }
    else
    {
          TIM1CH2_Fall = TIM_GetCapture2(TIM1);
          TIM1CH2_CAPTURE_STA = 1;
      if(TIM1CH2_Fall < TIM1CH2_Rise)
      {
          TIM1_T = 65535;
      }
      else
      {
          TIM1_T = 0;
      }
      PWMInCh2 = TIM1CH2_Fall - TIM1CH2_Rise + TIM1_T;
      TIM_OC2PolarityConfig(TIM1, TIM_ICPolarity_Rising);
      }
}
// 通道 3, 捕获 THR 数据
if (TIM_GetITStatus(TIM1, TIM_IT_CC3) != RESET)
{
      TIM_ClearITPendingBit(TIM1, TIM_IT_CC3);
    if(TIM1CH3_CAPTURE_STA == 1)
    {
          TIM1CH3_Rise = TIM_GetCapture3(TIM1);
          TIM1CH3_CAPTURE_STA = 0;
          TIM_OC3PolarityConfig(TIM1,TIM_ICPolarity_Falling);
    }
    Else
    {
        TIM1CH3_Fall = TIM_GetCapture3(TIM1);
        TIM1CH3_CAPTURE_STA = 1;
        if(TIM1CH3_Fall < TIM1CH3_Rise)
        {
          TIM1_T = 65535;
        }
        else
        {
          TIM1_T = 0;
        }
        PWMInCh3 = TIM1CH3_Fall - TIM1CH3_Rise + TIM1_T;
        TIM_OC3PolarityConfig(TIM1, TIM_ICPolarity_Rising);
      }
}
// 通道 4, 捕获 RUD 数据
if (TIM_GetITStatus(TIM1, TIM_IT_CC4) != RESET)
```

```
    {
        TIM_ClearITPendingBit(TIM1, TIM_IT_CC4);
      if(TIM1CH4_CAPTURE_STA == 1)
      {

        TIM1CH4_Rise = TIM_GetCapture4(TIM1);
        TIM1CH4_CAPTURE_STA = 0;
        TIM_OC4PolarityConfig(TIM1, TIM_ICPolarity_Falling);
    }
    else
    {

        TIM1CH4_Fall = TIM_GetCapture4(TIM1);
        TIM1CH4_CAPTURE_STA = 1;
        if(TIM1CH4_Fall < TIM1CH4_Rise)
        {
         TIM1_T = 65535;
        }
      Else
       {
         TIM1_T = 0;
       }
      PWMInCh4 = TIM1CH4_Fall - TIM1CH4_Rise + TIM1_T;
      TIM_OC4PolarityConfig(TIM1, TIM_ICPolarity_Rising);
    }
   }
 }
```

对于图 8.17 中的步骤 3 和步骤 4，它们并不属于遥控器接收器中断服务程序的内容，但中断服务程序捕获的数据（如 PWMInCh1、PWMInCh2、PWMInCh3、PWMInCh4）要经过额外的处理才能供 PID 任务使用。从软件设计上考虑，这部分并没有放在中断服务程序中。因为中断服务程序应该主要完成重要的、与中断处理密切相关的工作，而把不太紧急的工作放在中断服务程序以外（通常放在任务执行函数的代码中），这样可以提高系统的实时性（减少实时任务的响应时间）。因此，步骤 3 和步骤 4 用函数 Motor_Expectation_Calculate()实现，在 PID 反馈控制任务中调用（见代码 8.17），属于 PID 反馈控制任务的代码，编译和连接的时候是会放在该任务的代码空间中的。Motor_Expectation_Calculate()的实现如代码 8.28 所示。

代码 8.28　对遥控器接收器中断服务程序获取数据的处理

```
// 遥控数据获取及处理
void Motor_Expectation_Calculate(uint16_t ch1,uint16_t ch2,uint16_t
ch3,uint16_t ch4)
{
   // 通道数值限幅，数值范围定于 1000～2000
   if(ch1 < 1000) { ch1=1000; }
   if(ch1 > 2000) { ch1=2000; }
   if(ch2 < 1000) { ch2=1000; }
   if(ch2 > 2000) { ch2=2000; }
   if(ch3 < 1000) { ch3=1000; }
   if(ch3 > 2000) { ch3=2000; }
```

```
    if(ch4 < 1000) { ch4=1000; }
    if(ch4 > 2000) { ch4=2000; }
    // 各通道进行中点矫正和范围缩小（油门通道除外），将作为 PID 算法的输入（见代码 8.4）
    Motor_Ail = (float)((ch1 - Ail_Mid) * 0.06);
    Motor_Ele = (float)((ch2 - Ele_Mid) * 0.06);
    Motor_Thr = (float)ch3;
    Motor_Rud = (float)((ch4 - Rud_Mid) * 0.10);
}
```

3. 电机 PWM 驱动

四轴飞行器拥有 4 个电调，故要使用 STM32 上一个带有 4 个通道的定时器（如 TIM3）来对它们进行 PWM 输出控制。在通过代码 8.24 对 PWM 控制输出端口进行初始化之后，可以直接调用 STM32 的库函数 TIM_SetCompare1()来设置 STM32 上 PWM 的占空比，达到控制电机旋转速度的目的。这项工作在代码 8.16 中已进行了介绍。由于这部分相对比较简单，且当时为了更好地体现 PID 反馈控制任务描述的完整性，因此将其放在 8.2.5 小节中介绍。

4. 蓝牙串口中断

8.2.5 小节已对上位机与下位机的蓝牙通信流程做了介绍，并且在 8.2.5 小节中，通过代码 8.21 对连接下位机蓝牙模块的 USART 的初始化做了阐述，这里只聚焦串口接收中断服务程序的描述。串口接收中断服务程序获取上位机向下位机发来的命令，其大致的流程为：当捕获到接收中断时，清除标志位和中断标志位，然后将接收到的串口数据按序存入数组 ComRxBuffer[]中以备后续识别命令之用。串口接收中断服务程序的实现如代码 8.29 所示。

代码 8.29　串口接收中断服务程序

```
// 串口接收中断处理函数
void USART2_IRQHandler(void)
{
    static uint8_t Rxcnt=0;
    // 若捕获到接收中断
    if(USART_GetITStatus(USART2, USART_IT_RXNE) != RESET)
    {
        // 清除标志位
        USART_ClearFlag(USART2,USART_FLAG_RXNE);
        // 清除中断标志位
        USART_ClearITPendingBit(USART2, USART_IT_RXNE);
        // 将接收到的串口数据存入数组
        ComRxBuffer[Rxcnt] = (uint8_t)USART_ReceiveData(USART2);
        // 数组下标移动
        Rxcnt++;
        // 若 32 位长度的命令接收完毕，则下标重新开始
        if(Rxcnt == 4)
        {
            Rxcnt = 0;
        }
    }
}
```

此外，上位机蓝牙要与下位机蓝牙连接，必须用上位机通过串口助手向上位机蓝牙发送 AT 命令来实现，如代码 8.30 所示。其大致流程为：先测试蓝牙是否连接上位机，然后搜索附近的蓝牙，最后在搜索出的蓝牙设备中连接下位机蓝牙，数据传输即可开始。

代码 8.30   上位机通过串口助手向上位机端蓝牙发送 AT 命令

```
// 测试蓝牙设备是否正常
AT
// 搜索附近的蓝牙设备
AT+DISC?
// 连接搜索出的第 0 个蓝牙设备
// 本次连接后，下次连接可以直接使用 AT+CONNL 连接上次设备
AT+CONN0
// 连接完毕，上位机与下位机开始数据传输
```

8.2.7　优化系统设计

到此，读者已经可以参考前面的分析、设计和一些要领去实现一个可完成基本飞行功能的四轴飞行器原型系统。如果再通过耐心的测试和不断调试（例如，传感器参数设置与矫正、PID 参数设置、任务采样周期调整等），具有基本功能的、能稳定飞行的四轴飞行器便可成型。但是，仔细梳理一下会发现系统还有很多可以改进优化的空间，毕竟对于软件开发而言，尤其是对于系统级的软件开发而言，优化无止境。

1. 提高飞行控制稳定性

在软件开发中，有一句话：三分编程，七分调试；三分功能，七分性能。的确，当完成了目前的版本后，还需花很多的时间和精力去寻找影响系统稳定性的因素。然后，对各因素进行分析，通过各种渠道（如查阅资料、做实验、数学分析、模拟仿真等）找到解决办法，不断对软件进行完善和优化。

（1）飞行姿态检查的准确性

在这些因素中，其中一个是四轴飞行器飞行姿态是否能被准确实时地检测到，因为获取飞行器当前姿态数据是控制四轴飞行器达到稳定飞行或者悬停的基本前提。这里是用 GY-86（集成了陀螺仪和加速度计）来测量飞行姿态的（见 8.2.5 小节、表 6.1），由于用这类传感器来测量时存在累积误差、漂移和干扰等，因此在使用传感器的值进行姿态的计算之前，要校正相应的传感器。

加速度计测量的对象是加速度，通过比照重力加速度，可以用加速度计测量值来计算出加速度与重力加速度的角度。但是加速度计测量的加速度数据对外部干扰（例如振动）非常敏感。实际运用在飞行器上时，经过实测数据分析，加速度计测得的数据值存在非常多的振动引起的噪声。这些振动噪声主要由电机和螺旋桨的高速转动引起。相比加速度计，陀螺仪测量的数据是角速度。由于其测量数据变化较为缓慢，陀螺仪本身对外部影响不敏感。但是除了前面提及的零点漂移，角速度要通过积分才能计算出来，因此会有累积的误差，运行时间越长，累积误差越大，会引起姿态数据错误。

试验表明：对于加速度计，当四轴飞行器的 4 个电机启动后，GY-86 传感器内部加速度计 x、y、z 三轴的数据带有大量的由高频振动引起的噪声干扰；对于陀螺仪，三轴陀螺仪数据也

存在噪声，只是噪声幅度小于加速度计波形上的噪声。此外，角速度数据通过积分累加计算出角度，系统运行一段时间之后有累积的误差出现。

由于上述原因，通过姿态解算算法计算的四元数是包含误差及噪声的，因此，必须在系统中加入有效的滤波算法，滤除噪声以还原 x、y、z 三轴的加速度，同时将角速度和加速度进行融合，校正陀螺仪的累积误差，从而得到更准确的四轴飞行器姿态。

虽然代码 8.26 进行了零漂矫正，但是这种矫正方法力求的是简单和快速，这是靠"牺牲"精度赢得时间。读者可以尝试使用滤波来提高姿态测量的准确性，这里简单介绍一种经典的滤波方法：卡尔曼滤波。详细的原理及其在本系统中的实现和应用留给读者，有了前面的基础和经验，读者应该已经建立起了复杂工程问题的解决能力、交叉复合的能力，应该已经有信心走出自己的舒适区，融汇更多的与本系统相关的知识。

卡尔曼滤波是由一位匈牙利裔美籍数学家于 1960 年发明的滤波算法，是一个最优化自回归数据处理算法（optimal recursive data processing algorithm）。该算法为了描述整个计算更新的过程，提供了一组有效的递归推算方程组来估计过程的状态量，使其估计均方误差最小化。卡尔曼滤波能够支持对过去、现在甚至未来的状态量的预测估计，即便不知道需要建模的系统的确切性质，该算法也能适用。

卡尔曼滤波的优点是：采用递归法计算，并不需要知道全部过去的值，用状态方程描述状态变量的动态变化规律，因此信号可以是平稳的，也可以是非平稳的。卡尔曼滤波适用于平稳和非平稳过程。从这一点可以看出，采用卡尔曼滤波算法控制姿态的飞行器，其初始状态可以不用是稳态，即平稳起飞。此外，卡尔曼滤波采取的误差准则是估计误差的均方值最小。

卡尔曼滤波的不足是：卡尔曼滤波需要一个过渡过程来进入稳态。卡尔曼滤波需要一定的时间才能使其递归先验误差收敛来进入稳态，这段时间可能相对其他滤波算法来说比较长。此外，卡尔曼滤波实现的关键是找到合适的系统状态迭代模型。在实际系统中，有时很难得到精确的描述，只能用近似的系统模型来替代，即使能够获得精确的模型，也常会因精确的系统状态模型太过复杂、维数过高而与实时处理必须减少计算量及尽量简化模型的要求相矛盾。

除了卡尔曼滤波以外，还有其他的一些滤波算法，例如互补滤波算法等。读者可以考虑尝试多种滤波算法的实现，进行充分试验和评估，并在编码阶段进行充分优化，根据选定的硬件平台在准确性和实时性之间寻找一个折中点，确保系统总体性能最优。

（2）反馈控制稳定性

在 5.6 节，我们介绍了反馈控制的基本思想及 PID 反馈控制模型，在 8.2.5 小节，进一步讨论了如何基于 PID 反馈控制算法，有针对性地对四轴飞行器进行稳定性控制，并给出了实现方案和代码。PID 是经典的反馈控制算法，就其在不同控制系统的应用而言，不同的设计者有不同的模型，而模型本身设计是否合理也会在很大程度上影响系统的稳定性。为此，需要深入了解和掌握 PID 的精髓，并且对四轴飞行器的控制过程、干扰因素、被控制对象的特点和 PID 参数等反复地进行仿真、试验、测试、调试和修改，才能得到一个适合所设计的确保系统稳定的反馈控制模型。这是一个很耗时的过程，在完成这项工作的时候，会更加深刻体会到"三分编程，七分调试"的意义。好了，关于反馈控制稳定性的确保的问题留给读者反复实践，这里只强调 3 个字：沉住气！

2．完成从裸机程序设计到多任务程序设计的转变

前文在某些细节上进行深入分析和研究，从算法和方法的选择、评估、改进和实现阶段的代码优化等方面来完善系统。这里将从系统设计角度来讨论软件结构的优化。本章描述的软件系统的设计，如果从软件工程的角度来看，读者也许会发现前面的设计和实现似乎流露了一些在非操作系统情况下的面向过程的程序设计思想。虽然我们通过acoral_create_thread()创建了 4 个应用级别的任务：Task_Startup、Task_Angle、Task_PID和 Task_COM，操作系统为每个任务分配了 TCB、堆栈、优先级，建立了就绪队列，让 aCoral根据任务 TCB 调度任务执行，但在任务内部的设计却流露了不少轮询系统或前后台系统的痕迹。例如，任务和任务之间的通信、同步等仍然用全局变量和函数调用，没有充分体现多任务程序设计的思想和任务之间的独立性。而且，这样处理可能会造成一些潜在的错误，例如，共享变量读和写的冲突与不一致问题。那如何让系统更加符合多任务程序设计的思路、让代码更加严谨和规范，如何让开发人员充分发挥操作系统提供的服务聚焦在应用层面的程序设计上呢？让我们回头来看图 8.9 和图 8.10，根据 DARTS，我们分别设计了系统任务结构，定义了任务间接口。读者可能发现我们似乎在设计过程中没有用到这些接口，也没有调用 aCoral 相关的系统服务。是的，在刚开始进行多任务程序设计时，不少开发人员都保持了之前程序设计的习惯，还没有完全转变观念：任务是主动执行的、被操作系统调度的和资源拥有的基本单位；任务有很强的独立性；操作系统提供了丰富的服务（例如，通信、同步和互斥等来协同任务之间的执行）。这也是前面呈现的系统和实现没有一步到位的原因，就是要给出这样的例子，让初学者一步步完成设计思想的转变，印象更加深刻，这也是学习的重要环节。

在图 8.10 中，根据 DARTS 定义的这些任务间接口其实完全对应了 RTOS 提供的系统调用，这在图下面的解释中已有说明。如此一来，读者可以尝试利用 aCoral 提供的如下服务来改写之前的设计。

- 使用消息隐藏模块时采用 RTOS 的互斥访问机制（互斥量、信号量）。
  - ➢ acoral_mutex_create()。
  - ➢ acoral_mutex_pend()。
  - ➢ acoral_mutex_post()。
  - ➢ acoral_sem_create()（用于互斥时，信号量的初始值为 1）。
  - ➢ acoral_sem_pend()。
  - ➢ acoral_sem_post()。
- 使用同步模块时采用 RTOS 的同步机制（信号量）。
  - ➢ acoral_sem_create()（用于互斥时，信号量的初始值为 0）。
  - ➢ acoral_sem_pend()。
  - ➢ acoral_sem_post()。
- 使用松耦合消息通信模块时采用 RTOS 的消息通信队列机制。
  - ➢ acoral_msgctr_create()。
  - ➢ acoral_msg_create()。
  - ➢ acoral_msg_send()。
  - ➢ acoral_msg_recv()。

■ 使用"同步+消息通信"模块时采用 RTOS 的邮箱机制，或者使用"消息队列机制+同步机制"。

上述系统服务的基本原理、实现和使用细节请见参考文献[27]，由于篇幅有限，这里不详细展开。在此，仅以图 8.10 中"遥控器接收器中断和 PID 反馈控制任务之间的同步"为例，说明如何通过"消息队列机制+同步机制"实现任务间同步消息传输。

在使用消息队列机制和同步机制之前，必须先在启动任务中创建消息容器和信号量，并完成相关初始化以便后续使用。因此，对代码 8.10 进行改写，增加相关内容（加粗部分），得到代码 8.31。代码中加粗部分为增加的内容（后同）。

代码 8.31　增加消息和同步机制的启动任务

```
//定义消息容器
static acoral_msgctr_t  * pmsgctr
//定义信号量
acoral_evt_t * event;

//启动任务的执行函数
static void Task_Startup(void *p_arg)
{
    //与四轴飞行器控制相关的 I/O 初始化
    Board_Init();
    //系统时钟设置（时基 Tick 的大小）
    acoral_Ticks_init();

    //定义消息容器创建出错时的错误码
    acoral_32 err;
    //创建消息容器
    pmsgctr=acoral_msgctr_create(&err);
    //创建信号量，初始值为 0（当信号量用于同步时，初始值为 0；用于互斥时，值为 1）
    event = acoral_sem_create(0);

    //创建 3 个应用级别的任务：Task_Angle、Task_PID 和 Task_COM
    acoral_create_thread (Task_Angle,TASK_ Angle_STACK_SIZE,NULL, Task_
    ngle,5,0);
    acoral_create_thread (Task_PID,TASK_ PID_STACK_SIZE,NULL, Task_PID,6,0);
    acoral_create_thread (Task_COM,TASK_ COM_STACK_SIZE,NULL, Task_COM,7,0);

    //启动任务将自己删除（在 aCoral 中，当启动任务代码执行完后，系统会隐式地调用
    //acoral_thread_exit()函数进行线程退出的相关处理），无须像 uc/OSⅡ要显式调用
    //OSTaskDel(OS_PRIO_SELF)来将自己删除。
}

//与四轴飞行器控制相关的 I/O 初始化
void Board_Init(void)
{
    //初始化 LED，可以提示开发板的工作状况
    Led_Init();
```

```
//初始化串口
USART2_Init();
//初始化 I²C
I2C1_Init();
//初始化 GY-86 中的 3 个传感器
MPU6050_Init();
HMC5883L_Init();
//初始化用于计算 AHRS 所需的定时器
AHRS_Time_Init();
//初始化四元数
Quat_Init();
//延时一小段时间（delay()为 aCoral 内核代码），防止电机转动出错
delay();
//初始化 PWM 控制输出端口
PWM_Out_Init();
//初始化 PWM 输入捕获端口
PWM_In_Init();
//延时一小段时间，防止电机转动出错
delay();
//初始化用于 PID 算法所需的定时器
PID_Time_Init();
//初始化完毕，点亮 LED 提示
GPIO_SetBits(GPIOA, GPIO_Pin_5);
```

根据图 8.9 和图 8.10，遥控器接收器中断需要以同步方式向 PID 反馈控制任务发送飞行姿态设定值（4 个通道的值）：PWMInCh1、PWMInCh2、PWMInCh3 和 PWMInCh4。这样，遥控器接收器中断为发送者，PID 反馈控制任务为接收者。我们先来改写遥控器接收器中断服务程序（代码 8.27），可得到新的版本，如代码 8.32 所示。

代码 8.32　增加消息和同步机制的遥控器接收器中断服务程序

```
//输入捕获定时器中断服务程序
void TIM1_IRQHandler(void)
{
    // 定义消息指针变量：分别对应 4 个通道的数据
    acoral_msg_t  *pmsg1;
    acoral_msg_t  *pmsg2;
    acoral_msg_t  *pmsg3;
    acoral_msg_t  *pmsg4;

    //定义消息 ID 变量：分别对应 4 个通道的数据
    acoral_u32  ID1=1;
    acoral_u32  ID2=2;
    acoral_u32  ID3=3;
    acoral_u32  ID4=4;
    //定义消息发送时出错的误码 err
     acoral_32 err;
```

```
    // 通道 1，捕获 AIL 数据
    if (TIM_GetITStatus(TIM1, TIM_IT_CC1) != RESET)
    {
        // 清除中断标志位
        TIM_ClearITPendingBit(TIM1, TIM_IT_CC1);
        // 若捕获到上升沿
      if(TIM1CH1_CAPTURE_STA == 1)
      {
        // 获取上升沿数据
        TIM1CH1_Rise = TIM_GetCapture1(TIM1);
        // 标志位变为下降沿
        TIM1CH1_CAPTURE_STA = 0;
        // 变换为捕获下降沿模式
        TIM_OC1PolarityConfig(TIM1, TIM_ICPolarity_Falling);
      }
        // 若捕获到下降沿
      else
        {
        // 获取下降沿数据
        TIM1CH1_Fall = TIM_GetCapture1(TIM1);
        // 标志位变为上升沿
        TIM1CH1_CAPTURE_STA = 1;
        // 若定时器溢出则进行补偿处理
    if(TIM1CH1_Fall < TIM1CH1_Rise)
        {
        TIM1_T = 65535;
        }
    else
        {
        TIM1_T = 0;
        }
        // 获得总的高电平时间
        PWMInCh1 = TIM1CH1_Fall - TIM1CH1_Rise + TIM1_T;
        // 变换为捕获上升沿模式
        TIM_OC1PolarityConfig(TIM1, TIM_ICPolarity_Rising);
    }
}
// 通道 2，捕获 ELE 数据
if (TIM_GetITStatus(TIM1, TIM_IT_CC2) != RESET)
{
        TIM_ClearITPendingBit(TIM1, TIM_IT_CC2);
    if(TIM1CH2_CAPTURE_STA == 1)
    {
        TIM1CH2_Rise = TIM_GetCapture2(TIM1);
        TIM1CH2_CAPTURE_STA = 0;
        TIM_OC2PolarityConfig(TIM1, TIM_ICPolarity_Falling);
    }
    else
```

```
{
    TIM1CH2_Fall = TIM_GetCapture2(TIM1);
    TIM1CH2_CAPTURE_STA = 1;
  if(TIM1CH2_Fall < TIM1CH2_Rise)
  {
     TIM1_T = 65535;
  }
  else
  {
    TIM1_T = 0;
  }
  PWMInCh2 = TIM1CH2_Fall - TIM1CH2_Rise + TIM1_T;
  TIM_OC2PolarityConfig(TIM1, TIM_ICPolarity_Rising);
 }
}
// 通道 3，捕获 THR 数据
if (TIM_GetITStatus(TIM1, TIM_IT_CC3) != RESET)
{
    TIM_ClearITPendingBit(TIM1, TIM_IT_CC3);
if(TIM1CH3_CAPTURE_STA == 1)
{
    TIM1CH3_Rise = TIM_GetCapture3(TIM1);
    TIM1CH3_CAPTURE_STA = 0;
    TIM_OC3PolarityConfig(TIM1,TIM_ICPolarity_Falling);
}
Else
{
 TIM1CH3_Fall = TIM_GetCapture3(TIM1);
 TIM1CH3_CAPTURE_STA = 1;
 if(TIM1CH3_Fall < TIM1CH3_Rise)
 {
     TIM1_T = 65535;
 }
 else
 {
     TIM1_T = 0;
 }
 PWMInCh3 = TIM1CH3_Fall - TIM1CH3_Rise + TIM1_T;
 TIM_OC3PolarityConfig(TIM1, TIM_ICPolarity_Rising);
 }
}
// 通道 4，捕获 RUD 数据
if (TIM_GetITStatus(TIM1, TIM_IT_CC4) != RESET)
{
    TIM_ClearITPendingBit(TIM1, TIM_IT_CC4);
    if(TIM1CH4_CAPTURE_STA == 1)
    {
     TIM1CH4_Rise = TIM_GetCapture4(TIM1);
```

```
            TIM1CH4 CAPTURE STA = 0;
            TIM_OC4PolarityConfig(TIM1, TIM_ICPolarity_Falling);
        }
    else    {
            TIM1CH4_Fall = TIM_GetCapture4(TIM1);
            TIM1CH4_CAPTURE_STA = 1;
            if(TIM1CH4_Fall < TIM1CH4_Rise)
            {
             TIM1_T = 65535;
             }
         Else
         {        TIM1_T = 0;
          }
          PWMInCh4 = TIM1CH4_Fall - TIM1CH4_Rise + TIM1_T;
          TIM_OC4PolarityConfig(TIM1, TIM_ICPolarity_Rising);
         }
     }

    pmsg1=acoral_msg_create(1, &err, ID1, -1, & PWMInCh1);
    pmsg2=acoral_msg_create(1, &err, ID2, -1, & PWMInCh2);
    pmsg3=acoral_msg_create(1, &err, ID3, -1, & PWMInCh3);
    pmsg4=acoral_msg_create(1, &err, ID4, -1, & PWMInCh4);

    acoral_msg_send(pmsgctr, pmsg1);
    acoral_msg_send(pmsgctr, pmsg2);
    acoral_msg_send(pmsgctr, pmsg3);
    acoral_msg_send(pmsgctr, pmsg4);
    //将信号量从 0 变为 1,即发送信号量给 PID 反馈控制任务,表示新数据已产生
    acoral_sem_post(event);
}
```

接下来还须改写 PID 反馈控制任务(代码 8.17),增加判断是否能允许执行的同步的代码和接收消息的代码,具体更改如代码 8.33 所示。

代码 8.33 增加消息和同步机制的 PID 反馈控制任务

```
static void Task_PID(void *p_arg)
{
    // 定义消息指针变量:分别对应 4 个通道的数据
    float  *Recmsg1;
    float  *Recmsg2;
    float  *Recmsg3;
    float  *Recmsg4;

    // 定义消息 ID 变量:分别对应 4 个通道的数据
    acoral_u32  ID1=1;
    acoral_u32  ID2=2;
    acoral_u32  ID3=3;
    acoral_u32  ID4=4;
```

```
            // 定义消息发送时出错的误码 err
             acoral_32 err;

        while(1)
        {
            // 判断遥控器接收器中断服务程序是否发送了同步信号，只有收到后才能执行
            acoral_sem_pend(event);
            // 从消息队列中获取 4 个通道的遥控期望值
            Recmsg1=acoral_msg_recv(pmsgctr, ID1, 0, &err);
            Recmsg2=acoral_msg_recv(pmsgctr, ID2, 0, &err);
            Recmsg3=acoral_msg_recv(pmsgctr, ID3, 0, &err);
            Recmsg4=acoral_msg_recv(pmsgctr, ID4, 0, &err);
            // 4 个通道的遥控期望值的数据处理
            Motor_Expectation_Calculate(*Recmsg1, *Recmsg2, * Recmsg3, *Recmsg4);
            // 当收到遥控器接收器中断服务程序发送的消息并完成相关处理后，
            // 将信号量从 1 重新置为 0，等待遥控器接收器中断服务程序下一次发同步信号
            acoral_sem_post(event);

            // 通过 PID 控制计算 4 个电机所需转速
            Motor_Calculate();
            // 输出 4 个转速信息给电调控制电机
            PWM_Output(Motor_1, Motor_2, Motor_3, Motor_4);
            //调用 aCoral 延时函数，模拟任务的周期
            acoral_delay_self (5);
        }
    }
```

　　将上述过程梳理一下，如图 8.18 所示，是任务之间的消息队列机制和同步通信机制，图中的数字代表从启动任务创建消息容器和信号量，到遥控器接收器中断服务程序创建消息……再到 PID 反馈任务收到信号量并接收消息的步骤顺序。

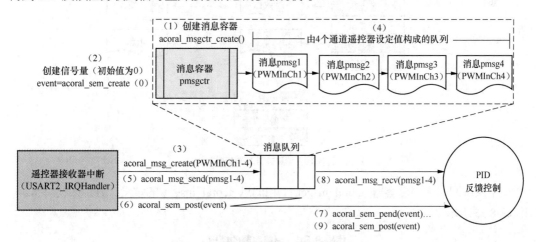

图 8.18　任务之间的消息队列机制和同步机制

　　也许读者觉得，这样改写没有什么特别，反而增加了代码。如果从裸机嵌入式系统开发或者简单 C 语言程序设计的角度来看，这是有道理的。但是如果从软件工程的角度或者从大规

模（large-scaled）的嵌入式系统设计角度看就不同了。因为按照多任务程序设计的思想，要减少各个任务或者模块的耦合性，增加任务的独立性，提高系统的可维护性。

现在我们已经知道了如何通过调用 aCoral 的"消息队列机制+同步机制"实现任务间同步消息传输。也许读者对相关细节还有一些疑惑，为此，接下来就将"消息队列机制+同步机制"相关的 aCoral 代码实现呈现给读者，以便读者深入理解 RTOS 相关知识点，并且以点带面，逐步理解 RTOS 的本质。

我们先来看 aCoral 的消息队列机制，其工作原理如图 8.19 所示。系统定义了一个全局变量 g_msgctr_header，通过它可以查找到任意已创建的消息容器。每一个消息容器都可以根据其参数性质（例如，1VS1、1VSn、nVSn、nVS1 等，这里的 1VS1 是指一对一的消息通信，1VSn 是指一对多的消息通信，nVSn 是指多对多的消息通信，nVS1 是指多对一的消息通信）来实现不同的通信方式。这里的消息容器只是一个线程间的通信结构，如 acoral_msgctr_t，是消息的存储容器。一个消息容器可以通过它的消息链指针成员挂载多条消息结构。而消息结构 acoral_msg_t 是消息的容器，一个消息结构包含一条消息。aCoral 并没有采用数组直接存储消息指针的经典实现形式，而是在消息上又包装了一层结构，这样的实现主要是为了功能上的扩展，只要稍作改进，就可以实现消息功能（如消息最大生存时间、一次唤醒多个等待线程等功能）的进一步增加。

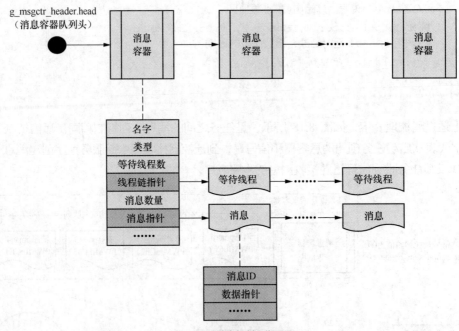

图 8.19　消息机制工作原理

接下来认识一下消息容器 acoral_msgctr_t 和消息 acoral_msg_t 的定义，分别如代码 8.34 和代码 8.35 所示。

代码 8.34　消息容器的结构

```
typedef struct
{
    acoral_res_t       res;
```

```
    acoral 8              *name;              /*名字*/
    acoral_u8             type;               /*类型*/
    acoral_list_t         msgctr_list;        /*全局消息列表*/
    acoral_spinlock_t     spin_lock;          /*自旋锁*/
    acoral_u32            count;              /*消息数量*/
    acoral_u32            wait_thread_num;    /*等待线程数*/
    acoral_list_t         waiting;            /*等待线程指针链*/
    acoral_list_t         msglist;            /*消息链指针*/
} acoral_msgctr_t;
```

- res：资源指针。
- *name：消息容器名字指针。
- type：消息容器的类型（保留）。
- msgctr_list：全局消息容器的挂载钩子。
- spin_lock：自旋锁（多核使用）。
- count：消息容器上已挂消息的数量。
- wait_thread_num：消息容器上已挂等待线程的数量。
- waiting：等待线程指针链，wait_thread_num 为其等待线程数量。
- msglist：消息链指针（count 成员，即消息总共数量）。

代码 8.35　消息的结构

```
typedef struct
{
    acoral_res_t          res;
    acoral_list_t         msglist;
    acoral_u32            id;             /*消息标识*/
        /*消息被接收次数，每被接收一次减 1，直到 0 为止*/
    acoral_u32            n;
    acoral_u32            ttl;            /*消息最大生命周期 Ticks 计数*/
    void*                 data;           /*消息指针*/
} acoral_msg_t;
```

- res：资源指针。
- msglist：挂载钩子成员，用于将消息结构挂载到消息容器上。
- id：消息标识，用于区分一个消息容器不同消息结构类型的成员，通过它可以实现 1VSn 的结构。
- n（保留）：消息被接收次数，每接收一次减 1，直到 0 为止。通过它可以实现一次发送、多次接收的功能。
- ttl（保留）：消息最大生命周期。当一个消息生命周期到时将自动删除，不可以再被接收。
- data：消息指针。

了解了上述两个重要结构后，下面就来讨论如何创建消息容器，以供任务间（或线程间）传递数据使用。创建消息的接口为 "acoral_msgctr_t*　acoral_msgctr_create(acoral_u32 *err)"，如代码 8.36 所示。

代码 8.36　创建消息容器

```
acoral_msgctr_t* acoral_msgctr_create (acoral_u32 *err)
{
    acoral_msgctr_t *msgctr;
    msgctr = acoral_alloc_msgctr();                             L(1)
    if (msgctr == NULL)
        return NULL;
    msgctr->name = NULL;
    msgctr->type = ACORAL_MSGCTR;
    msgctr->count = 0;
    msgctr->wait_thread_num = 0;
    acoral_init_list(&msgctr->msgctr_list);
    acoral_init_list(&msgctr->msglist);
    acoral_init_list(&msgctr->waiting);
    acoral_spin_init(&(msgctr->msgctr_list.lock));
    acoral_spin_init(&(msgctr->msglist.lock));
    acoral_spin_init(&(msgctr->waiting.lock));
    acoral_spin_init(&msgctr->spin_lock);
    acoral_list_add2_tail(&msgctr->msgctr_list,&(g_msgctr_header.
    head));                                                      L(2)
```

代码 8.36 L(1)申请一片内存空间，分配的方式和过程与线程 TCB 的分配类似，即从内存
资源池中获取一个资源对象供消息容器结构 acoral_msgctr_t 使用，"return (acoral_msgctr_t*)
acoral_get_res (&acoral_msgctr_pool_ctrl);"。接下来分别对消息容器各成员进行相应初始化，
最后，代码 8.36 L(2)再将初始化后的消息容器挂到全局消息容器队列 g_msgctr_header 上，
g_msgctr_header 在 message.h 中定义："extern acoral_queue_t g_msgctr_header;"，这样就可
以在任何需要的地方找到这个消息容器。

前面提到，消息容器并不直接包含消息，在消息容器之下，还有一层消息结构。因而消息
的创建，是先创建消息结构，再将消息挂到消息结构的过程，如代码 8.37 所示。

代码 8.37　在消息容器上创建消息

```
acoral_msg_t* acoral_msg_create (
        acoral_u32 n, acoral_u32 *err, acoral_u32 id,
        acoral_u32 nTtl/* = 0*/,
        void* dat /*= NULL*/)
{
    acoral_msg_t *msg;
    msg = acoral_alloc_msg();                                   L(1)
    if (msg == NULL)
        return NULL;
    msg->id   = id;                    /*消息标识*/
    msg->n    = n;                     /*消息被接收次数*/
    msg->ttl  = nTtl;                  /*消息生命周期*/
    msg->data = dat;                   /*消息指针*/
    acoral_init_list(&msg->msglist);                            L(2)
    return msg;
}
```

从上面的实现过程可以看出，一个消息的创建接口需要 5 个参数：消息被接收次数、错误码、消息 ID、生命周期和消息指针（指向将被发送的消息）。其中前 3 个参数都是扩展而引入的，在 aCoral 中只提供了接口和基本实现，但并未在消息传递具体过程中使用。如果需要进行扩展，只需简单更改源代码即可，用于功能的扩充。创建消息时仍然通过代码 8.37 L(1)给消息分配空间。acoral_alloc_msg()的实现与前面 acoral_alloc_msgctr()的实现类似："return (acoral_msg_t*) acoral_get_res (&acoral_msg_pool_ctrl);"。接下来对消息结构成员进行赋值。消息创建好后，代码 8.37 L(2)再将初始化后的消息挂到消息队列 msglist 上，并返回该消息结构指针，在适当的时候可以通过消息发送函数，将该消息结构挂载到消息容器的消息队列上。

接下来看发送任务是如何通过消息容器及其消息发送信息到接收任务的。aCoral 消息发送需要传入的参数是先前创建的消息容器队列和消息队列。消息发送时，首先将包含消息的消息结构挂到消息容器的消息链上，然后判断是否有等待的线程，如果有，则唤醒最高优先级的线程。具体的实现如代码 8.38 所示。

代码 8.38　发送消息

```
acoral_u32 acoral_msg_send(acoral_msgctr_t* msgctr, acoral_msg_t* msg)
{
    acoral_sr      CPU_sr;
    HAL_ENTER_CRITICAL();
    acoral_spin_lock(&msgctr->spin_lock);
    if (NULL == msgctr)
    {
        acoral_spin_unlock(&msgctr->spin_lock);
        HAL_EXIT_CRITICAL();
        return MST_ERR_NULL;
    }
    if (NULL == msg)
    {
        acoral_spin_unlock(&msgctr->spin_lock);
        HAL_EXIT_CRITICAL();
        return MSG_ERR_NULL;
    }
    /*最大消息数限制判断*/
    if (ACORAL_MESSAGE_MAX_COUNT <= msgctr->count)
    {
        acoral_spin_unlock(&msgctr->spin_lock);
        HAL_EXIT_CRITICAL();
        return MSG_ERR_COUNT;
    }
    /*将包含消息的消息结构挂到消息容器的消息链上*/
    msgctr->count++;
    msg->ttl += acoral_get_Ticks();
    acoral_list_add2_tail(&msg->msglist, &msgctr->msglist);
    /*唤醒等待*/
    if (msgctr->wait_thread_num > 0)
    {
```

```
        /*此处将最高优先级唤醒*/
        wake_up_thread(&msgctr->waiting);
        msgctr->wait_thread_num--;
    }
    acoral_spin_unlock(&msgctr->spin_lock);
    HAL_EXIT_CRITICAL();
    acoral_sched();
    return MSGCTR_SUCCED;
}
```

前文提到过 aCoral 消息机制的扩展功能，而要把 aCoral 的扩展功能发挥出来，就需要改动消息的发送函数。代码 8.38 只对应于 1VS1（一对一）的消息发送方式，其他方式（1VSn、nVSn、nVS1 等）的接口已预留，需要时可扩展。

发送到消息队列的消息如何通过消息接收函数来接收呢？消息接收函数的接口为 void* acoral_msg_recv (acoral_msgctr_t* msgctr, acoral_u32 id,acoral_time timeout,acoral_u32 *err)。需要的参数首先是消息容器指针 msgctr，指出要从哪个消息容器接收消息。接下来的两个参数分别指定接收消息的 ID（接收消息 ID，保留，现在的实现中一直指定为 1）和超时时间 timeout，最后一个参数是错误返回码。消息接收的具体实现如代码 8.39 所示。

代码 8.39　接收消息

```
void* acoral_msg_recv (acoral_msgctr_t* msgctr, acoral_u32  id,
acoral_time timeout, acoral_u32  *err)
{
    void          *dat;
    acoral_sr     CPU_sr;
    acoral_list_t *p, *q;
    acoral_msg_t  *pmsg;
    acoral_thread_t *cur;

    if (acoral_intr_nesting > 0)
    {
        *err = MST_ERR_INTR;
        return NULL;
    }
    if (NULL == msgctr)
    {
        *err = MST_ERR_NULL;
        return NULL;
    }

    cur = acoral_cur_thread;
    if(timeout>0){                                        L(1)
    cur->delay = TIME_TO_TickS(timeout);
        timeout_queue_add( cur);
    }
    while(1)
```

```
        {
            p = &msgctr->msglist;                                    L(2)
            q = p->next;
            for( ;p != q; q = q->next)
            {
                pmsg = list_entry( q, acoral_msg_t, msglist);
                if ( (pmsg->id == id) && (pmsg->n > 0))
                {
                    /* 有接收消息*/
                    pmsg->n--;
                    /* 延时列表删除*/
                    timeout_queue_del(cur);
                    dat = pmsg->data;
                    acoral_list_del (q);
                    acoral_release_res ((acoral_res_t *)pmsg);
                    msgctr->count--;
                    return dat;
                }
            }
            /*没有接收消息*/
            msgctr->wait_thread_num++;
            acoral_msgctr_queue_add(msgctr, cur);
            acoral_unrdy_thread(cur);
            acoral_sched();
            /*判断是否有超时*/
            if (timeout>0&&(acoral_32)cur->delay <=0 )
                break;
        }
    /*超时退出*/
//timeout_queue_del(cur);
    if (msgctr->wait_thread_num>0)
        msgctr->wait_thread_num--;
    acoral_list_del (&cur->waiting);
    *err = MST_ERR_TIMEOUT;
    return NULL;
```

代码 8.39 L(1)判断是否需要超时处理，如果 timeout 指定为 0，则不需要超时处理，如果大于 0，则指定超时处理，以 ms 为单位。代码 8.39 L(2)对消息进行接收处理，如果有相应的消息则进行接收，否则会挂到等待队列上。

根据图 8.18，在该情况下还需要实现遥控器接收器中断服务程序和 PID 反馈控制任务消息发送与接收的同步，才能确保系统正确性。aCoral 可用信号量机制实现同步，aCoral 信号量机制不仅可以实现临界资源互斥访问，控制系统中临界资源多个实例的使用，还可以用于维护任务之间、任务和中断之间的同步。当信号量用来实现同步时，其初始值为 0，例如，PID 反馈控制任务等待遥控器接收器中断服务程序获取遥控器 4 个通道产生的飞行姿态期望值，当中断服务程序完成后，中断服务程序通过 acoral_sem_post()发出同步信号量给 PID 反馈控制任务，只有当 PID 反馈控制任务通过 acoral_sem_pend()判断自己已经收到中断服务程序的同步信号后，它才能继续往下执行。也就是说，PID 反馈控制任务将一直处于等待状态，除非获取了中断服务程序发给它的同步信号量。那 aCoral 同步信号量是如何实现的呢？这留给读者自己思考和实践。

8.3 本章小结

本章讨论了在自己设计的硬件基础上搭建、配置与设计四轴飞行器控制系统运行支持软件（嵌入式实时操作系统 aCoral），具体包括嵌入式操作系统移植、接口驱动设计等工作；再在 aCoral 之上，详细设计与实现其四轴飞行器应用子系统，包括搭建软件总体架构、飞行状态获取、姿态解算、PID 反馈控制器的设计、系统集成、飞行稳定性调试与试验、系统测试与优化等。通过一年半的动手实践，完成上述工作后，基本的系统结构构建能力即可形成。

习题 8

1. 将嵌入式实时操作系统 aCoral 移植在自己设计的 STM32 嵌入式开发板上，需要完成哪些工作？

2. 根据可完成一个基本飞行功能的四轴飞行器软件总体设计，用 DARTS 对其软件子系统进行概要设计、详细设计。

3. DARTS 是通过什么方式来定义任务之间的接口的？这些形式化的接口表示方法和第 4 章嵌入式实时操作系统提供的 API 之间是如何对应的？

4. 根据图 8.10，GY-86 驱动获取的数据是如何传输给姿态解算任务的？从编程实现角度，GY-86 驱动和姿态解算任务需要做些什么工作才能保证数据的正确性和一致性？

5. 根据图 8.10，如何确保姿态解算任务和 PID 反馈控制任务之间的同步关系？

6. GY-86 是一种能获取四轴飞行器飞行姿态的传感器，如何驱动 GY-86 的加速度计、角速度计和陀螺仪来实时获取飞行姿态数据？这些姿态数据如何转换成欧拉角？又如何转换成四元数？为什么要转换成四元数？

7. 请设计出基于 GY-86 的姿态解算任务的数据流图。

8. 请根据图 8.14，编程设计该反馈控制结构图，并以 PID 反馈控制任务的形式来实现。

9. 从系统结构角度出发，需要从哪些方面进行优化才能更好地提升系统性能？

第五部分
设计一个避障寻径四轴飞行器

第四部分（第 5~8 章）介绍了一个完成基本功能的四轴飞行器设计和实现过程，该过程是按照嵌入式系统开发模式（第 1 章）来展开的，包括总体设计、硬件设计、软件设计等环节。这是一个中小规模的完整的嵌入式系统设计，如果学生按照流程一步步走完，通常情况下，需要 3 个学期的时间（包含上课、考试的时间）。完成这个流程，初步的系统结构的能力、交叉复合的能力就形成了，如果再通过一年的企业实习，这些能力就会得到强化，逐渐形成专业素养。如果在此过程中，经过了长期的人文社会科学和自然科学的素质培养，在毕业时就可以成为一个卓越工程师后备人才[①]。

在第四部分的基础上，第五部分将讨论一个更为复杂、综合度更高的嵌入式系统设计：一个能完成基本避障寻径功能的四轴飞行器。如果说之前的能完成基本功能的四轴飞行器设计更多是面向工程的，那么能完成基本避障寻径功能的四轴飞行器更多是面向工程与理论密切结合的，充分体现"理论来自实践，理论指导实践"的本质；如果说能完成基本功能的四轴飞行器设计更多是"站马步"式的基本功训练，那么能完成基本避障寻径功能的四轴飞行器更多是"站在巨人肩膀上"的系统构建与性能优化的实战与探索；如果说能完成基本功能的四轴飞行器设计更多是面向系统功能的、面向基本能力的培养，那么能完成基本避障寻径功能的四轴飞行器就是面向系统性能的、面向核心能力培养的，是素质培养、交叉复合能力培养的升级和升华；如果说设计能完成基本功能的四轴飞行器设计要花一年半时间，那么设计能完成基本避障寻径功能的四轴飞行器要再花一年半时间。因此，这项系统化的工程能力训练方案可延伸到研究生阶段，实现新工科教育改革中工程能力培养的"本硕贯通"。

---

① 在该培养路径中，本方案是以嵌入式系统设计为主线，以四轴飞行器系统为载体展开的。该路径只是众多路径中的一个，还有很多其他的途径和方式可以达到同样效果，例如设计一个机械手臂、自主行驶的模型车、游戏引擎等（不一定是新颖的系统，从头到尾自己实现一个经典系统也是一个很好的选择）。当然无论哪种方式都要经过精心设计、严格实施、手脑并重、有效落实，才能达到目的。

避障寻径四轴飞行器软件总体设计

09 chapter

9.0　综述

第四部分的四轴飞行器仅能完成基本稳定飞行，在系统设计过程中，都是围绕如何确保四轴飞行器稳定飞行而展开，包括各类传感器、姿态解算、反馈控制、硬件设计和软件设计等方面。在四轴飞行器能够稳定飞行后，要解决的主要问题就转向如何能让四轴飞行器在多传感器帮助下避障寻径飞行。在众多的研究中，其中一种是通过计算机视觉技术来确定四轴飞行器的位置与姿态信息，进而通过控制算法控制无人机的飞行。这方面主要利用计算机图形学、数字信号处理、几何学等方面的知识。

在设计一个能完成基本飞行功能的四轴飞行器时，我们的定位是"由零开始、自己动手、做中学、再造一个轮子"。按照进阶式挑战性项目Ⅰ/Ⅱ/Ⅲ的路线，综合应用各阶段所学课程的核心知识进行实践。而在本阶段，设计一个能完成基本避障寻径功能的四轴飞行器，复杂度、跨学科性、难度与理论深度都更高。因此，本阶段将采用成熟的商用四轴飞行器及高性能的嵌入式处理平台进行系统设计，不探讨硬件子系统设计；在软件设计方面，将上升到软件工程的角度，站在"巨人肩膀"上，充分利用开源社区代码，组织并构建软件系统。在此基础上，充分利用嵌入式硬件特性进行并行优化。虽然本阶段看上去是组装和集成的工作，但问题并不那么简单，原因是：如果没有前序阶段"再造一个轮子"来形成自己的基本系统结构构建能力和初步交叉复合能力，是无法完成这个阶段的系统设计的；该阶段的有些研究和理论分析及改进的成分，从系统角度而言，不是随便把硬件、开源软件攒在一起，就能形成一个可靠、可用、满足性能要求的系统的。因此，这个阶段需要更高层次的系统能力、分析问题解决问题能力、跨界融合能力、理论与工程有机融合能力，读者也正好通过这个阶段的训练来逐步形成这些能力。

总而言之，第五部分将讨论一个具有基本实时避障寻径功能的四轴飞行器设计和实现的流程及技术要领，即在成熟商用四轴飞行器基本构建的基础上（机架、电机、飞行控制模块等），搭载高性能的异构多核嵌入式开发平台，基于双目摄像头、超声波传感器等输入，采用立体视觉算法实时计算飞行器与前方障碍物距离、飞行路径，再将飞行路径数据发送给四轴飞行器的飞控模块控制飞行器飞行轨迹，并应用 SLAM 进行三维地图重建。

9.1　选定开发平台

根据本部分设计目标，对系统功能和性能要求、当前主流的四轴飞行器及嵌入式开发平台进行充分评估，选用大疆可供二次开发的四旋翼无人机经纬 Matrice M100 作为四轴飞行器，简称 M100。其上搭载了双目摄像头 GUIDANCE 与嵌入式平台 Tegra K1 等，如图 9.1 所示，图 9.1（a）为 M100，图 9.1（b）为 GUIDANCE 双目摄像头，图 9.1（c）为异构多核嵌入式平台 Tegra K1。Tegra K1 为妙算的核心板，可以理解为妙算是在 Tegra K1 平台中增加了一些外设。整套系统质量约为 3kg，在运行 Manifold 妙算的情况下飞行器能够飞行 8min 左右。

(a) M100　　　　　(b) GUIDANCE双目摄像头　　　(c) 异构多核嵌入式平台Tegra K1

图 9.1　系统部件与嵌入式开发平台

9.1.1　经纬 M100

　　M100 是大疆发布的一款面向开发者、可供二次开发的四轴飞行器。大疆为该飞行器配置了稳定飞控模块，该模块是大疆的核心业务之一。在本书第四部分介绍了该模块的基本原理、设计和实现的技术要领。但这还只是一个原型系统，用于学习和"站马步"是足够了，要做成一个稳定的、成熟的产品，还有很多细节需要处理。由于本部分的定位不在于飞行控制，而在于飞行控制之上的避障寻径飞行子系统，因此直接选用商用的飞行控制模块。除此以外，M100 配置了 GPS 模块、一套飞行过程中躲避障碍物系统，以及 Phantom 和 Inspire 无人机的软件开发者套件[①]。M100 支持通过程序控制飞行器，并且在 GUIDANCE 启动的情况下可在无 GPS 信号的情况下辅助增强稳定性。

9.1.2　异构多核嵌入式平台

　　我们在设计轮询系统和前后台系统时，选用的是 Arm9 Mini2440；在设计完成基本飞行功能的四轴飞行器时，选用的是 Arm STM32。而这一部分，我们将选用一款高性能的异构多核嵌入式开发平台。因为嵌入式系统设计的一个特点是：根据需求量身制作。要实现一个基于计算机视觉的能实现基本避障寻径功能的四轴飞行器时，这样复杂和密集的计算是 Arm9 Mini2440 和 Arm STM32 远远无法承载的。在此，有必要更多地了解一下异构多核嵌入式平台。

　　回顾第 1 章，早期的嵌入式平台大多由一个微处理器和诸多外设组成，对于计算任务不复杂的场景，其计算量与速度已经可以满足需求。但随着图形图像技术、人工智能的发展，人们对嵌入式平台计算能力的需求也越来越高，就像我们将要设计的基于计算机视觉的四轴飞行器。同时，由于物理极限、工艺等原因，仅一个微处理器已经不能满足当前任务对计算量的需求。因此，异构多处理器迅速发展起来。异构多核是指由不同体系结构的处理器核心组成的计算平台，能够发挥不同体系结构的优势、弥补劣势，进而组成强大的计算处理平台。常见的异构多核处理平台通常由以下几种体系架构的处理器组成：Arm、x86、GPU、DSP、现场可编程门阵列（field programmable gate array，FPGA）等。其中，Arm、x86 通用处理器作为主核，其他类型的处理器作为从核。由主核负责调度控制，从核负责特定功能的计算处理。在异构多核系统中，通常将特定应用放到特定的加速处理器核上进行加速处理。例如在 Arm+GPU 的平台上，图形任务的处理放到 GPU 上进行并行加速处理，Arm 负责逻辑任务的管理与调度。

　　异构多处理器中的体系结构不同，造成其运行的指令也互不相同。这就需要根据硬件体系

嵌入式系统设计——基于 Arm 处理器的进阶式项目实战

---

① 本着学习和能力训练的目的，本阶段没有使用这些模块（只使用了飞行控制模块）。原因是：通过自己动手实现所需模块的方式来强化系统能力和提升素质；这些模块也还在不断完善和升级。

结构来设计安排软件指令的逻辑。例如在英伟达的 GPU 中运行的程序，必须按照英伟达的硬件架构，使用计算统一设备体系架构（compute unified device architecture，CUDA）进行软件设计，否则极易造成软件运行效率低下，错误频发。

超威半导体（advanced micro devices，AMD）公司于 2001 年推出了加速处理器（accelerated processing unit，APU）异构多处理器。相当于将 GPU 整合进了 CPU 的架构中，并且在图形处理核心中实现了通用处理器的一些功能，例如分页、抢占等。德州仪器（texas instruments，TI）于 2004 年推出了开放多媒体应用平台（open multimedia application platform，OMAP）系列处理器，通常使用 Arm+DSP 异构多核。Arm 作为主核，用于逻辑控制；DSP 作为协处理器，加速特定应用。随后 TI 整合更多的异构核心，生产拥有更强大计算能力的设备。IBM 与 SONY 在 2007 年联合发布了 Cell 处理器。作为第一款被用于商业的高性能异构处理器，它被大量用于高性能计算、游戏等领域。Cell 处理器由 1 个 Power 主核和 8 个执行矢量运算的从核组成。英伟达于 2014 年发布的 Tegra K1 SoC 异构多核嵌入式开发平台，简称 TK1[①]，以及其随后发布的 TX1、TX2 嵌入式系统都由 Arm+GPU 组成。其性能强大，功耗较低，并且支持英伟达的 CUDA 编程，非常适合进行图形图像处理。

大疆基于 TK1 发布了与 M100 配套的异构多核嵌入式开发平台。妙算的核心板使用的就是英伟达的 TK1，也是本部分讨论的四轴飞行器选用的开发平台。TK1 拥有 4 个最高频率为 2.2GHz 的 Arm Cortex-A15 CPU，1 个 Kepler 架构 GPU，包含 192 个 CUDA 核心，浮点计算能力高达 326GFLOPS。并且其外设丰富，包含多个 USB 接口、高清多媒体接口（high definition multimedia interface，HDMI）、网口、迷你高速串行计算机扩展总线标准（Mini peripheral component interconnect express，Mini PCIE）、UART 串口等。

TK1 与桌面 GPU 显著不同的是其与 CPU 共享内存，而没有独立的显存。在传统 GPU 架构中，GPU 一般拥有一块较大的显存。在运算时，数据首先从内存复制到显存，再进行运算，运算完毕后由显存复制回内存。目前在英伟达 Volta 架构中，显存的速度已经能达到 900GB/s，而从内存复制到显存需要经过 PCI-E（PCI express）总线，其速度最快只有 63GB/s。PCI-E 严重限制了 GPU 的性能发挥，使 GPU 经常在等待从 PCI-E 传输数据。

在 TK1 计算平台中，CPU 与 GPU 共享一段内存空间，不通过 PCI-E 传输数据，所以可以减少额外的内存复制消耗，它们的架构如图 9.2 所示。GPU 可以直接访问内存数据进行计算，而不需要复制到自己的显存中。这个技术被称为"零复制"。TK1 及之后的 Tegra X1、Tegra X2 都使用共享内存，对大部分应用来说，这大大加快了应用的执行速度。

可以看出，TK1 是专门针对图像处理、计算机视觉等应用场合而设计的高性能异构嵌入式开发平台，比之前学生使用的 Arm9 Mini2440 和 Arm STM32 要高级很多。因此，本部分的四轴飞行器就是基于该平台，也只有选择这样级别的平台才能满足系统计算的需要。与平台的升级相对应，正是有了前面的训练作为基础，到这一步时学生才会心中有数，毕竟"罗马不是一天建成"的；另一方面，当学生在这个阶段进行系统设计和编码实现的时候，才会更加深刻地体会到，前面"站的马步"是多么有必要！

---

① TK1 开发板已经默认安装了 L4T（Linux for Tegra，当前版本是 19.2）、GSTREAMER 包和 CUDA 6.0 软件开发工具包（software development kit，SDK）等软件基础开发环境。读者可以在此环境开发基于计算机视觉的、能避障寻径的四轴飞行器应用软件系统。当该环境与读者选用的开源上层应用代码（例如 SLAM、深度图计算、三维图重建等）环境不匹配时，就可能要重新安装和配置该基础开发环境（包括 Linux 版本、CUDA 版本、开源代码依赖的库等）。这是一项烦琐而细致的工作。不过好消息是：经过前面的轮询系统、前后台系统和能完成基本功能的四轴飞行器设计之后，应该已经建立了基本的系统结构构建能力，到这一步的时候，就不会胆怯，而会得心应手。

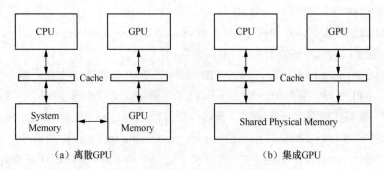

图 9.2　离散 GPU 与集成 GPU 的架构

9.1.3　双目视觉传感器

既然是基于计算机视觉技术的四轴飞行器，就需要摄像装置来作为系统的主要输入源。本部分采用大疆双目摄像头（或者双目视觉传感器）GUIDANCE，如图 9.3 所示。它包含视觉传感模块和视觉处理模块，其中，视觉传感模块包括两个摄像头（双目，分辨率均为 320px×240px）和两个超声波传感器；视觉处理模块集成了 IMU。GUIDANCE 是一套为智能导航提供参考信息的传感系统，综合利用了超声波传感器摄像头实时检测周围环境。GUIDANCE 的目标是为四轴飞行器提供速度、位置及障碍物距离等信息，在没有 GPS 信息的情况下实现避障和环境感知等功能。

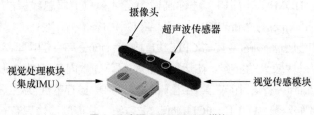

图 9.3　大疆 GUIDANCE 模块

这里需要说明的是，GUIDANCE 可通过高性能计算单元，根据双目图像生成深度图。但由于目前版本的 GUIDANCE 噪点较多，效果不佳，故本部分未使用它生成的深度图，而是在 TK1 上通过软件实现深度图计算。

9.1.4　平台物理结构

整个多核异构嵌入式开发平台的硬件结构如图 9.4 所示，M100 飞行器上搭载了双目摄像头 GUIDANCE 与异构多核嵌入式开发平台 Manifold 妙算。其中 GUIDANCE 负责拍摄双目图像数据及生成超声波数据，通过 USB 接口将数据传往妙算平台，由寻径系统通过 GUIDANCE 的 SDK 进行接收。寻径系统生成的控制飞行器航行的指令经过 UART 串口发往 M100 飞行器的飞控模块中，通过飞控模块指导飞行器的飞行。寻径系统通过 Wi-Fi 模块将图像数据发往 PC 端，由 PC 端进行同步定位与地图构建工作，即 SLAM。PC 也可以通过 Wi-Fi 模块调试妙算平台中的寻径系统。

可以看出，寻径系统整体运行在妙算平台中，仅通过 PC 实现调试功能与其余附加任务。遥控器负责在起始阶段将飞行器的飞行姿态调整到稳定状态。

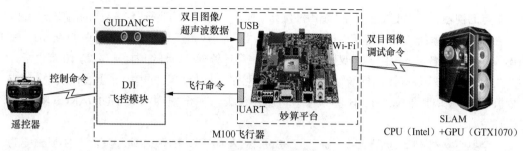

图 9.4　硬件结构

9.2　软件总体设计

9.1.2 小节提到，TK1 环境的开发环境为 L4T（Linux for Tegra，版本是 19.2，后续发布的产品可能版本会更高）、GSTREAMER 包和 CUDA 6.0 SDK，可实现具有基本实时避障寻径功能的四轴飞行器软件开发就是基于该环境的。

为了本节完整性，这里重申一下系统目标：在成熟商用四轴飞行器 DJI M100 上，搭载高性能的异构多核嵌入式开发平台 TK1，基于双目摄像头 DJI GUIDANCE、超声波传感器等输入，采用立体视觉算法实时计算飞行器与前方障碍物距离、飞行路径，再将飞行路径数据发送给四轴飞行器的飞控模块控制飞行器飞行轨迹，并引用 SLAM 进行三维地图重建。为了让学生对整个软件系统主要功能有更直观的认识，描述软件系统总体业务流图如图 9.5 所示。

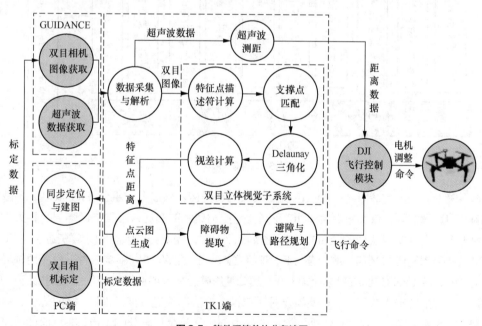

图 9.5　软件系统总体业务流图

在图 9.5 中，双目相机标定在 PC 端进行。生成参数后一边传往"双目相机图像获取"模块，供其进行自动修正图像。另一边传往 TK1 中"点云图生成"模块，供双目立体视觉子系统在计算完视差后生成点云图。"数据采集与解析"模块从 GUIDANCE 模块中获取双目图像及超声波数据，并进行分离；分离后，图像数据传往双目立体视觉子系统，供其生成图像中每个像素点的视差；超声波数据传往"超声波测距"模块，供其进行飞行器在航行时的安全检测。双目立体视觉子系统中的"特征点描述符计算""支撑点匹配""视差计算""Delaunay 三角化"（也叫德洛奈三角化）为双目立体视觉的主要计算部分，详细内容将在第 10 章进行介绍。"点云图生成""障碍物提取""避障与路径规划"分别为单独的模块。上述模块中，"双目相机标定"模块利用 MATLAB 工具进行，"数据采集与解析"模块使用 GUIDANCE 的 SDK 进行开发。

一个具有实时避障功能的四轴飞行器，在设计过程中需要考虑多方面因素，其中最重要的就是性能。为了达到实时避障的目的，与硬件适配的软件框架需要经过特定设计，计算量大的模块需要经过大量优化（并行化）。本系统不仅考虑了实现实时避障的功能，还考虑到将来可能需要增加更多的功能，例如，能进行导航和自主飞行等。所以软件设计上更多地采用模块化的结构：每个模块实现一个具体功能，并且提供高效清晰的接口，方便模块之间互相调用。根据第四部分的设计经验与 DARTS 的实战，可以设计出本系统的软件层次图，如图 9.6 所示。其中，左边的是在 TK1 端设计和实现，右边的是在 PC 端设计和实现，双方通过 Wi-Fi 进行数据传输。

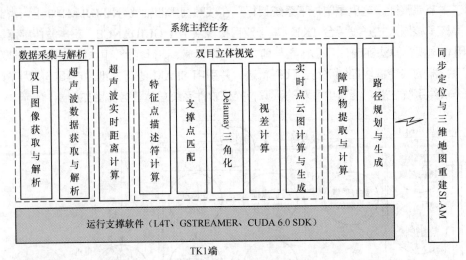

图 9.6　软件总体层次

本系统中，与实时避障寻径相关的功能模块均在异构多核嵌入式平台 TK1 实现，不依赖其他额外的计算资源；PC 端仅作为调试及同步定位与建图的实现，不参与避障寻径相关的计算。由于系统需要实时快速的双目立体重建及路径规划，需要耗费大量的计算资源，对 TK1 计算资源利用率的要求极高。通常情况下，双目立体视觉算法在研究领域或者工程应用领域往往在性能强劲的 Intel CPU 或者桌面端 GPU 上实现并进行并行加速。而本系统将这些计算均放在计算资源有限的嵌入式平台上，就需要对系统各个算法模块进行精细设计，同时优化计算量大、耗时多的关键模块。双目立体视觉算法的移植与优化是第五部分的重点，在后面读者可以看到，经过优化之后，系统性能可以提高一倍多，基本可以实现实时避障和寻径[①]。

[①] 该项工作需要足够的系统结构构建能力才能做到，并且优化无止境。只有当在一个资源有限的平台上通过系统结构能力和全方位的优化技术，把计算密集型应用（例如实时避障寻径四轴飞行器或者将来的自主飞行四轴飞行器）流畅地运行，读者才能真正体会到系统结构能力的重要性，以及前面"站马步"的训练（轮询系统、前后台系统、嵌入式实时操作系统，以及完成基本功能的四轴飞行器设计）的重要性。

如果按照正常的软件工程流程、DARTS 及第四部分的设计步骤，我们应该进行系统数据流分析，然后根据 DARTS 任务划分原则进行任务划分。但是，本部分将略去系统各部分详细的数据流分析，因为第四部分已经详细讨论了 DARTS 在四轴飞行器设计中的应用，如果这部分再详细介绍会使本书内容冗余；本系统在根据功能要求和总体设计后，得到了软件系统总体业务流图（见图 9.5）和软件总体层次图（见图 9.6），接下来各部分中绝大多数是通过开源代码来构建图 9.5 和图 9.6，并不是自己重新设计各个模块；这部分的重点会放在系统的构建、系统性能的优化和提升、理论和工程有机结合上。因此，各部分的详细数据流图略去。但是，各部分的基本原理、开源代码的设计思路、关键模块的性能优化将在后续章节说明。

需要强调的是，为了构建出合理的系统，需根据图 9.5 和图 9.6，对相关技术、文献和开源代码做广泛而深入的调查、分析和实验评估，才能找到初步满足系统需要的模块和相应代码，再通过系统总体架构对开源模块进行集成、评估和不断优化。该过程是一个研究和试错的过程，必不可少。尽管看上去只是一个系统集成，但是用什么来集成（例如，集成的模块或者代码用哪一类算法？具体哪一个算法？算法适用于什么场合？用什么语言实现？依赖于什么底层的库？运行于什么操作系统？是否依赖于某个特定的框架，例如 TensorFlow?是否能在嵌入式平台 TK1 上运行？预计的性能如何？是否有利于算法的移植？……）、能不能集成，以及怎么集成等问题都充满了不确定性，具有研究的成分，需要不断地学习开源代码、理解开源代码、修改和优化开源代码，最终将其内化和融入自己的系统中。此外，上述工作也依赖于系统结构的能力、理论与工程紧密结合的能力，是需要较长时间的实战和积累才能形成的（本书的路线就是形成这种能力的一种方式）。总之，一个系统是否能很好地构建起来并且高效率运行，往往这方面的能力是决定性的因素，也是新工科教育追求的目标。

在经过对相关开源代码和文献进行研究和评估后，就要应用 DARTS 任务划分原则，对任务进行划分了。在第四部分的 DARTS 中，应用程序是运行在 RTOS aCoral 之上的；aCoral 调度的基本单位是任务，因此划分的基本单位就是任务。而在本部分，应用系统是运行在 Linux 之上的，Linux 调度和资源拥有的基本单位是进程，因此，这里应用“DARTS 任务划分的原则”来对本系统的进程进行划分。

结合图 9.5 和图 9.6，双目立体视觉子系统将双目立体视觉与点云图模块进行系统整合与集成，将其放在 Linux 的一个进程中进行处理，依据的是功能内聚原则。其中，双目立体视觉负责接收与初始化两个摄像头图像数据，并调用高效大规模立体匹配（efficient large-scale stereo matching，ELAS）开源算法（将在第 10 章讨论）对双目图像进行处理生成视差图；点云图生成，负责根据双目摄像头标定的参数将每个像素点的视差值转换成三维坐标值，并将这些三维坐标组合起来生成点云图。“GUIDANCE”由 DJI GUIDANCE 模块完成拍摄图像与产生超声波数据，并根据标定参数校正双目图像，然后将数据发往数据接收模块，由其接收与保存。“数据采集与解析”与双目立体视觉子系统之间通过 Linux 信号量进行同步，并通过队列进行数据的传递。“障碍物提取”功能根据目的不同，提取方式与展示结果也不尽相同。在不同的系统中，障碍物提取可能需要经过重新设计，故将障碍物提取单独设计成一个进程，通信方式与双目立体视觉子系统的相同，其通过队列接收点云图数据，并通过信号量通知路径规划模块。“避障与路径规划”根据功能内聚原则单独设计成一个模块。“超声波测距”根据 I/O 依赖原则单独设计成一个模块。可以看出，本系统通过双目立体视觉与超声波结合的方法进行寻径，最后将生成的路径信息发往一个“主控程序”。由“主控程序”根据两者的优先级进行判断，最后选择一个路径，并转换成飞行器的控制命令发往飞控模块。经过进程划分和对开源代码进行整合后，最终得到进程结构图，如图 9.7 所示。在 TK1 端，系统抽象了 6 个 Linux 进程（图 9.7 中灰色圆），分别为主控进程、双目立体视觉进程（双目立体视觉模块与点云图生成模块在一个进程中实现）、障碍物提取进程、避障与路径规划进程、超声波测距进程、数据采集与解析进程。此外，各进程间的接口关系如图 9.7 所示，每个进程各司其职，并通过 Linux 中的共享内存、信号量等技术完成模块间的协同执行。此外，图 9.7 的黑色圆为同步定位与重建进程，即 SLAM 进程，在 PC 端实现。

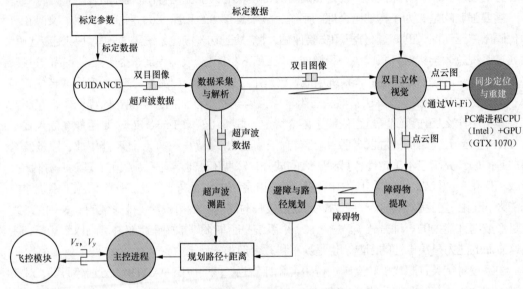

图 9.7　系统结构设计与进程间的关系

（1）主控进程：主要负责初始化其他进程，并且负责调用飞行器控制系统发送控制命令，在初始化完毕后，便开始等待路径规划与超声波进程生成的数据，然后将这些数据转换成飞行器飞行命令，进而发送飞行命令。

（2）双目立体视觉进程：从双目图像队列中取出最新数据并计算图像中每个像素点的视差信息，然后由点云图模块将视差图转换成三维点云图，传入点云图队列。双目立体视觉利用 ELAS 算法进行移植与优化，使其能够在嵌入式设备中实时处理双目图像。

（3）障碍物提取进程：负责从点云图队列中提取出最新的三维点云图数据，并计算飞行器飞行路径上的障碍物信息，传入障碍物队列。

（4）避障路径规划进程：负责从障碍物队列提取最新的障碍物信息，根据障碍物信息计算当前状态下可用的路径，并选择一条最优路径，将路径信息返回给寻径主系统。

（5）超声波测距进程：负责从超声波队列中获取数据，判断飞行器与障碍物的距离是否小于某一阈值，进而决定是否需要给主控进程发送暂停命令。

（6）数据采集与解析进程：基于 GUIDANCE 的 SDK，周期性获取左、右两个摄像头的实时图像，以及超声波传感器检测数据。

（7）同步定位与重建进程：负责对四轴飞行器行过程中三维场景的重建，重建的数据源来自双目立体视觉进程产生的点云图，通过 Wi-Fi 和消息队列进行数据传输。

上述进程中，每个进程的主体代码来自多个开源代码。由于原始的开源代码开发环境不同、依赖关系不同、功能边界不同，因此，在设计图 9.7 所示的系统时，需要对原始开源代码进行移植，并且根据进程结构图进行重新融合。双目立体视觉进程需要对开源代码 ELAS 进行移植、优化和集成，使其能够在嵌入式设备中实时处理双目图像，避障与路径规划进程是在经典开源动态窗口上进行移植和优化的。

此外，PC 端的 SLAM 进程是用开源代码 LIBVISO 构建的，算法的具体细节在第 13 章进行介绍。将 SLAM 安排在 PC 端是因为 SLAM 的运算量本身是很庞大的，无论是其中的定位部分还是三维地图重建部分。有的研究人员也将 SLAM 放在嵌入式前端实现，但这种情况下，通常系统的主要功能就是建图，不太能做到同时进行"实时避障+路径规划+定位+三维地图重建"。即使都在前端实现了，也对整个系统功能进行了限制或者剪裁。当然，随着异构多核嵌入式平台的发展和各类算法的改进和成熟，未来的某一天，这些功能都有可能在前端的嵌入式系统中实现，这就是系统。

9.3 本章小结

通过完成基本飞行功能的四轴飞行器建立起初步系统结构构建能力之后，需要进一步纵深训练，建立更完善的系统结构构建能力。本章讨论一个具有基本实时避障寻径功能的四轴飞行器总体设计，在成熟商用四轴飞行器基本构建基础上（机架、电机、飞行控制模块等），搭载高性能的异构多核嵌入式开发平台 TK1，基于双目摄像头、超声波传感器等输入设备，采用立体视觉算法实时计算飞行器与前方障碍物距离、飞行路径，再将飞行路径数据发送给商用四轴飞行器的飞控模块控制飞行器的飞行轨迹，并引用 SLAM 进行三维地图重建。本章从硬件平台的搭建和软件总体设计角度引入，为后续章节的讨论做铺垫。

习题 9

1. 为什么要实现一个避障寻径四轴飞行器时，基于 STM32 的硬件平台不能满足系统设计的需要？如何对避障寻径四轴飞行器的性能进行评估，并选择合适的硬件平台以满足系统设计和实现的需要？

2. 设计一个避障寻径四轴飞行器，其硬件结构如何构建？仅依赖于嵌入式系统，能满足系统性能需要吗？如果能，怎么做总体设计？如果不能，可以通过什么方式进行弥补？

3. 尝试用 DARTS 描述避障寻径四轴飞行器总体业务流图，并对各个模块进行详细解释。

4. 图 9.7 中，进程和进程之间的运行关系包括哪些？如何基于 Linux 操作系统的 API，维护和协调进程之间的正确执行逻辑？

10 chapter

双目立体视觉

10.0 综述

第 9 章介绍了一个实时避障四轴飞行器的设计目标、总体设计，以及用 DARTS 构建的软件系统架构。在整个系统中，双目立体视觉系统类似于人的眼睛，用来确定四轴飞行器在三维空间中的位置，以及与周围障碍物的距离。因此，图 9.7 中的双目立体视觉进程负责对 DJI GUIDANCE 模块产生的左、右摄像头图像进行处理，根据图像处理算法实时计算距离信息。具体而言，该进程根据左、右两边的实时图像对周围环境进行立体重建，测量图像中每个像素点对应的距离信息，为后续的障碍物提取、避障与路径规划准备数据。因为这部分的代码是根据系统设计目标，经过评估之后选用开源代码来组织的，所以首先需要介绍双目立体视觉基本原理和开源代码的主要流程，主要包括双目立体视觉标定、ELAS 算法的实现，以及视差图到深度图的转换。此外，由于开源代码的开发和运行环境各异，它们也不是针对异构多核嵌入式平台 TK1 设计的，因此，本章接下来介绍选用的开源代码在 TK1 的移植和优化。

10.1 双目立体视觉基本原理

立体视觉是通过距离传感器（激光或结构光等）或者单（多）摄像头等方式重构检测场景的三维几何信息的方法。本系统采用的是立体视觉技术中的双目立体视觉（binocular stereo vision）。它模拟人眼观察世界的原理，从两个不同位置观察世界，然后根据同一物体在图像中的不同像素位置，运用三角测量原理计算物体的距离。对双目立体视觉系统而言，它是基于视差模型并利用成像设备从左、右两个不同位置获取被测物体的两幅图像，通过计算左、右图像中对应点（特征点）间的位置偏差，来获取物体三维几何信息的方法。双目立体视觉的核心是特征点的提取及特征点的匹配算法。

双目立体视觉由麻省理工学院的研究人员于 20 世纪 60 年代开创。通过从数字图像中提取立方体和棱柱体等简单规则多面体的三维结构，再对物体形状和其空间关系进行几何描述，把简单的二维图像分析推广到复杂的三维场景，从此开创了立体视觉技术的研究领域，并不断发展和延伸。尤其在 20 世纪 80 年代，研究人员将图像处理、心理物理学、神经生理学的研究成果从信息处理的角度进行概括，创立了视觉计算理论框架。这一基本理论对立体视觉技术的发展产生了极大的推动作用，使得立体视觉成为计算机视觉中一个非常重要的分支。双目立体视觉是计算机视觉的关键技术之一，获取空间三维场景的距离信息也是计算机视觉研究中最基础的内容。

说到双目立体视觉的原理，要从单目视觉开始讨论。单目视觉是基于中学物理小孔成像模型的应用。但仔细分析发现，仅根据一个像素点 P' 是无法确定这个像素点对应在实际三维空间中的位置 P 的，如图 10.1 所示。这是因为，从相机光心 O 到成像平面上像素点 P' 的连线上的所有点，都可以投影在该像素点 P' 上。而只有知道像素点 P' 的深度信息时（例如，通过深度相机），才能确切地知道它对应的真实空间位置 P。

为了简化模型，通常将成像平面对称到相机前方，和三维空间点一起放在相机坐标系的同一侧，这样更加直观，如图 10.2 所示。

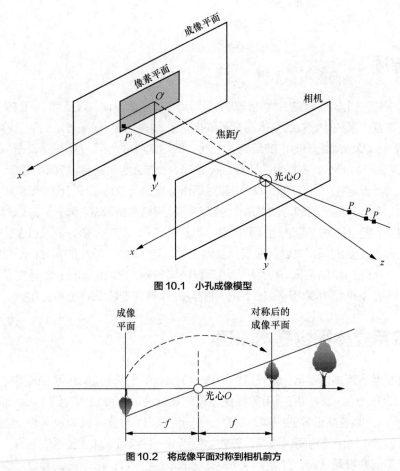

图 10.1　小孔成像模型

图 10.2　将成像平面对称到相机前方

接下来要回答的问题是：在没有深度信息的情况下，如何确定 P 的位置呢？这就需要双目图像了，就像人眼可以根据左、右眼看到的景物差异（或者视差）来判断物体的距离一样。双目立体视觉就是基于该原理，只不过它是通过同步采集左、右相机的图像，实时计算图像视差来估计每个像素的距离。双目视觉系统的左、右两个相机水平放置，每个相机都可以看作小孔相机，每个相机的光心都位于 x 轴上，两个光心之间的距离称为基线 b（baseline），如图 10.3 所示，这是双目立体视觉系统的重要参数之一，它将影响双目立体视觉算法的效果。

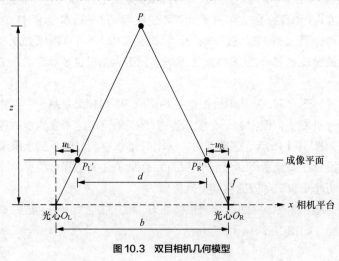

图 10.3　双目相机几何模型

图 10.3 中，O_L 和 O_R 分别为左、右光心，f 为相机焦距，u_L 和 u_R 分别为左、右相机的成像平面坐标。这里需要注意的是，如果左、右相机分别以各自的原点建立坐标系，这样，u_R 就该是负数，所以图中的距离就该是 $-u_R$。现在假如一个空间点 P，其在左、右相机中各自的成像点为 P'_L 和 P'_R，由于相机之间存在位置上的差异，即基线 b，两个相机成像位置是不一样的，P'_L 和 P'_R 的坐标分别表示为 u_L 和 u_R。根据三角形相似原理，三角形 $P\,P'_L\,P'_R$ 和三角形 PO_LO_R 是相似的，则

$$\frac{z-f}{z} = \frac{b-u_L+u_R}{b} \qquad (10.1)$$

整理后，可得

$$z = \frac{fb}{d}, \quad d = u_L - u_R \qquad (10.2)$$

其中，d 就是左、右相机成像的视差。显然，通过公式（10.1）和公式（10.2），可求出视差 d，并且再根据基线 b 与焦距 f，便可以计算出其对应的物理世界点的真实距离 z，即像素点 P' 与 P 之间的距离，以及相机与 P 之间的距离，这就是双目立体视觉系统的理论基础。此外，根据图 10.3，当基线越长时，双目能测到的最大距离就越大，反之越小。此外，由于视差 d 代表相差几个像素点，故其必然是整数个，计算出的深度值也总会是一些固定的值。例如视差 d 取 $1,2,\cdots,n$，那么深度 z 只能取 $(fb)/1,(fb)/2,\cdots,(fb)/n$ 这几个固定的离散值。同时公式（10.2）中 z 与 d 并不是线性关系，这就导致在距离摄像头越远的地方，误差会越大，这样测量的深度被划分成了平行平面，每个视差代表了对应的平面有数据，如图 10.4 所示，在远处，视差的变化对距离的测量影响较大，误差也较大。因此，基线 b 是双目视觉系统的重要参数之一，它会影响双目立体视觉算法的效果，尤其是在室外使用双目立体视觉时。

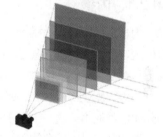

图 10.4 深度与视差并不成线性关系

这里需要强调的是，虽然我们已经可以通过公式（10.1）和公式（10.2）计算出视差，但这只是一个理论模型，在工程实现上是一件比较困难的事情。因为我们需要准确知道左、右图像某个像素点（甚至每一个像素点）会出现在左、右图像的哪个位置，而这件事情由计算机或者嵌入式系统来完成时，就属于一项计算复杂度比较高的工作。这就是理论和工程上存在差异的一种体现，但是"理论来自实践，理论可以指导实践"却是真理。因此，当双目立体视觉系统需要计算每个像素点的深度时，其计算量和精度都存在问题。在这个时候，计算机系统结构的能力就会发挥重要作用，一个复杂度很高的算法，可以从系统结构的角度分析算法在计算机或者嵌入式系统上实现时各个最耗时的运算或者模块，再通过多种系统结构技术进行优化，例如，算法并行改造、多线程并行设计、DSP 或者 GPU 加速、底层并行优化（如指令集的并行优化、流水线优化……）、硬件加速（FPGA，有的甚至直接将算法由硬件实现，例如，H.264 编码和解码，甚至深度学习算法）等。而要真正获得完善的系统结构，就要从底层设计开始，例如，采用轮询系统、前后台系统，并且手脑并用，长期积累，从小系统到大系统不断实践。

在计算完单点的视差后，根据以上公式可以直接计算出物体与摄像头的距离，但是获得距离信息后还不能避障，还需要分别计算出物体距离摄像头 x、y、z 这 3 个方向的分量，也就是

以飞行器为坐标原点建立坐标系后，计算物理世界中的某个物体在该三维坐标系中的三维坐标，这时可以利用重投影矩阵进行计算，该部分的数学基础在第 5 章有所介绍，而关于重投影矩阵的基本思想和计算将在 10.5 节介绍。

通过重投影矩阵可以计算出一个点的三维坐标，对每个点都进行计算后便可生成每个点的三维坐标，将所有点的坐标集成在一起并显示出来便构成了三维点云图，如图 10.5 所示。

图 10.5　用重投影矩阵计算生成三维点云图

10.2　标定双目立体相机

10.1 节讨论了双目立体视觉的基本原理，我们可以利用双目的视差来计算相机与障碍物的距离。可以看出求解的过程中需要知道一些基本的摄像头参数，例如焦距 f、基线 b，如图 10.1 和图 10.3 所示。同时由于相机在生产过程中，不能完全确保 f 与 b 等没有误差，故试验过程中，每个摄像头在生产出来后必须经过标定来获取这些参数。根据双目立体视觉原理，我们使用的是理论模型，其中光轴是完全平行的，两个成像平面是在一个平面上的。但是实际生产过程中，不可能生产出左、右相机光轴完全平行，成像平面在同一平面的完美的摄像机，其必定会有一定的误差。故还需要测量出这一部分的误差数据，在后期计算过程中使用数学运算进行校正以减少误差。以上这些数据在标定中被称为摄像头的内参与外参。

10.2.1　内参

内参是指摄像头内部的一些特征，例如焦距、透镜畸变因子（径向畸变、切向畸变）、主点位置等参数。焦距是指投影中心与成像平面的距离，主点是指光轴与投影平面相交的点，理论上其在投影平面的中心，但由于工艺原因，一般会有几个像素点的偏差。

在摄影测量学中，标定时内参都用相机内参（camera intrinsics）矩阵表示，那什么是内参矩阵呢？我们再分析一下图 10.1，假设 P 在世界坐标系中的坐标为 $[X, Y, Z]^T$，P'在成像平面上的坐标为 $[X', Y', Z']^T$（成像的时候有缩减），根据相似三角形原理，如图 10.6 所示，可得到公式（10.3）。

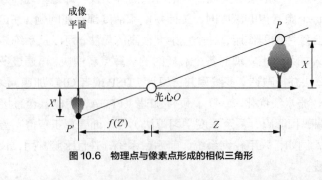

图 10.6　物理点与像素点形成的相似三角形

$$\frac{Z}{f} = \frac{X}{X'} = \frac{Y}{Y'}$$

（10.3）

则

$$X' = f\frac{X}{Z} \tag{10.4}$$

$$Y' = f\frac{Y}{Z} \tag{10.5}$$

公式（10.4）和（10.5）描述了 P 和其像素点 P' 之间的空间关系。在相机中，将最终得到一个个像素，这需要对成像平面上的点进行采样和量化处理，为此，定义像素坐标系，令其原点 O' 位于图像的左上角，如图 10.7 所示。

根据图 10.1 和图 10.7，像素坐标系与成像平面之间相差一个缩放和一个原点的平移距离，假设像素坐标在横坐标上放大了 α 倍，在纵坐标上放大了 β 倍，同时平移了 $[c_x, c_y]^{\mathrm{T}}$，则 P' 的坐标与像素坐标 $[u,v]^{\mathrm{T}}$ 的关系为

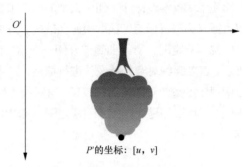

P' 的坐标：$[u, v]$

图 10.7　像素坐标系

$$\begin{cases} u = \alpha X' + c_x \\ v = \beta Y' + c_y \end{cases} \tag{10.6}$$

代入公式（10.4）和公式（10.5），并把 αf 合并成 f_x，把 βf 合并成 f_y，可得

$$\begin{cases} u = f_x \dfrac{X}{Z} + c_x \\ v = f_y \dfrac{Y}{Z} + c_y \end{cases} \tag{10.7}$$

式中，f 的单位为 m，α 和 β 的单位为像素/m，这样 f_x、f_y 的单位为像素，把公式（10.7）改写成矩阵形式，可得

$$\begin{pmatrix} u \\ v \\ 1 \end{pmatrix} = \frac{1}{Z}\begin{pmatrix} f_x & 0 & c_x \\ 0 & f_y & c_y \\ 0 & 0 & Z \end{pmatrix}\begin{pmatrix} X \\ Y \\ Z \end{pmatrix} \triangleq \frac{1}{Z}\mathbf{K}P \tag{10.8}$$

公式（10.8）中的中间 3×3 的矩阵 $\mathbf{K}$ 即相机的内参矩阵。

10.2.2　外参

根据 5.4 节关于刚体运动模型的内容，相机也属于刚体。由于相机是不断运动的，因此相机的运动可以通过公式（5.7）来描述，则

$$ZP_{uv} = Z\begin{bmatrix} u \\ v \\ 1 \end{bmatrix} = \mathbf{K}(RP_{\mathrm{w}} + t) = \mathbf{K}TP \tag{10.9}$$

公式（10.9）描述了世界坐标到像素坐标的投影关系，其中相机的位姿 R、t 为相机的外参数（camera extrinsics）。相对于内参，外参随着相机的运动而发生变化，而内参是不变的。外参是指两个摄像头坐标的平移矩阵与旋转矩阵（关于平移矩阵与旋转矩阵的数学基础知识请参考第 5 章）。

10.2.3 参数标定

摄像头的内、外参数可以通过标定获得，标定[①]方式可以通过 MATLAB 集成工具进行，也可以通过 OpenCL 程序或者其他程序进行，大疆也提供了软件对其生产的摄像头进行标定，并用标定后的参数更新其内部数据。但是大疆提供的标定工具并不能将所有的标定参数导出供后续使用。故本设计除了使用大疆的标定工具进行标定外，还额外通过 MATLAB 标定程序对双目摄像头进行标定，获取摄像头的内、外参数。

说到标定时，有必要简单介绍一下常见的双目立体视觉系统处理的主要过程，如图 10.8 所示。首先离线对双目摄像头进行标定，获取标定后的摄像头内、外参数，接下来在计算设备上使用标定参数对图像进行校正，再对校正后的图像进行立体匹配。立体匹配为双目立体视觉的核心，其目的是计算图像的视差图，在求出视差图后，利用标定参数将视差图转换为深度图或点云图。

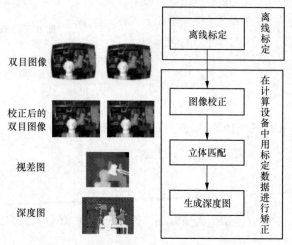

图 10.8 常见的双目立体视觉系统处理的主要过程

本系统在构建过程中将标定分成两部分：第一部分是用大疆提供的软件对 GUIDANCE 双目相机生成的图像进行标定，并用标定后的参数（这些参数不能导出供后续立体匹配和生成深度图使用）更新其内部数据；第二部分用 MATLAB 对 GUIDANCE 双目相机生成的图像进行标定，获得内部和外部参数，供 TK1 在立体匹配和生成深度图时使用。因此，本系统的标定过程与图 10.8 的有一些不同，新的流程如图 10.9 所示。在对 GUIDANCE 进行了"离线标定 1"后，可将标定后的参数记录在双目摄像头的设备中。这样双目摄像头在拍摄图片后，在其设备中自动进行校正，无须在计算设备 TK1 中进行实时图像校正。从而使校正过程不与立体匹配竞争计算资源，减少了 TK1 的运算量，这也是系统构建的时候要考虑的问题。而由于"离线标定 1"中的标定数据不能完全导出（直接记录在 GUIDANCE 模块中），故使用 MATLAB 工具进行"离线标定 2"，获得参数后供点云图生成模块使用。

因此，本系统在获取内、外参数后，只需在生成深度图阶段使用标定参数，而不用对图像进行校正（GUIDANCE 模块完成，从而减少 TK1 的负担）。本系统使用 MATLAB 工具箱中的标定程序"Camera Calibrator"对双目摄像头进行标定。标定过程分为以下几步。

---

① 相机的标定属于摄影测量学的一个领域，如果读者需要更深入了解其原理和理论依据，建议查阅相关资料和文献学习。本书省略这些内容，这里只介绍用现成的工具进行标定的方法和大体步骤。

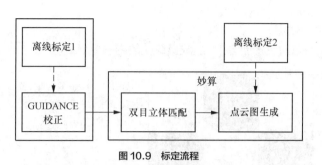

图 10.9　标定流程

步骤 1：打印标定板或者选用商用标定板，如图 10.10 所示，本系统用的是 MATLAB 中自制标定板。

（a）自制标定板　　　　　　　（b）大疆标定板

图 10.10　标定板

步骤 2：将标定板放到双目摄像头前方的不同位置，以不同角度，由双目相机成对拍摄多组照片，如图 10.11 所示。为了使拍摄图像较为清晰、结果更为准确，可让标定板在同一位置拍摄多张经过旋转的图像，在标定板倾斜角度变化不大时，进行 x、y 轴平移拍摄多张图像。本系统标定时，总计拍摄了 40 张清晰的图像（20 组）。

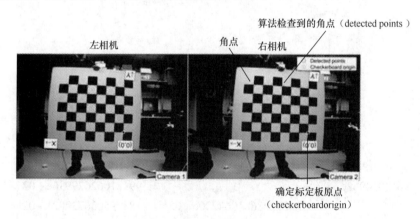

图 10.11　拍摄标定板

步骤 3：确定标定板中白色框或者黑色框的尺寸，供标定程序使用。

步骤 4：将图片放入标定程序，提取标定板的角点。标定过程中将图片输入标定程序，按照一定顺序，手动提取标定板的 4 个角点后，程序自动计算其余角点，识别出标定板的方格，如图 10.11 所示。注意：所有图片都要提取角点后才能进行标定。另外，每一张图片中的每个角点都可能存在一个误差，即从图片中检查到的角点的位置与通过相机参数重投影得到的位置之间的误差，如图 10.12 所示，MATLAB 会对每张图片的角点误差进行统计（平均误差等），然后根据标定算法进行标定。

  步骤 5：MATLAB 运行标定程序，生成摄像头的内、外参数。

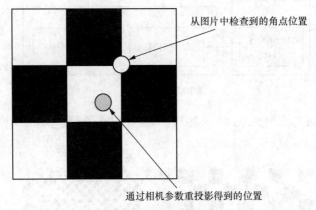

从图片中检查到的角点位置

通过相机参数重投影得到的位置

图 10.12　标定点误差

  在 MATLAB 进行标定时，首先标定左摄像头，标定完毕后生成摄像头的内参信息。左摄像头的标定网格如图 10.13 所示。图中不同网格代表标定过程中拍摄的图片位置。

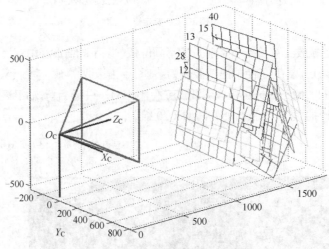

图 10.13　左摄像头标定结果

  经过标定后，得到本系统左摄像头的内参信息，如公式（10.10）所示。

$$K = \begin{bmatrix} 2.425979613914962e+02 & 0 & 1.599181062679996e+02 \\ 0 & 2.427208681064220e+02 & 1.218379503673902e+02 \\ 0 & 0 & 1 \end{bmatrix} \quad (10.10)$$

其中各数字的单位是像素点个数，摄像头的内参矩阵 K 中的每项含义如公式（10.11）所示。

$$K = \begin{bmatrix} f_x & 0 & c_x \\ 0 & f_y & c_y \\ 0 & 0 & 1 \end{bmatrix} \quad (10.11)$$

式中，f_x、f_y 代表摄像头的内参，c_x、c_y 代表摄像头主点在投影平面的位置。按照同样的方式对右摄像头进行标定。右摄像头标定后的结果如图 10.14 所示。

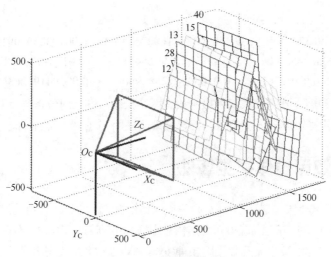

图 10.14　右摄像头标定结果

双目摄像头的右摄像头标定后的内参矩阵如公式（10.12）所示。

$$\boldsymbol{K} = \begin{bmatrix} 2.425354649655275e+02 & 0 & 1.602926202986307e+02 \\ 0 & 2.426361219508246e+02 & 1.193304173661278e+02 \\ 0 & 0 & 1 \end{bmatrix} \quad (10.12)$$

在分别对左、右摄像头进行标定，获得左、右摄像头的内参矩阵后，使用标定结果对双目摄像头的外参进行标定。在本系统中需要标定出双目摄像头外参中的平移矩阵，平移矩阵代表两个摄像头的相对位置。

分别根据左、右摄像头的标定结果计算立体标定参数，双目立体标定后的立体网格如图 10.15 所示。图中左侧两个方框代表双目摄像头的相对位置，网格代表标定过程中拍摄的标定板位置。

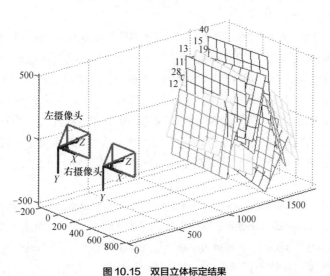

图 10.15　双目立体标定结果

立体标定后，生成外部参数，平移矩阵如公式（10.13）所示。

$$\boldsymbol{T} = \begin{bmatrix} 1.502569733117840e+02 & -0.048860712655553 & -0.274000112932365 \end{bmatrix} \quad (10.13)$$

旋转矩阵如公式（10.14）所示。

$$\boldsymbol{R} = \begin{bmatrix} 0.999997983737479 & -5.456203331169225e-04 & 0.001932568091551 \\ 5.660720046743e-04 & 0.999943679925471 & -0.010597949782496 \\ -0.001926676792281 & 0.010599022386940 & 0.999941972636902 \end{bmatrix} \quad (10.14)$$

平移矩阵与旋转矩阵分别代表双目摄像头中两个摄像头的相对位移与相对旋转，该数据在计算点云图时为重投影矩阵的一个参数。标定结果的使用将在 10.5 节介绍。

10.3 评估双目立体视觉算法

前文分别介绍了双目立体视觉的基本原理和双目相机的标定，本节讨论如何根据系统设计的定位、目标和环境，对当前主流的双目立体视觉算法进行筛选和评估。在行业应用和工程实现上，双目立体视觉算法及相关开源代码多种多样，仅在 KITTI 数据集①的测试排名中的算法就有 84 种。KITTI 数据集为计算机视觉领域知名的测试数据集，提供大量图像数据及其真值数据，供双目视觉算法进行测试，并提供了排名，将通过测试的算法按照速度或错误率进行排名。中国科学院、美国斯坦福大学等科研院校和英伟达、百度等公司都利用该平台进行测试。在 KITTI 数据集算法排名中的算法原理多种多样，效果也不尽相同。有些算法强调更低的错误率，有些算法强调更快的速度，有些算法两者兼顾。

本系统首先希望双目立体视觉算法能够在计算资源有限的嵌入式平台 TK1 上实时、快速地进行立体重建，同时，要求算法的精度能够达到一定要求。本系统的硬件环境中有 GPU 作为异构加速单元，能够辅助进行图像处理，可大大加速算法执行。但是并非所有的算法都适合在 GPU 中进行并行加速运算。这些客观因素将作为选择开源代码来构建系统的依据。

经过大量文献调研，算法特性分析、测试与比较，本系统最终选择能够在 GPU 中并行加速，并且执行效率高、识别精度高的算法。有关双目立体视觉算法更多的信息可以参考图书《计算机视觉中的多视图几何》[54]。

本系统从速度与精度两个方面，在 KITTI 数据集算法排名中对算法进行初步筛选，然后评估这些算法实现的难易程度，以及性能、功能优劣程度，最后选择出最适合应用于本平台的算法。初步筛选的算法包括 OCV-SGBM、BSM、iResNet-i2、DispNetC、ELAS、Toast2[45] [48] [55-58]。这里把算法测试的过程省略了，因为篇幅有限，也鼓励读者自己完成相关工作。只有自己去读文献、测试算法，才能真正理解算法的特性，才能确定算法能否适合确定的嵌入式硬件平台，这就是研究，而研究的本质就是试错，充满了不确定性。这也是和前文不一样的地方，前面我们学习和锻炼的方式是"站马步"式的，都是用成熟技术，以及别人已经证明能成功设计和实现的系统，本部分则不然。

（1）OCV-SGBM 算法全称为 openCV semi-global block matching，是 OpenCV 中提供的一种半全局匹配算法，比 Block Matching 算法生成的视差图效果更好，但是速度较慢。

（2）BSM 算法全称为 binary stereo matching。BSM 通过对字符串进行操作获得二进制数据，并基于二进制数据进行代价计算，然后将这种代价计算方法与传统方法结合，提出一种新的局部立体匹配算法。

---

① KITTI 数据集由德国卡尔斯鲁厄理工学院和丰田美国技术研究院联合创办，是目前国际最大的自动驾驶场景下的计算机视觉算法评测数据集。通过自主驾驶平台，拍摄真实世界的计算机视觉数据集。该数据集用于评测立体图像、光流、视觉测距、三维物体检测和三维跟踪等计算机视觉技术在车载环境下的性能。

（3）iResNet-i2 与 DispNetC 通过训练一个卷积神经网络（convolutional neural network，CNN），利用英伟达 GPU Titan X 进行视差的计算。

（4）ELAS 算法全称为 efficient large-scale stereo matching，其通过建立立体匹配模型，大大降低了匹配窗口的范围，对于高分辨率的图像有较快的立体重建速度。同时，由于是局部立体匹配算法，并且匹配模型也很适合并行化，故其不仅在 CPU 上有较快的速度，也适合移植到 GPU 中，利用 GPU 的并行能力进行加速。

（5）Toast2 算法在基于窗口的匹配算法基础上，对一些匹配效果不佳的情况进行了优化，能在不影响匹配速度的情况下将匹配的错误率降低。

在 KITTI 数据集平台中视差计算效果和精度较好的算法大多使用深度学习算法，其运算平台往往使用比 GTX 1080 更高端的 GPU 进行计算，生成的深度图的质量也普遍较好。图 10.16 所示为各种算法的视差图测试比较，使用深度学习算法生成的视差图如图 10.16（c）与图 10.16（d）所示，其效果明显优于其余算法。但是这里使用的 TK1 异构平台的 GPU 浮点计算能力只有 GTX 1080 的 1/30。故即使在 KITTI 中深度学习算法的效果最好，速度也较快，但很难移植到 TK1 上；即使移植上去，速度也要减慢到原来的 1/10 以下，性能反而不如传统局部匹配算法在 TK1 上的实现，故这里在传统算法中进行选择。

（a）OCV-SGBM算法的视差图

（b）BSM算法的视差图

（c）iResNet-i2算法的视差图

（d）DispNetC算法的视差图

图 10.16　各种算法的视差图测试比较

（e）ELAS算法的视差图

（f）Toast2算法的视差图

图10.16　各种算法的视差图测试比较（续）

对于以上算法，使用我们关注的指标（即性能与精度），以及算法本身运行的平台进行测试和评估，比较结果如表 10.1 所示。在表 10.1 中，"时间"对应算法在 KITTI 数据集中运行的平均时间，"错误率"代表算法在运行 KITTI 数据集中的图像后生成的视差图与真实视差图进行比较，判断算法生成的视差图中的错点比例，其代表算法的处理精度。可以看出，在高性能的 GPU 处理平台中，使用深度学习算法（如 DispNetC、iResNet-i2）能够取得较高的准确度并耗时较短。如果应用运行在 PC 端，并且不考虑能耗、内存等原因，使用这些算法可以取得较高的速度与精度。在这里，深度学习算法对 GPU 性能、内存要求较高，假设其能够在 TK1 中运行，但由于 TK1 性能只能达到 Titan X 性能的 1/30，算法在速度上最少提升一个数量级，这时，深度学习算法在速度上将毫无优势。故这里未选择在高性能计算平台中常用的深度学习算法。对于 OpenCV 中的经典算法 OCV-SGBM 算法与 BSM，其在运算速度上不如 ELAS 算法，并且 ELAS 算法的错误率较低。对于 Toast2 算法，其在速度与准确率上都优于 ELAS，但是由于 Toast2 算法的相关资料较少，故未使用 Toast2 算法。后续读者可以尝试使用 Toast2 算法，毕竟，任何一个系统对高性能的追求都是无止境的。

表 10.1　几种双目立体视觉算法的比较结果

算法	时间	测试环境	错误率
BSM	2.5min	1 Core @ 3.0 GHz	13.44%
ELAS	0.3s	1 Core @ 2.5 GHz	9.96%
OCV-SGBM	1.1s	1 Core @ 2.5 GHz	9.13%
Toast2	0.03s	4 Core @ 3.5 GHz	7.42%
iResNet-i2	0.12s	英伟达 Titan X	2.16%
DispNetC	0.06s	英伟达 Titan X	4.65%

通过在 KITTI 数据集平台的算法排名中调研多种算法，并从速度与精度两方面比较算法的优劣，最终在以上 6 种算法中进行取舍。再结合本系统所使用平台的特殊性，以及整体实现的便捷性与可行性方面的考虑，最终选择 ELAS 算法作为双目立体视觉算法，用其对"双目图"进行视差计算。

10.4 实现基于 ELAS 的双目立体视觉算法

在确定好标定参数，以及选择好满足本系统设计定位的双目立体视觉算法后，就该根据系统总体设计将双目立体视觉算法 ELAS 在 TK1 平台上移植和实现了。在介绍双目立体视觉算法 ELAS 及其移植之前，需要先了解一下 ELAS 算法的基本原理。ELAS 算法是由安德烈亚斯·盖格（Andreas Geiger）等人研发的一种能够快速对高分辨率双目图像进行视差计算的算法。如10.1 节所述，双目立体视觉算法的目标是计算图像中每个像素点的视差，即计算同一物体在两张图片中投影的像素点的位置差。这就首先要求对左、右图中代表同一物体的每个像素点建立对应关系，这就是立体匹配的核心过程。一般在另一幅图中寻找一个像素点的匹配点时，会根据一些几何学原理，在一定窗口范围内进行搜索。ELAS 算法提出了一个立体匹配的生成概率模型，通过该模型，可使算法减少大量的搜索空间，提高算法运行效率，使得其在高分辨率的图像中也有良好的表现。接下来首先介绍立体匹配模型，再详细介绍 ELAS 算法的移植。

10.4.1 立体匹配模型

ELAS 算法的思想是立体匹配模型。通过立体匹配模型，ELAS 算法将视差的搜索范围大大缩小，仅需要匹配数量较少的点即可计算出视差，大大提高了算法的执行效率。

立体匹配模型首先在左图中通过某图像处理算法均匀地选择大量特征明显（纹理特征丰富）、易于和周围点区分的点作为后续左、右图匹配的对象，这些点被称为支撑点。依据视差原理和选择的各个支撑点求得这些支撑点的视差（关于视差的原理请参考 10.1 节），如图 10.17所示，其中图 10.17（a）为原始图像，图 10.17（b）为通过算法对原始图像进行处理后提取的支撑点图。由于支撑点纹理特征丰富，故视差值的计算一般较为准确。

（a）原始图像　　　　　　　　　　　（b）图像中的支撑点

图 10.17　提取图像中的支撑点

当计算完左图和右图各对应支撑点的视差后，接下来建立一个坐标系 u-v-d，u、v 分别为左图中像素点在图像中的横向与纵向距离，单位为像素点，d 为视差值，如图 10.18 所示，图中有 4 个支撑点，这 4 个支撑点会落在空间中的某个点处，分别为 S_1、S_2、S_3、S_4（可以根据这 4 个三维空间中的点投影在左图和右图对应支撑点及其对应视差，并通过视差原理计算得到，参见 10.1 节）。接下来以支撑点作为角点，对图像进行 Delaunay 三角化处理，也就是根据 Delaunay 三角剖分算法（例如 Lawson 算法等）将图像剖分，选取部分支撑点构成由一个个三角形组成的平面，例如，S_1-S_2-S_4，S_1-S_3-S_4 等。

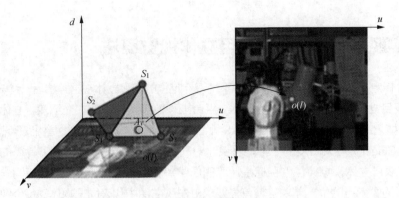

图 10.18　立体匹配模型

那什么是三角剖分呢？假设 S 是二维实数域上的有限点集，边 e 是由点集中的点作为端点构成的封闭线段，E 为 e 的集合。该点集 S 的一个三角剖分 $T=(S, E)$ 是一个平面图 G，该平面图满足以下条件。

（1）除了端点，平面图中的边不包含点集中的任何点。

（2）没有相交边。

（3）平面图中所有的面都是三角面，且所有三角面的合集是散点集 S 的凸包。

可见，刚开始时由很多离散的点组成的点集，基于该规则确定的点集，将点集连接成一定大小的三角形，且分配要相对合理，才能呈现出漂亮的三角化。在众多的三角剖分方法中，Delaunay 三角剖分是最常用的一种。首先，我们看 Delaunay 边，假设 E 中的一条边 e（两个端点为 a、b），e 若满足下列条件，则称为 Delaunay 边：存在一个圆经过 a、b 两点，圆内（注意是圆内，圆上最多三点共圆）不含点集 S 中任何其他的点。那什么是 Delaunay 三角剖分呢？如果点集 S 的一个三角剖分 T 只包含 Delaunay 边，那么该三角剖分称为 Delaunay 三角剖分。

图 10.19 所示为 Delaunay 三角剖分的一个示例。三角剖分是把三维空间点集组成一系列三角平面的过程。在图形学中，三角剖分的用途是：当物体没有完整外部形状，只有一堆离散点时，我们希望把离散的点变成一个连续的形状进行渲染或者进行其他操作。例如，一个凸多边形的碰撞体，其实只需要用一堆点表示，但在计算碰撞的时候，又经常需要邻近点的信息。

值得注意的是：Delaunay 三角剖分算法可以最大限度地避免出现特别小的三角形（例如：非常临近的支撑点构成一个很小的三角形），使得三角剖分更平均。本系统使用了 Delaunay 三角剖分开源代码实现，具体原理请见参考文献[46]。经过 Delaunay 三角剖分后，图片中的其他支撑点都会落在一个以支撑点为角点的三角形中。

由于每个支撑点都有其视差值，这样便可以将图像中的三角形立体化。在图 10.18 中每个像素点对应三角平面中的某一个点，并且可以通过三角平面和算法计算出其他每个像素点在平面上的对应视差。其算法主要思路为：立体匹配模型假设每个像素点的视差值按照高斯分布遍布

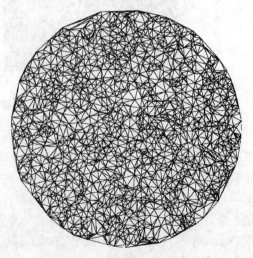

图 10.19　Delaunay 三角部分的示例

在三角平面的两侧，如图 10.18 所示，$O(l)$ 为平面 $S_1\text{-}S_3\text{-}S_4$ 上的某个点 A 投影在左成像平面上的特征点，该特征点在右成像平面上对应的特征点为 O_R，假设 O_L 和 O_R 对应的视差为 d（点 A 到成像平面的距离与 d 的关系见 10.1 节），此时，根据三角形平面（$S_1\text{-}S_3\text{-}S_4$）的函数方程和视差原理，可以求得三角形平面其他点投影在成像平面上左、右图的视差值。三角形平面方程很容易根据 3 个支撑点（S_1、S_3、S_4 投影在成像平面上的点）的 u、v、d 值计算获得，如公式（10.15），其中，a_i、b_i、c_i 为三角形平面方程的参数。

$$d_n = a_i u_n + b_i v_n + c_i \qquad (10.15)$$

立体匹配模型假设：视差值为 d 的概率最大，视差值为 $d \pm 1$ 次之，视差值为 $d \pm 2$ 最小，视差值在 $d \pm 2$ 之外的概率为 0。假设视差值符合高斯分布，是因为图像中的大部分点都是连续的，这样视差值不会产生突变，大多数情况下符合高斯分布，如图 10.20 所示。但是图像中必然存在一些不连续的点，这些点的视差值肯定存在突变。为了适应这种情况，使用 ELAS 算法将像素点周围一定宽度的窗口内的支撑点视差值组成一个视差搜索集合，以找到突变的情况，扩大视差的搜索范围，避免高斯分布模型在视差突变处存在较多误差。

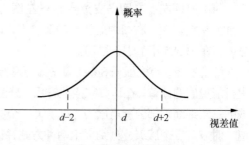

图 10.20　视差值符合高斯分布

综上，ELAS 算法根据立体匹配模型和算法，将视差值缩小在两个范围之内：一个范围为根据周围支撑点的视差值确定的范围（三角平面）；另一个范围为根据支撑点建立的立体平面，视差值落在平面上的概率最大。ELAS 算法的实现便是围绕该模型实现视差计算的。这样，整个计算的开销就减小了。

10.4.2　ELAS 立体匹配模型的总体流程

10.4.1 小节简单描述了立体匹配的基本原理，本小节将介绍 ELAS 立体匹配模型的总体流程，如图 10.21 所示。

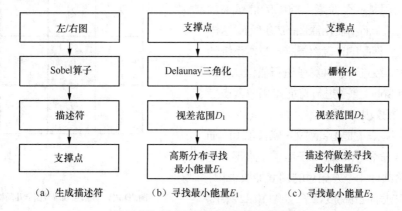

图 10.21　ELAS 立体匹配模型的总体流程

（1）将双目立体视觉传感器左、右图中的每个像素点用描述符表示（这里采用的是 Sobel 算子），描述符表示某个像素点周围的综合信息，这样表示可以在后续匹配时更准确，防止单独使用灰度值匹配而存在大量误匹配。该过程如图 10.21（a）所示，在后续计算过程中均以像素点描述符代替灰度值进行计算。像素点描述符的生成过程将在 10.4.3 小节进行介绍。

（2）提取左图的支撑点，如图 10.17 所示，与右图的支撑点进行匹配并找到对应的支撑点，计算两个支撑点视差值 d，如图 10.21（a）所示。支撑点的提取与计算将在 10.4.4 小节和 10.4.5 小节进行描述。

（3）根据左、右图各支撑点视差值 d 及立体匹配模型，进行 Delaunay 三角化。假设图像中任意像素点的视差按照高斯分布落在对应的三角平面周围，这样可确定任意像素点的视差范围。在此基础上，可根据三角平面各像素点的描述符值及能量函数确定左、右图最匹配的像素点，从而确定匹配的像素点的视差值 d，如图 10.21（b）所示。该部分内容将在 10.4.5 小节进行介绍。

（4）根据左、右图各支撑点，对左图进行网格划分（栅格化），在栅格范围内按照另一种方法搜索左、右图中最匹配的像素点，以弥补上一种匹配方式的不足（第 3 步）。该部分内容在 10.4.5 小节进行描述。

综上所述，首先根据 Sobel 算子计算图像的描述符，并以描述符的值代替像素点的灰度值进行能量值的计算。在计算完描述符后，分两个层级进行视差值计算：支撑点层级，支撑点构成的三角平面内部像素点层级。对于第一个层级，首先提取左图的支撑点，并计算支撑点视差值。对应第二个层级，分别采用两种方式并根据支撑点分布计算出两个视差范围 D_1、D_2，在这两个视差范围内计算最小能量值 E_1、E_2，最后比较两个能量值，取最小能量值对应的视差值作为左、右图最匹配的像素点的最后视差值。

10.4.3　使用描述符

根据 ELAS 算法，左、右图视差计算中两个层级的匹配均是基于描述符的，描述符是某个像素点周围信息的综合。对于这个综合信息，学术界和工程界有多种描述方式，其中经典的一种就是 Sobel 滤波器[45][51][52]，或者叫 Sobel 算子。滤波的作用是使用某一个像素点周围的信息来代表该点的像素值，而不使用原图的灰度值，这样在匹配时可以使匹配的正确率提高。在本系统的设计与实现中，经过对多种算子进行尝试、对比和分析，应用 Sobel 算子进行特征点和像素点描述时，立体匹配效果最好。

Sobel 算子以它的提出者欧文·索贝尔（Irwin Sobel）的名字命名。Sobel 算子考虑了水平、垂直和两个对角共计 4 个方向对的梯度加权求和，是一个 3×3 各向异性的梯度算子，如图 10.22 所示。

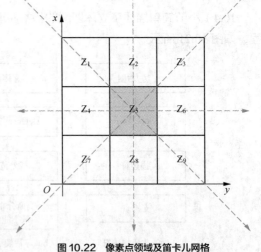

图 10.22　像素点领域及笛卡儿网格

定义一个给定邻域方向梯度矢量 g 的幅度为

$$|g| = 像素灰度差分/相邻像素的距离 \tag{10.16}$$

该公式中的像素距离是城市距离（city block distance），而并非通常的欧式距离（euclidean distance），如图 10.23 所示。因此，对角方向相邻像素之间的距离为 2。

4	3	2	3	4
3	2	1	2	3
2	1	0	1	2
3	2	1	2	3
4	3	2	3	4

$2\times2^{0.5}$	$5^{0.5}$	2	$5^{0.5}$	$2\times2^{0.5}$
$5^{0.5}$	$2^{0.5}$	1	$2^{0.5}$	$5^{0.5}$
2	1	0	1	2
$5^{0.5}$	$2^{0.5}$	1	$2^{0.5}$	$5^{0.5}$
$2\times2^{0.5}$	$5^{0.5}$	2	$5^{0.5}$	$2\times2^{0.5}$

（a）城市距离 　　　　　　　　 （b）欧氏距离

图 10.23　两种邻域像素点距离定义

根据图 10.22，矢量 g 的方向可以通过中心像素 Z_5 相关邻域的单位矢量给出，这里的邻域是对称出现的，即 4 个方向对：(Z_1, Z_9)、(Z_2, Z_8)、(Z_3, Z_7)、(Z_6, Z_4)。沿着 4 个方向对求其梯度矢量和，可以给出当前像素（Z_5）的平均梯度估计，则

$$G = \frac{(Z_3 - Z_7)}{4\times[1,1]} + \frac{(Z_1 - Z_9)}{4\times[-1,1]} + \frac{(Z_2 - Z_8)}{2\times[0,1]} + \frac{(Z_6 - Z_4)}{4\times[1,0]} \tag{10.17}$$

其中，4 个单位向量[1, 1]、[−1, 1]、[0, 1]、[1, 0]控制差分方向，系数 1/4、1/2 为距离的反比权重。将公式（10.17）展开，则

$$G = \left[\frac{Z_3 - Z_7 - Z_1 + Z_9}{4} + \frac{(Z_6 - Z_4)}{2}, \frac{Z_3 - Z_7 + Z_1 - Z_9}{4} + \frac{(Z_2 - Z_8)}{2} \right] \tag{10.18}$$

公式（10.18）中并没有求平方根。如果要求数字上的精确度，公式（10.18）需要除以 4，得到平均梯度值。但是，通常情况下都是针对数值较小的整数的定点运算，除法会丢失低阶的重要信息。在实际应用中，常常将向量乘 4（而不是除以 4）。这样，计算出的估计值比平均梯度在数值上会扩大 16 倍。因此，公式（10.18）变为

$$G' = 4G \tag{10.19}$$

$$
\begin{aligned}
G' &= \left[Z_3 - Z_7 - Z_1 + Z_9 + 2(Z_6 - Z_4), Z_3 - Z_7 + Z_1 - Z_9 + 2(Z_2 - Z_8) \right] \\
&= \left[Z_3 + 2Z_6 + Z_9 - Z_1 - 2Z_4 - Z_7, Z_1 + 2Z_2 + Z_3 - Z_7 - 2Z_8 - Z_9 \right]
\end{aligned} \tag{10.20}
$$

按照 x 方向和 y 方向表示，可得

$$G'_x = (Z_3 + 2Z_6 + Z_9) - (Z_1 + 2Z_4 + Z_7) \tag{10.21}$$

$$G'_y = (Z_1 + 2Z_2 + Z_3) - (Z_7 + 2Z_8 + Z_9) \tag{10.22}$$

通过公式（10.21）和公式（10.22），就可得到 Sobel 算子。再次说明一下：Sobel 算子考虑了水平、垂直和两个对角共计 4 个方向对的梯度加权求和，是一个 3×3 各向异性的梯度算子，如图 10.24 和图 10.22 所示。

Sobel 算子为两个 3×3 矩阵，分别为垂直 Sobel 算子和水平 Sobel 算子，如图 10.24 所示。在计算一个像素点的 Sobel 算子时，将该点（图中黑色区域为待求点）周围点的灰度值乘图中对应的系数，再分别对所有数据进行累加，得到该点的 Sobel 滤波值。使用图 10.24 中的两个矩阵和分别计算每个像素点滤波

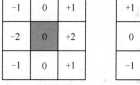

（a）垂直Sobel算子 　　（b）水平Sobel算子

图 10.24　Sobel 算子

后的值，得到图像的垂直与水平滤波图像。这样，通过滤波能够将图中竖直边缘或水平边缘处的结果放大。通过两个滤波算子能够将图中的边缘特征提取出来，进行高亮显示。

10.4.4 提取支撑点

根据 ELAS 算法总体流程，在进行立体匹配前，首先要根据 Sobel 算子计算左、右图中各像素点的描述符。由于描述符可将图中竖直边缘或水平边缘处的结果放大，从而易于将图中边缘特征提取出来。这样，基于描述符，ELAS 算法再对左图和右图选择特征明显（纹理特征丰富）、易于和周围点区分的点，作为后续左、右图匹配的对象，这些点被称为支撑点。

那左、右图中的支撑点如何提取呢？ELAS 算法先在左、右图中，以 5 个像素点（固定值）为距离均匀地选择像素点，这些像素点将构成一个集合，该集合中像素点会作为支撑点的候选点。如图 10.25 所示，图中的黑点是支撑点的选择范围，每个点之间的距离、边界支撑点与边界的距离都为 5 个像素点。

在支撑点的提取过程中，首先从这些候选支撑点中选择匹配效果达到一定阈值的点（稍后将讨论细节），也就是从其中选择匹配效果好的点，对匹配效果不佳的点直接舍弃。最后形成由这些点的子集组成的集合，该集合中的点就是支撑点。

接下来就是如何从候选支撑点集中提取真正的特征点。本系统在 ELAS 算法框架下，采用了如图 10.26 所示的算法。图 10.26 中，判断候选支撑点纹理是否丰富的依据是一个可以设定支撑点描述符的经验值 H（详见 11.2.2 小节），当某个支撑点描述符小于 H 时，该点将被淘汰，不作为真正的支持点。此后，支撑点在进行匹配时匹配了两次，这是为了保证支撑点匹配的正确性。因为 ELAS 算法在计算每个像素点的视差时是以支撑点及其描述符为基础的，故支撑点视差的正确性非常关键。算法根据描述符在右图中找到左图某点 P_1 的匹配点 P_2 后，再以右图的匹配点 P_2 为基础，计算其在左图的匹配点 P_3，只有 P_3 与 P_1 距离相差在 2 个像素点之内，才判断匹配成功。最终，形成由真正支撑点构成的集合。

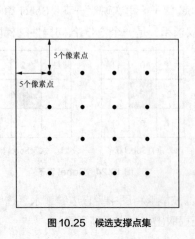

图 10.25　候选支撑点集

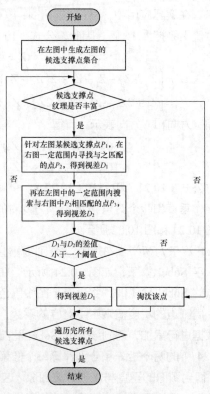

图 10.26　支撑点的计算流程

经过该流程的处理，特征点数量将会减少。图 10.17（a）为双目摄像头拍摄的一张图，图像大小为 320 像素 × 240 像素，最终生成的支撑点如图 10.17（b）所示，支撑点的选择集合为 $64 \times 48 = 3072$（候选支撑点）。最终匹配效果较好的点的个数为 1276，可以看出支撑点更多地出现在纹理信息更丰富的图像处，在过于明亮与黑暗的图像处或者纹理信息更少的图像处出现得较少。在匹配支撑点的过程中使用前文介绍的描述符进行匹配。

10.4.5 计算像素点视差

根据 ELAS 算法总体流程，视差计算分为两个层级：支撑点层级，支撑点构成的三角平面内部像素点层级。对于第一个层级，图 10.26 的支撑点的计算流程中就包含了左、右图对应支撑点的视差计算。

在完成支撑点提取并且完成第一个层级的视差计算后，接下来就该计算第二个层级每个像素点的视差了，计算过程如图 10.21（b）和图 10.21（c）所示，分成两部分进行计算，将匹配点的搜索缩小到一个小范围内。算法首先利用支撑点对图形进行 Delaunay 三角剖分，以此将图像划分成一个个小平面。在三角化完毕后，每个像素点都会落在一个三角形平面中，通过平面的公式（10.15）求出像素点在平面的 d 值，d 值即代表该点视差大概率落在该值附近。对支撑点进行栅格化，再利用该点周围支撑点的视差组成的范围作为该点的视差选取范围。因为如果仅根据平面计算视差，会将视差缩小到一个极小区域内，会产生大量的错点。这样计算出的视差值的错误率更低。

上述两部分计算的特点：Delaunay 三角化将视差缩小到一个极小范围，栅格化将视差搜索范围扩大。前者使用立体匹配模型将最佳匹配点的范围缩小，但这个过程提高了匹配的错误率，而栅格化将匹配过程中的错误率降低，扩大了视差搜索范围。

1. Delaunay 三角化及视差计算

步骤 1：根据前文确定的支撑点集合，分别对左图和右图进行 Delaunay 三角剖分；然后，分别根据左、右图各个三角形的 3 个支撑点 u、v、d 值，计算得到三角平面（公式（10.15））；再依据三角平面方程，确定三角形中包含哪些像素点，即每个像素点都能落在一个三角平面上（每个像素点都对应一个三角形）。

步骤 2：针对某个三角形，将内部每个像素点代入对应平面方程（公式（10.15）），求得对应的视差值 d，由视差值 d 加/减 1 和加/减 2，得到一个视差范围 $\boldsymbol{D} = [d-2, d-1, d, d+1, d+2]$，如图 10.27 所示。这里，如果左图中像素点 $O^{(\mathrm{L})}(9, 21)$ 与其右图中对应像素点 $O^{(\mathrm{R})}(9, 39)$ 的视差 $d=18$，$\boldsymbol{D}=[16, 17, 18, 19, 20]$。这样做的依据是立体匹配模型假设和高斯分布，视差值为 d 的概率最大，视差值为 $d \pm 1$ 次之，视差值为 $d \pm 2$ 最小，视差值在 $d \pm 2$ 之外的概率为 0。通过这种方式，可以将左、右图像素点的匹配局限在更小范围内，从而减少左图和右图匹配像素点的搜索量。

步骤 3：在三角形范围内，计算集合 $\boldsymbol{D}$ 中每个视差值对应的能量值。计算方程为

$$E = \mathrm{desc}_{\mathrm{R}} - \mathrm{desc}_{\mathrm{L}} + \mathrm{Guss}(D_n - d) \tag{10.23}$$

式中，$\mathrm{desc}_{\mathrm{R}} - \mathrm{desc}_{\mathrm{L}}$ 为左图像素点 $O^{(\mathrm{L})}$ 和与其视差值为 d_n 的右图像素点 $O_n^{(\mathrm{R})}$ 的描述符的差（详见 11.2.1 小节。每个 desc 都是一个十六维向量；（$\mathrm{desc}_{\mathrm{R}} - \mathrm{desc}_{\mathrm{L}}$）将两个向量的 16 个元素依次相减，然后求和，相当于 $\sum \mathrm{desc}_{\mathrm{R}}[i] - \mathrm{desc}_{\mathrm{L}}[i]$，其中 i 的取值范围为 1～16），差值越小，说明两个点越有可能对应物理世界的同一个点。$\mathrm{Guss}(d_n)$ 反映了某个视差值是正确视差值的可能

性。从模型可以看出，越接近三角平面的点，越有可能代表真正的视差值，离平面越远的点，越不可能代表真正的视差值。故根据高斯分布生成了一个经验数组，用来描述视差的波动性。这里数组取值为 $\text{Guss}(n)=[-14,-9,-2,0,0,0]$。例如，在计算能量值 E 时，若使用 d 作为视差，则 $\text{Guss}(D_n-d)$ 为 -14；若使用 $d-1$ 或 $d+1$ 作为视差，则 $\text{Guss}(D_n-d)$ 为 -9；若使用 $d-2$ 或 $d+2$ 作为视差，则 $\text{Guss}(D_n-d)$ 为 -2。使用高斯分布，使得视差值离平面越近，越有可能成为最终的选定的视差值。举例说明如下：基于公式（10.23），先根据平面方式确定左图中每一个像素点的视差，如图 10.27 所示，左图像素点 $O^{(\text{L})}(9,21)$ 的视差 $d=18$，而 $\boldsymbol{D}=[16,17,18,19,20]$，这分别对应了右图中的 5 个像素点：$O^{(\text{R})}(9,37)$、$O^{(\text{R})}(9,38)$、$O^{(\text{R})}(9,39)$、$O^{(\text{R})}(9,40)$、$O^{(\text{R})}(9,41)$。将这 5 个点与 $O^{(\text{L})}(9,21)$ 代入公式（10.23），可得到 5 个能量值，即可得到集合 $\boldsymbol{D}$ 中每个视差值对应的能量值。

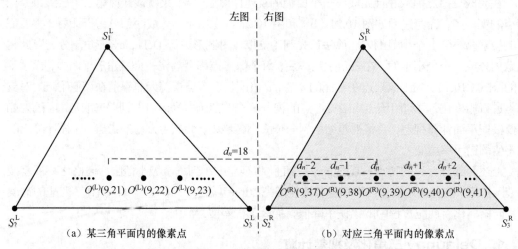

图 10.27　在右图三角平面中确定左图中某个像素点的匹配范围

步骤 4：根据步骤 3，可看出模型假设视差会落在平面周围。这个假设有一个前提条件：该平面内的点在一个物理平面上。在这个前提成立的情况下，算法匹配得较为精准，但如果平面内的点在物理世界中不在一个平面上，那么再用高斯分布作为假设，结果必然会产生较大误差。于是此步负责消除高斯分布对不在同一平面点的影响。方法为，当三角平面与 $X-Y$ 平面的夹角大于一定角度时，取消能量函数后面的 $\text{Guss}(D_n-d)$ 值，仅将描述符差作为最后的能量值。

步骤 5：求出集合 $\boldsymbol{D}$ 中每个视差值对应的能量值的最小能量值 E_1，进而可得到最小能量值 E_1 对应的视差值，以及左、右图所匹配的像素点。

2. 栅格化及视差计算

前文通过 Delaunay 三角化求出了最有可能的最佳视差值及对应的匹配像素点，这里通过栅格化将待求像素点周围的支撑点的视差值作为一个视差范围，来求最佳视差值及对应的匹配像素点。该部分的计算过程如下。

步骤 1：将图像分为 $[\text{width}/20,\text{height}/20]$ 的网格，每个网格的宽与高都为 20 个像素点，如图 10.28 所示。

图 10.28　栅格化示意图

步骤 2：统计每个网格内支撑点的视差值，并将视差值加/减 1，作为网格内所有支撑点的可取视差范围

$$\boldsymbol{D} = \left[d_{s_1} - 1, d_{s_1}, d_{s_1} + 1, d_{s_2} - 1, d_{s_2}, d_{s_2} + 1, \cdots, d_{s_n} - 1, d_{s_n}, d_{s_n} + 1 \right] \qquad (10.24)$$

式中，s_1 代表网格中的第一个支撑点，s_n 代表网格中的最后一个支撑点。图 10.28 为栅格化示意图，真实网格比示意图中的网格小很多。该步骤统计网格中所有支撑点的视差值，按照公式（10.24）生成视差范围 $\boldsymbol{D}$。

步骤 3：将左图每一个像素点 $O_n^{(L)}$ 的描述符与视差范围 $\boldsymbol{D}$ 内每一个可取视差值所对应的右图像素点 $O_n^{(R)}$ 求差，得出能量值，公式为 $E = \mathrm{desc}_R - \mathrm{desc}_L$（每个 desc 都是一个十六维向量；（$\mathrm{desc}_R - \mathrm{desc}_L$）是将两个向量的 16 个元素依次相减，然后再求和，这里 $E = \sum \mathrm{desc}_R [i] - \mathrm{desc}_L [i]$，其中 i 的取值范围为 1~16）。与前文不同的是，这里不再使用高斯分布模型。

频道 4：求出最小能量值 E_2，进而可得到最小能量值 E_2 对应的视差值，以及左、右图所匹配的像素点。

3．确定最终视差

通过 Delaunay 三角化和栅格化分别求出在两种情况下的最小能量值 E_1 与 E_2，再取两者中较小的能量值对应的视差值，作为最佳的视差值，即可求出最佳匹配点，得出图像中每个像素点的视差。

10.5 通过视差图生成点云图

通过前文的 ELAS 算法，已计算出每个像素点的视差值，得到了视差图。得到视差图后还不能直接得到某一点与摄像头的距离。还需要利用 10.2.3 小节标定后的参数及几何学知识，计算出每一个像素点与摄像头的距离。本节将描述如何利用视差图与摄像头的标定结果（即摄像头内、外参数），将视差图转换成点云图。

视差图到点云图的转换使用重投影矩阵[45][51][54]，重投影矩阵 $\boldsymbol{Q}$ 的定义如下

$$\boldsymbol{Q} = \begin{bmatrix} 1 & 0 & 0 & -c_x \\ 0 & 1 & 0 & -c_y \\ 0 & 0 & 0 & f_x \\ 0 & 0 & -1/T_x & \dfrac{(c_x - c_y)}{T_x} \end{bmatrix} \qquad (10.25)$$

式中，c_x、c_y、f_x、f_y 为对双目相机进行标定而生成的相机内参；T_x 用来描述双目摄像头中两个摄像头的相对位置，即图 10.3 中变量 b 的含义，其通过 10.2.3 小节标定后生成的平移矩阵中的 x 分量表示。

参数 c_x、c_y、f_x、f_y 来自标定得到的相机内参矩阵，内参矩阵如下

$$\boldsymbol{K} = \begin{bmatrix} f_x & 0 & c_x \\ 0 & f_y & c_y \\ 0 & 0 & 1 \end{bmatrix} \qquad (10.26)$$

相机内参中 c_x、c_y 为左摄像头中光轴与成像平面的交点，称为主点（principal point）。(c_x, c_y) 代表主点落在成像平面的位置坐标。相机内参中 f_x、f_y 为左摄像头的焦距。焦距是指

投影中心与成像平面的距离，这里引入 f_x、f_y 两个值代表焦距。成像平面上的像素点是由矩形构成的，而不是正方形。f_x 是焦距 f 与矩形像素点在 x 方向的长度 s_x 的乘积，s_x 代表在 x 轴方向上每毫米有多少个像素。f_y 与 f_x 意义相同，代表的是 y 轴方向的。由于在测试时不容易直接测量投影中心与成像平面的距离 f，而 f_y 与 f_x 比较容易测量，因此在测量时分别测量 f_y 与 f_x 两个值，使用两个值来代表焦距。

获得了重投影矩阵 $\boldsymbol{Q}$ 后，便可计算出左图与右图对应的深度图，深度图也叫距离影像，是指将从图像采集器到场景中各点的距离（深度）值作为像素值的图像。获取方法有激光雷达深度成像法、计算机立体视觉成像法、坐标测量机法、结构光法等，本系统采用的是计算机立体视觉成像法 ELAS。深度图的计算方式如公式（10.27）所示。

$$\boldsymbol{Q} \cdot \boldsymbol{e} = \boldsymbol{E} \rightarrow \begin{bmatrix} 1 & 0 & 0 & -c_x \\ 0 & 1 & 0 & -c_y \\ 0 & 0 & 0 & f_x \\ 0 & 0 & -\dfrac{1}{T_x} & \dfrac{(c_x - c_y)}{T_x} \end{bmatrix} \begin{pmatrix} u \\ v \\ d \\ 1 \end{pmatrix} = \begin{pmatrix} x \\ y \\ z \\ w \end{pmatrix} \qquad (10.27)$$

通过标定得到重投影矩阵中的参数 $\boldsymbol{Q}$，通过 ELAS 算法得到每个像素点的视差 d，再使用公式计算出每个像素点 $(u, v, d, 1)^{\mathrm{T}}$ 对应的物理世界点的坐标 $(x, y, z, w)^{\mathrm{T}}$，物理世界点的坐标在以摄像头为原点的坐标系中通过公式（10.28）获得。

$$\begin{pmatrix} X \\ Y \\ Z \end{pmatrix} = \begin{pmatrix} x/w \\ y/w \\ z/w \end{pmatrix} \qquad (10.28)$$

10.6 本章小结

本章首先介绍了双目立体视觉算法的基本原理，再基于 KITTI 数据集根据速度与精度两个指标对多个双目视觉算法进行评估，选择 ELAS 算法作为异构嵌入式平台 TK1 中运行的双目立体视觉算法。然后，介绍了利用 MATLAB 工具对使用的双目摄像头进行离线标定和获得摄像头的内、外参数的方法。双目摄像头可以利用自身软件进行标定，使摄像头直接输出经过校正的图像，从而避免在嵌入式平台中再次对图像进行畸变校正，以免浪费计算资源。接下来描述了 ELAS 算法原理及计算过程。ELAS 算法首先对图像生成支撑点，并使用支撑点建立模型，大大地降低了视差的搜索范围，使得其能够在较少的计算中识别出最佳的匹配点。最后使用标定结果生成重投影矩阵，利用重投影矩阵将视差图转换为点云图，进而获得每个像素点的真实坐标信息，得出每个点距离摄像头的真实距离。

习题 10

1. 请详细描述双目立体视觉的基本原理。
2. 根据双目相机几何模型（见图 10.3），如何计算观测点 P 与双目视觉传感器的距离？
3. 为什么要对双机立体传感器进行标定？标定过程包括哪些环节？
4. 简单对比主流双目立体视觉算法，各自的优缺点是什么？分别适用于哪些场合？

5. 在 ELAS 算法中，Delaunay 三角剖分的目的是什么？如何进行 Delaunay 三角剖分？

6. 详细描述 Sobel 滤波器的基本原理。

7. 为什么要用描述符来表示图像中的特征点？

8. 通过哪些环节实现图像中特征点的提取？各自采用的机制分别是什么？请对其基本原理和实现方式进行简要描述。

9. 根据图 10.27，从工程实现角度，如何在右图三角平面中确定左图中某个像素点的匹配范围？请画出算法流程图。

11

chapter

双目立体视觉子系统移植与优化

11.0 综述

根据第 10 章的描述，读者可能已经隐约感觉到：双目立体视觉的计算过程是典型的计算密集型（computation intensive）应用。如果直接基于成熟库或者原始方式实现上述各种算法，是不能实现双目立体视觉的实时性的，即便是基于 PC 平台（例如 Intel 2.5GHz 处理器），也难以实时实现，更不用说在计算资源更局限的嵌入式系统（如图 9.1 所示的妙算平台（TK1））上。因此，需要从系统结构角度，对算法进行移植和多层次优化。

11.1 ELAS 算法性能评估

经过 10.3 节的评估，本系统采用 ELAS 算法完成双目立体视觉。如果在 Intel 2.5GHz 处理器上实现初级的 ELAS，其性能测试结果如表 11.1 所示。

表 11.1 ELAS 双目立体视觉算法的初步性能测试结果

算法	时间	测试环境	错误率
ELAS	0.3s	1 Core @ 2.5 GHz	9.96%

在对 ELAS 算法进行深入学习和分析后，这里将对其内部各个模块进行进一步测试与性能评估。ELAS 算法的设计与实现流程中（第 10 章），"Sobel 滤波""描述符""支撑点""Delaunay 三角化"，以及两部分"寻找最小能量"模块都需要对大量像素点（320 像素×240 像素图像，有 76 800 个像素点）进行计算，将耗费大量时间。表 11.2 显示了 ELAS 模块分别在频率为 2.3GHz 的单核 i5 CPU 和 2.2GHz 妙算平台上的性能测试结果[51]。

表 11.2 ELAS 算法部分模块的性能测试结果

ELAS 模块	i5 @ 2.3GHz 平台执行时间/ms	妙算@ 2.2GHz 执行时间/ms
分别生成两幅图的描述符（Sobel 滤波+描述符生成）	2	22
计算支撑点	4	63
Delaunay 三角化	1	11
栅格化	小于 1	1
寻找最小能量（两部分总计）	7	133
总计	14	230

11.2 在 TK1 嵌入式平台上移植与优化 ELAS 算法

最终的双目立体视觉 ELAS 算法将运行于四旋翼无人机经纬 Matrice M100，上面搭载的是嵌入式处理平台 Manifold 妙算（异构多核嵌入式平台 TK1，详见 9.1.2 小节）。因此，首先将运行于 Intel 2.5GHz 处理器上的 ELAS 算法移植到妙算平台上，移植过程需要应用本书前几章训练中所培养的系统结构构建能力。此时，读者会感觉到底层汇编程序设计、对嵌入式实时操作系统深入的理解是多么重要！

移植的第一步聚焦在 Arm 的 CPU 处理器，将 ELAS 算法在（Arm CPU+Linux）环境下移植，初步移植成功后，在不使用 Arm NEON（NEON 是适用于 Arm Cortex-A 系列处理器的一种 128 位单指令多数据流（single instruction multiple data，SIMD）扩展结构）、GPU 加速模块的 TK1 平台（见图 9.1）进行性能测试，其结果如表 11.2 所示。

可以看出 ELAS 算法在移植后，其中生成描述符、计算支撑点、寻找最小能量部分耗时最多，因为这些模块中都需要对大量点进行计算，在不使用 GPU 的情况下会存在大量循环。在不利用 NEON 或 GPU 进行优化的情况下，其处理性能必然不能满足实时要求（每秒处理 20 帧图像）。在深入分析模块特性后，对描述符、支撑点、寻找最小能量等模块使用 GPU 或 NEON 进行并行化加速；再对 Sobel 滤波模块使用 NEON 进行并行优化。而系统中的 Delaunay 三角化较难实现并行化，故未对其进行优化，仅将其数据转换成 GPU 能够高效使用的数据结构。

经过移植与优化后，使其在嵌入式平台 TK1 上的处理速度在每帧 50ms 之内，这也是双目摄像头能够拍摄的最大速度。

11.2.1　描述符的移植与优化

第 10 章详细介绍了 Sobel 滤波及如何用 3×3 各向异性的梯度算子来描述像素点信息。ELAS 算法使用描述符来代表一个像素点，在匹配时使用描述符进行匹配。一个点的描述符使用该点周围的点的集合进行表示，这样在匹配时能够提高匹配的准确性，减小误匹配概率。但是使用点的集合表示一个点后显著增加了匹配过程的计算量。故 ELAS 算法充分利用硬件特性单指令多数据流扩展（streaming sIMD extension，SSE）改写算法来加速描述符的匹配，减少计算量。

为了使用 SSE 算法，ELAS 算法使用 9×9 的水平和垂直 Sobel 滤波器[45][51][52]，将一个描述符表示为一个十六维向量，即由 16 个 Sobel 滤波值组成，其从该点周围的 5×5 网格内选择 16 个点进行表示。描述符的构成如图 11.1 所示。图 11.1 中黑色区域为待求像素点的位置，其第一维向量为图 11.1（a）中 1 区域位置对应像素点的 Sobel 滤波值，第二维向量为图 11.1（a）中 2 区域对应的 Sobel 滤波值，以此类推，直到第 12 维向量为图 11.1（a）中的 12 区域；第 13 维向量为图 11.1（b）中 13 区域对应像素点的 Sobel 滤波值，以此类推，直到第 16 维向量对应的 16 区域。图中无标号的区域代表未使用该处的 Sobel 滤波值。

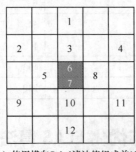 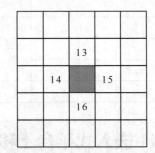

（a）使用横向Sobel滤波值组成前12维　　　（b）使用纵向Sobel滤波值组成后4维

图 11.1　描述符的构成

描述符用数组方式表示如下，其中，S_1 代表图 11.1（a）中 1 号区域的数据，S_2 代表图 11.1（a）中 2 号区域的数据，并以此类推，可得

$$desc = \left[S_1, S_2, S_3, S_4, S_5, S_6, S_7, S_8, S_9, S_{10}, S_{11}, S_{12}, S_{13}, S_{14}, S_{15}, S_{16}\right] \qquad (11.1)$$

ELAS 算法首先将每个像素点转换为描述符，在后文的计算中都是用描述符代表像素点进行计算。而对于边缘两排（列）的像素点，直接将其舍弃。

描述符的优化过程如图 11.2 所示，分为两步，首先对图像进行 Sobel 滤波（见公式（10.21）、公式（10.22）和图 10.24），再利用 Sobel 滤波后的数据生成描述符。在早期版本的算法中，对图像进行 Sobel 滤波时，使用的是 Intel 平台的 SSE 指令进行并行加速优化。然而，在本嵌入式平台 TK1 上，处理器（Arm+GPU）并无 SSE 指令。所以在移植时可以将每条 SSE 指令翻译成循环指令，顺序执行，但这样效率会直线下降。但是，Arm 处理器提供了类似于 SSE 指令的 NEON 并行指令，本系统使用 NEON 对 SSE 指令进行改造。

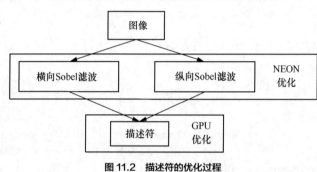

图 11.2　描述符的优化过程

移植与优化后的 Sobel 滤波如伪代码 11.1 所示。若要"吃透"以下代码，需要深入理解 Arm NEON 的结果及工作原理。到此，读者会发现：第 1～4 章讨论的与嵌入式 CPU、汇编程序设计相关的内容及通过动手形成的能力，在这里发挥了重要作用，如果没有前期的积累，读者会觉得"老虎吃天，无从下爪"。这部分不是本书重点，故省略。

代码 11.1　优化后的 Sobel 滤波

```
输入: in[320×240]灰度图数组
输出: out_v [320×240], out_h [320×240]


Begin:
For i=1 to (320-2)*240
                //temp_v 与 temp_h 分别对应垂直边缘检测与水平边缘检测
    temp_v[i] = in[i] + in[i + 320] * 2 + in[i + 320 * 2];
                //8 位正整数相加会进位，超出 8 位数表示范围，需要先
                //使用 NEON 批量地将 8 位转换成 16 位进行操作
    temp_h[i] = in[i] + in[i + 1] * 2 + in[i + 2];
    i = i+8;
                //NEON 每次可以对 8 个数字进行运算，总运行次数需要除以 8
End For
For i=1 to (320-2)*240
    out_v[i] = temp_v[i] - temp_v[i + 2];
    out_h[i] = temp_h[i] - temp_h[i + 320*2];
    i = i+8;    //NEON 每次可以对 8 个数字进行运算，总运行次数需要除以 8
End For
```

代码 11.1 中分为两个循环进行 Sobel 滤波处理，第一个循环负责将像素点与对应的系数相

乘，第二个循环负责对处理后的数据进行求和（见公式（10.21）、公式（10.22）和图10.24），两个循环中均使用 NEON 指令进行优化。

在进行完 Sobel 滤波后，对于生成的每个像素点的描述符，在后续的计算中均使用该描述符代替像素点的灰度值进行计算。由于需要对每个像素点进行生成，同时每个描述符的生成代码均相同，非常适合使用 GPU 对其进行并行优化。故系统在生成描述符的过程中使用 CUDA[18][89]对其进行异构并行处理。基于 TK1 CUDA 的描述符生成如伪代码 11.2 所示。

代码 11.2　基于 TK1 CUDA 的描述符生成

```
输入：out_v [320 × 240], out_h [320 × 240]
输出：desc[320 × 240 × 16]的描述符数组


Begin:
//CUDA 线程模型：thread(320, 1), grid(1, 240);
dim3 threads(WIDTH , 1);
dim3 grid( 1, HEIGH );
call createDesc_kernel (I_desc, out_v, out_h );
End
Program < createDesc_kernel>(Input: out_v, out_h; Output: I_desc)
                            //输入图像的 Sobel 算子，输出图像的描述符
memcpy global_mem to share_mem
                            //线程首先将部分数据加载到 share memory，减少
                            //计算过程中访问全局内存，加速计算

desc[u * v] = out_v[(u - 2) * v + 0];
                            //以下取 out_v 中像素点周围的 12 个 Sobel 算子

desc[u * v + 1] = out_v[(u - 1) * v - 2];
desc[u * v + 2] = out_v[(u - 1) * v - 0];
desc[u * v + 3] = out_v[(u - 1) * v + 2];
desc[u * v + 4] = out_v[(u - 0) * v - 1];
desc[u * v + 5] = out_v[(u - 0) * v - 0];
desc[u * v + 6] = out_v[(u - 0) * v - 0];
desc[u * v + 7] = out_v[(u - 0) * v + 1];
desc[u * v + 8] = out_v[(u + 1 ) * v - 2];
desc[u * v + 9] = out_v[(u + 1) * v - 0];
desc[u * v + 10] = out_v[(u + 1) * v + 2];
desc[u * v + 11] = out_v[(u + 2) * v - 0];
desc[u * v + 12] = out_h[(u - 1) * v - 0];
                                //以下取 out_h 中像素点周围的 3 个 Sobel 算子
desc[u * v + 13] = out_h[(u - 0) * v - 1];
desc[u * v + 14] = out_h[(u - 0) * v + 1];
desc[u * v + 15] = out_h[(u + 1) * v + 0];
End Program < createDesc_kernel>
```

代码中 Begin 与 End 中间的代码负责设定 CUDA 线程[18][89]，并调用 CUDA 函数进行计算。CUDA 线程可以理解为一个 GPU 核单独执行的一个 CUDA 函数过程。由于需要生成每个像素点的描述符，故线程设定为 320×240 个线程，每个 CUDA 线程负责生成一个像素点的描述符。在 CUDA 函数 CreateDesc_kernel 中，线程首先使用共享内存加载部分数据，再根据上文描述

符的构成部分所述内容进行描述符的生成。

通过使用 NEON 与 CUDA，本系统将描述符部分成功移植到了 TK1（Arm+GPU）的异构平台中，同时提高了 ELAS 的实时性。

11.2.2 支撑点及视差计算的移植与优化

在 10.4.4 小节，讨论了提取支撑点的基本原理及在单核环境下的提取算法，如图 10.26 所示。支撑点的计算在原算法中是基于 CPU 运算并使用循环的方式进行的。本系统充分发挥 TK1 中 GPU 的计算能力，对循环进行展开，以提高计算的并行性。

具体而言，利用 GPU 的计算特点，使用 CUDA 线程并行提取支撑点并完成每个支撑点的视差计算。经过移植和并行优化可提高算法的执行速度，优化过程如图 11.3 所示，图中根据支撑点个数，将算法分为 64×48 个 CUDA 线程来实现。

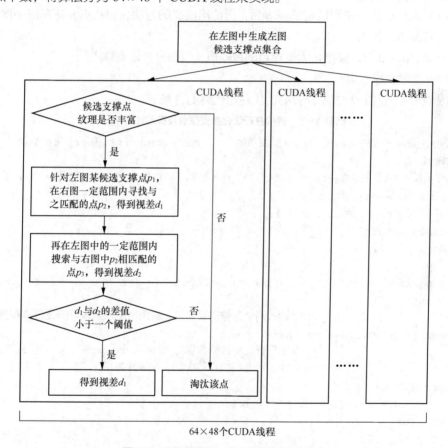

图 11.3　支撑点计算在 GPU 上的并行优化过程

每个线程计算一个支撑点的视差。图 11.3 中的支撑点在进行匹配时匹配了两次，这是为了保证支撑点匹配的正确性。因为 ELAS 算法在计算每个像素点的视差时是以支撑点为基础的，故支撑点视差的正确性非常关键。算法在右图中找到左图某点 p_1 的匹配点 p_2 后，再以右图的匹配点 p_2 为基础，计算其在左图的匹配点 p_3，只有 p_3 与 p_1 距离差在 2 个像素点之内，才判断匹配成功。每个支撑点的具体计算过程如下。

步骤 1：根据图 10.25，生成左图的支撑点范围 S，以此作为候选支撑点集合。集合中点

的个数为 64×48 个。接下来使用 64×48 个 CUDA 线程并行计算每个支撑点的视差。

步骤 2：在每个 CUDA 线程中，支撑点的计算过程如下。

（1）直接淘汰纹理信息不够丰富的支撑点（见代码 11.3 L(3)、(4)）。判断候选支撑点纹理是否丰富的依据是一个可以设定的支撑点描述符的经验值 H（这里的取值是 128），当某个支撑点描述符小于 H 时，该点将被淘汰，不作为真正的支撑点。

（2）在右图中的一个范围内寻找最佳匹配点 p，得出视差 d_1。选择范围为与左图待测支撑点位置对应的点往左数 64 个像素点之内。因为根据双目摄像头的成像原理，与左图像素点匹配的右图中的点必然在对应位置的左侧。匹配过程通过对描述符（见公式（11.1））中十六维向量作差并求和得到能量值（每个 desc 都是一个十六维向量；（$\text{desc}_r - \text{desc}_l$）是将两个向量的 16 个元素依次相减，然后求和，相当于 $E = \sum(\text{desc}_r[i] - \text{desc}_l[i])$，其中 i 从 1 到 16），能量值最小的点作为匹配点。

（3）从右图计算出与左图匹配的点 p 后，再使用前文的方法，寻找点 p 在左图中同样范围内的最佳匹配点，得出视差 d_2。

（4）在 $d_1 - d_2 < 2$ 时，保存 d_1 为支撑点的视差值，否则舍弃该支撑点。

步骤 3：生成支撑点集合。

移植和优化后支撑点及视差计算的伪代码如代码 11.3 所示。

代码 11.3   异构并行优化后支撑点及视差计算

```
输入：desc[320 × 240 × 16]灰度图数组          输出：vector<support_pt>
Begin:
//设置CUDA线程模型：thread(64, 1), grid(1, 48);因为支撑点选取集合大小为 64 × 48
dim3 threads(WIDTH / 5, 1);
dim3 grid( 1, HEIGH / 5 );
call computeSupport_kernel (I1_desc, I2_desc, D_sup );
End


Program < computeSupport_kernel >(Input: I1_desc, I2_desc; Output:
D_sup)                                                              L(1)
                    //输入两个图像的描述符，输出匹配效果较好的支撑点视差
memcpy global_mem to share_mem                                      L(2)
                    //线程首先将部分数据加载到 share memory，减少计算过程
                    //中访问全局内存的次数，加速计算
For i=1 to 16
    sum += abs(I1_desc[i] - 128)                                    L(3)
End For
if sum < 10                                                         L(4)
    return
                    //支撑点周围纹理信息不丰富，直接排除
For i=1 to disp_max    //计算左图中点的视差
    Energy1 = min(I1_desc[x] - I2_desc[x + i])
                    //选择描述符最接近的点作为该点视差
End For
For i=1 to disp_max    //计算右图中点的视差
    Energy2 = min(I2_desc[x] - I1_desc[x + i])
                    //选择描述符最接近的点作为该点视差
```

嵌入式系统设计——基于 Arm 处理器的进阶式项目实战

```
End For
if Energy1 - Energy2 < 2                    //保留左、右图视差相近的点,防止误匹配
    D_sup[x] = Energy1
End Program < computeSupport_kernel >
```

代码中 Begin 与 End 中间的代码负责设定 CUDA 线程,并调用 CUDA 函数进行计算。在 CUDA 函数 computeSupport_kernel 中,线程首先使用共享内存加载部分数据,再根据支撑点的计算过程进行代码实现。

通过以上方法计算出图像的支撑点后,根据 10.4.1 小节的立体匹配模型,以支撑点为先验信息计算图像中其余点的视差。

11.2.3 像素点视差计算的移植与优化

在 10.4.5 小节,详细讨论了像素点视差计算的原理及初级开源算法实现,初级算法实现是基于 Intel CPU 的,本系统对该部分代码进行异构并行优化设计,使其能够在 TK1 GPU 上并行运行。

通过对 Delaunay 三角化及视差计算、栅格化及视差计算的详细分析可以看出,以传统步骤(详见 10.4.5 小节)进行视差计算的过程中,每一步都存在大量的循环,例如,循环计算每个支撑点的视差、循环计算每个三角形的参数,其中最耗时的是循环计算每个像素点的视差。如果 CPU 线性地执行完这些步骤,将会花费大量时间与计算量。而 GPU 完美地适合这种应用场景,于是可利用 GPU 并行地计算以上数据,优化流程如图 11.4 所示。随后将讨论并行化过程,以及过程中使用的优化方法。

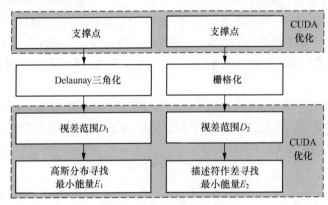

图 11.4 计算视差时的优化流程

在描述了视差的计算过程后,系统在妙算嵌入式平台中使用 CUDA 对初级算法进行并行化,使其能够运行在英伟达的 GPU 平台中。本系统主要从以下几个方面对程序进行并行化:Delaunay 三角化的移植、栅格化的移植、像素点视差计算等。在移植完毕后,使用了一些优化手段对移植后的代码进行优化。

1. Delaunay 三角化的移植

在将图形进行 Delaunay 三角化(详见 10.4.5 小节)后,生成了大量个数不固定的三角形,如果以每个三角形作为一个 CUDA 线程进行计算,由于三角形个数不固定,三角形中点数不固定,所以在用 GPU 进行计算时线程数量会不确定,同时每个线程的计算量也不同,很难发

挥出 GPU 并行化计算的优势。因此，本系统以单个像素点建立线程，这样，需要首先计算出每个像素点的三角形信息，也就是说首先将图像三角化后的信息转换成每个像素点的信息，这样，在计算视差过程中便不用对三角形信息进行额外操作，可重复发挥 GPU 的处理特点，从而提高计算效率。由此可见，即便是算法，即便是理论，若要在计算机上以工程形式高效率实现，方方面面都要与计算机系统结构相关（硬件处理单元原理与特点、底层汇编程序设计、操作系统调度、异构并行计算等，而这些均需要长期积累和对计算机系统结构构建能力的持续训练）。

移植过程如图 11.5 所示，步骤具体描述如下。

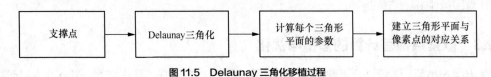

图 11.5　Delaunay 三角化移植过程

步骤 1：根据图 11.3 准备支撑点，供三角化使用。

步骤 2：直接调用 Delaunay 三角化函数[45][46]，将图像进行三角化剖分，使每个像素点都对应一个三角形。

步骤 3：计算每个三角形平面的平面参数，参数为公式（10.15）中的 a_i、b_i、c_i。

步骤 4：计算每个像素点所属平面，并生成像素点与平面一一对应的关系，供并行化使用。计算过程为循环统计每个三角形中的像素点，在每个三角形中进行以下操作。

（1）根据图像坐标，统计三角形平面上半部分的像素点，确定在支撑点 $A(u_0, v_0)$ 和 $B(u_1, v_1)$ 之间的行（如图 11.6 所示，这里包含了 $v, v+1, \cdots, v+7$），且在线段 AB、AC 之间的列统计其中的像素点，建立这些点与该三角形的隶属关系，即该点是否属于该三角形。

（2）统计三角形平面下半部分的像素点，确定在支撑点 $B(u_1, v_1)$ 和 $C(u_2, v_2)$ 之间的行，且在线段 BC、CA 之间的列统计其中的像素点，建立这些点与该三角形的隶属关系，即该点是否属于该三角形。

其中的关键步骤为步骤 4，步骤 4（1）的处理过程的示意图如图 11.6 所示，统计线段 AB 与线段 AC 之间的像素点，并建立这些点与该三角形的对应关系。使用同样的方法执行步骤 4（2），统计线段 CB 与线段 CA 之间的像素点。

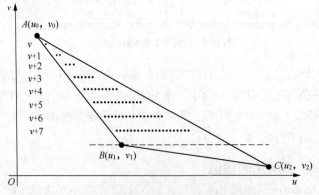

图 11.6　建立每个像素点与三角形的对应关系的示意图

处理过程的伪代码如代码 11.4 所示。

代码 11.4　异构并行优化后 Delaunay 三角化

输入：支撑点　　　　　输出：像素点与三角形平面的对应关系

```
Begin:
computeDelaunayTriangulation();          //Delaunay 三角化过程
computeDisparityPlanes();                //计算三角形平面的参数
For i = 0 to triangle.size               //建立像素点与三角形的对应关系
   For u in (AB.u, AC.u) AND v in (A.v, B,v)                    L(1)
                                         //统计三角形平面上半部分的像素点

      pointToTriangle[u, v] = i;
   END For
   For u in (BC.u, AC.u) AND v in (B.v, C,v)                    L(2)
                                         //统计三角形平面下半部分的像素点

      pointToTriangle[u, v] = i;
   END For
End For
End
```

其中将三角形平面划分为上下两部分进行图像中像素点的计算。代码 11.4 L(1)为计算三角形平面上半部分中所包含的点，将这些点对应的三角形设置为本三角形的编号，以供后续视差计算使用。同理，代码 11.4 L(2)计算三角形平面下半部分中的点。

2. 栅格化的移植

根据 10.4.5 小节，栅格信息负责生成待求点的视差范围。通过将图像划分为 20×20 的像素栅格，每个栅格内所有像素点将要匹配的视差范围由数组 D 组成，数组 D 由栅格内所有支撑点的视差决定，每个视差加/减 1 组成数组 D（见公式（10.24））。为了便于计算，数组 D 的长度定为 64。该步计算量较小，故将其放在 CPU 实现。但由于在计算视差时（10.4.5 小节）需要使用该步的数据，而计算视差是交给 GPU 完成的，故将其计算结果存储在 GPU 与 CPU 都可以访问的区域，以减少复制次数。栅格化的计算步骤分为两步：将每个支撑点的视差加/减 1，保存在像素点对应的栅格数组内；统计每个栅格数组内的数据长度，并保存在对应的数组内的第 0 位。栅格化的伪代码如代码 11.5 所示。

代码 11.5　栅格化

输入：支撑点　　　　输出：栅格数组

```
Begin:
For  j = 0 to supportPoint.size    //统计支撑点视差，并保存在对应栅格内
  gridDisparity[ f(i) ][d - 1] = 1;
  gridDisparity[ f(i) ][d] = 1;
  gridDisparity[ f(i) ][d + 1] = 1;
End For

For  i = 0 to gridDisparity.len    //统计栅格内视差个数
  gridDisparity[0] = gridDisparity[0].len
End For
End
```

代码 11.5 中，supportPoint.size 为某个栅格中支撑点的数量；gridDisparity 为一个二维数组，第一维代表图像中栅格的个数，第二维代表数组的长度，这里数组长度设置为 64，$f(i)$ 表示图片中的第 i 个栅格，如果该栅格中某个支撑点的某个视差值 d 存在，则通过"gridDisparity[f(i)][d] = 1"将其置 1，这样可统计支撑点视差，并保存在对应栅格内。

3. 像素点视差计算

通过 Delaunay 三角化和栅格化后，分别求出在两种情况下的最小能量值 E_1 与 E_2，再取两者中较小的能量值对应的视差值作为最佳的视差值，即可求出最佳匹配点，得出图像中每个像素点的视差。像素点视差计算符合 GPU 计算特点，因此，将其放在 GPU 上加速。接下来便利用 GPU 以每个像素点为线程进行视差计算，计算过程如图 11.7 所示。

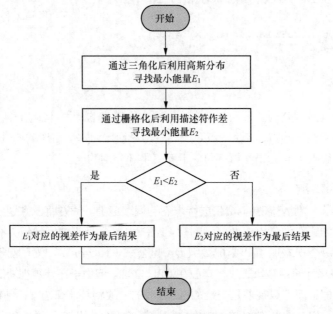

图 11.7　像素点视差计算过程

每个像素点视差计算过程的说明如下。

步骤 1：根据三角形平面生成的视差范围，利用第 10 章所述的高斯分布能量计算函数计算每个视差对应的能量值。

步骤 2：根据栅格化生成的视差范围，利用第 10 章所述的另一个能量计算函数计算每个视差对应的能量值。

步骤 3：在步骤 1、步骤 2 中选择一个最小的能量值所对应的视差作为最后的视差值。

从上述计算过程中可看出，每个像素点视差的计算都是独立而且简单的，没有复杂的逻辑，只有线性的计算，故而很适合利用 GPU 进行高并发运算。利用 CUDA 在 GPU 上进行并行计算的伪代码如代码 11.6 所示。

代码 11.6　在 GPU 上进行并行计算最终确定像素点视差

输入：支撑点　　　　输出：栅格数组
Begin:
//设置 CUDA 线程模型：thread(320, 1), grid(1, 240); //每个像素点对应一个CUDA线程

```
dim3 threads(WIDTH, 1);
dim3 grid( 1, HEIGH );
call computeDisparity (I1Desc, I2Desc, pointToTriangle, gridDisparity,
Dpoint);
End

Program < computeDisparity >(Input: I1Desc, I2Desc, pointToTriangle,
gridDisparity, Output: Dpoint)
  memcpy global_mem to share_mem
  For i in D(pointToTriangle)              // 方法一：计算三角形平面上点的视差
    if 平面过于倾斜
      Energy1 = min(I₁Desc [x] - I₂Desc[x + i])
    else
      Energy1 = min(I₁Desc [x] - I₂Desc[x + i] + guss(i))
    End if
  End For
  For i in D(gridDisparity)                // 方法二：计算栅格中的视差
      Energy2 = min(I₁Desc [x] - I₂Desc[x + i])
  End For
  Dpoint = Energy1 < Energy2 ? Energy1.disparity : Energy2.disparity;
  End Program < computeDisparity >
```

代码 11.6 通过 CUDA 编程模型，调用 GPU 进行并行计算。在线程中首先将后续计算所要使用的数据复制到 GPU 的共享内存中，然后分别计算两个视差范围内的最小能量值。能量函数的计算在立体匹配模型中（详见 10.4.1 小节）已讨论过，其大致思路是：栅格中的视差通过两个点的描述符相减计算得到；三角形平面周围的视差除了两个描述符相减外，还要减去一个高斯值，以此增加视差落在平面上的可能性。在此过程中，如果三角形平面过于倾斜，则取消高斯值对能量的影响。

11.2.4 零复制与 GPU 共享内存

前文描述了 ELAS 算法部分模块在移植过程进行的并行化改造,本节描述在移植过程中使用的其他性能优化方法,主要包括两种：一种为零复制,另一种为共享内存。这些优化都需要对硬件和软件系统有深入理解。

根据图 9.2 可知，在进行基于 PC 环境下的离散 GPU 编程时，由于 GPU 不能直接访问 CPU 内存，往往第一步操作是将内存中的数据复制到 GPU 的全局内存中，然后才进行数据运算。而在本系统使用的嵌入式平台 TK1 中，GPU 与 CPU 使用同一块内存，GPU 可以访问该内存空间，这时在运算之前还进行内存复制的话，便是将数据从同一块内存的一个地方复制到另一个地方，然后进行计算。可以看出这样的内存复制是没有意义的。处理该问题的方案之一就是零复制技术[18]，使用零复制技术可以省去内存复制的时间，直接对数据进行操作。

零复制是指，CPU 不需将内存中的数据复制到 GPU 的全局内存中，GPU 即可对数据进行读写，如图 11.8 所

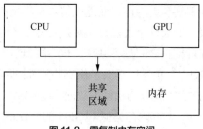

图 11.8　零复制内存空间

示。在利用了零复制技术后，可直接在内存中申请一块共享区域，CPU 与 GPU 交替操作该片区域，从而减少数据在内存与显存中的复制，以及较少数据在复制过程中，GPU 等待数据时造成的计算资源的浪费。代码 11.7 为申请零复制共享内存空间的伪代码。

代码 11.7　申请零复制共享内存空间

```
输入：CPU 端指针 p_c，申请空间大小 size
输出：GPU 端指针 p_g


Program < HostMalloc >
Begin:
    cudaHostAlloc((void**) p_c, size, cudaHostAllocDefault );
                    //将常规的宿主机指针转换成指向设备内存空间的指针
    cudaHostGetDevicePointer(&p_g, * p_c, 0);
    return p_g
End
```

代码 11.7 中，首先申请一块 size 大小的内存空间，将 CPU 端可访问的地址写入 p_c 参数中，将 GPU 端可访问的地址通过返回值返回。其中 cudaHostAlloc 函数负责在内存中申请一块 CPU 与 GPU 都可以共享的内存空间，内存空间可以通过指针 p 访问，但是 GPU 不能通过该指针访问。cudaHostGetDevicePointer 函数将指针 p 转换成 GPU 可以访问的指针 p_g。这样申请的空间，CPU 通过指针 p 访问，GPU 通过指针 p_g 访问。在优化过程中，本系统创建了多个零复制空间（这里不详细展开，读者可自己实践），以方便 CPU 与 GPU 交替访问数据。这些数据包括支撑点信息、视差网格数据、三角形数据，以及最重要的视差数据。同时，由于这些数据空间大小在程序运行过程中不会改变，故本系统将其保存为全局变量，在处理一帧图像信息时，将该帧图像信息保存在以上空间中，在计算下一帧时，这些数据将会被新的图像信息覆盖。这样可以减少申请内存空间所使用的时间。

零复制技术虽然减少了一次内存的复制，但是在 GPU 频繁读取内存数据时还是会产生访问内存空间的瓶颈。例如在生成描述符时，同一个像素点的值可能被多个生成描述符的 CUDA 线程使用，这时内存中的同一个数据会多次被访问，造成 CUDA 线程频繁暂停，等待数据的到达，减慢 CUDA 线程的处理。对于这一问题，本系统使用共享内存进行优化。接下来阐述使用共享内存对程序进行优化的手段。

在 ELAS 算法的"描述符计算""支撑点计算""视差计算"模块，均使用了 GPU 对计算进行并行加速处理。这些代码在 GPU 中，首先进行的动作便是将本轮计算所需要的所有数据从内存中复制到 GPU 共享内存中。这个复制不是将图片的所有数据复制到全局内存，而是仅将本线程所需要的数据复制进来。如果单个线程每次都是独立复制自己所需的数据，并且相互之间互不共享，也会降低执行效率与速度。在 TK1 中，英伟达提供了多个线程同时将数据读入共享内存的方法，这些方法使得数据的复制效率更高效，如图 11.9 所示。共享内存类似于 GPU 的 Cache，所以将本次计算所需数据复制进共享内存后，使得在线程的计算周期中多次访问这些数据更加高效。

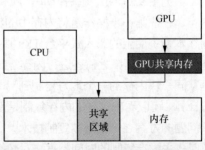

图 11.9　类似于 CPU 的 Cache 的共享内存

代码 11.8 为描述符计算过程中数据复制的伪代码。

代码 11.8　描述符计算过程中的数据复制

```
输入：支撑点
输出：栅格数组

Begin:
for i = 0 to 5
  IDuShare[u + i * 320] = IDu[u + i * 320];
  IDvShare[v + i * 320] = IDv[v + i * 320];
  __syncthreads();
End
```

其中 IDu 与 IDv 分别代表图像的水平与垂直方向的 Sobel 滤波器，循环 5 次代表复制 5 行像素的 Sobel 值。根据 CUDA 的线程模型，每一行代码都会在 GPU 中执行 WIDTH 次。这样，一行代码便可以复制一行数据。这里首先将 u 行对应的所有数据复制进共享内存，并在数据都复制后（__syncthreads()函数负责同步所有线程），再开始计算第 u 行像素点的描述符，这样便可以充分发挥出 GPU 并行计算的优势，而不用在计算过程中等待数据的到达。

代码 11.9 为支撑点计算过程中数据复制的伪代码。

代码 11.9　支撑点计算过程中的数据复制

```
输入：支撑点
输出：栅格数组

Begin:
for i = 0 to Block
  I₁DescShare [u + i * thread] = I1Desc [u + i * thread - 2 * oneLine];
  I₁DescShare [v + i * thread] = I1Desc [v + i * thread + 2 * oneLine];
  I₂DescShare [u + i * thread] = I2Desc [u + i * thread - 2 * oneLine];
  I₂DescShare [v + i * thread] = I2Desc [v + i * thread + 2 * oneLine];
  __syncthreads();
End
```

代码 11.9 中，Block 的值为 85，thread 的值为 60，oneLine 的值为 320 × 16。其中 thread 代表 CUDA 线程块中的线程数设置为 60，也就是以每行支撑点的个数作为线程数。在计算支撑点的匹配时，需要将支撑点上、下两行的描述符加载进共享内存，以便在计算过程中对描述符数据进行频繁访问。代码中的赋值语句便是加载待求支撑点的上、下两行描述符。循环次数为 Block 次，是用待加载数据量除以线程数得到的。

代码 11.10 为支撑点视差计算过程中数据复制的伪代码。

代码 11.10　支撑点计算过程中的数据复制

```
输入：支撑点        输出：栅格数组
Begin:
for i to 16
  I1DescShare[u + i*320] = I1Desc[v * 320*16 + u + i*320];
  I2DescShare [u + i*320] = I2Desc[v * 320*16 + u + i*320];
```

```
    __syncthreads();
End
```

由于计算视差时线程数大小为 320，故线程一次执行可以复制 320B。线程计算过程中需要复制线程对应的像素的所有描述符，大小为 320 × 16B 的描述符，故只需要循环 16 次即可复制完成。

综上所述，本系统在所有的 CUDA 核中使用了共享内存，减少了 GPU 在执行过程中访问内存的次数，提高了线程执行的并行度。

11.2.5 视差到点云图转换的优化

在视差到点云图的转换过程中，公式（10.28）通过将 x、y、z 分别除以 w 即可获得每个点在物理世界坐标系中的三维坐标。并且每个点的计算可以独立进行，依赖的数据也可以提前计算，故其非常适合使用 GPU 进行计算。使用 GPU 进行并行化计算的过程如图 11.10 所示，每个 CUDA 线程处理一个像素点，大量线程并行化处理。

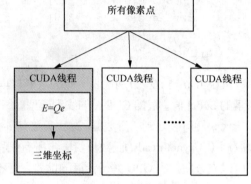

图 11.10 并行计算过程

代码 11.11 为使用 GPU 对其进行并行优化处理的伪代码。

代码 11.11 在 GPU 上实现视差到点云图的转换

```
输入：视差
输出：点云图

Begin:
    dim3 threads(320, 1);
    dim3 grid(1, 240);
    Convert (Disparity, Cloud);
End
Program < Convert >(Input: Disparity;
                    Output: Cloud)
    w = d / Tx;
    cloud[u][v].x = (u - cx) / w;
    cloud[u][v].y = (v - cy) / w;
    cloud[u][v].z = fx / w;
End Program < Convert >
```

与前文 CUDA 函数不同，此函数中并未首先将数据复制到共享内存，原因在于此函数只从内存中读入一次数据，后续不再使用，故不需首先将数据复制到共享内存再进行计算。

11.3 双目立体视觉子系统功能与性能测试

在对 ELAS 算法进行移植和优化后，测试了其在妙算平台上的运行情况，并与 PC 平台上原版 ELAS 算法进行了对比。寻径系统测试环境如表 11.3 所示，在测试地点拍摄的图像如图 11.11 所示。

表 11.3　寻径系统测试环境

环境	信息
测试地点	① 电子科大沙河校区主楼 5 楼 ② 电子科大沙河校区主楼西前方草坪
四轴飞行器嵌入式平台	妙算（TK1）、GUIDANCE 双目视觉传感器、M100 四轴飞行器
PC 平台	CPU：i5-7300HQ 内存：8GB 显卡：GTX1050Ti

（a）室内测试环境　　　　　　　　（b）室外测试环境

图 11.11　在测试地点拍摄的图像

系统运行于 Linux 操作系统，测试结果如图 11.12 所示，其中，图 11.12（a）为 PC 上使用 MATLAB 显示的图像，图 11.12（b）为妙算平台中显示的图像。妙算平台中直接对视差值乘 4，以此作为像素点的灰度值。由于 MATLAB 显示灰度图的原理与妙算平台不同，故图像显示效果差异较大，但是，能够看出两者生成图像的层次感相同，可初步判断算法移植效果尚可接受。此外，本系统对比了两者生成的每个像素点的视差值。经过对比图像的 320×240 个像素值后，发现两个视差图中相同视差值的像素点高达 90%以上，因此，像素点视差值计算的正确率是可接受的。

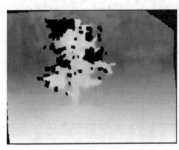

（a）MATLAB运行的原算法　　　　（b）移植优化后的ELAS算法

图 11.12　ELAS 算法移植前后对比

在算法移植与优化的过程中，除了程序运行的正确性外，最重要的是测量系统的性能。飞行器中寻径系统性能对飞行器运行的正确性与稳定性至关重要。若寻径系统的双目立体视觉系统处理图像的速度较慢，则直接影响路径规划生成控制命令，使控制命令的产生较慢，严重情况下导致飞行器避障不够及时，碰撞到障碍物。

双目立体视觉模块为系统的核心，其算法最复杂、计算量最大、耗时最多。首先测试该模块在 TK1 异构多核嵌入式平台上的性能，验证其是否能实时处理完双目图像和生成三维点云图。

系统运行在 Linux 操作系统平台中，对于运行在 CPU 中的程序，使用 gettimeofday()函数测量程序执行前后的时间点，再对其作差进行测量。此函数能够精确到微秒级别。不过在本系统中，只使用其毫秒级别的数据。而对于运行在 GPU 中的函数，则不能使用这种方法进行测量，因为 CUDA 核函数即使返回后，数据也可能未完全准备好，还需要使用 cudaDeviceSynchronize()函数对数据进行同步，这样 CPU 与 GPU 才能继续访问数据，否则在访问数据时有可能访问到错误的数据或者需要暂停等待数据。

测试在室内和室外两种环境下进行处理：图 11.11（a）为室内环境的图像，图 11.11（b）为室外环境的图像，分别测量这两种情况下的处理时间。

测试结果如图 11.13 所示，其中图 11.3（a）为图 11.11（a）对应的测试结果。其中前两项"two desc1"与"two desc2"分别为计算两个图像的描述符时间。第 3 项为使用 GPU 计算支撑点视差的时间。第 4、5 项为使用支撑点对图像进行 Delaunay 三角化，并计算每个三角形平面参数的时间。第 6 项为将图像分为网格，根据支撑点视差统计每个网格内像素点视差范围的时间。第 7 项为利用 GPU 计算每个像素点视差，并将视差转换为点云图的时间。由于视差与点云图转换都在 GPU 中计算，故将其放在一起进行统计。

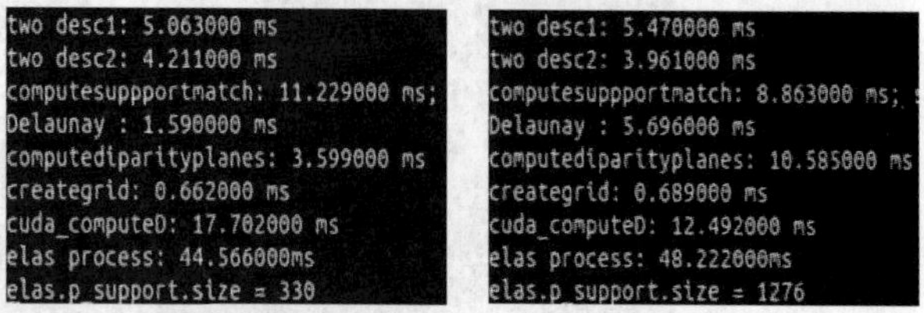

```
two desc1: 5.063000 ms
two desc2: 4.211000 ms
computesuppportmatch: 11.229000 ms;
Delaunay : 1.590000 ms
computedisparityplanes: 3.599000 ms
creategrid: 0.662000 ms
cuda_computeD: 17.702000 ms
elas process: 44.566000ms
elas.p_support.size = 330
```
（a）室内测试数据

```
two desc1: 5.470000 ms
two desc2: 3.961000 ms
computesuppportmatch: 8.863000 ms;
Delaunay : 5.696000 ms
computedisparityplanes: 10.585000 ms
creategrid: 0.689000 ms
cuda_computeD: 12.492000 ms
elas process: 48.222000ms
elas.p_support.size = 1276
```
（b）室外测试数据

图 11.13　测试结果

为了更精确地统计每个 CUDA 函数的运行时间，使用英伟达 Profiling 工具 NVPROF 单独测试每个运行在 GPU 中的函数性能。在对测试环境（见图 11.11）中 20 帧分辨率为 320×240 的双目图像进行测试后，记录处理每帧图像的处理时间，最后求得每个计算单元的平均运行时间，如表 11.4 所示。

表 11.4　妙算平台上双目视觉模块的处理时间测试

单元	耗时/ms
分别生成两幅图的描述符（GPU）	9.2
计算支撑点（GPU）	10.1
计算 Delaunay 三角化	11.3
计算栅格视差	0.6
计算视差（GPU）	15.3
点云化（GPU）	0.1
总计	46.6

其中，Delaunay 三角化所用时间与支撑点个数相关。在支撑点数量较大时所需时间较大，反之较小。图 11.11 所示的两幅图中，图 11.11（a）支撑点数量只有 330 个，图 11.11（b）支撑点个数高达 1276 个，对三角化的性能影响较大。

表 11.4 为双目立体视觉在计算过程中每个计算单元的平均计算时间，具体来说：生成两幅图像的描述符总共需要 9.2ms；计算图像的支撑点需要 10.1ms；利用支撑点对图像进行 Delaunay 三角化需要 11.3ms；统计图像每个栅格的视差范围需要 0.6ms；最后分别计算两个图像的视差值，并左、右对比，减少误匹配消耗 15.3ms；对图像进行点云化需要 0.1ms。综上可得，双目立体视觉模块总计需要耗时 46.6ms。双目摄像头的拍摄最高帧率为每秒 20 帧，即 50ms

嵌入式系统设计——基于 Arm 处理器的进阶式项目实战

才会有一帧图像。

从系统设计角度看，按照第 9 章软件系统总体架构（见图 9.5～图 9.7），可让每个模块按流水线方式运行，以提高各模块的并行性，相应设计如图 11.14 所示。根据测试结果，双目立体视觉模块放在系统流水线背景下是能够满足系统性能需求的。

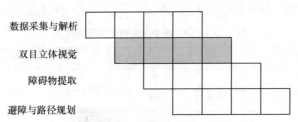

数据采集与解析

双目立体视觉

障碍物提取

避障与路径规划

图 11.14　系统各模块流水线设计

本系统使用 GPU 加速了大量的运算。这些运算在未加速前，使用 Intel i5-4200 处理器（频率为 2.3GHz），并使用 SSE 进行加速运算，ELAS 算法的耗时如表 11.5 所示。同时，还测试了在 TK1 中使用 Arm 处理器的 NEON 加速器进行并行优化部分模块，其性能与在 GPU、Intel i5-4200 上的性能进行比较，如表 11.6 所示。

表 11.5　Intel i5-4200 上运行 ELAS 算法的耗时

单元	运行时间/ms
分别生成两幅图的描述符	1.5
计算支撑点	4.4
计算 Delaunay 三角化	0.9
计算栅格视差	0.2
计算视差	6.8
总计	13.8

表 11.6　TK1 中 NEON、SSE、CUDA 处理性能的对比

单元	Arm（NEON）/ms	Intel i5/ms	GPU（Kepler）/ms
分别生成两幅图的描述符	17.7	1.5	9.2
计算支撑点	63.4	4.4	10.1

由于 NEON 代码编写复杂，本系统仅测量了描述符生成与支撑点计算两部分，据此可以得出结论，NEON 性能远落后于 Intel i5 与 GPU。故本系统仅在生成描述符时使用 NEON 进行辅助运算。描述符的生成需要使用 Sobel 滤波器，本系统测试了使用 NEON 计算 Sobel 滤波器时的性能，单幅图像的处理时间如表 11.7 所示。

表 11.7　使用 NEON 计算描述符的性能

单元		Arm（NEON）/ms
生成描述符	Sobel（NEON）	1.8
	描述符（GPU）	2.8

可以看出 Sobel 滤波器的生成所用时间并不长，故系统将其放在 NEON 加速单元中处理，而未放入 GPU 中处理。

在进行双目立体视觉计算的过程中，图像、描述符、支撑点、网格视差、三角形信息、视差图、点云图等数据都需要申请内存空间进行存放，如果将申请内存空间的操作放在计算过程中，将会增加申请内存空间的大量时间。在妙算平台 TK1 上，使用 NVPROF 工具对申请零复制内存时间进行测量，得出表 11.8 的数据。可以看出，调用内存分配函数会花费很多时间，本书将内存空间申请放在主控程序中，在申请空间后反复利用，以此减少在计算过程中对大量内存空间的申请。

表 11.8　ELAS 各个模块消耗空间对比

空间类型	空间大小/MB	分配空间所需时间/ms
描述符	2	88
支撑点	24	1
三角形信息	600	26
视差图	600	26
点云图	1.8	79
总计	1227.8	220

本系统使用的一个重要优化手段为共享内存，即在 GPU 进行计算前，首先将部分频繁读取的数据加载到 GPU 的 Cache，以防止某些数据不在 Cache 中而造成 GPU 频繁读取内存，造成巨大延迟。是否使用共享内存对性能的影响如表 11.9 所示。可以看出使用共享内存大大加速了程序的计算，程序的性能提升了一倍。

表 11.9　是否使用共享内存对性能的影响

是否使用共享内存	整体耗时
否	101.71ms
是	46.6ms

11.4　本章小结

本章在第 10 章的基础上，讨论了双目立体视觉算法 ELAS 在系统实现过程中的移植与性能优化。在 Intel 平台上利用 SSE 加速 ELAS 算法，再移植到资源（Arm+GPU）有限的异构嵌入式多核平台 TK1 中，利用 Arm 的 NEON 向量运算加速高计算量的运算，利用 GPU 加速处理能够并行运算的"计算描述符""计算支撑点""视差计算"及"视差到点云图的转换"过程，充分挖掘 ELAS 算法特性及 TK1 硬件计算资源，使得算法在硬件平台中的运算速度达到可接受的程度。

习题 11

1. 将 Sobel 描述符在嵌入式计算平台 TK1 上实现或者移植时，需要做哪些改变和优化？
2. 基于嵌入式计算平台 TK1，尝试实现支撑点及视差计算，并对比其在 CPU 上实现和在 GPU 上实现的性能差异。
3. 详细描述在 TK1 上基于 CUDA 实现 Delaunay 三角化的流程。
4. 将 ELAS 算法移植到 TK1 上，总结可以从哪些方面进行优化，以提升立体视觉的实时性。

12

chapter

避障与路径规划

12.0 综述

第 11 章介绍了在嵌入式异构平台 TK1 中使用 NEON 硬件单元、CUDA 和内存优化等技术对 ELAS 双目立体视觉算法进行移植与优化，并利用 GPU 对点云图生成进行优化，有效获得了四轴飞行器环境的三维点云图。获得点云图后，便有了飞行器前方物体的位置信息，并且其位置以真实距离为单位。接下来需要从三维点云图中提取前方障碍物信息，并将其输入路径规划算法，使用路径规划算法动态地规划一条从起始点到终点的路径，使飞行器在飞行路径上避开障碍物。

12.1 从点云图中提取障碍物

第 10 章介绍了生成物理世界的点云图的方法，使用该方法能够获得以摄像头为原点的每个点的三维坐标。点云图详细描述了各点的具体信息，每个点都用三维坐标表示，内容较为复杂，数据量巨大。如果将整个图像信息输入路径规划算法中，仅处理庞大的点云图就需要消耗巨大的计算力。因此，本系统首先将点云图中有用的信息进行提取处理，然后再输入路径规划算法中，实时地进行路径规划。对于一个基本寻径系统来说，有用的信息只有障碍物信息，故仅提取点云图中的障碍物。障碍物定义为飞行器飞行方向上，与飞行器处于同一高度的，可能阻挡飞行器飞行的"点"。

提取障碍物的方式很多，需要根据路径规划方式具体要求对障碍物进行提取。此外，路径规划算法也很多，根据可行性与易实现性，本系统选用动态窗口法。使用动态窗口法可以根据运动物体当前运动路径上的障碍物信息进行实时避障，因此，算法的输入信息中需包含障碍物坐标信息。由于运动物体与障碍物是相对运动的，故障碍物信息在每个采样周期都需更新，如图 12.1 所示，飞行器在移动过程中将实时更新障碍物与飞行器的相对位置。

动态窗口法的运行速度与障碍物点的个数成正相关关系，障碍物点越多，路径规划模块的运行速度越慢。但是如果障碍物点过于稀疏，则有可能失去对某些障碍

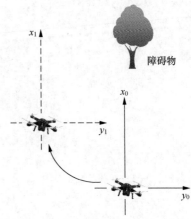

图 12.1 飞行器与障碍物的相对位置实时更新

物的描述，使得飞行器不能躲避障碍物。由于飞行器对 z 轴速度的控制需要借助 GPS 与超声波传感器等，而本系统欲探索单纯双目立体视觉方法判定障碍物距离的效果（就像人的双眼），因此，在实现时暂只提取与飞行器大致处于同一高度范围内的障碍物，如图 12.2 所示。然后使用动态窗口法在二维平面进行避障，此外，通过检测点云图中 z 轴值来判断前方物体的点是否与飞行器处于同一高度范围。

这样，本系统按照如下标准对前方障碍物进行提取。

（1）实时提取每帧图像中的障碍物点。

（2）采用二维坐标方式表示障碍物点。

（3）障碍物点的提取不能过于密集，也不能过于稀疏。

根据标准（1），实时地从每帧三维点云图中提取障碍物的信息，障碍物定义为在四轴飞行器前方 N m（可设定）视野范围内的所有点。故系统处理流程为：双目立体视觉算法 ELAS（第 10 章和第 11 章）处理完后将点云图数据输入障碍物提取线程队列中（见图 9.7），并同步告知障碍物提取线

图 12.2　确定前方障碍物判定范围

程点云图就绪。障碍物提取线程被唤醒后从队列中选取最新点云图进行障碍物提取，最新帧之前的未使用点云图全部设置为无效。经过测试，障碍物提取速度小于双目立体视觉生成点云图的速度，故正常情况下点云图队列总为空。

根据标准（2），障碍物与飞行器的距离使用二维坐标方式表示，即障碍物中支撑点距离飞行器摄像头 x 和 y 轴的距离。由于 ELAS 算法已经将图像转换为点云图，故使用坐标方式表示障碍物点也较为方便。同时，根据点云图中的 z 轴信息，z 轴值为 0 的点代表与飞行器处于同一高度。为了使得数据更加可靠，选择在 z 轴值为 0 的上、下位置各多选取一段距离（本系统取 Z 值在 ±20 之内的点）作为障碍物的提取范围，如图 12.2 所示，确定提取障碍物的范围。

为了满足标准（3），使用一个可设定大小的 $N \times 1$ 窗口来移动生成障碍物，如图 12.3 所示，N 代表障碍物提取的上下高度范围，本系统取上、下 20cm，总计高 40cm，宽 1 像素点。如果窗口中的障碍物点相互之间的距离在一个较小范围内，则判断这些点为同一障碍物的点。本系统的测试场景相对简单，故通过 x 轴的值代表飞行器与该障碍物的距离，如图 12.1 所示，通过 x 轴的值对窗口内的像素点进行排序。在排序结果中，x、y 值均相差较小的点，认为它们为同一个点。同时，同一个点的数量达到一定阈值，则记该窗口中存在障碍物点(Obs_x, Obs_y)，该点的 Obs_x、Obs_y 取值分别为窗口内距离相近点的 x、y 分量的平均值。在计算完一个窗口后，将窗口向右移动一个窗口单位，再继续执行以上步骤。

障碍物提取的规则为：相邻点的(x, y)是否相近；窗口内的相邻点达到一定数量。

障碍物提取流程如图 12.4 所示，其伪代码如代码 12.1 所示。

图 12.3　障碍物生成过程

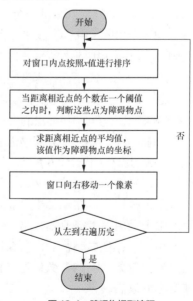

图 12.4　障碍物提取流程

```
输入：点云图
输出：障碍物数组

Begin:
对窗口内点的深度值按照大小进行排序；
while 窗口到达最右边
        if 窗口内距离相近的点的数量 > 阈值
                该窗口对应障碍物点为距离相近点的平均值(Obsₓ,Obsy)
        end if
        窗口向右移动 1 个像素点
end while
end
```

通过以上过程，可将点云图中处于飞行器前方视角内的障碍物点提取出来。

12.2　动态窗口法

在通过障碍物提取算法将三维点云图转换为飞行器飞行平面的二维障碍物坐标后，使用动态窗口法作为飞行器寻径的路径规划算法。动态窗口法根据飞行器运动模型，生成一些初始化数据，如飞行器的速度、飞行方式等，然后实时根据障碍物提取模块传递过来的当前时刻的障碍物信息，模拟接下来的运动轨迹，并评价这些轨迹，得出最优轨迹，最后转换成飞行命令传递给飞控模块。

12.2.1　基本原理

动态窗口法根据飞行器飞行模式，例如，四轴飞行器可以朝前、后、左、右、上、下等几个方向灵活飞行（而固定翼只能朝前方飞行），建立飞行器运动行模型。根据飞行模式，例如，十字飞行模式（见图 5.2），可生成一个飞行器能够选择的速度窗口。飞行器的速度窗口可以设置为：x 轴方向的速度窗口为(V_{xmin},V_{xmax})，y 轴方向的速度窗口为(V_{ymin},V_{ymax})。在某个时刻，算法根据固定步长在窗口内平均采样一些速度作为当前速度，模拟飞行器在这些速度下 t 秒内的飞行候选轨迹，如图 12.5 所示。模拟生成 M 条轨迹后，算法根据障碍物点的位置信息与轨迹信息，首先排除不能通过的路径，再使用路径评价函数（详见 12.2.4 小节），根据每条路径距离障碍物点的距离、方向与目标点的夹角，以及速度选择这 3 个变量，对每条可以通过的路径进行打分，进而根据分数高低判断最优的路径。最后选择最优路径飞行。

动态窗口法的流程如图 12.6 所示，其中第一步"建立飞行器运动模型"，根据飞行器的飞行特点，确定飞行方式，例如，飞行方式的选择、飞行速度的设定等（后文详细介绍）。接下来根据飞行器运动模型，实时模拟飞行器在当前状况下的飞行路径，生成模拟路径。由于是用程序模拟飞行路径，故生成的路径为离散路径，也就是说生成了 M 条候选飞行路径。在生成路径后对每条路径进行评估，选择最优路径飞行即可。评估路径之前需要提取每条路径的参数信息，例如该路径距离障碍物的最近距离、路径朝向、路径的速度等参数信息。

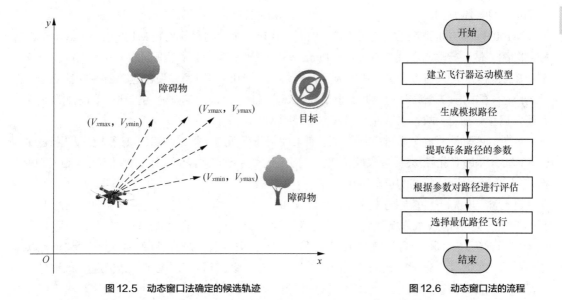

图 12.5　动态窗口法确定的候选轨迹　　　　图 12.6　动态窗口法的流程

动态窗口法的伪代码如代码 12.2 所示。

代码 12.2　动态窗口法

```
输入：障碍物点，飞行器运动模型
输出：最佳飞行路径

Begin:
    GenerateTraj();                                              L(1)
    NormalizeEval();                                             L(2)
    Evaluation();                                                L(3)
end
```

代码 12.2 L(1)的函数 GenerateTraj()根据飞行器运动模型生成速度窗口范围，例如，飞行器的飞行模式为十字飞行模式，通过 x、y 轴速度控制飞行器飞行方向，在 x 轴方向速度设置为 $[v_{x1}, v_{x2}]$，在 y 轴方向速度设置为 $[v_{y1}, v_{y2}]$，则这两个速度范围便是算法选择的速度窗口。在速度窗口内按某个步长平均选择一些速度，生成一个速度几何：$V = [(v_{x1}, v_{y1}), (v_{x2}, v_{y2}), \cdots, (v_{xn}, v_{yn})]$。接下来循环模拟以每个速度运行的状况，生成其对应的路径，路径使用点信息的存放方式，即每条路径对应 M 个点。

在得到每条路径后，需要对每条路径评价优劣。评价路径之前对路径对应数据进行归一化处理，如代码 12.2 L(2)所示，使得数据更加平滑，防止因某一路径的一项参数对评价系统的影响过大。

最后使用评价函数将归一化后的数据代入计算，生成一个评价值，如代码 12.2 L(3)所示。此值越小，代表路径越优。飞行器沿最优路径飞行即可。

12.2.2　飞行器运动模型

为了对飞行器进行路径规划，首先需要描述飞行器运动模型，即飞行器的飞行模式，详见 5.2 节。此外，M100 的控制方式分为 3 种：模拟油门控制、距离控制、速度控制，下面分别介绍这 3 种控制方式。

M100 的模拟油门控制方式如图 12.7 所示。通过 3 个控制参数控制 M100 飞行：Roll 参数控制翻滚，使飞行器向左或向右飞行；Pitch 参数控制倾斜，使飞行器向前或向后飞行；Yaw 参数控制偏航，使飞行器自转，即控制飞行器朝向。M100 可以通过设置这 3 个参数值控制其飞行路径。但由于 3 个参数的数据大小不易直观体现出来，此外这部分四轴飞行器设计的重点在于双目立体视觉，故暂未选择使用该方式控制 M100 飞行。

此外，四轴飞行器可通过控制移动距离来控制飞行器的飞行，例如，可通过设置飞行器 x 轴、y 轴、z 轴的飞行距离参数来控制飞行。但是这种控制方式需要使用 GPS 信号对飞行器进行定位，进而判断飞行器的移动距离。

飞行器的最后一种控制方式是通过控制 x 轴、y 轴、z 轴方向的飞行速度及时间来控制飞行器的飞行。例如向 x 轴方向飞行 1s，飞行速度为 1m/s，则飞行器会向 x 轴方向大约飞行 1m。由于飞行器在达到预设飞行速度之前需要经过一个加速过程，故其飞行距离不会达到 1m。本部分的系统便是使用这种方式控制飞行器飞行。此外，设定飞行器以固定的较低速度向前方视角范围内飞行，在视角范围内选择最优方向飞行。

确定四轴飞行器运动模型后，根据模型生成飞行器的速度窗口。在试验阶段，安全起见，飞行器的飞行速度设定为 1m/s，飞行方向通过控制 x 轴与 y 轴速度分量控制飞行器的飞行方向。本系统在双目摄像头视角内平均划分了 17 个方向，如图 12.8 所示，虚线中间的实线即代表 17 个速度方向，每个方向的速度为 1m/s。图中飞行器视角（两条虚线之间是视角）设定为 60°，被 x 轴平分为两半。根据飞行方向与 x 轴正向的夹角来计算 x 轴与 y 轴方向的速度分量，以此生成每个速度方向的速度分量集。

$$\text{SpeedSampling} = \left[\left(v_{x1}, v_{y1} \right), \left(v_{x2}, v_{y2} \right), \cdots, \left(v_{x17}, v_{y17} \right) \right] \qquad (12.1)$$

其中每组速度根据飞行方向与 x 轴夹角计算得出。这样采样了 17 组数据，飞行器以其中的每个采样速度进行飞行，便生成其对应的轨迹，轨迹线如图 12.8 所示。接下来根据 SpeedSampling 中的每组速度进行模拟飞行，生成候选轨迹。

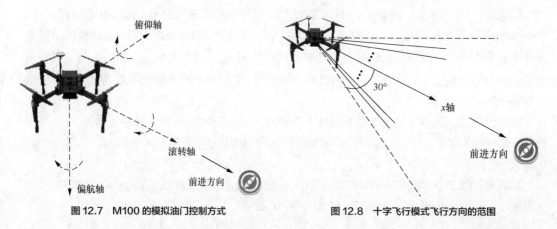

图 12.7　M100 的模拟油门控制方式　　　　　图 12.8　十字飞行模式飞行方向的范围

12.2.3　生成候选轨迹

在生成 SpeedSampling 后，根据其中的每组速度，在障碍物信息到达后开始模拟生成轨迹，即在以这些速度为飞行器的当前飞行速度的情况下，飞行器的每条飞行轨迹。并且使用点信息来保存飞行轨迹，以方便以后的计算，生成候选轨迹的流程如图 12.9 所示。

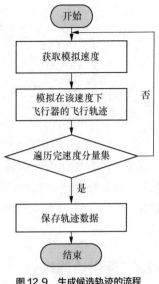

其中，第一步为获取 SpeedSampling 中的一个速度信息（ v_x , v_y ）；接下来在此速度情况下，模拟飞行器在飞行 $t, 2t, 3t, \cdots, nt$ 时间后的位置信息；重复执行第一、第二步，直到模拟完每个采样点。

此外，图 12.9 中，第二步的飞行时间是根据双目立体视觉的精度信息及障碍物的密集度确定的。在立体视觉精度较高，能够精确测量较远距离物体的三维信息时，模拟飞行时间可以适当延长；在飞行器的前方有较多障碍物时，模拟飞行时间可以更短，否则，有可能在视野内的所有路径上都存在障碍物，在此情况下，路径规划程序不能选择一个能够安全飞行的方向，飞行器将在原地停止不前。生成候选轨迹的伪代码如代码 12.3 所示。

图 12.9　生成候选轨迹的流程

代码 12.3　生成候选轨迹

```
输入：速度采样
输出：轨迹采样


Begin:
For  vₓ,vᵧ in SpeedSampling
    For  t  in  T
        traj [i][t] = (vₓ * t, vᵧ * t)
    End For
    i++
End For
end
```

通过代码 12.3，可获得飞行器在飞行一段时间后的可能轨迹信息，接下来需要对这些轨迹进行评价。在评价之前需要排除碰撞到障碍物的轨迹，避免选出不能通过的轨迹，同时可加速路径规划的执行效率，如图 12.10 所示。排除方法为循环计算每个轨迹点与障碍物点的距离，在与障碍物的距离小于安全距离 $\mathrm{Dis_{safe}}$ 时，判定该轨迹不可通过，删除该轨迹。安全距离 $\mathrm{Dis_{safe}}$ 是指飞行器在飞行过程中，飞行器中心必须与障碍物保持一定距离，距离必须大于飞行器宽度的一半，以使飞行器在路径上飞行的过程中不会碰撞到障碍物。该距离可以适当增大，防止飞行器在空中漂移，撞击到障碍物。排除无效轨迹的伪代码如代码 12.4 所示。

代码 12.4　排除无效轨迹

```
输入：轨迹采样
输出：有效轨迹


Begin:
For  i  in  traj.length
    For  j  in  T
        For  obs  in  Obstacle.length
```

```
          if 轨迹点 traj[i][j] 与 Obstacle[obs] 的距离小于 Dis_safe
             删除该轨迹
          End if
       End For
     End For
   End For
 End
```

代码 12.4 通过三重循环判断每个轨迹点与障碍物的距离，以此得到该轨迹与障碍物的最近距离。故单位时间 t 值越小，轨迹点越多，轨迹与障碍物的最近距离的计算越精确。但此时，轨迹中的采样点数量越多，计算量越大，会使得程序性能下降。综合考虑性能与准确性，应适当增大安全距离，选择合适的 t 值，在不失准确性的情况下，减少程序的计算量。

12.2.4 评价候选轨迹

在生成飞行器可以飞行的轨迹后，需要通过某个标准或方法确定一条最优轨迹，这样飞行器选择该轨迹可以更快速且安全地到达目标点。动态窗口法通过轨迹的 3 个参数评价轨迹的好坏。

第一个参数为轨迹的朝向，朝向通过飞行器在轨迹上的运动方向与飞行器和目标点的连线夹角 θ 确定，夹角如图 12.10（a）所示。夹角越小，代表飞行器在该轨迹上飞行时离目标点越近，这样飞行器越能最快速地到达目标点。

第二个参数为轨迹与障碍物的最近距离，如图 12.10（b）所示。在前文排除安全距离之内存在的障碍物的同时，可求出一条最近距离，通过循环计算轨迹中每个点与障碍物的距离，并保留最小值，以最小值作为轨迹与障碍物的最近距离。轨迹距离障碍物越近，在飞行不稳定的情况下越容易与障碍物发生碰撞。

第三个参数为飞行器在 x 轴方向的运动速度，x 轴方向如图 12.8 所示。飞行器飞行有两个方向的速度，一个为 x 轴方向，一个为 y 轴方向。在初始化时 x 轴速度方向为目标点的朝向，故 x 轴方向的速度越大，在飞行时离目标点越近，选择该轨迹的优先级应该越高。

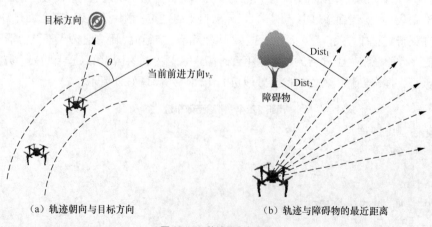

（a）轨迹朝向与目标方向　　　　　　　　（b）轨迹与障碍物的最近距离

图 12.10　轨迹的方向参数

嵌入式系统设计——基于 Arm 处理器的进阶式项目实战

评价一条轨迹应该同时从 3 个方面考虑它的优劣：轨迹方向、轨迹与障碍物距离、x 轴方向的运动速度。据此得出评价轨迹优劣的函数公式：

$$G(v,\omega) = \sigma(\alpha \cdot \mathrm{heading}(v_x,v_y) + \beta \cdot \mathrm{dist}(v_x,v_y) + \gamma \cdot \mathrm{velocity}(v_x,v_y)) \qquad (12.2)$$

其中，$\mathrm{heading}(v_x,v_y)$ 项代表轨迹末端的朝向与飞行器和目标点的夹角属性；$\mathrm{dist}(v_x,v_y)$ 项代表轨迹距离障碍物的最近距离属性；$\mathrm{velocity}(v_x,v_y)$ 项代表轨迹的 v_x 速度属性。根据这 3 个属性参数及每个参数前的系数，选择一条最佳路径。每项属性前面所乘的系数代表该项的重要程度，系数的大小需要根据飞行器的运动特性、飞行目的进行确定。本系统飞行过程中最重要的一点便是保证飞行器在飞行过程中的安全，即不会碰撞到障碍物，故本系统首先需要将与障碍物的最近距离项 $\mathrm{dist}(v_x,v_y)$ 的系数 β 设置成最大。

在飞行过程中向右避障时，当飞行器还未完全躲避开障碍物，视角内已经不存在障碍物时，飞行器为了向目标点飞行而执行向左飞行的命令，飞行器极有可能与障碍物发生碰撞，如图 12.11 所示。这时就要求不能仅在视角内选择朝向最接近目标点的飞行路径，而应该通过增大 $\mathrm{velocity}(v_x,v_y)$ 属性的优先级，优先选择朝向正前方飞行的路径，以避免在视角内无障碍物时发生的碰撞。

本系统根据 3 项参数的重要程度，得出 3 个系数的优先级为：$\beta > \gamma > \alpha$，以此经过计算并通过多次试验，调整系数大小，选择最合适的系数值。

通过对上面 3 个参数的描述可知，后两项的值越大，代表对应的轨迹越优，第一项的值越小代表对应的轨迹越优。故评价函数在使用第一项参数时，不直接代入其角度值，而使用 180° 减该角度，再代入计算。这样便可使得评价函数的值越大，对应的轨迹越优。

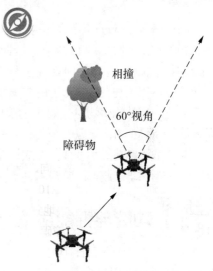

相撞

60°视角

障碍物

图 12.11　四轴飞行器与障碍物发生碰撞

在利用 3 个参数计算时，因为 3 个参数代表的含义不同、单位不同，不能直接将参数的真实值代入函数进行计算。需要首先对参数进行归一化处理，通过以下步骤，对每项参数进行归一化。

（1）计算所有轨迹中每项的和：$\sum_{i=1}^{n}\mathrm{heading}(v_x,v_y)$，$\sum_{i=1}^{n}\mathrm{dist}(v_x,v_y)$，$\sum_{i=1}^{n}\mathrm{velocity}(v_x,v_y)$。

（2）使用评价函数进行计算时，轨迹对应的每项参数首先除以参数对应的和，再代入公式进行计算。

对每项参数进行归一化后，再代入评价函数计算出每条轨迹的评价值，并求出最大的评价函数值，其对应的轨迹即为最优轨迹。将此轨迹对应的 (v_x,v_y) 值写入一块数据区中，由主控程序定期从中读取并解析飞控命令，最后将飞控命令发往飞控模块进行飞行控制，如图 9.7 和图 12.12 所示。

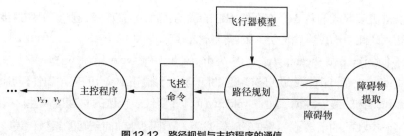

图 12.12　路径规划与主控程序的通信

12.3 超声波测距避障

飞行器在飞行过程中，最重要的一点便是保证飞行器的安全，避免由于碰撞到障碍物而造成飞行器的姿态倾斜，导致失控。因此，在飞行过程中需要通过多种技术保证飞行器不会碰撞到障碍物。本方案除了使用双目立体视觉来检测视角内物体与飞行器的距离，还使用超声波来检测飞行器周围与其距离最近的障碍物。在飞行方向上，若超声波检测到存在与飞行器的距离小于安全距离的障碍物时，实时通知飞控系统，停止当前方向的飞行，等待接收到更多传感器信息，判断某个方向可以安全飞行后再继续飞行。

超声波测距避障主要作为在双目立体视觉系统失灵时进行的后备措施，相当于为寻径系统增加了一道保险。超声波测距不是本书的重点，其详细原理与实现请见参考文献[90]。

12.4 功能与性能测试

12.4.1　障碍物提取测试

障碍物提取测试的室外测试环境如图 11.11（b）所示，测试时，使用 12.1 节所述的障碍物提取算法正确提取三维点云图中的障碍物。障碍物是指在三维点云图中与摄像头处于同一高度位置附近的障碍物，例如，只统计与摄像头上、下高度相差 40cm 之内的障碍物，40cm 之外的障碍物不统计。

障碍物提取模块的测试结果如图 12.13 所示，图 12.13（a）为深度图，图 12.13（b）为障碍物提取结果，其使用二维坐标表示，y 在前，x 在后。y 轴代表障碍物在摄像头前方与后方的距离，x 轴代表障碍物在摄像头左边与右边的距离，z 轴代表障碍物的高度，图 12.13（b）的数据中 x、y 的单位均为 m。

从图 12.13 可看出，障碍物主要集中在摄像头左侧–2.8m 到右侧 0.1m、前方 1.4m 到 3.6m。将点云图结果与障碍物提取结果进行对比，可判断障碍物提取结果基本正确。在单独测试障碍物提取模块通过后，再将其集成到系统中，通过压力测试其是否能够实时地提取障碍物坐标。经过 5h 的压力测试，程序能够正确运行，未报任何错误。

障碍物提取模块的性能如图 12.14 所示，两个数据分别为图 11.11 中左、右图对应的障碍物提取结果。其中带花括号的数据为检测出来的障碍物点坐标。最后一行为提取这些障碍物点所消耗的时间，图 12.14（a）所示提取障碍物消耗的时间为 2.8ms，图 12.14（b）所示为 4.2ms。经过对大量图像的测试，其时间都在 5ms 以内，平均时间为 3.8ms。该部分消耗的时间较短，所以可以将该部分融合到双目立体时间模块中，或融合到路径规划模块中。但考虑到将来可能使用更复杂的障碍物提取算法，其性能与复杂度不易估计，故目前将其单独作为一个模块进行处理。

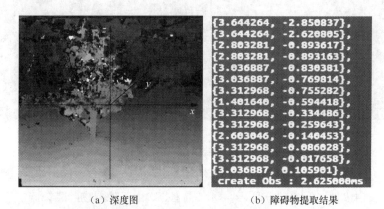

（a）深度图　　（b）障碍物提取结果

图 12.13　障碍物提取模块的测试结果

```
{2.024591, -1.155315},
{2.024591, -1.104386},
{1.918034, -0.962544},
{1.918034, -0.920155},
{2.024591, -1.634635},
{2.024591, -1.446217},
{1.175569, -1.268317},
{0.911066, -0.724613},
{1.918034, -0.681573},
{0.828242, -0.808342},
{0.867682, -1.015654},
{1.214755, -0.319961},
{0.959017, -0.318565},
{1.301523, -0.394265},
{4.049183, 0.959111},
{1.175569, 0.427969},
{4.049183, 1.898370},
{2.143685, 2.099837},
{2.277665, 1.894460},
{2.803281, 1.761458},
{2.803281, 1.808016},
 create Obs : 2.840000ms
```

```
{3.644264, -2.850837},
{3.644264, -2.620805},
{2.803281, -0.893617},
{2.803281, -0.893163},
{3.036887, -0.830381},
{3.036887, -0.769814},
{3.312968, -0.755282},
{1.401640, -0.594418},
{3.312968, -0.334486},
{3.312968, -0.259643},
{2.603046, -0.140453},
{3.312968, -0.086028},
{3.312968, -0.017658},
{3.036887, 0.105901},
 create Obs : 4.222000ms
```

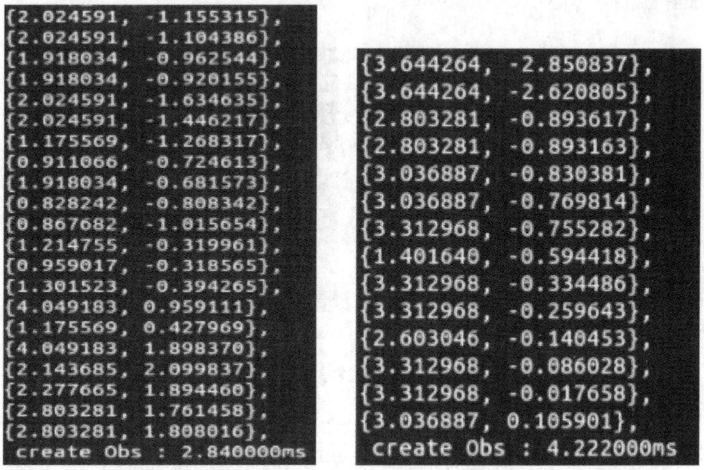

（a）室内障碍物提取结果　　（b）室外障碍物提取结果

图 12.14　障碍物提取模块的性能

12.4.2　路径规划测试

首先测量动态窗口法静态处理一帧图像时的测试结果，再将其集成到系统中测试其实时处理效果。如图 12.15 所示，当系统输入障碍物为图 12.15（a）所示的树木时，动态窗口法的路径选择结果如图 12.15（b）所示。

图 12.15（b）中 0～16 编号代表动态窗口法采样 17 个速度后生成的轨迹数据，轨迹如图 12.15（a）所示，从左向右编号为 0～16。根据该图在 12.4.1 小节的障碍物信息可知，距离障碍物最近的坐标为(1.401640,–0.594418)，该障碍物与编号 0～5 路径的距离小于安全距离，根据 12.2.3 小节的内容可知，这种情况下飞行器将直接排除 0～5 号对应的路径，接下来在 6～16 号路径中进行选择，并根据评价函数对每条路径进行打分。图 12.15 中等号左边的 3 个数分别对应 12.2.4 小节所述的朝向、距离、x 轴速度 3 个参数，右边的数据为打分结果，数据越大，代表路径越优，因此动态窗口法选择第 11 条路径进行飞行。

（a）路径规划示意图 （b）路径规划功能测试

图 12.15 路径规划的选择结果

在飞行器飞行一段时间后，使用可能路径中的另一个测试点进行测试，测试图像如图 12.16（a）所示，测试结果如图 12.16（b）所示。可以看出此次由于障碍物距离较近，第 0～11 号路径皆不可通过。第 12～16 号路径中，第 16 号路径的评价函数值最高，故在此情况下，动态窗口法选择第 16 号路径进行飞行。

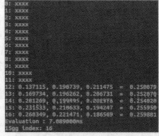

（a）某一时刻的图像 （b）路径规划对图像的处理结果

图 12.16 路径规划的处理结果

同样将动态窗口法集成到整个系统，并进行压力测试，运行 5h 后，程序未报任何错误，并且能成功计算出最佳路径。以此得出结论：系统的寻径功能能够正常实现。路径规划模块的性能如图 12.17 所示，其中图 12.17（a）为图 11.11（a）对应的数据，图 12.17（b）为图 11.11（b）对应的数据。

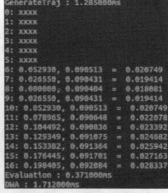

（a）室内路径规划 （b）室外路径规划

图 12.17 路径规划模块的性能

图 12.17 分为两个部分，第一部分为 GenerateTraj，负责模拟生成飞行器的飞行轨迹，第二部分为 Evaluation ，负责评价第一部分生成轨迹的可行性与优劣。中间的 17 行数据为动态窗口法在速度窗口中获取的 17 个速度采样值。路径规划的性能如表 12.1 所示。可以发现，路径规划进程的复杂度并不高，执行速度较快。

表 12.1　路径规划的性能

单元	耗时/ms
轨迹生成	1.3
轨迹评价	0.3
总计	1.6

通过性能测试发现，由于障碍物提取模块与路径规划模块的处理时间加起来也远远小于双目立体视觉模块的处理时间，故可以将两个模块融合到一个线程中，效果如图 12.18 所示。这样利用流水线的特点，3 个任务可以并行执行，不受干扰，并且能够以较高的效率执行，防止顺序执行造成寻径系统对图像的处理产生过大延迟。将两个模块合并后，实现起来虽然更方便，但是扩展性不强。

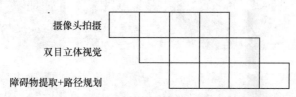

摄像头拍摄

双目立体视觉

障碍物提取+路径规划

图 12.18　合并障碍物提取与路径规划模块

12.4.3　整体避障与路径规划测试

单独对各个模块进行测试后，飞行器寻径系统整体也集成完毕，接下来测试飞行器在真实环境中的飞行结果。由于环境所限，目前只选择在室内较小空间进行飞行测试。室内测试环境如图 12.19 所示。飞行器本身可以通过程序自动起飞到一定高度，并完成自动寻径功能。但由于超声波系统与 GPS 在室内测试环境中不稳定，不能够对飞行器自身进行精确的定位，因此暂时不支持自动起飞功能。

在该情况下，使用以下方法进行测试。

（1）在寻径系统中设定目标点为飞行器正前方 10m 处。

图 12.19　室内测试环境

（2）通过遥控器手动启动飞行器 M100，并飞行到一定高度。

（3）调整飞行器姿态，使其能够稳定悬停。

（4）将遥控器模式切换到 F 挡，允许程序控制飞行器。

（5）通过无线数传电台启动妙算中的寻径程序。

（6）飞行器自动飞行到目标点处。

其中第（4）步，遥控器分为"F""A""P"3 种飞行模式，其中"P"模式也称"GPS 模式"，代表在 GPS 信号良好的情况下，使用 GPS 信号进行稳定飞行。在 GPS 信号良好的室外环境中，飞行器在该模式下能够以非常稳定的姿态飞行，悬停时也能够"纹丝不动"。"A"模式为手动飞行模式，飞行器在此模式时不借助 GPS 信号进行增稳，而完全靠遥控器信号对飞行时的漂移进行修正，在悬停时也会向某个方向漂移。"F"模式为程序控制模式，此模式下飞行器不受遥控器控制，只接受从妙算或其他计算设备通过 UART 串口发往飞行器的控制命令。"F"模式下也能够通过 GPS 进行增稳，但是由于室内没有 GPS 信号，故在此模式下飞行较不稳定。

在测试之前，手动在程序中设置目标点为正前方 10m 处。接下来手动启动飞行器后再进行寻径系统的测试。

图 12.20 所示为飞行器自动避障，并朝向目标点飞行的过程。其中飞行器正前方的广告牌为障碍物，飞行器在朝向正前方 10m 处目标点飞行时自动向右飞行，以躲避障碍物，并成功飞过障碍物，未与障碍物发生碰撞。以此可判断飞行器能够在简单的环境中实现自动寻径，避开路径中的障碍物，飞往目标点的功能。

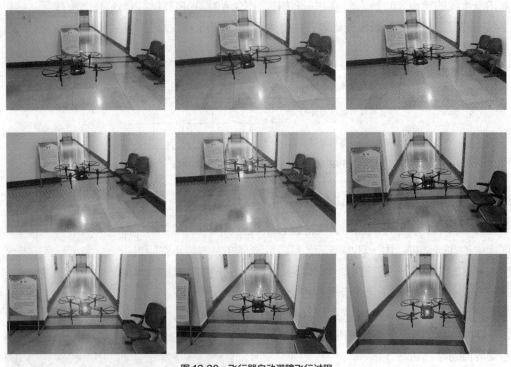

图 12.20　飞行器自动避障飞行过程

到此，一个能实现基本避障寻径功能的四轴飞行器原型系统就成型了。若要一步步完成一个更完善的避障寻径系统，还需进行大量理论研究和工程研究，因为与之相关的一些技术仍是学术界与工程界的前沿研究。这就是嵌入式系统，既可以是一个纯工程系统，也可以是理论与工程密不可分的系统，因此，需要读者不断积累，大量实践，才能培养开发嵌入式系统所需的计算机系统结构构建能力、交叉复合能力与跨界融合能力。

12.5　本章小结

本章首先根据双目立体视觉生成的三维点云图提取出障碍物点信息，并转换为路径规划能够使用的数据信息。接下来利用动态窗口法对飞行器的运动模型进行分析，生成飞行器的速度窗口，并模拟飞行器的飞行，生成多条飞行轨迹。再利用提取的障碍物，判断由路径规划算法生成的多条飞行轨迹的可行性。在此基础上，利用评价函数设置最佳的评价系数，判断多条可运行轨迹的优劣，选择出最佳的飞行轨迹，最后往飞行器飞控模块发送命令控制飞行器飞行。

习题 12

1. 简述从点云图中提取障碍物的主要流程。

2. 如何基于动态窗口法生成候选轨迹？如果从候选轨迹中评价出最适合的轨迹？可以从哪些维度进行评价？

3. 如果在 CPUs+GPUs 的异构嵌入式平台上实现四轴飞行器的避障与路径规划，在 CPU 上实现合适还是在 GPU 上实现更合适？为什么？

4. 除了动态窗口法可用于避障，还可用什么方法避障？以其中一种方法为例，对其基本原理进行简单描述，并对比其与动态窗口法的优劣。

13

chapter

三维地图重建

13.0 综述

通过前面的双目立体视觉、避障和路径规划后，一个初级的带自动寻径功能的四轴飞行器就实现了。第 12 章讨论了如何利用双目视觉传感器测量图像中每个像素点与飞行器的距离信息，为障碍物提取、避障与路径规划提供了数据源。除此以外，还可以充分利用这些信息，对飞行器周围进行三维地图重建，以便在以后的飞行中能够直接利用，或者为其他应用提供地图信息。本章介绍如何在双目立体视觉信息的基础上，基于 SLAM 框架，利用其开源代码 LIBVISO（library for visual odometry 2）[45][46][91]对场景进行三维重建，再设计无线网络通信模块集成到图 9.5 所示的系统中。

三维地图重建是一项复杂的工作，但不属于本书的重点内容，因此，本书只做简单介绍，一是为充分利用前面章节的数据，二是为了确保本书的完整性，让读者对自主飞行的四轴飞行器的研究与工程领域有更全面的认识。

本章首先阐述 SLAM 算法如何从寻径子系统中获取数据。接下来将开源代码 LIBVISO 在服务器中实现（见图 9.5）。LIBVISO 使用飞行器在运行过程中拍摄的双目图像作为 SLAM 系统的输入图像，同时更新双目摄像头的内外参数，得出飞行器飞行环境整体的三维点云图。这里的三维点云图是对飞行过程中拍摄到的环境进行整体重建得到的，而第 10 章利用双目立体视觉生成的点云图仅为一帧图像的点云图。此处的点云图可以理解为对第 10 章生成的所有点云图进行融合后生成的整体环境的点云图。

13.1 SLAM 在本系统的应用

说到三维地图重建，就不得不谈到 SLAM，SLAM[42][45]是指生成一个未知且静态的环境地图，同时确定自己的位置。SLAM 正如人走进一个未知环境中，既要在脑海中绘制环境地图，还要知道自己在地图中的位置。SLAM 可以应用于多种场景，例如，无人机、自动驾驶、扫地机器人等。本系统基于 SLAM 框架，在前文所述系统基础上进行三维地图重建。

SLAM 由多个步骤组成，每一步都可以用多种形式和多种算法来完成。简单而言，如图 13.1 所示是一个简易 SLAM 流程，图中各模块都有不同的理论依据和实现方式（见第 1 章），例如，传感器可以是单目的，也可以是双目的，还可以是多种传感器融合的。

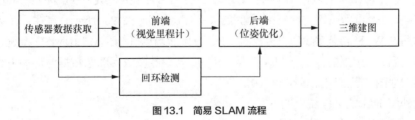

图 13.1 简易 SLAM 流程

SLAM 是当前学术界和工程界研究的热点问题，世界各地的研究人员纷纷提出了众多开源 SLAM 项目，包括框架的、各模块算法与实现的、面向不同领域的等。表 13.1 是一些常见的 SLAM 项目[45]。

表 13.1　常见 SLAM 项目

项目名称	传感器形式	是否实时
MonoSLAM	单目	实时
PTAM	单目	非实时
ORB-SLAM	单目	实时
LSD-SLAM	单目	实时
SVO	单目	实时
DTAM	RGB-D	实时
DVO	RGB-D	实时
RTAB-MAP	双目/RGB-D	实时
RGBD-SLAM-V2	RGB-D	实时
Elastic Fusion	RGB-D	实时
Hector SLAM	激光	实时
GMapping	激光	实时
OKVIS	多目+IMU	非实时
ROVIO	单目+IMU	实时
LIBVISO2	单目/双目	实时

　　视觉 SLAM 领域的先驱、牛津大学教授安德鲁·J.戴维森（Andrew J.Davison）利用单目视觉完成 SLAM[42][43]。他于 2007 年开源的 MonoSLAM[42][43] 是单目视觉 SLAM 中第一个能够在线实时运行的项目，众多 SLAM 项目便是受到此项目的启发。慕尼黑工业大学计算机视觉组的恩格尔（J.Engel）博士等人于 2014 年提出 LSD-SLAM（large scale direct monocular SLAM）[44]。其并未使用常用的特征点法进行 SLAM，而是创造性地使用了直接法进行 SLAM，并且能够生成"半稠密"的地图信息。使用直接法可以省去计算描述子的过程，进而节约大量时间，并且使得过程更加简便。在继承前人的项目经验后，萨拉戈萨大学的劳尔·罗特尔（Raul Mur-Artal）等人于 2015 年开源了 ORB-SLAM[45]，其可以被称为现代最完善的 SLAM 系统之一。ORB-SLAM 支持单目、双目、RGB-D 这 3 种传感器。并且开创性地使用了三线程来并发地处理数据，此后的 SLAM 大多采用这种多线程的方式。LIBVISO2 是德国艾伯哈特-卡尔斯-图宾根大学（Eberhard Karls Universität Tübingen）计算机视觉小组开发，既能够对单目图像进行三维重建，也能对双目图像进行三维重建的 SLAM 项目。在处理双目图像时，其借助双目视觉算法 ELAS（见第 10 章）对双目图像进行处理。上述 SLAM 项目均是在 PC 环境下实现的。

　　本系统中，三维地图重建与主系统之间的关系如图 9.5～图 9.7 所示，其中，主系统产生的点云数据通过 Wi-Fi 传输到 PC 服务器端。PC 服务器端运行 SLAM LIBVISO 系统，在双目图像数据到达后，利用提前标定好的双目摄像头内、外参数及双目图像数据对环境进行三维重建。重建后的地图信息实时显示在 PC 中。

　　嵌入式妙算 TK1 的工作流程如下。

　　步骤 1： 初始化双目摄像头等传感器。

　　步骤 2： 通过 Socket 与 PC 端建立连接。

　　步骤 3： 在接收到图片后，首先将其保存在本地，再通过 Socket 将图像数据传往 PC 端。

　　步骤 4： 等待图像数据到来，在图像就绪后执行步骤 3。

其中，前两步负责初始化，步骤 3 开始真正循环接收来自 GUIDANCE 的图像并通过 Wi-Fi 传输到 PC 端。

PC 端的接收流程如下。

步骤 1： 初始化 SLAM 进程。

步骤 2： 初始化 Socket，绑定并监听端口。

步骤 3： 在收到数据后，生成图像，并保存在本地。同时通知 SLAM 进程图像数据已到达。

步骤 4： SLAM 读取图像数据，进行三维重建。

其中，前两步负责初始化，步骤 3 将图像保存到本地存储中，再通知 SLAM 进程图像数据已到达，SLAM 进程从存储空间中读取图像数据进行重建。从系统实现角度看，SLAM 在系统中的角色如图 13.2 所示。

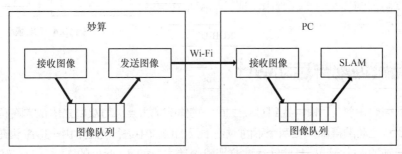

图 13.2　数据传输过程

13.2　LIBVISO 框架

LIBVISO 为卡尔斯鲁厄理工学院测量与控制专业的开源的 SLAM 系统，其利用其他开源软件在 PC 上实现了实时稠密三维重建功能。LIBVISO 使用双目摄像头的图像数据作为输入图像，经过特征匹配、运动估计、立体匹配、三维重建等后生成环境的三维立体信息。LIBVISO 计算过程如图 13.3 所示。SLAM 主要解决两个问题："定位"与"重建"。图 13.3 中，前两步解决 SLAM 中的"定位"问题，后两步解决"重建"问题。

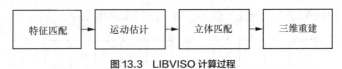

图 13.3　LIBVISO 计算过程

其中"定位"根据前、后时刻的图像信息确定摄像头在这两个时刻的相对位置信息[45]。解决该问题有两种方法，一种是基于图像特征点的方法，称为"特征点法"；另一种是为了避免计算特征点需要的巨大计算量，以及匹配特征点时的一些问题，而使用"直接法"估计相机的位移。

从图 13.3 可以看出，LIBVISO 使用特征点法来解决"定位"问题。在计算过程中，首先对前、后时刻的图像进行特征提取与匹配，寻找在前、后时刻拍摄的图像中代表同一个真实物体的像素点。接下来根据同一物体在前、后图像中的不同投影位置，并结合摄像头参数，对摄像头运动进行估计，得到摄像头的旋转矩阵与平移矩阵。

运动估计负责根据匹配后的像素信息对摄像头运动进行估计，该部分的计算方法较多，例如八点法、PnP（perspective-n-point）法、ICP（iterative closest point）法等[45][47]。运动估计一般使用三角测量、线性代数等方面的知识进行求解。

在解决了"定位"问题后，再解决"重建"问题。三维重建首先需要计算每帧图像中数据的三维坐标信息。LIBVISO 使用上文介绍的 ELAS 双目立体视觉算法对每帧双目图像进行点云图生成。LIBVISO 流程中的立体匹配与第 10 章介绍的双目立体视觉算法大致相同，都是使用 ELAS 算法对每帧双目图像进行视差的计算，然后将视差转换成点云图。在计算完每帧图像的点云信息后，利用"定位"得到的摄像头旋转矩阵与平移矩阵数据，对每帧图像的点云信息进行融合，最后拼接成一张完整的点云图。从工程实现上，本方案将前两步在一个线程中实现，后两步在另一个线程中实现，如图 13.4 所示。

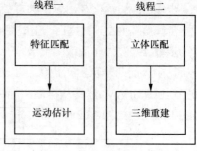

图 13.4　线程模型

13.3　特征匹配与运动估计

特征匹配需要在前、后帧中找到对应于同一物体的像素点，与双目立体视觉略有不同。此处的匹配需要从运动的摄像头在两个不同时刻拍摄的图像中进行匹配，由于摄像头在运动，并且运动是无规则的，这会使得某些物体被遮挡或者消失。同时，此处的匹配是为了对运动进行估计，只需要一些匹配效果好的点即可，故这里的特征匹配不匹配所有的点，而只匹配特征较为明显的点。而双目立体匹配的目的是计算每个像素点的视差，同时在拍摄时，双目图像为摄像头在同一时刻、距离相差不大的位置拍摄的图像，容易将所有的点进行匹配，故双目立体视觉需要匹配所有的像素点，并计算视差。

在进行特征匹配时，首先提取图像的特征点。特征点是图像中具有一些优良特征的像素点，例如一些受光照、物体材质影响较小的像素点，算法容易在不同图像中找到这些点并将其匹配。提取特征点的算法较多，LIBVISO 为了能够提取到稳定的特征点，使用了 5×5 的 Blob 算子与 Corner 算子对图像进行滤波（没有用第 10 章的 Sobel 算子），并使用非最大抑制图像与非最小抑制图像，产生 4 类特征点：Blob 最大、Blob 最小、Corner 最大、Corner 最小。为了减少计算量，只匹配这 4 类特征。Blob、Corner 算子如图 13.5 所示。

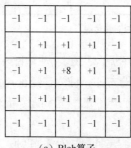

（a）Blob算子　　　　　（b）Corner算子

图 13.5　Blob 算子和 Corner 算子

在具体对两个特征点进行匹配时，假设相机轨迹为一个平滑的路径，以防止图像中存在强烈的旋转与尺度变化。与 ELAS 算法的双目匹配类似，在匹配时使用点周围的信息进行匹配。

LIBVISO 使用特征点周围的 11×11 窗口内的数据进行匹配，如图 13.6（a）所示，黑色点为特征点，周围的 11×11 窗口为该点在匹配时利用的数据。窗口中的每个点都由水平与垂直两种 Sobel 滤波值联合表示。最后计算水平与垂直两种图像对应窗口的绝对值差的和（SAD），以此表示特征点的匹配程度。

为了加快匹配的速度，算法在生成描述符时，并没有直接对像素点周围窗口内 11×11 个点逐个求差，而是只对 16 个位置的稀疏集合进行求差，16 个位置的选取如图 13.6（b）所示。因此，能够只用两条 SSE 指令同时计算水平与垂直两种图像的 16 个值的 SAD。

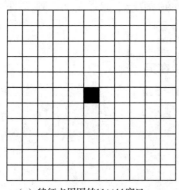 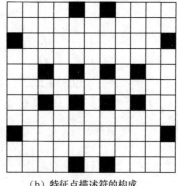

（a）特征点周围的11×11窗口　　　　　（b）特征点描述符的构成

图 13.6　特征点周围信息与特征点描述符的构成

尽管本方案使用了 SSE 对特征匹配进行加速，但由于特征点个数较多，如果每个特征点都进行匹配，处理时间也高达几秒。这个处理时间对于期望达到实时生成 SLAM 来说过于缓慢。算法为了实现高速处理，对非最大抑制集合再次使用非最大抑制，这样可获取原集合的一个更小子集（200～500 个），该集合中特征点的数量非常少，故匹配速度更快。

在进行匹配时，特征点将在以其本身为中心的 50×50 的网格内进行寻找匹配，网格之外的特征点不进行匹配，这样也大大加快了匹配速度。在匹配完特征点后，利用前、后帧图像对应的特征点进行运动估计。运动估计利用匹配点 (u_c, v_c)、(u_p, v_p)，以及匹配点对应的三维坐标 (x_c, y_c, z_c)、(x_p, y_p, z_p) 作为输入。其中 c 代表当前图像，p 代表前一帧图像。三维坐标可以通过双目立体视觉算法 ELAS 计算得出。然后通过随机抽样一致（random sample consensus，RANSAC）迭代求解旋转与平移向量。迭代过程中使用了高斯牛顿法进行求解。具体的计算过程不是本书的重点，详细信息可见参考文献[45]。

13.4　立体匹配与三维重建

LIBVISO 的立体匹配使用了第 10 章的 ELAS 算法，这也是本系统选择 ELAS 算法作为障碍物感知算法的另一个原因。立体匹配与三维重建使用一个线程进行计算，利用 ELAS 算法生成的点云图不仅能够使飞行器进行避障，也能够在 LIBVISO 中使用，用于三维图像的生成。

立体匹配使用 ELAS 算法对当前帧的双目图像进行处理生成点云图后，再将其与之前生成的点云图进行拼接，更新三维地图。重复该过程，最终生成整个环境的三维地图。

在三维重建过程中，关键是解决两个点云图在拼接时数据的融合问题。最简单的基于点的三维重建方法是：将所有有效像素映射到三维空间，并根据"定位"过程中估计的相机旋转与平移运动信息，将这些点投影到一个公共坐标系中。但是，如果在投影过程中不解决相同点的重复投影问题，存储需求将迅速增多。同时，这些冗余的信息并不能用于提高重建的准确性。因此，在数据融合的过程中，需要通过一定的方法将相近的点进行融合，取消冗余点信息。

LIBVISO 算法提供了一个简单的方法。它通过将前一帧的重建三维点重投影到当前帧的图像平面中来解决数据的融合问题。如果两个点云图中某个点相互之间的距离小于一个阈值，则通过计算它们的三维平均值来融合两个三维点。这不仅可以显著地减少存储的点数，还可以通过平均化多个帧中的测量噪声来提高精度。点云图的拼接是通过变换矩阵实现的。变换矩阵如公式（13.1）所示。

$$T = \begin{bmatrix} R_{3\times3} & t_{3\times1} \\ O_{1\times3} & 1 \end{bmatrix} \in R_{4\times4} \tag{13.1}$$

矩阵中 $R_{3\times3}$ 是基于"定位"过程生成的旋转向量构造的旋转矩阵；$t_{3\times1}$ 是"定位"过程中生成的平移矩阵；$O_{1\times3}$ 是缩放矢量，这里取 0。通过公式（13.2），可以将一个坐标系中的点云图转换到另一个坐标系中。

$$\begin{bmatrix} y_1 \\ y_2 \\ y_3 \\ 1 \end{bmatrix} = T \cdot \begin{bmatrix} x_1 \\ x_2 \\ x_3 \\ 1 \end{bmatrix} \tag{13.2}$$

通过生成每两幅图像的平移矩阵与旋转矩阵后，利用其生成变换矩阵 T。在点云图拼接的过程中，使用矩阵 T 将此前生成的点云图转换到当前点云图对应的坐标系中，并在融合两个点云图的过程中，对相近点求平均值来融合点云图。

13.5 SLAM 系统功能测试

测试 SLAM 最好的方法是：在飞行器飞行的过程中一边飞行，一边传输图像，PC 端同步进行重建。但是经过测试，在飞行器飞行过程中，由于飞行器的干扰，Wi-Fi 模块仅能以较低的速度传输图像数据。经过测试，传输速度每秒仅有几十 KB，远远达不到实时传回图像的目标。故本系统在飞行器飞行过程中将图像保存下来，在飞行器飞行完毕后，关闭飞行器，再运行 Wi-Fi 模块，以一定速度回传图像。在图像到达 PC 端后，实时地重建地图。该部分严重限制了整个系统的工作效率。大疆提供了一款具有数字图传功能的 Light Bridge，其与遥控器结合在一起，能够使传输距离增大到 5km，甚至 7km。但是如果使用该技术，只能通过 Android 应用将图像数据导出，故需要实现一个 Android 应用及与 PC 端的接收软件，需要进行较多的额外工作。本系统的测试场景如图 13.7 所示。

图 13.7　测试场景

地图重建效果如图 13.8 所示，图中按照重建顺序依次展示了重建的过程。可以看出三维重建根据最新的图像信息一步步将点云图生成得更加丰富。

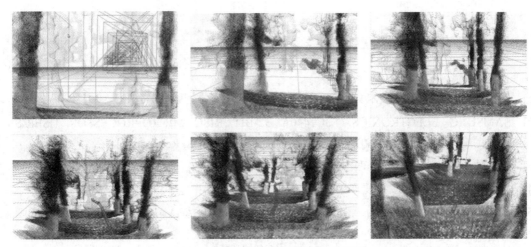

图 13.8　使用 SLAM 算法重建后的三维地图

13.6　本章小结

　　本章利用飞行器的 Wi-Fi 模块，将飞行器飞行过程中的图像数据回传到 PC 端，并利用开源 SLAM 系统 LIBVISO 实现了在线 SLAM 功能。LIBVISO 可以在数据到达后实时地对场景进行三维重建并显示处理，一方面供人观察，另一方面将三维地图保存下来，能够作为飞行器的地图，飞行器在此场景中飞行时能够直接进行导航，规划出全局路径。

习题 13

　　1.　列举常见的 SLAM 项目，对比其各自的应用场景，并调研其中一个项目，简单介绍其基本原理和主要流程。

　　2.　LIBVISO 在工程实现上能否进行并行优化？如果能，如何对其流程进行改造，以提升实时性？

　　3.　LIBVISO 的特征匹配与双目立体视觉的差异在哪里？

　　4.　如果用 ELAS 和 LIBVISO 作为 SLAM 的模块，两者的关系是什么？这样构建系统的优势是什么？

参考文献

[1] aCoral 项目组. aCoral 技术文档[R]. 成都：电子科技大学出版社，2011.

[2] SAMSUNG ELECTRONICS. S3C2440A 32-BIT RISC MICROPROCESSOR USER'S MANUAL PRELIMINARY[Z]. SAMSUNG ELECTRONICS. Revision 0.14.

[3] 孔帅帅. 基于嵌入式多核处理器的通信及中断问题的研究[D]. 成都：电子科技大学，2011.

[4] 申建晶. 嵌入式多核实时操作系统研究及实现[D]. 成都：电子科技大学，2011.

[5] LABROSSE J J. μc/OS-Ⅱ：源码公开的实时嵌入式操作系统[M]. 邵贝贝，译. 北京：中国电力出版社，2001.

[6] LI Q, YAO C. 嵌入式系统的实时概念[M]. 王安生，译. 北京：北京航空航天大学出版社，2004.

[7] LIU C, LAYLAND J W. Scheduling Algorithms for Multiprogramming in a Hard-Real-Time Environment[J]. Journal of the ACM，1973，20(1)：40-61.

[8] 罗蕾. 嵌入式实时操作系统及应用开发[M]. 3 版. 北京：北京航空航天大学出版社，2011.

[9] 桑楠，雷航，崔金钟，等. 嵌入式系统原理及应用开发技术[M]. 2 版. 北京：高等教育出版社，2008.

[10] SHA L，RAJKUMAR R，LEHOCZKY J P. Priority inheritance protocols：an approach to real-time synchronization[J]. IEEE Transactions on Computers，1990，39(9)：1175-1185.

[11] 汤子瀛，哲凤屏，汤小丹. 计算机操作系统原理[M]. 西安：西安电子科技大学出版社，2000.

[12] KRISHNA C M，SHIN K G. Real-time systems[M]. Mc Graw Hill，2001.

[13] BACH M J. UNIX 操作系统设计[M]. 陈葆钰，王旭，柳纯录，等，译. 北京：北京大学出版社，2000.

[14] BERGER A. 嵌入式系统设计[M]. 吕骏，译. 北京：电子工业出版社，2002.

[15] STALLINGS W. Operating Systems Internals and Design Principles [M]. 3rd Edition. 北京：清华大学出版社，2002.

[16] HOFMEISTER C，NORD R，SONI D. 实用软件体系结构（英文版）[M]. 北京：电子工业出版社，2003.

[17] WAYNE W. Computers as components: principles of embedded computing system design[M]. Elsevier，2012.

[18] CHEN D H, CHEN W G，ZHENG W M. CUDA-zero：a framework for porting shared memory GPU applications to multi-GPUs[J]. Science China-Information Sciences，2012，55(3)：663-676.

[19] BUSA J J, HAYRYAN S, WU M C, et al. ARVO-CL: The OpenCL version of the ARVO package - An efficient tool for computing the accessible surface area and the excluded volume of proteins via analytical equations[J]. Computer Physics Communications，2012，183(11)：2494-2497.

[20] STRZODKA R. Data layout optimization for multi-valued containers in OpenCL[J]. Journal of

Parallel and Distributed Computing，2012，72(9)：1073-1082.

[21] NEELIMA B, RAGHAVENDRA P S. Recent trends in software and hardware for GPGPU computing：a comprehensive survey[C]//Proceedings in 5th International Conference on Industrial and Information Systems，2010：319-324.

[22] AGGARWAL V, STITT G, GEORGE A, et al. SCF: a framework for task-level coordination in reconfigurable, heterogeneous systems[J]. ACM Transactions on Reconfigurable Technology and Systems，2012，5(2)：1-23.

[23] SUN N H, XING J, HUO Z G, et al. Dawning nebulae: a petaflops supercomputer with a heterogeneous structure[J]. Journal of Computer Science and Technology，2011，26(3)：352-362.

[24] YANG M L, Lei Hang, LIAO Y, et al. Synchronizaion analysis for hard real-time multi-core systems[J]. Applied mechanics and Materials，2012(241-244)：2246-2252.

[25] 杨茂林，雷航，廖勇. 一种共享资源敏感的实时任务分配算法[J]. 计算机学报，2014, 37(1):11.

[26] 廖勇，杨霞. 嵌入式操作系统[M]. 北京：高等教育出版社，2017.

[27] 廖勇. 嵌入式实时操作系统的设计与开发[M]. 北京：电子工业出版社，2015.

[28] YANG M L, LEI H, LIAO Y, et al. Synchronization analysis for hard real-time multicore systems[J]. Applied Mechanics and Materials，2013，307(2)：2246-2252.

[29] YANG M L, LEI H, LIAO Y, et al. PK-OMLP: An OMLP based k-Exclusion Real-Time Locking Protocol for Multi-GPU Sharing Under Partitioned Scheduling[C]//The 11th IEEE International Conference on Embedded Computing (EmbeddedCom)，CHENGDU，2013.

[30] RABEE F, LIAO Y, YANG M L. Minimizing Multiple-Priority Inversion Protocol in Hard Real Time System[C]//The 11th IEEE International Conference on Embedded Computing (EmbeddedCom)，CHENGDU，2013：200-206.

[31] 刘加海，杨茂林，雷航，等. 共享资源约束下多核实时任务分配算法研究[J]. 浙江大学学报（工学版），2014(1)：113-117,129.

[32] 广州友善之臂. mini2440 用户手册[Z]. 广州友善之臂计算机科技有限公司，2010.

[33] SAMSUNG ELECTRONICS. S3C2410A 32-BIT RISC MICROPROCESSOR USER'S MANUAL PRELIMINARY[Z]. SAMSUNG ELECTRONICS，Revision 0.14.

[34] 李刚. 多核协同计算平台的研究与实现[D]. 成都：电子科技大学出版社，2014.

[35] 许斌. 基于 DM3730 异构多核处理器的嵌入式操作系统设计与实现[D]. 成都：电子科技大学，2013.

[36] 兰王靖辉. 一种针对异构多核平台的系统架构的研究与实现[D]. 成都：电子科技大学，2014.

[37] 魏守峰. 基于 aCoral 操作系统设备驱动模型及 USB 设备驱动的设计与实现[D]. 成都：电子科技大学，2013.

[38] 闫志强. aCoral 可执行文件加载与线程交互机制的研究与设计[D]. 成都：电子科技大学，2013.

[39] 王小溪. aCoral 操作系统图像处理函数库开发及并行优化[D]. 成都：电子科技大学，2013.

[40] 任艳伟. 基于 Acoral 操作系统的调试器的研究与设计[D]. 成都：电子科技大学，2013.

[41] YANG M L, LEI H, LIAO Y, et al. Scheduling hard real-time self-suspending tasks in multiprocessor systems[C]//Proceedings 9th IEEE International Conference on Computer Vision，2003.

[42] DAVISON A J, REID I D, MOLTON N D, et al. MonoSLAM：Real-Time Single Camera SLAM[J]. IEEE Transactions on Pattern Analysis & Machine Intelligence，2007，29(6)：1052-1067.

[43] DAVISON A J. Real-Time Simultaneous Localisation and Mapping with a Single Camera [C]//IEEE International Conference on Computer Vision, 2003.

[44] ENGEL J, SCHÖPS T, CREMERS D. LSD-SLAM: Large-Scale Direct Monocular SLAM[J]. Springer，2014，8690：834-849.

[45] 高翔，张涛. 视觉 SLAM 十四讲从理论到实践[M]. 北京：电子工业出版社，2017.

[46] GEIGER A, ZIEGLER J, STILLER C. StereoScan: Dense 3d reconstruction in real-time[J]. IEEE Intelligent Vehicles Symposium，2012，32(14)：963 - 968.

[47] QU Y D, CUI C S, CHEN S B, et al. A fast subpixel edge detection method using Sobel – Zernike moments, operator[J]. Image & Vision Computing，2005，23(1)：11-17.

[48] LIANG Z, FENG Y, GUO Y, et al. Learning Deep Correspondence through Prior and Posterior Feature Constancy[J]. IEEE International Conference on Computer Vision and Pattern Recognition (CVPR)，2017.

[49] 张曦. 基于 K-means 的四旋翼多目标跟踪系统研究[J]. 工业控制计算机，2017，30（10）：9-11.

[50] 张晋川. 异构多处理器嵌入式平台研究与实现[D]. 成都：电子科技大学，2017.

[51] 葛旭阳. 异构多核嵌入式平台下飞行器寻径系统设计与实现[D]. 成都：电子科技大学，2018.

[52] SOBEL I, FELDMAN G. A 3x3 isotropic gradient operator for image processing[C]// A talk at the Stanford Artificial Project，1968：271-272.

[53] HIRSCHMULLER H. Stereo Processing by Semiglobal Matching and Mutual Information[J]. IEEE Transactions on Pattern Analysis & Machine Intelligence，2007，30(2)：328-341.

[54] HARTLEY R, ZISSERMAN A. 计算机视觉中的多视图几何[M]. 韦穗，杨尚骏，章权兵，等，译. 合肥：安徽大学出版社，2002.

[55] MAYER N, ILG E, HÄUSSER P, et al. A Large Dataset to Train Convolutional Networks for Disparity, Optical Flow and Scene Flow Estimation[C]//IEEE Conference on Computer Vision and Pattern Recognition (CVPR)，2015：4040-4048.

[56] GEIGER A, ROSER M, et al. Efficient large-scale stereo matching[M]. Springer Berlin Heidelberg，2010：25-38.

[57] RANFT B, STRAUß T. Modeling arbitrarily oriented slanted planes for efficient stereo vision based on block matching[C]//IEEE International Conference on Intelligent Transportation Systems，2014：1941-1947.

[58] 唐琦. 三维扫描系统中散乱点集的三角剖分研究[D]. 南京：东南大学，2007.

[59] 喻金钱. STM32F 系列 Arm Cortex-M3 核微控制器开发与应用[M]. 北京：清华大学出版社，2014.

[60] ALTUG E, OSTROWSKI J P, TAYLOR C J. Quadrotor control using dual camera visual feedback [C]//IEEE International Conference on Robotics and Automation，2003：4294-4299.

[61] 董云峰. 星姿态控制动态模拟技术[M]. 北京：科学出版社，2010.

[62] 冯新宇，范红刚，辛亮. 四旋翼无人飞行器设计[M]. 北京：清华大学出版社，2017.

[63] 何瑜. 四轴飞行器控制系统设计即姿态解算和控制算法研究[D]. 成都：电子科技大学，2012.

[64] 吴勇，罗国富，刘旭辉，等. 四轴飞行器 DIY——基于 STM32 微控制器[M]. 北京：北京航空航天大学出版社，2016.

[65] 秦永元. 惯性导航[M]. 北京：科学出版社，2006.

[66] 许云清. 四旋翼飞行器飞行控制研究[D]. 厦门：厦门大学，2014.

[67] GOMAA H. A Software Design Method for Real-Time Systems[J]. Communications of the ACM，1984，27(9)：938-949.

[68] GOMAA H. Extended the DARTS software design method to distributed real time applications [C]//Proceedings of the 21st Annual Hawaii International Conference on System Sciences，Kailua-Kona，HI，1988：252-261.

[69] GOMAA H. 并发与实时系统软件设计[M]. 姜昊，周靖，译. 北京：清华大学出版社，2003.

[70] 胡仁喜. Altium Designer 16 从入门到精通[M]. 北京：机械工业出版社，2016.

[71] UM1724 User manual: STM32 Nucleo-64 boards[R]. DocID025833 Rev 12，STMicroelectronics，2017.

[72] Datasheet of STM32F401xD and STM32F401xE[R]. DocID025644 Rev 3，STMicroelectronics，2015.

[73] FRANKLIN G F，POWELL J D，EMAMI-NAEINI A. 自动控制原理与设计 [M]. 6 版. 李中华，等，译. 北京：电子工业出版社，2014-07.

[74] 程敏. 四旋翼飞行器控制系统构建及控制方法[D]. 大连：大连理工大学，2012.

[75] 张荣辉，贾宏光，陈涛，等. 基于四元数化的捷联式惯导系统的姿态解算[J]. 光学精密工程，2008，16（10）：1963-1970.

[76] 杨丕文. 四元数分析与偏微分方程[M]. 北京：科学出版社，2009.

[77] 全权. 多旋翼飞行器设计与控制[M]. 杜光勋，等，译. 北京：电子工业出版社，2018.

[78] AGIN G J, BINFORD T O. Computer Description of Curved Objects[J]. IEEE Transactions on Computer，1976，C-25(4)：439-449.

[79] ZHANG Z. Microsoft Kinect Sensor and Its Effect[J]. IEEE Multimedia，2012，19(2)：4-10.

[80] LV Z, PENADES V, BLASCO S, et al. Evaluation of Kinect2 based balance measurement[J]. Neurocomputing，2016，208(C)：290-298.

[81] STOYKOVA E, ALATAN A A, BENZIE P, et al. 3-D Time-Varying Scene Capture

Technologies— A Survey[J]. IEEE Transactions on Circuits & Systems for Video Technology，2007，17(11)：1568-1586.

[82] OGGIER T, BÜTTGEN B, LUSTENBERGER F, et al. SwissRanger SR3000 and First Experiences based on Miniaturized 3D-TOF Cameras[C]// Range Imaging Research Day，Ingensand / Kahlmann. 1968：97-108.

[83] LINDNER M, KOLB A. Lateral and Depth Calibration of PMD-Distance Sensors[M]. Advances in Visual Computing. Springer Berlin Heidelberg，2006：524-533.

[84] 王舒鹏，方莉. 利用 Moravec 算子提取特征点实现过程分析[J]. 电脑知识与技术：学术交流，2006（9）：125-126.

[85] KOTHARI M, POSTLETHWAITE I, GU D W. Multi-UAV path planning in obstacle rich environments using Rapidly-exploring Random Trees[C]// IEEE Conference on Decision and Control，2009：3069-3074.

[86] FOO J L, KNUTZON J, KALIVARAPU V, et al. Path Planning of Unmanned Aerial Vehicles using B-Splines and Particle Swarm Optimization[J]. Journal of Aerospace Computing Information & Communication，2009，6(4)：271-290.

[87] 束磊. 基于栅格地图的月球车任务层路径规划及平滑处理[D]. 哈尔滨：哈尔滨工业大学，2013.

[88] GEIGER W, BARTHOLOMEYCZIK J, BRENG U, et al. MEMS IMU for AHRS applications[C]// 2008 IEEE/ION Position, Location and Navigation Symposium，IEEE，2008：225-231.

[89] COOK S. CUDA Programming: A Developer's Guide to Parallel Computing with GPUs[M]. Morgan Kaufmann Press, 2012.

[90] 盛奕达. 基于超声波技术的盲人行走障碍检测[D]. 南京：东南大学，2018.

[91] 郑新芳. 视觉惯导融合实时 6DOF 机器人定位方法研究[D]. 北京：北京交通大学，2017.